Achim Trummer
Helfried Wiebach

Vorrichtungen der Produktionstechnik

Aus dem Programm
Konstruktion

**Lehr- und Lernsystem
Roloff/Matek Maschinenelemente Lehrbuch**
von W. Matek, D. Muhs, H. Wittel und M. Becker

Toleranzen und Passungen
von S. Szyminski

Vorrichtungen der Produktionstechnik
von A. Trummer und H. Wiebach

**Maschinenelemente
Berechnen mit einer Tabellenkalkulation**
von H. G. Harnisch, D. Muhs und M. Berdelsmann

Konstruieren und Gestalten
von H. Hintzen, H. Laufenberg, W. Matek, D. Muhs
und H. Wittel

AutoCAD – Grundkurs
von H. G. Harnisch, I. Kretschmer und Th. Wesseloh

AutoCAD – Aufbaukurs
von H. G. Harnisch und J. Neuberger

**Arbeitshilfen und Formeln für das technische Studium
Band 2: Konstruktion**
von A. Böge (Hrsg.)

Studienprogramme Maschinenelemente
von A. Böge

Vieweg

Achim Trummer
Helfried Wiebach

Vorrichtungen der Produktionstechnik

Entwicklung, Montage, Automation

Mit 150 Abbildungen und 36 Tabellen

Die Deutsche Bibliothek – CIP-Einheitsaufnahme

Trummer, Achim:
Vorrichtungen der Produktionstechnik: Entwicklung,
Montage, Automation; mit 36 Tabellen / Achim Trummer;
Helfried Wiebach. – Braunschweig; Wiesbaden: Vieweg, 1994
    (Viewegs Fachbücher der Technik)
    ISBN 3-528-04938-3
NE: Wiebach, Helfried:

Die Autoren:
Dr.-Ing. habil. Achim Trummer, Technische Univeristät Chemnitz-Zwickau
Prof. Dr.-Ing. habil. Helfried Wiebach, Hochschule für Technik und Wirtschaft Mittweida (FH)

Alle Rechte vorbehalten
© Friedr. Vieweg & Sohn Verlagsgesellschaft mbH, Braunschweig/Wiesbaden, 1994

Der Verlag Vieweg ist ein Unternehmen der Bertelsmann Fachinformation GmbH.

Das Werk einschließlich aller seiner Teile ist urheberrechtlich geschützt. Jede Verwertung außerhalb der engen Grenzen des Urheberrechtsgesetzes ist ohne Zustimmung des Verlages unzulässig und strafbar. Das gilt insbesondere für Vervielfältigungen, Übersetzungen, Mikroverfilmungen und die Einspeicherung und Verarbeitung in elektronischen Systemen.

Umschlaggestaltung: Klaus Birk, Wiesbaden
Satz: Vieweg, Braunschweig
Druck und buchbinderische Verarbeitung: Lengericher Handelsdruckerei, Lengerich
Gedruckt auf säurefreiem Papier
Printed in Germany

ISBN 3-528-04938-3

Vorwort

Dieses Fachbuch beinhaltet den gesicherten Erkenntnisstand eines wichtigen Teilgebietes der Fertigungstechnik. Neue Entwicklungsrichtungen und moderne Lösungen werden aufgezeigt. Damit sollen Anregungen für die industrielle Praxis gegeben, Studium, Ausbildung und Qualifizierung ermöglicht werden. Das vorliegende Fachbuch ist deshalb für Studierende an Fachhochschulen und Universitäten, für die Technikerausbildung, für die Weiterbildung und Erwachsenenqualifizierung sowie für Praktiker in Industrie und Handwerk zu empfehlen.

Es ist durch die geschlossene, auf das Wesentliche konzentrierte Darstellung des Wissensgebietes und seinen methodisch-didaktischen Aufbau als Lehrbuch ausgewiesen. Zugleich wird großer Wert auf eine wissenschaftlich fundierte Aussage und Darstellung des Fachwissens sowie eine fachgerechte Ausdrucksweise gelegt. Unter Berücksichtigung neuester Erkenntnisse und Entwicklungstendenzen des Fachgebietes, erfüllt das vorliegende Buch die Anforderungen an ein modernes Fachbuch.

In anschaulicher und einprägsamer Darstellung wird das Fachwissen zur Vorrichtungstechnik systematisch und in seinen komplexen Zusammenhängen vermittelt. Den Ausgangspunkt bilden die Voraussetzungen, Aufgaben, Ziele und der Nutzen des Einsatzes von Vorrichtungen in Verbindung mit dem gegenwärtigen Stand der Technik. Darauf aufbauend, wird die Vorgehensweise zur Entwicklung und Konstruktion von Vorrichtungen ausführlich behandelt. Über die Grundlagen des Vorrichtungsentwurfes werden die Wechselbeziehungen zum Produktionsprozeß dargestellt und der prinzipielle Aufbau der Vorrichtungen abgeleitet. Über die Realisierung der Hauptfunktionen Bestimmen, Spannen, Führen und Teilen erfolgt die systematische Vorrichtungsentwicklung und -konstruktion.

Demonstrationsbeispiele dienen zur anschaulichen Wissensübermittlung. Zahlreiche Konstruktionsbeispiele vermitteln Erfahrungswissen. Übungsbeispiele und Kontrollfragen begünstigen eine Wissensaneignung für Studierende und Auszubildende. Richtwerte und Berechnungsblätter ermöglichen eine rationelle Erarbeitung von Konstruktionslösungen. Zahlreiche Konstruktionslösungen zu Baugruppen und kompletten Vorrichtungen vertiefen den Wissensstand und vermitteln Anregungen für die konstruktive Tätigkeit.

Neue Entwicklungsrichtungen und Tendenzen des technischen Fortschrittes sowie alternative Lösungen werden mit der Einordnung der Vorrichtungstechnik in die flexible Spanntechnik vorgestellt.

Schwerpunktmäßig werden die Grundzüge zur CAD-Vorrichtungskonstruktion, zum Einsatz von Sensoren für eine Integration in automatisierte Fertigungsabläufe und zur automatischen Montage von Vorrichtungen behandelt. Nachfolgend werden die Grundlagen des Handhabens von Werkstücken und Werkzeugen umrissen. Wirtschaftlichkeitsbetrachtungen ermöglichen das Erkennen der wirtschaftlichen Aspekte, sie erlauben Kostenberechnungen und Aussagen zur Wirtschaftlichkeit von Vorrichtungen.

Damit ist dieses Buch eine wertvolle Hilfe für die Aneignung und Vertiefung des Fachwissens in Lehre, Forschung und Praxis.

Chemnitz, im Juni 1994

Achim Trummer

Helfried Wiebach

Inhaltsverzeichnis

1 **Einleitung** 1
2 **Aufgaben – Grundbegriffe, Einteilung, Nutzen** 2
   2.1 Grundbegriffe 2
      2.1.1 Fertigungsmittel – Werkzeugmaschinen und Betriebsmittel 2
      2.1.2 Der Begriff "Vorrichtung" 2
      2.1.3 Der Begriff "Werkstückspanner" 3
   2.2 Einteilung nach Vorrichtungsarten 4
      2.2.1 Spezial- oder Sondervorrichtungen 4
      2.2.2 Gruppen-, Standard- oder Universalvorrichtungen ... 6
      2.2.3 Baukastenvorrichtungen 6
         2.2.3.1 Baukastenvorrichtungen nach dem Nutsystem 7
         2.2.3.2 Baukastenvorrichtungen nach dem Bohrungssystem . 7
         2.2.3.3 Kombinierte Systeme für Baukastenvorrichtungen . 8
      2.2.4 Modulare Vorrichtungssysteme 8
   2.3 Nutzen durch Anwendung von Vorrichtungen 11
3 **Konstruieren einer Vorrichtung** 12
   3.1 Anforderungen an Vorrichtungen 12
      3.1.1 Wirkbeziehungen 12
      3.1.2 Schnittstellen 14
      3.1.3 Funktionen der Vorrichtung 17
         3.1.3.1 Grundfunktionen 17
         3.1.3.2 Ergänzungsfunktionen 18
   3.2 Struktureller Aufbau der Vorrichtungen 18
      3.2.1 Begriffsbestimmungen 18
      3.2.2 Aufbau der Vorrichtungen 19
      3.2.3 Funktionsbaugruppen 19
      3.2.4 Basisbaugruppen 21
         3.2.4.1 Begriffe und Grundlagen 21
         3.2.4.2 Anforderungen 22
         3.2.4.3 Fertigungsverfahren – Werkstoffauswahl 23
         3.2.4.4 Verbindung mit der Werkzeugmaschine 26

    3.2.5 Ergänzungsbaugruppen. 26
3.3 Konstruktiver Entwicklungsprozeß 28
    3.3.1 Prinzipielle Konstruktionsanforderungen. 28
    3.3.2 Konstruktionsmethodik. 30
        3.3.2.1 Struktur des Konstruktionsprozesses. 30
        3.3.2.2 Arbeitsetappen der Entwicklungsphasen 32

4 Positionieren und Bestimmen 40

4.1 Begriffsbestimmung "Positionieren" und "Bestimmen". 41
4.2 Vorgehensweise beim Bestimmen 43
4.3 Fehler durch Überbestimmen. 51
4.4 Auswahl des Bestimmprinzipes 54
    4.4.1 Werkstückbestimmflächen. 54
    4.4.2 Vorrichtungsbestimmflächen 56
        4.4.2.1 Bestimmen mit drei ebenen Flächen. 56
        4.4.2.2 Bestimmen mit zwei ebenen Flächen, einer Zylinderfläche oder einem Prisma. 58
        4.4.2.3 Bestimmen mit einer ebenen Fläche und zwei Bestimmbolzen 62
        4.4.2.4 Hauptbestimmen. 62
4.5 Ausführung der Bestimmelemente. 64
    4.5.1 Bestimmen nach ebenen Werkstückflächen 64
    4.5.2 Bestimmen nach zylindrischen Werkstückflächen 71
        4.5.2.1 Bestimmen nach Werkstückbohrungen 71
        4.5.2.2 Bestimmen nach Werkstückzapfen 75
4.6 Stützen 78

5 Spannen 79

5.1 Begriffsbestimmung "Spannen" 79
5.2 Forderungen an das Spannen. 80
    5.2.1 Zum Betrag der Spannkraft. 80
    5.2.2 Zur Richtung der Spannkraft. 81
    5.2.3 Zum Angriffspunkt der Spannkraft 82
5.3 Arten des Spannens. 83
5.4 Festlegung der Spannkraft. 87
5.5 Spannkraftberechnung. 89
5.6 Ausführung der Spannelemente. 94
    5.6.1 Spannschrauben 94

Inhaltsverzeichnis

- 5.6.2 Spannkeile ... 99
- 5.6.3 Spannexzenter ... 101
- 5.6.4 Spannspirale ... 103
- 5.6.5 Kniehebel ... 106
- 5.6.6 Federspanner ... 109
- 5.6.7 Elektrospanner ... 111
   - 5.6.7.1 Elektromagnetische Spanner ... 111
   - 5.6.7.2 Elektromechanische Spanner ... 113
- 5.6.8 Druckmedienspanner ... 113
   - 5.6.8.1 Pneumatische Spanner ... 113
   - 5.6.8.2 Hydraulische Spanner ... 116
   - 5.6.8.3 Spannen mit Pneumo-Hydraulik ... 122
   - 5.6.8.4 Spannen mit plastischen Massen ... 124

6 Führen ... 127
- 6.1 Begriffsbestimmung "Führen" ... 127
- 6.2 Forderungen an Führungselemente ... 127
- 6.3 Arten des Führens ... 128
   - 6.3.1 Lagebestimmende Werkzeugführungen ... 128
   - 6.3.2 Lage- und richtungsbestimmende Werkzeugführungen ... 128
- 6.4 Ausführung der Führungselemente ... 130
   - 6.4.1 Werkzeugführungen mit Bohrbuchsen ... 130
      - 6.4.1.1 Bohrbuchsen (ohne Bund, fest) ... 130
      - 6.4.1.2 Bundbohrbuchsen ... 131
      - 6.4.1.3 Steckbohrbuchsen ... 131
      - 6.4.1.4 Sonderbohrbuchsen ... 133
   - 6.4.2 Werkzeugführungen zum Räumen ... 135
- 6.5 Erreichbare Genauigkeit mit Bohrbuchsen ... 136

7 Teilen ... 138
- 7.1 Begriffsbestimmung "Teilen" ... 138
- 7.2 Grundsätzliche Forderungen an Teileinrichtungen ... 139
- 7.3 Arten des Teilens ... 140
   - 7.3.1 Längsteilen ... 140
   - 7.3.2 Kreisteilen ... 141
- 7.4 Indexieren und Arretieren ... 142

7.5 Teilvorrichtungen 146

8 Dimensionieren und Gestalten 148

8.1 Festigkeitsgerechte Dimensionierung 148

8.2 Funktionsgerechte Gestaltung 151

    8.2.1 Bedienungsgerechte Gestaltung 151

    8.2.2 Fertigungsgerechte Gestaltung 155

8.3 Anforderungsgerechte Werkstoffauswahl 156

8.4 Vorrichtungsbaugruppen 157

    8.4.1 Funktionsbaugruppen 157

        8.4.1.1 Bestimmelemente 157

        8.4.1.2 Spann- und spannkraftübertragende Elemente .. 157

        8.4.1.3 Werkzeugführungs- und Werkzeugeinstellelemente 158

    8.4.2 Basisbaugruppen 158

    8.4.3 Ergänzungsbaugruppen 163

        8.4.3.1 Stützelemente 163

        8.4.3.2 Indexierelemente 163

        8.4.3.3 Verschlußelemente 164

8.5 Vorrichtungskonstruktionen 164

    8.5.1 Bohrvorrichtungen 164

    8.5.2 Fräsvorrichtungen 168

    8.5.3 Drehvorrichtungen 168

    8.5.4 Fügevorrichtungen 169

9 Rechnergestützte Vorrichtungskonstruktion 172

9.1 Zielstellung 172

9.2 Entwicklungsstand 174

10 Flexible Werkstückspanntechnik 179

10.1 Entwicklungsstand 179

10.2 Anforderungsgerechte Flexibilität 179

10.3 Entwicklungsperspektiven 183

10.4 Alternative Problemlösungen 186

    10.4.1 Vorrichtungssysteme mit künstlichen Fertigungsbasen ... 186

        10.4.1.1 Vorrichtungssystem mit Bestimm- und Spanntaschen 187

        10.4.1.2 Vorrichtungssystem in Kugelspanntechnik 188

    10.4.2 Vorrichtungsgrundkörper aus Mineralguß 193

10.5 Automatische Vorrichtungsmontage 193
    10.5.1 Ziele und Voraussetzungen 194
    10.5.2 Entwicklungsstand 197
    10.5.3 Entwicklungsanforderungen 201

11 Sensorik für Vorrichtungen 203
  11.1 Anforderungen und Entwicklungsstand 203
  11.2 Kapazitive Vorrichtungssensorik 204
    11.2.1 Wirkungsweise 204
    11.2.2 Meßelektronik 205
    11.2.3 Aufbau 205

12 Handhaben der Werkstücke und Vorrichtungen 209
  12.1 Systemtheoretische Grundlagen 209
    12.1.1 Werkstückflußsysteme 209
    12.1.2 Vorrichtungsflußsystem 211
  12.2 Funktionen des Vorrichtungsflußsystems 213
    12.2.1 Vorrichtungsbedarf (Bedarfsplanung) 213
    12.2.2 Vorbereitung 213
        12.2.2.1 Vorrichtungsaufbau 214
        12.2.2.2 Kommissionierung 215
    12.2.3 Bereitstellung 215
    12.2.4 Lagern, Übergeben, Handhaben, Transportieren 216
        12.2.4.1 Lagern, Speichern 216
        12.2.4.2 Übergeben 216
        12.2.4.3 Handhaben 216
        12.2.4.4 Transportieren 217
    12.2.5 Nachbehandeln 217
    12.2.6 Instandhalten 218
  12.3 Einrichtungen der Flußsysteme 219
    12.3.1 Lager- und Speichereinrichtungen 219
        12.3.1.1 Lager- und Speichereinrichtungen für Werkstücke .. 219
        12.3.1.2 Lager- und Speichereinrichtungen für Vorrichtungen . 220
    12.3.2 Kommissioniereinrichtungen 223
    12.3.3 Übergabeeinrichtungen 225
    12.3.4 Transportmittel 226

12.3.5 Transporthilfsmittel 227

12.3.6 Handhabeeinrichtungen 230

12.4 Planung von Vorrichtungsflußsystemen 231

    12.4.1 Leistungsprogrammbestimmung 232

    12.4.2 Funktionsbestimmung 232

    12.4.3 Dimensionierung 232

    12.4.4 Strukturierung 234

    12.4.5 Gestaltung 234

12.5 Gestaltungslösungen 234

    12.5.1 Gestaltungsregeln 234

    12.5.2 Gestaltungsbeispiele 235

    12.5.3 VWP – Zentrum 238

13 Wirtschaftlichkeitsbetrachtungen 241

13.1 Vorrichtungskosten 241

    13.1.1 Kosten einer Spezialvorrichtung 241

    13.1.2 Kosten von Mehrzweckvorrichtungen je Bearbeitungsaufgabe 244

        13.1.2.1 Ohne Umrüstung 244

        13.1.2.2 Mit Umrüstung 245

    13.1.3 Kosten für Baukastenvorrichtungen 245

13.2 Variantenvergleiche 247

    13.2.1 Maximale Vorrichtungskosten 247

    13.2.2 Grenzstückzahlen für Vorrichtungen 248

    13.2.3 Faktoren für Vorrichtungskostenanteile an den Selbstkosten 248

    13.2.4 Grenzstückzahlen für Werkstücke 249

    13.2.5 Vorrichtungsanteilfaktor 249

    13.2.6 Kostenvergleich 249

13.3 Kosten für Vorrichtungsflußsysteme 252

Literatur 254

Anlagen 261

Anlagenverzeichnis 261

Anlage zu 8.1, Berechnung der Bearbeitungskräfte: 262

Anlage zu 8.2, Fertigungsgerechtes Gestalten 263

Anlage zu 8.3, Werkstoffauswahl für Vorrichtungselemente 267

Anlage zu 8.4, Vorrichtungselemente 270

Anlage zu Kapitel 2 bis 13:

Testfragen zur Selbstkontrolle 282

    Zu Kapitel 2 – Aufgaben-Grundbegriffe, Einteilung, Nutzen 282

    Zu Kapitel 3 – Konstruieren einer Vorrichtung 282

    Zu Kapitel 4 – Positionieren und Bestimmen 283

    Zu Kapitel 5 – Spannen 283

    Zu Kapitel 6 – Führen 284

    Zu Kapitel 7 – Teilen 284

    Zu Kapitel 8 – Dimensionieren und Gestalten 285

    Zu Kapitel 9 – Rechnergestützte Vorrichtungskonstruktion 285

    Zu Kapitel 10 – Flexible Werkstückspanntechnik 285

    Zu Kapitel 11 – Sensorik für Vorrichtungen 286

    Zu Kapitel 12 – Handhaben der Werkstücke und Vorrichtungen 286

    Zu Kapitel 13 – Wirtschaftlichkeitsbetrachtungen 286

Sachwortverzeichnis 287

1 Einleitung

Vorrichtungen gehören zu den Grundvoraussetzungen einer rationellen und wirtschaftlichen Fertigung im Produktionsbetrieb. Mit der Weiterentwicklung der Produktionstechnik, insbesondere der fortschreitenden Automatisierung der Produktion, haben Vorrichtungen eine immer größere Bedeutung erlangt. Dies kommt auch in den ständig wachsenden Leistungsanforderungen an die Vorrichtungstechnik zum Ausdruck.

Seit Beginn der Industrialisierung werden für die Warenproduktion Vorrichtungen eingesetzt, um mehr, besser und billiger zu produzieren. Mit dem Vorrichtungseinsatz sind auch heute noch diese grundsätzlichen Zielsetzungen verbunden. Während es früher ausreichte, Werkstücke überhaupt oder in einer vorgegebenen Lage für eine maschinelle Bearbeitung zu spannen, wird dies heute mit hoher Genauigkeit und extremer Schnelligkeit gefordert. Hinzu kommen prinzipiell neue Anforderungen, die mit der Anwendung der NC-Technik begründet wurden.

Begriffe wie Zuverlässigkeit, Flexibilität, Verfügbarkeit, Bereitstellzeit, Herstellungskosten, Kapitalbindung und andere charakterisieren die komplizierte Verflechtung mit den gesamten Produktionsbedingungen. Sie zeigen die dominierende Rolle der Wirtschaftlichkeit und der Kosten.

Die Vorrichtungstechnik ist sehr eng mit anderen technischen Wissenschaften verknüpft. Dadurch wird sie unmittelbar beeinflußt vom neuesten Entwicklungsstand der modernen Fertigungstechnik. Der Vorrichtungskonstrukteur muß in engem Zusammenwirken mit den Produktkonstrukteuren und den Betriebsingenieuren allen Erfordernissen gerecht werden, alle Zusammenhänge erkennen und berücksichtigen und eine gleichermaßen unter technischen und wirtschaftlichen Aspekten optimale Konstruktionslösung erarbeiten.

Diese Aufgabe kann er nur dann gut erfüllen, wenn er über ein fundiertes Fachwissen und ausreichende Konstruktionserfahrungen verfügt. Außerdem benötigt er gute Kenntnisse über die Fertigungsverfahren und die betrieblichen Produktionsbedingungen.

Durch seine ständige Weiterbildung sollte der Vorrichtungskonstrukteur aufgeschlossen sein für neue Erkenntnisse und Entwicklungen der Fertigungstechnik. Auf diese Weise schafft er zugleich günstige Voraussetzungen für seine Zusammenarbeit mit der Produktkonstruktion, der Fertigungsplanung und -vorbereitung sowie den anderen Betriebsabteilungen.

Im Entwicklungstrend ist festzustellen, daß sich die Vorrichtungstechnik mit einem ständig steigendem Wertanteil in den Anlagekosten niederschlägt und auch häufig die größten Kosten in der Fertigungsvorbereitung verursacht. Dies belegt auch die wachsende wirtschaftliche Bedeutung einer leistungsfähigen Vorrichtungstechnik.

Die bereitgestellte Vorrichtungstechnik wird vom Vorrichtungskonstrukteur geprägt und ist Spiegelbild seines Leistungsvermögens. Der Vorrichtungskonstrukteur trägt in hohem Maße die Verantwortung für eine anforderungsgerechte Vorrichtungskonstruktion. Er nimmt unmittelbaren Einfluß auf die Qualität, Zuverlässigkeit und Kosten der Fertigung und entscheidet mit über den erzielbaren und den tatsächlich erreichten Fertigungserfolg. Die CNC-Technik mit automatischen Abläufen in einer bedienerarmen Fertigung sowie Mehrseiten- und Komplettbearbeitungen erfordern eine flexible automatische Werkstückspanntechnik; sie sind eine Herausforderung des kreativen Leistungswillens der Vorrichtungskonstrukteure.

2 Aufgaben – Grundbegriffe, Einteilung, Nutzen

2.1 Grundbegriffe

2.1.1 Fertigungsmittel – Werkzeugmaschinen und Betriebsmittel

Alle Erzeugnisse des Maschinenbaues bestehen aus Einzelteilen, die als Werkstücke Gegenstand eines Fertigungsprozesses waren. In der Produktion werden dazu die unterschiedlichsten Fertigungseinrichtungen eingesetzt. So kommen konventionelle Werkzeugmaschinen ebenso zum Einsatz wie NC- und CNC-Werkzeugmaschinen, Bearbeitungszentren, Fertigungszellen und flexible Fertigungssysteme.

Alle diese Fertigungseinrichtungen unterscheiden sich hinsichtlich ihres Aufbaus, der Einsatzbedingungen, ihres Leistungsvermögens und auch im erforderlichen Kostenaufwand.

Wesentliche Unterscheidungsmerkmale und Beurteilungskriterien sind vor allem die Flexibilität und der Automatisierungsgrad. Typisch ist, daß in der aufgeführten Reihenfolge der Fertigungseinrichtungen chronologisch eine Entwicklung zu höheren Automatisierungsstufen erfolgt, wobei teilweise gegenläufig die Flexibilität abnimmt.

Unabhängig vom realisierten Grad der Automatisierung der Fertigungseinrichtungen sollen diese nachfolgend unter dem Begriff *"Werkzeugmaschinen"* erfaßt werden.

Wie auch immer die Fertigungseinrichtungen – also die *Werkzeugmaschinen* – beschaffen sind, allen ist eines gemeinsam, sie benötigen zu ihrem Einsatz *"Betriebsmittel"* in Form von Werkzeugen, Vorrichtungen sowie Meß- und Prüfmitteln [2.1].

Die Gesamtheit der Werkzeugmaschinen und der Betriebsmittel wird mit dem Begriff *"Fertigungsmittel"* erfaßt.

Bild 2.1 *Einteilung der Fertigungsmittel [2.2]*

2.1.2 Der Begriff "Vorrichtung"

Der Begriff *"Vorrichtung"* wird in den verschiedenen Industriezweigen unterschiedlich verwendet.

In der metallverarbeitenden Industrie werden unter *"Vorrichtungen"* die Betriebsmittel aus der Gesamtheit der Fertigungsmittel verstanden, welche Werkstücke im Fertigungsprozeß

2.1 Grundbegriffe

werkstückgerecht aufnehmen, um eine wirtschaftliche und genaue Fertigung, Montage oder Qualitätskontrolle zu ermöglichen.

Für fast alle Fertigungsverfahren können Vorrichtungen erforderlich und wirtschaftlich eingesetzt werden. Gebräuchlich sind Vorrichtungen für formändernde Fertigungsverfahren, wie für das Umformen (z. B. Richten, Bördeln, Biegen, ...) ,das Trennen (z. B. spanende Bearbeitungsverfahren) und das Fügen (z. B. Montieren, Gießen, Schweißen, Löten, Kleben, ...).

Eine Vorrichtung hat somit die Aufgabe, jeweils ein oder mehrere Werkstücke im Arbeitsraum der Werkzeugmaschine in definierter Lage zu dieser und zum Werkzeug zu fixieren und durch Spannkräfte zu sichern. Die Bestimmlage des Werkstückes muß dabei mit der geforderten Genauigkeit reproduzierbar sein sowie zuverlässig und schnell gewährleistet werden, um eine wirtschaftliche Fertigung zu ermöglichen.

In Abhängigkeit der Fertigungsaufgabe und der eingesetzten Werkzeugmaschinen können weitere Funktionen von der Vorrichtung zu erfüllen sein, wie z. B. Führen bestimmter Werkzeuge, Gewährleistung einer wiederholten Lagebestimmung durch Längs- oder Kreisteilen.

Definition nach DIN 6300:

"Vorrichtungen im Sinne dieser Norm sind Fertigungsmittel, die an Werkstücke gebunden sind und unmittelbar in Beziehung zum Arbeitsvorgang stehen. Sie dienen dazu, Werkstücke zu positionieren, zu halten oder zu spannen und gegebenenfalls ein Werkzeug oder mehrere zu führen"[2.3].

Infolge des technischen Fortschrittes und der ständig wachsenden Automatisierungserfordernisse wurden Vorrichtungen zunehmend in komplexe Baugruppen zur weiteren Rationalisierung und Automatisierung der Fertigung integriert, wodurch teilweise eine Abgrenzung zu Mechanisierungs-und Automatisierungseinrichtungen nur schwer möglich oder wenig sinnvoll ist. Auch daraus resultiert das große Einsatzspektrum von Vorrichtungen.

Da ein Fertigungsprozeß auch die Montage und Qualitätskontrolle einschließt, soll unter Beachtung der Aufgaben und Ziele eines Vorrichtungseinsatzes der Begriff *"Vorrichtungen"* zweckmäßig wie nachfolgend definiert und verwendet werden.

Begriffsbestimmung "Vorrichtungen" [2.2]

> *Vorrichtungen sind die Betriebsmittel aus der Gesamtheit der Fertigungsmittel, mit deren Hilfe eine definierte Lage eines (oder mehrerer) Werkstückes (~e) zur Werkzeugmaschine fixiert und durch Spannkräfte gesichert wird, um eine genaue, wirtschaftliche Fertigung zuverlässig zu gewährleisten.*

2.1.3 Der Begriff "Werkstückspanner"

Dieser Begriff wird häufig benutzt, aber nicht immer im gleichen Sinne interpretiert.
Als *"Werkstückspanner"* kann das Vorrichtungselement bzw. die Vorrichtungsbaugruppe bezeichnet werden, welches die Spannkraft erzeugt bzw. auf das Werkstück überträgt. In diesem Fall wird nur diese Funktionsbaugruppe der Vorrichtung angesprochen.

Im Unterschied zum Begriff "Vorrichtung" sollte der Begriff "Werkstückspanner" zur Bezeichnung der Spanneinrichtungen dienen, die in beliebiger Lage das Spannen der Werkstücke gewährleisten, ohne eine definierte Werkstücklage vorauszusetzen.

Teilweise auftretende Fehldeutungen resultieren aus dem technischen Fortschritt der Fertigungstechnik. Während beim Einsatz konventioneller bzw. manuell bedienter Werkzeugmaschinen ein Einsatz von Vorrichtungen zur Sicherung der geforderten Genauigkeit oder auch der Austauschbarkeit notwendige Voraussetzung ist, kann unter den Bedingungen der CNC-Fertigung das Werkstück ohne Kenntnis der exakten Position aufgespannt werden; die Referenzposition für die Steuerung der Werkzeugmaschine kann nachfolgend z. B. durch Meßtaster ausgemessen werden. In derartigen Zusammenhängen ist es zutreffend, von *"Werkstückspanntechnik"* zu sprechen, da das Spannen nicht lagedefiniert erfolgen muß.

Fehldeutungen können entstehen, wenn der Begriff "Werkstückspanntechnik" verwendet wird, obwohl nicht nur der technische Vorgang des Spannens von Werkstücken gemeint ist, sondern die Werkstücke zugleich in definierter Lage reproduzierbar zu spannen sind. Wird dies stillschweigend vorausgesetzt, sollte besser von "Vorrichtungstechnik" bzw. "Vorrichtungen" gesprochen werden, weil diese Begriffe den tatsächlichen technischen Sachverhalt treffender charakterisieren. So kann beispielsweise das aufwendige Ausmessen der Referenzposition bei Einsatz von Vorrichtungsbaukästen entfallen, da die Werkstücklage in der Baukastenvorrichtung reproduzierbar definiert wird. In diesem Fall setzt das Spannen ein Bestimmen voraus; damit ist definitionsgemäß der Begriff *"Vorrichtung"* anzuwenden.

2.2 Einteilung nach Vorrichtungsarten

Die Vielfalt möglicher Vorrichtungen kann nach deren Eigenschaften und typischen Gruppenmerkmalen klassifiziert und beurteilt werden. Sinnvolle Beurteilungskriterien erleichtern die Entscheidungen zur Entwicklung, Konstruktion und zum Vorrichtungseinsatz. Die nachfolgenden Kriterien erlauben eine Gruppenzuordnung jeder Vorrichtung.

Einteilungsmerkmale für Vorrichtungen [2.2]

– nach dem *Aufbau* der Vorrichtung
– nach der Art und Weise der *Herstellung* der Vorrichtung
– nach dem *Zweck*, d.h. den mit der Vorrichtung ausführbaren Arbeitsoperationen
– nach der *Werkstückzahl* der in der Vorrichtung aufnehmbaren Werkstücke

Im Bild 2.2 werden häufig eingesetzte Vorrichtungen den Gruppen dieser aufgeführten Vorrichtungsarten zugeordnet [2.2]. Weitere Einteilungsmerkmale sind denkbar, z. B. nach dem Automatisierungsgrad, nach der Mobilität der Vorrichtung oder der zum Spannen eingesetzten Energieform. Nachfolgend soll die für den Vorrichtungseinsatz sehr wichtige Gruppeneinteilung nach der Bauart bzw. dem Aufbau weiter analysiert werden. Dabei wird ersichtlich, daß die merkmalbezogene Gruppeneinteilung nur eine Orientierung darstellen kann, weil die Einsatzgrenzen fließend und die Gruppenmerkmale nicht exakt definiert sind.

| *Einteilung **nach dem Aufbau** der Vorrichtung* |

2.2.1 Spezial- oder Sondervorrichtungen

Merkmal: starre kompakte Bauweise, keine Flexibilität. Diese Vorrichtungen sind für ein ganz bestimmtes Werkstück und für die Ausführung ausgewählter Arbeitsoperationen konzipiert.
Vorteil: genaue und zuverlässige Fertigung; geringe Fehlermöglichkeit
Nachteil: Fertigungsaufwand und Bereitstellungszeit sehr groß; hohe Vorrichtungskosten
Anwendung: Großserienfertigung; Massenfertigung

Das zu wählende Herstellungsprinzip wird entscheidend durch die jeweils vorliegenden konkreten Einsatzbedingungen beeinflußt.

2.2 Einteilung nach Vorrichtungsarten

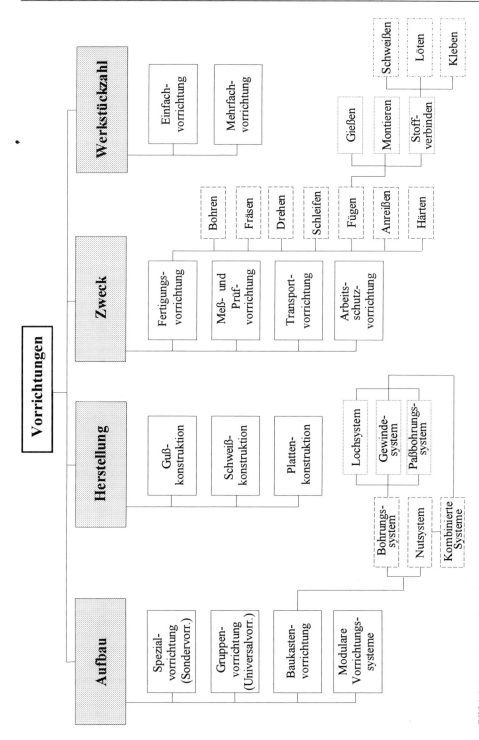

Bild 2.2 *Einteilung der Vorrichtungen [2.2]*

Kriterien zur Auswahl und *Festlegung des Herstellungsverfahrens* sind beispielsweise:
- verfügbare Herstellungszeit für die Fertigung (Bearbeitung, Montage, Erprobung)
- geforderte Anzahl gleichartiger Vorrichtungen
- entscheidende technische Parameter, wie Genauigkeit, Steifigkeit, Dämpfung, Leitfähigkeit
- unternehmensbezogene Bedingungen, wie vorhandene bzw. verfügbare Fertigungsmittel, Werksnormen, wirtschaftliche Erwägungen, Handelsbeziehungen, Auftragsbindungen

Entscheidungshilfen dazu enthalten auch der Abschnitt 3.2.4.3 "Fertigungsverfahren - Werkstoffauswahl"; Tabelle 3.1; Kapitel 8 und die Anlagen dazu mit den Tabellen 8.2.1 bis 8.3.5.

Die Art und Weise der Herstellung wird für Baukastenvorrichtungen und modulare Vorrichtungssysteme allein vom Produzenten dieser Vorrichtungs- und Spanntechnik getroffen. Bei Spezialvorrichtungen und Gruppenvorrichtungen kann auch der Anwender erforderlichenfalls die Fertigung selbst übernehmen; damit obliegt ihm diese Entscheidung.

2.2.2 Gruppen-, Standard- oder Universalvorrichtungen

Merkmal: Umrüstbarkeit und Flexibilität für eine Werkstückfamilie (Werkstückgruppe mit bestimmten gemeinsamen Merkmalen, z. B. geometrische und fertigungstechnische Eigenschaften der Werkstücke; auch als Teilefamilie bezeichnet). Es können auch mehrere Arbeitsoperationen mit derartigen Vorrichtungen ausgeführt werden. Die Anpassung der Vorrichtung an die unterschiedlichen Abmessungen der Werkstücke innerhalb der Teilefamilie erfolgt durch Umrüsten, d. h. Umsetzen und/oder Einstellen der Vorrichtungsbaugruppen bzw. Vorrichtungselemente, z. B. auswechselbare Bohrklappen, Bestimmbolzen, Spannbacken.
Vorteil: kostengünstig; kurze Bereitstellungszeit
Nachteil: geringere Steife; geringere Genauigkeit
Anwendung: Einzel-, Klein-, und Mittelserienfertigung

Die Entwicklung und Konstruktion derartiger Vorrichtungen erfordert eine Analyse der konstruktiven und fertigungstechnischen Merkmale der Werkstückgruppe sowie deren Bestimm- und Spannmöglichkeiten.

2.2.3 Baukastenvorrichtungen

Merkmal: Vorrichtungsaufbau für beliebige Werkstücke mit Baukastenelementen und Normteilen. Alle Bauteile sind über einheitliche mechanische Schnittstellen lösbar miteinander verbunden; höchste Flexibilität
Vorteil: anwendbar für große Werkstückvielfalt; schnell verfügbar
Nachteil: hohe Kosten und Kapitalbindung für Baukastensystem; Kosten für Wiederhol-Montage groß; Reproduzierbarkeit für hohe Genauigkeit schwierig und teuer; Steife geringer als bei Kompaktbauweise; nicht als Schweißvorrichtung einsetzbar (dafür Spezialbaukästen)
Anwendung: Einzel- und Serienfertigung, insbesondere für Musterbau oder Nullserien; bei Produktionsbeginn, wenn Spezialvorrichtung noch nicht verfügbar; zur Überbrückung bei Änderungen oder Ausfall von Sondervorrichtungen; als Zweitvorrichtung; bei Werkstückänderungen oder unvorhersehbarer erneuter Fertigung eines Werkstückes; bei späterer Ersatzteilproduktion, wenn Sondervorrichtungen nicht mehr verfügbar sind

Vorrichtungs - Baukastensysteme werden **nach der Art der Positionierung und Befestigung** der Baukastenelemente eingeteilt in *Nutsysteme, Bohrungssysteme und kombinierte Systeme*.

2.2 Einteilung nach Vorrichtungsarten

2.2.3.1 Baukastenvorrichtungen nach dem Nutsystem

Diese werden ausgeführt in Einfach- oder Kreuznutung, in verschiedenen Rastermaßen und vorzugsweise als T-Nuten. Das Bestimmen/Positionieren und das Befestigen der Vorrichtungselemente erfolgt mittels Nutensteinen in den T-Nuten. Vorteilhaft ist bei Nutsystemen die stufenlose Positioniermöglichkeit aller Baukastenelemente in Richtung der Nuten. Es können relativ große Spann- und Bearbeitungskräfte im Vergleich zu Bohrungssytemen aufgenommen bzw. übertragen werden, wodurch eine relativ große Steifigkeit erreichbar ist, die sich auch bei einem erforderlichen Höhenaufbau der Vorrichtung günstig auswirkt. In zwei Koordinatenrichtungen besteht eine formschlüssige Kraftaufnahme, in Nutlängsrichtung jedoch nur Kraftschluß. Dieser offene Freiheitsgrad in Nutlängsrichtung erweitert zwar die Anpassungsmöglichkeiten, erfordert aber Einstellarbeiten bei der Vorrichtungsmontage. Die Positionier-/ Bestimmgenauigkeit quer zur Nutrichtung liegt bei ± 0,02 mm. Die Herstellung der Nuten ist aufwendig, die Systemkosten für Nut-Baukästen sind deshalb relativ hoch.

2.2.3.2 Baukastenvorrichtungen nach dem Bohrungssystem

Bei diesen Baukästen werden in einem vorgegebenen Rasterabstand - der vom Hersteller in Abhängigkeit der Baugröße festgelegt wird - Bohrungen eingebracht. Diese werden je nach Verwendungszweck mit oder ohne Paßmaß gefertigt und können zusätzlich auch mit Gewinde für Schraubverbindungen versehen werden. Die Positionierung der Baukastenelemente ist nur digital entsprechend dem vorliegenden Bohrungsraster möglich, was bei einer automatischen Handhabung oder Montage auch von Vorteil sein kann. Mit Hilfe von einstellbaren Adapter–Baukastenelementen wird eine stufenlose Positionierung zwischen benachbarten Bohrungen ermöglicht; dies erfordert jedoch zusätzlichen Aufwand, Bauraum und Kosten.

Baukastenvorrichtungssysteme mit Bohrungen ohne Paßmaß erfüllen nur geringe Genauigkeitsforderungen, sie können nur für Montage- und Schweißvorrichtungen eingesetzt werden.

Baukastenvorrichtungssysteme mit Paß- und Gewindebohrungen sind universell einsetzbar (ausgenommen Schweißen und andere Verfahren mit hohen Temperaturen). Bei diesen Baukastenvorrichtungen wird die Lagepositionierung über Paßstifte und die Lagesicherung über Schrauben erreicht; beide sind rasterförmig angeordnet. Diese funktionale Trennung ist vorteilhaft, kann aber zu größeren Abmessungen der Baukastenelemente führen. Eine Anwendung erfolgt vorzugsweise für geringere Krafteinwirkungen und als Fügevorrichtungen, da die Paßstifte nicht zur Kraftübertragung vorgesehen sind. Die Genauigkeit der Lagebestimmung der Bauelemente kann mit ± 0,01 mm angesetzt werden. Nachteile dieser Baukastensysteme sind größere Abmessungen der Vorrichtungselemente infolge der alternierenden Anordnung von Paßbohrungen und Gewindebohrungen. Dies erfordert auch verstellbare Zwischenelemente infolge der größeren Rastermaße. Das Erzeugen der Stift- und Schraubverbindungen bedeutet einen erhöhten Montage-/ Demontageaufwand. Wegen Verschmutzungsgefahr müssen offene Gewindebohrungen mit Kunststoffstopfen verschlossen werden.

Baukastenvorrichtungssysteme mit Paßbohrungen besitzen für die formschlüssige Lagefixierung der Vorrichtungselemente rasterförmig angeordnete Paßbohrungen. In diese werden zylindrische Paßbolzen zur Lagefestlegung eingeführt und durch Verschrauben gesichert.

Als Weiterentwicklung davon haben sich *Baukastenvorrichtungssysteme mit Paßbohrungen und koaxialem Gewindansatz* bewährt. Diese Baukastensysteme können mit Paßschrauben zugleich das Positionieren und Befestigen der Bauelemente gewährleisten. Infolgedessen können kleine Rastermaße und damit auch kleine Baumaße ermöglicht werden. Die Genauigkeit des Bestimmens/Positionierens der Vorrichtungselemente beträgt ± 0,01 mm.

Durch den Formschluß können große Bearbeitungs- und Spannkräfte übertragen werden. Für eine automatische Handhabung oder Montage sind diese Baukastensysteme am günstigsten einsetzbar. In automatisierten Vorrichtungen kann eine Funktionstrennung über Paßstifte und Befestigungsschrauben zweckmäßig sein. Durch Eingießen von Buchsen in die Grundkörper bzw. Aufbauelemente wird eine rationelle kostengünstige Fertigung ermöglicht.

Vergleich der Baukastensysteme

Vergleichende Betrachtungen zu den vorstehend aufgeführten Einsatzmerkmalen zeigen entscheidende technische und wirtschaftliche Vorteile für Paßbohrungssysteme gegenüber den Nutsystemen. Im Entwicklungstrend ist deshalb eine verstärkte Verbreitung der Paßbohrungssysteme zu erwarten, insbesondere Baukästen mit Paßschrauben.
Folgende Vorteile favorisieren den Einsatz von Paßbohrungssystemen:

- kürzere Montagezeiten gegenüber Nut- und Gewindebohrungssystemen
- hohe Genauigkeit, gute Steifigkeit, platzsparende Bauweise
- gute Automatisierbarkeit, günstig für einen automatischen Vorrichtungsaufbau

2.2.3.3 Kombinierte Systeme für Baukastenvorrichtungen

Diese Systeme benutzen Adapterbausteine, um Baukastenelemente verschiedener Systeme miteinander kombinieren zu können. Damit können die in einem Unternehmen vorhandenen Baukästen besser ausgelastet und vor allem auch die Vorteile der einzelnen Systeme besser genutzt werden. Bei Verwendung einer Palette oder Grundplatte aus dem Paßbohrungssystem werden z. B. alle Aufbauelemente genau und schnell positioniert; über Adapterelemente mit T-Nuten kann ein steifer Höhenaufbau der Baukastenvorrichtung ermöglicht werden.

2.2.4 Modulare Vorrichtungssysteme

Merkmal: Vorrichtungsaufbau für systemgerechtes Werkstückspektrum mit umrüstbaren Vorrichtungsmodulen; kombinierbar mit geeigneten Baukastenelementen; große Flexibilität
Vorteil: große Genauigkeit bei relativ kurzer Bereitstellungszeit; für großes Werkstückspektrum und beliebige Losgrößen wirtschaftlich anwendbar
Nachteil: Systemkosten groß
Anwendung: alle Arten der Serienfertigung

Eine Orientierung über Eigenschaften, technische und wirtschaftliche Merkmale der aufgezeigten Vorrichtungsbauarten ermöglicht Tabelle 2.1 [2.2/ 2.4].

Einteilung *nach der Herstellung der Vorrichtung*

Das zu wählende Herstellungsprinzip wird entscheidend durch die jeweils vorliegenden konkreten Einsatzbedingungen beeinflußt, wie z. B.

- verfügbare Herstellungszeit für Fertigung und Montage der Vorrichtung
- geforderte Anzahl gleichartiger Vorrichtungen
- entscheidende technische und wirtschaftliche Parameter (z. B. Genauigkeit, Steifigkeit)
- firmenbezogene Einflußbedingungen (z. B. vorhandene/verfügbare Fertigungsmittel)

Eine **Gußkonstruktion** kann wirtschaftlich sein, wenn eine größere Anzahl gleichartiger Vorrichtungen benötigt wird und eine längere Zeit für die Herstellung der Vorrichtungen zur Verfügung steht. Unter diesen Bedingungen sind die Kosten für die notwendigen Modelle bzw. Formen und die längere Zeit der Fertigungsvorbereitung meist vertretbar.

2.2 Einteilung nach Vorrichtungsarten

Vergleichs-kriterien	Vorrichtungsbauart			
	Spezialvorrichtungen	Gruppenvorrichtungen	Baukastenvorrichtungen	Modulare Vorrichtungssysteme
Flexibilität	keine	gering	sehr groß	groß
Genauigkeit/ Reproduzierbarkeit	sehr gut	noch gut	befriedigend	gut
Verfügbarkeit vor Fertigungsbeginn	längerfristig (Herstellzeit lang)	kurzfristig (Umrüstzeit kurz)	mittelfristig (Montagezeit lang)	kurzfristig (Rüstzeit kurz)
Steifigkeit (statisch, dynamisch)	sehr groß	gut	befriedigend	gut
Systemkosten	keine	gering	sehr hoch	hoch
Eignung für Nullserienfertigung	ungeeignet	gut	sehr gut	eingeschränkt
Eignung für Serienfertigung	sehr gut	gut	schlecht	sehr gut

Tabelle 2.1 Vorrichtungsbauarten im Vergleich [2.2]

Eine *Schweißkonstruktion* kann in steifer Leichtbauweise gefertigt werden. Vorauszusetzen sind schweißtechnische Konstruktionserfahrungen. Infolge der Wärmeeinbringung entstehen Wärmespannungen, die unvermeidbar zu einem Verzug mit Verformungen an der geschweißten Vorrichtung führen. Durch Normalglühen und eine spanende Bearbeitung aller Funktionsflächen muß diesen Nachteilen entgegengewirkt werden. Diese Bauweise ist für Einzel- und Serienfertigung von Vorrichtungen geeignet.

Eine *Plattenkonstruktion* ist in Betracht zu ziehen, wenn eine Einzelfertigung vorliegt oder nur wenige Vorrichtungen benötigt werden. Vor allem auch dann, wenn keine schweißtechnischen Konstruktions- und Fertigungserfahrungen vorhanden sind oder anderenfalls eine spätere Demontage der Vorrichtung in Betracht gezogen wird, um z. B. Verschleißteile auszuwechseln. Die Plattenkonstruktion erfordert in jedem Fall eine Lagefixierung aller lagedefinierten Funktionsbaugruppen der Vorrichtung durch Verstiften, z. B. tragende Vorrichtungsbaugruppen für Bestimm- oder Führungselemente. Nach der Positionsfestlegung durch Einbringen von jeweils 2 Paßstiften pro Bauteil erfolgt die Lagesicherung durch Verschrauben.

Einteilung nach dem Zweck des Vorrichtungseinsatzes

Im Fertigungsprozeß der Werkstücke werden Vorrichtungen für die Fertigungsverfahren, aber auch für andere Arbeitsoperationen, wie die Qualitätssicherung, den prozeßintegrierten Werkstücktransport, den Arbeitsschutz und andere benötigt. Bei den Fertigungsverfahren überwiegen Vorrichtungen für formändernde Fertigungsverfahren z. B. Umformen, Trennen, Fügen. Vorrichtungen für nicht formändernde Verfahren z. B. Anreißen, Härten, u. a. sind weniger im Einsatz.

Einteilung nach der Werkstückanzahl in der Vorrichtung

In Abhängigkeit von Werkstückgeometrie und Fertigungsablauf kann die Aufnahme mehrerer Werkstücke innerhalb einer Vorrichtung zwingend notwendig oder wirtschaftlich geboten sein, z. B. zur Einsparung von Hilfszeiten, zur Kostensenkung. Kann eine Vorrichtung mehrere Werkstücke zugleich aufnehmen, wird sie als *Mehrfachvorrichtung* bezeichnet. Bei Aufnahmemöglichkeit für nur ein Werkstück spricht man von *Einfachvorrichtung*.

Die Flexibilität und die Wirtschaftlichkeit sind zwei wesentliche Beurteilungs- und Entscheidungskriterien für die Auswahl bzw. die Entwicklung einer bestimmten Vorrichtungstechnik. Eine höhere Flexibilität muß dabei nicht zwangsläufig zu einer größeren Wirtschaftlichkeit führen, auch das Gegenteil kann eintreten. Die Betrachtung der Wirtschaftlichkeit erfordert eine Kosten-Nutzen-Einschätzung. Um eine realistische Kostenbeurteilung zu ermöglichen, müssen alle Kostenfaktoren in eine Kostenrechnung einbezogen werden, so z. B.
– Vorrichtungskosten (Beachtung von Sonderteilen)
– Systemkosten
– Vor- und Nachbearbeitungskosten der Werkstücke
– Fertigungskosten
– Rüstkosten
– Montagekosten
– Lagerhaltungskosten
– sonstige Kosten (z. B. für Abschreibungen u. a.)

Eine Bewertung bzw. Beurteilung der technischen und wirtschaftlichen Überlegenheit eines konzipierten oder realisierten Vorrichtungseinsatzes im Vergleich zu Alternativlösungen ist folglich nur in komplexer Betrachtungsweise des gesamten vorrichtungsbezogenen Fertigungsablaufes unter Berücksichtigung aller kostenbeeinflussenden Faktoren möglich.

2.3 Nutzen durch Anwendung von Vorrichtungen

Der Einsatz von Vorrichtungen wird zielorientiert und zweckbestimmt geplant; immer soll ein Nutzen für den Anwender erreicht werden. Die angestrebten Ziele können vielseitig sein, zumeist sind sie wirtschaftlicher Art. In den meisten Fällen begründen geforderte Kosteneinsparungen einen Vorrichtungseinsatz, oft sind es auch die Qualitätssicherung, die Fertigungszeit, der Arbeitsschutz oder andere Aspekte. Im Bild 2.3 werden die vorteilhaften Wirkungen veranschaulicht.

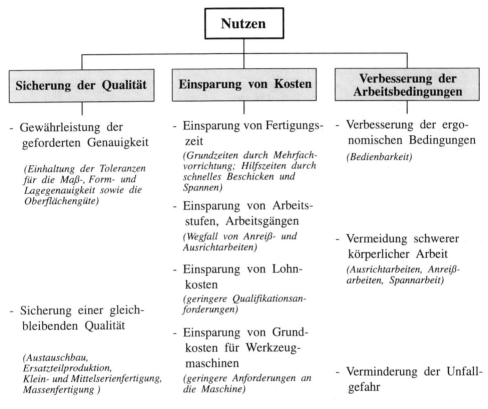

Bild 2.3 Nutzen durch Vorrichtungen [2.2]

Im allgemeinen wird eine rationelle und wirtschaftliche Fertigung durch die Anwendung von Vorrichtungen angestrebt und auch erreicht. Durch anforderungsgerechte Vorrichtungslösungen können Kostenreduzierungen, erhöhte Produktivität, verbesserte Zuverlässigkeit, höhere Genauigkeit, verkürzte Lieferzeit, Lohnkosteneinsparungen und andere Wettbewerbsvorteile erzielt werden.

Es können auch zwingende Gründe vorliegen, die einen Vorrichtungseinsatz unbedingt erfordern, auch wenn keine Kostenersparnisse möglich sind. Denkbar sind solche Erfordernisse z. B. aus ergonomischer Sicht, der technischen Sicherheit, des Gesundheits-, Arbeits- und Brandschutzes sowie des Umweltschutzes oder andere Gesichtspunkte.

3 Konstruieren einer Vorrichtung

3.1 Anforderungen an Vorrichtungen

Im Fertigungsprozeß werden die Vorrichtungen mit den durch sie *bestimmten* und *gespannten* Werkstücken auf den Werkzeugmaschinen *positioniert* und befestigt. Die Werkzeuge werden durch *Einrichten* so eingestellt, daß die geforderte Bearbeitungsposition durch jedes Werkzeug erreicht wird. Das *Einrichten* kann dabei auf verschiedene Arten erfolgen:

1. durch Anlegen von *Werkzeugeinstellelementen* an die Bestimmflächen oder eigens dafür vorgesehene Richtflächen der Vorrichtung
2. bei bekannter Werkstückposition zur Maschine über die Berechnung von *Referenzkoordinaten* und Anfahren der Bearbeitungsposition über die *NC-Steuerung*.

Die Vorrichtung ist damit in einen Kreislauf eingebunden; sie wird im Fertigungsprozeß zu einem Bindeglied zwischen Werkstück und Werkzeugmaschine, wobei das Werkzeug zu beiden in unmittelbarer Beziehung steht. Für die Durchführung einer Bearbeitung müssen alle diese *Prozeßkomponenten* **Werkstück – Vorrichtung – Werkzeug – Maschine** in vorgegebener Weise zusammenwirken.

3.1.1 Wirkbeziehungen

Die *Prozeßkomponenten* dieses *Kreislaufes* Werkstück – Vorrichtung – Maschine – Werkzeug sollen nachfolgend als *Systemkomponenten* bezeichnet werden; sie bilden mit ihren *Wirkbeziehungen* zueinander gemeinsam das **Wirksystem "Fertigungsprozeß"**.

Jede *Systemkomponente* besitzt Eigenschaftsmerkmale, die mit anderen *Systemkomponenten* harmonieren – kompatibel, verknüpfbar sein müssen – und im Zusammenwirken mit diesen die beabsichtigten höheren Leistungsmerkmale in neuer höherer Qualität begründen. Zugleich besitzt jede Systemkomponente Eigenschaften, die unvereinbar – unverträglich, abweisend zu diesen sind – keine Verbindung zu einer oder mehreren Systemkomponenten ermöglichen. Alle Wesensmerkmale, d. h. die positiven und die negierenden, aller Systemkomponenten begründen die *Wechselbeziehungen* im Bearbeitungsprozeß und damit zugleich auch die Abhängigkeiten voneinander.

In automatisierten Fertigungsprozessen können die Systemkomponenten durch weitere *Bestandteile der Systemkomponenten* ergänzt werden.

Die *Systemkomponente* **"Fertigungseinrichtung"** besteht beispielsweise aus einer Werkzeugmaschine; mit steigendem Automatisierungsgrad kann sie ebenso ein Bearbeitungszentrum oder ein Maschinensystem sein.

Die *Systemkomponente* **"Werkzeug"** kann durch Werkzeugführungen, Werkzeugspeicher, Werkzeugwechsler, Werkzeugerkennungseinrichtungen und weitere Einrichtungen erweitert werden, die zusammen ein komplettes Werkzeugflußsystem ergeben.

Die *Systemkomponente* **"Werkstück"** führt in erweiterter Form zu einem Werkstückflußsystem, dem beispielsweise Werkstückträger – wie Spannpaletten, Transportpaletten u. a. – Beschickungsroboter, Verkettungs- und Transporteinrichtungen zugehören können.

3.1 Anforderungen an Vorrichtungen

Auch der *Mensch* ist eine *Systemkomponente* des Fertigungsprozesses, der wesentlich alle Systemanforderungen beeinflußt.

Im Bild 3.1 werden die *Wirkbeziehungen* der *Systemkomponenten* des *Wirksystems* "*Fertigungsprozeß*" in ihrer gegenseitigen Verflechtung aufgezeigt. Die Systemanforderungen an die Vorrichtungen bilden als Bezugsposition den Mittelpunkt.

Bild 3.1 Wirkbeziehungen der Vorrichtung im Fertigungsprozeß [3.1]

Bei jeder konkreten Problemstellung – z. B. einer mit einer Vorrichtung zu bewältigenden Fertigungsaufgabe – werden somit durch alle Systemkomponenten Anforderungen an die anderen Systemkomponenten im Sinne von Kompatibilitätsbedingungen begründet. Die gewünschte Vorrichtungskonstruktion muß anforderungsgerecht nicht nur die formulierte Vorrichtungsaufgabe erfüllen, sondern auch möglichst allen Erfordernissen der anderen Systemkomponenten entsprechen, um die Voraussetzungen für eine optimale Lösung zu schaffen. Im Bild 3.1 werden Beispiele für solche Wirkbeziehungen angegeben:

Das Werkstück enthält eine Vielzahl von geometrischen und funktionellen Angaben in der Werkstückzeichnung bzw. den ergänzenden Fertigungsunterlagen. Die wichtigsten sind:

- Ausgangszustand vor der Bearbeitung
- Bearbeitungsaufgaben (geometrische Verhältnisse, Abmessungen, Maß-, Form-, Lagefehler, Oberflächengüte, Toleranz und Passungsangaben, Masse, Werkstoff, Bearbeitungsstellen, Bearbeitungsoperationen)
- Endzustand nach der Bearbeitung

Für die Vorrichtung folgt daraus z. B.:

- aus der funktionsbedingten Bemaßung die Anordnung der Bestimmebenen
- aus den geometrischen Formen und Abmessungen des Werkstückes die Gestaltung und Anordnung der Funktionselemente
- aus der Oberflächenbeschaffenheit und den Genauigkeitsanforderungen die Anforderungen an die Gestaltung und Dimensionierung der Funktionsträgerflächen

Auch alle anderen Systemkomponenten stellen Anforderungen als Leistungsmerkmale. Für das Konstruieren einer Vorrichtung sind die im Bild 3.1 als Wirkbeziehungen ausgewiesenen Anforderungen besonders wichtig.

Zusammenfassung

- Die *Systemkomponenten Werkstück – Vorrichtung – Werkzeug – Maschine* bilden mit ihren *Wirkbeziehungen* zueinander gemeinsam das *Wirksystem "Fertigungsprozeß"*.
- Alle Wesensmerkmale aller Systemkomponenten begründen die *Wirkbeziehungen* im Bearbeitungsprozeß und damit zugleich auch die Abhängigkeiten voneinander.
- *Die Vorrichtungskonstruktion muß diese anforderungsgerecht berücksichtigen.*

3.1.2 Schnittstellen

Mit der Eingliederung einer Vorrichtung in den Fertigungsprozeß und der räumlichen Anordnung im Arbeitsraum einer Fertigungseinrichtung ergeben sich Kontakte aller Systemkomponenten untereinander, – also auch zur Vorrichtung – die als *Schnittstellen* bezeichnet werden.

Berührungskontakte werden als *mechanische Schnittstellen* bezeichnet. Man unterscheidet auch zwischen *Schnittstellen* für die Stoffübertragung, die Energieübertragung und die Datenübertragung. Diese sind beispielsweise für die Ver- und Entsorgung der Vorrichtungen mit Hilfsstoffen, z. B. Kühl- und Schmiermittel, die Späneentsorgung, die Energieversorgung sowie den Datentransfer für automatische Abläufe von Bedeutung.

Im Bild 3.2 sind die *mechanischen Schnittstellen* im *Wirksystem Maschine – Werkzeug – Werkstück – Vorrichtung* aufgezeigt. Die Schnittstellen sind durch unterschiedlich gestaltete Berührungskontaktflächen charakterisiert, über die dementsprechend unterschiedliche Wirkungen zu anderen Systemkomponenten hervorgerufen werden.

Jede mechanische Schnittstelle enthält pro Systemkomponente eine oder auch mehrere Kontaktflächen, die als *Wirkstellen* die gegenseitige Einwirkung übertragen. Die dazu benutzten Oberflächenelemente jeder Systemkomponente bilden pro *Wirkstelle* jeweils ein *Wirkflächenpaar* [3.2].

Die Eigenschaftsmerkmale einer jeden Schnittstelle werden durch die Gesamtheit der geometrischen und physikalischen Wechselbeziehungen an ihren Wirkflächenpaarungen festgelegt.

3.1 Anforderungen an Vorrichtungen

Beispiele für Anforderungen an die *Schnittstelle Vorrichtung – Werkstück* sind:
- Das mit der Vorrichtung zu bearbeitende Werkstück ist in die für die Bearbeitung notwendige räumliche Lage zu bringen.
- Diese Raumlage muß genau genug reproduzierbar sein.
- Das Werkstück muß gegen angreifende Bearbeitungskräfte und andere prozeßbedingte Einflüsse gesichert werden und seine Lage beibehalten.

Nach diesen Anforderungen sind die Wirkflächen der Vorrichtung auszubilden. Am Werkstück werden sie ausgewählt und nur bei Nichteignung vorrichtungsgerecht gestaltet.

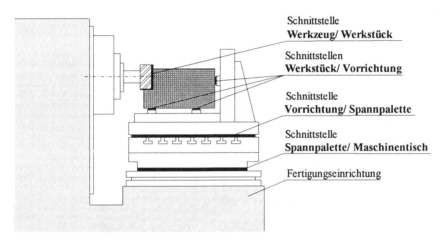

Bild 3.2 *Schnittstellen der Vorrichtung im Wirksystem [3.1]*

Die Wirkflächen der Vorrichtung werden nach ihrer Anzahl und Lage zu den Wirkstellen sowie nach der Form und den Abmessungen der Wirkflächenpaare körperlich ausgebildet. Jedes *Wirkflächenpaar* ist zweckbestimmt für die *Wirkstelle*. Durch eine anforderungsgerechte Dimensionierung und Gestaltung kann jedes Wirkflächenpaar eine Aufgabe erfüllen, die der Realisierung bestimmter *Funktionen der Vorrichtung* dient. Die *Wirkflächen* müssen dementsprechend zu *Funktionsträgern* der Vorrichtung ausgebildet werden. Diese sind die *Vorrichtungselemente der Funktionsbaugruppen*.

- Die *Wirkflächenpaare zur Lagefestlegung* des Werkstückes werden künftig als Bestimmflächen bezeichnet, welche die Funktion "*Bestimmen*" übernehmen.
- Für eine stabile Gleichgewichtslage werden *Wirkflächenpaare für Stützflächen* eventuell erforderlich, sie "*stützen*" das Werkstück.
- Für das nachfolgende "*Spannen*" werden *Wirkflächenpaare für Spannflächen* zur Lagesicherung benötigt – eventuell auch in Verbindung mit Stützflächen – um Deformationen durch Bearbeitungskräfte einzuschränken.
- Weiterhin können *Wirkflächenpaare für das "Führen"* eines Werkzeuges notwendig sein.
- Lageveränderungen des Werkstückes in der Vorrichtung werden über *Wirkflächenpaare durch "Teilen"* erreicht.

Alle diese Aufgaben werden in den nachfolgenden Abschnitten als *Funktionen der Vorrichtung* ausführlich behandelt.

Die *Schnittstelle Vorrichtung – Werkzeugmaschine* hat beispielsweise auch unter Einwirkung der Bearbeitungskräfte noch sicher zu gewährleisten:
- die Positionierung und Befestigung der Vorrichtung mit dem Werkstück in bearbeitungsgerechter Lage im Arbeitsraum der Maschine
- die Einnahme der für die Bearbeitung notwendigen Position zum Werkzeug

Wenn nach Bild 3.2 eine Spannpalette zwischen Vorrichtung und Werkzeugmaschine eingefügt wird, so hat die Spannpalette diese Aufgabe zu erfüllen – auch über die zusätzliche Schnittstelle zur Maschinenpalette bzw. zum Maschinentisch.

An dieser Schnittstelle werden die *Wirkflächen* zur Aufgabenerfüllung der *Basisbaugruppen* ausgebildet. Sie nehmen alle anderen Vorrichtungselemente auf und schließen den Kraftfluß zur Maschine über den Grundkörper. Die auf den *Grundkörper* aufgesetzten *Aufbauelemente* zur Aufnahme und Verbindung der Baugruppen untereinander werden mit zu den Basisbaugruppen gezählt.

An allen Schnittstellen können noch Wirkstellen zur Erfüllung zusätzlicher ergänzender Aufgaben vorgesehen werden. Dadurch können zusätzliche Aufgaben realisiert werden, die das Leistungsvermögen der Vorrichtung über die Grunderfordernisse hinaus erhöhen können. Diese dafür genutzten Wirkflächenpaare werden vorrichtungsseitig ausgebildet zu *Ergänzungsbaugruppen*.

Beispiele dafür sind:
- Meßfühler von Sensoren zur Prozeßsteuerung und Prozeßkontrolle
- Einrichtungen zur Versorgung oder Entsorgung der Vorrichtung

Die *Schnittstelle Vorrichtung – Mensch* (Bedienpersonal) bewirkt zwingende Forderungen an die Vorrichtung zur ergonomischen Gestaltung der Vorrichtungselemente, insbesondere der *Bedienelemente*. Dabei spielen die Abmessungen und Bedienkräfte der Vorrichtung eine dominierende Rolle, sie müssen den menschlichen Proportionen, Bewegungsmöglichkeiten und zumutbaren Belastbarkeiten angepaßt sein. Gesundheitliche Gefährdungen sind seitens der Vorrichtung auszuschließen.

Die *Schnittstelle Werkstück – Werkzeug* legt verfahrenstypisch sowie werkzeug- und werkstoffabhängig die Bearbeitungsparameter für die Fertigung fest, wobei die *Schnittstelle Werkzeug – Maschine* darauf ebenfalls Einfluß nimmt.

Zusammenfassung

- Jede *mechanische Schnittstelle* enthält eine oder mehrere **Wirkstellen**.
- Jede *Wirkstelle* wird durch ein *Wirkflächenpaar* repräsentiert. Dieses ist anforderungsgerecht so zu dimensionieren und zu gestalten, daß es seine *funktionelle Aufgabe* erfüllen kann.
- Über die *Wirkstellen zwischen Werkstück und Vorrichtung* sind die **Funktionen der Vorrichtung** anforderungsgerecht zu erfüllen.

Entsprechend den funktionellen Anforderungen sind die vorrichtungsseitigen Wirkflächen jeder Wirkstelle zu Vorrichtungselementen der Vorrichtungsbaugruppen auszubilden.

3.1.3 Funktionen der Vorrichtung

Die durch die Systemkomponenten Werkstück – Vorrichtung – Werkzeug – Maschine im Wirksystem "Fertigungsprozeß" begründeten *Wirkbeziehungen* und die in den *Schnittstellen* des Wirksystems liegenden Wirkstellen repräsentieren zusammen alle Eigenschaftsmerkmale des Wirksystems, die vorrichtungsseitig als *Konstruktionsanforderungen die Vorrichtungsaufgabe* festlegen.

Diese Anforderungen sind über die *Wirkflächenpaare* zwischen Werkstück und Vorrichtung in definierte Einwirkungen der Vorrichtung auf das Werkstück zur Erzielung beabsichtigter Zustandsänderungen am Werkstück umzusetzen. Die durch die Vorrichtung am Werkstück herbeizuführenden Zustandsänderungen werden vorrichtungsseitig durch zweckgerichtetes Einwirken herbeigeführt, die als Funktionen der Vorrichtung bezeichnet werden.

Begriffsbestimmung "Funktion der Vorrichtung" [3.1]

> *Eine Funktion der Vorrichtung ist das zweckgerichtete Einwirken der Vorrichtung auf das Werkstück zur Herbeiführung einer beabsichtigten Zustandsänderung relativ zum Wirksystem.*

Vorrichtungsseitig werden dazu die Wirkflächen funktionsgerecht dimensioniert und gestaltet und als Vorrichtungselement einer Baugruppe ausgebildet. Über die Wirkstellen zwischen Werkstück und Vorrichtung sind alle Funktionen der Vorrichtung anforderungsgerecht zu erfüllen.

Werkstückseitig wird die Wirkoberfläche für jede Wirkstelle ausgewählt, erforderlichenfalls vorrichtungsgerecht verändert oder als künstliche Basis überhaupt neu geschaffen.

3.1.3.1 Grundfunktionen

Die grundsätzlichen Funktionen, die jede Vorrichtung im Wirksystem "Fertigungsprozeß" zu erfüllen hat, werden als *Grundfunktionen* bezeichnet. Dies gilt für die Funktionen *Bestimmen* (bzw. *Positionieren*) und *Spannen* generell, für die Funktionen *Führen* und *Teilen* jeweils in Abhängigkeit der Beschaffenheit des Werkstückes.

Begriffsbestimmung der Grundfunktionen [3.1]:

1. *Positionieren*
   ist die definierte und reproduzierbare Lagefestlegung eines Werkstückes zur Fertigungseinrichtung. Es beinhaltet die Gesamtheit aller einzelnen Positioniervorgänge.

2. *Bestimmen*
   ist Bestandteil des Positionierens des Werkstückes. Das Bestimmen ist die definierte und reproduzierbare Lagefixierung eines (oder mehrerer) Werkstückes (-e) in einer Vorrichtung mit der für die Bearbeitung notwendigen Genauigkeit.

3. *Spannen*
   ist das sichere Festhalten unter allen Bearbeitungsbedingungen durch Spannkräfte.

4. *Führen*
   ist die Auferlegung eines Zwanges auf die Bewegung des zu führenden Werkzeuges.

5. *Teilen*
   Teilen ist das Zuweisen mehrerer Bestimmlagen an ein Werkstück in einer Vorrichtung. Das Werkstück ist vorzugsweise auf einem beweglichen Werkstückträger bestimmt und gespannt, über den jede Bestimmlage indexiert und arretiert wird.

3.1.3.2 Ergänzungsfunktionen

Alle über die Grundfunktionen hinaus zu erfüllenden Anforderungen werden durch *Ergänzungsfunktionen* realisiert. Diese wirken entweder in ergänzender Weise zur Vervollständigung mit den Grundfunktionen zusammen oder erfüllen zusätzliche Anforderungen.

Begriffsbestimmung der Ergänzungsfunktionen [3.1]:

1. *Stützen*
   ist das Zuweisen einer zusätzlichen Vorrichtungskontaktfläche, um das Bestimmen eines Werkstückes oder das Spannen und/oder das Bearbeiten zu ermöglichen.
2. *Indexieren*
   ist die Lagefixierung der durch eine Teilbewegung herbeigeführten Lageveränderung eines Werkstückträgers oder eines Werkstückes.
3. *Arretieren*
   ist das Sichern einer indexierten Teilbewegung des Werkstückträgers durch Klemmkräfte.
4. *Verschließen*
   ist das formschlüssige Verriegeln eines Vorrichtungselementes in einer vorgegebenen Lage ohne Kraftausübung und schnell lösbar.
5. *Verbinden*
   ist das Zusammenfügen von Vorrichtungselementen.

3.2 Struktureller Aufbau der Vorrichtungen

Alle Vorrichtungen haben gemeinsame Wesensmerkmale hinsichtlich ihres strukturellen Aufbaus als Folge ihrer gemeinsamen Aufgabenstruktur. Zunächst müssen die Begriffe eingeordnet bzw. festgelegt werden.

3.2.1 Begriffsbestimmungen [3.1]

1. *Vorrichtungselement:* Vorrichtungseinzelteil oder -baugruppe
2. *Vorrichtungseinzelteil:* Bauteil einer Vorrichtung, welches aus einem Stück besteht. Standardisierte Teile werden als Normteile bezeichnet.
3. *Vorrichtungsbaugruppe:* Aus mehreren Einzelteilen, auch Normteilen, zusammengefügtes Vorrichtungselement. Eine Vorrichtungsbaugruppe hat einen vorgegebenen Einsatzzweck zu erfüllen.
4. *Werkstückträger:* Darunter soll die Baugruppe verstanden werden, mit deren Hilfe das Werkstück im bestimmten und gespannten Zustand im Arbeitsraum der Werkzeugmaschine für die Bearbeitung positioniert werden soll. Dies können sein *(gemäß Bild 4.1)*:
   –eine Vorrichtung (Bei Teilvorrichtungen führt der bewegliche Werkstückträger auch die Teilbewegung aus)
   –eine Spannpalette
   –eine Maschinenpalette oder ein Maschinentisch

3.2.2 Aufbau der Vorrichtungen

Der prinzipielle Aufbau aller Vorrichtungen ergibt sich aus ihrer grundsätzlichen Aufgabenstellung im Wirksystem "Fertigungsprozeß". Die Darlegung der Wirkbeziehungen und Schnittstellen zeigte bereits diese Zusammenhänge. Danach werden Baugruppen erforderlich, mit deren Hilfe die funktionellen Anforderungen erfüllt werden können. Dies sind *Funktionsbaugruppen, Basisbaugruppen und Ergänzungsbaugruppen*. Im Bild 3.3 wird der grundsätzliche strukturelle Aufbau der Vorrichtung nach Baugruppen aufgezeigt.

Jede Vorrichtung besteht in ihrer Grundstruktur aus Funktionsbaugruppen, die am Grundkörper der Basisbaugruppen und möglicherweise auch an darauf aufgesetzten Aufbauelementen befestigt sind. Die Ergänzungsbaugruppen werden gleichermaßen von den Basisbaugruppen aufgenommen, sofern sie nicht zu den Funktionsbaugruppen gehören.

Bild 3.3 Aufbau der Vorrichtungen [3.1]

Die Baugruppen zur Erfüllung der Grundfunktionen der Vorrichtung werden als Funktionsbaugruppen bezeichnet. Diese werden von Basisbaugruppen aufgenommen, die zugleich die Verbindung zur Werkzeugmaschine herstellen und auch die Ergänzungsbaugruppen tragen. Die Ergänzungsbaugruppen vervollständigen den Aufbau der Vorrichtung über den Grundaufbau hinaus, der mit den Funktions- und Basisbaugruppen erreicht wird.

3.2.3 Funktionsbaugruppen

Die Vorrichtungsbaugruppen zur Erfüllung der Grundfunktionen werden als *Funktionsbaugruppen* bezeichnet. Funktionsbaugruppen können Vorrichtungsbaugruppen sein zum
- Bestimmen/Positionieren
- Spannen
- Führen
- Teilen.

Die Funktionen "*Bestimmen*" und "*Spannen*" müssen in jeder Vorrichtung realisiert werden. Von der konkreten Aufgabenstellung hängt es ab, inwieweit mit der Vorrichtung Werkzeuge geführt werden müssen, z. B. Spiralbohrer durch Bohrbuchsen. In derartigen Fällen muß die Grundfunktion "*Führen*" durch eine Baugruppe gewährleistet werden.

Müssen mit einer Vorrichtung in einer Aufspannung mehrere Bestimmlagen eines Werkstückes realisiert werden, so muß diese als Teilvorrichtung gestaltet werden, d. h. die Grundfunktion "*Teilen*" ist zu erfüllen.

Darüberhinaus können – insbesondere in Verbindung mit den Grundfunktionen – noch *Ergänzungsfunktionen* zu erfüllen sein, z. B.:
- Stützen (mit "Bestimmen" oder "Spannnen")
- Indexieren (mit "Teilen")
- Arretieren (mit "Teilen")
- Verschließen (mit "Führen" oder "Spannen")
- Verbinden

In Verbindung mit den Grundfunktionen zählen diese Vorrichtungselemente zu den Funktionsbaugruppen, ansonsten bilden sie Ergänzungsbaugruppen. Verbindungselemente können allen Baugruppen angehören; ausschlaggebend ist die jeweilige Zweckbestimmung.

Bestimmelemente

Bestimmelemente bzw. *Positionierelemente* sind Vorrichtungselemente, die zum eindeutigen Bestimmen bzw. Positionieren der beliebig oft wiederholbaren Lage dienen, so z. B.
- des Werkstückes in der Vorrichtung
- des Werkstückes direkt auf einem Werkstückträger
- der Vorrichtung auf einem Werkstückträger

Spannelemente

Spannelemente sind Vorrichtungselemente, mit denen die erforderlichen Spannkräfte schnell aufgebracht und aufgehoben werden können und dadurch Werkstücke in der Vorrichtung oder direkt auf dem Werkstückträger zeitweilig gegenüber Bearbeitungskräften festgehalten werden, ohne bleibende Formänderung am Werkstück hervorzurufen.

Spannkraftübertragende Elemente sind Vorrichtungselemente zur Zusammenfassung, Verteilung oder Umlenkung von Spannkräften innerhalb einer Vorrichtungsbaugruppe oder Vorrichtung. In dieser funktionellen Anwendung gehören sie zu den Funktionsbaugruppen. Werden derartige Vorrichtungselemente für andere Aufgaben eingesetzt, gehören sie zu den Ergänzungsbaugruppen.

Werkzeugführungselemente, Einstellelemente

Werkzeugführungselemente sind Vorrichtungselemente, die zum Führen von Werkzeugen, z. B. Spiralbohrern, Senkern und zum Bestimmen der Lage des Werkzeuges gegenüber dem Werkstück Anwendung finden.

Einstellelemente sind Vorrichtungselemente, mit denen unter Verwendung eines Hilfsmittels, z. B. eines Parallelendmaßes, die Lage des Werkzeuges zum Werkstück festgelegt wird.

Teilelemente

Teilelemente sind die funktionsbedingten Vorrichtungselemente zur Realisierung der Funktion "Teilen", sofern diese über die anderen Funktionen nicht bereits existieren.

3.2.4 Basisbaugruppen

3.2.4.1 Begriffe und Grundlagen

Die Basisbaugruppen verbinden alle Vorrichtungselemente miteinander. Sie haben folgende grundsätzlichen *Aufgaben* zu erfüllen:

- Aufnahme aller Vorrichtungselemente der Funktions- und Ergänzungsbaugruppen in ihrer funktionsbedingten relativen Lage zueinander; Beibehaltung dieser Relativlage unter allen Einsatzbedingungen der Vorrichtung während der gesamten Fertigungsdauer
- Auswahl des Werkstoffes und des Herstellungsverfahrens für den Vorrichtungsgrundkörper entsprechend den geforderten Einsatzbedingungen, z. B. Genauigkeit, Steifigkeit und Festigkeit
- Verbindung der Vorrichtung mit dem Maschinentisch der Fertigungseinrichtung und Übertragung des Kraftflusses der Spann- und Bearbeitungskräfte auf die Maschine
- Aufnahme von Ver- und Entsorgungseinrichtungen zum Betrieb der Vorrichtung, bzw. zur Gewährleistung der Funktionsfähigkeit (Späneentfernung, Kühl- und Schmiermittel, Energieversorgung, Steuer- und Regeleinrichtungen)
- Berücksichtigung ergonomischer Erfordernisse (Bedienbarkeit, Arbeitsschutz, technische Sicherheit)

Begriff "Basisbaugruppen" [3.1]

Basisbaugruppen haben die Aufgabe, alle Vorrichtungselemente in ihrer vorrichtungsbedingten relativen Lage zueinander aufzunehmen, diese unter allen Bearbeitungsbedingungen mit der geforderten Genauigkeit beizubehalten und die bearbeitungsbedingten Belastungen sicher auf den Werkstückträger der Fertigungseinrichtung zu übertragen.

Das Verbinden der Vorrichtungselemente untereinander erfordert ein Zusammenfügen aller Elemente, dafür sind verschiedene Verfahren möglich:

1. Gießen
2. Stoffverbinden (Schweißen, Löten, Kleben)
3. Montieren (Verstiften und Verschrauben)

Auf Grund der unterschiedlichen Verfahren zum Verbinden von Funktionsträgern der Vorrichtungen gibt es sehr differenzierte Fügebedingungen. Ein *Verbinden* durch *Gießen* oder *Stoffverbinden* setzt die genaue Einhaltung der verfahrenstypischen Herstellungsbedingungen voraus. Das *Gießen* von *Metallen*, *Kunststoffen* und *anderen Materialien* (beispielsweise Mineralguß für Grundkörper, Abschnitt 10.4) erfordert grundlegend andere Verfahrensbedingungen. *Stoffverbinden* kann durch *Schweißen*, *Löten oder Kleben* erreicht werden.

In allen Fällen sind vor allem die Anforderungen an die Vorbehandlung der Fügeteile und die benötigten Einrichtungen und Zusatzstoffe mit von ausschlaggebender Bedeutung. Dies sind beispielsweise Gießeinrichtungen, Formen, Modelle; Schweiß- oder Löteinrichtungen, Schweißdraht, Lote, Flußmittel, Klebstoffe, diverse Chemikalien.

Beim *Verbinden durch Montieren* (Verstiften und Verschrauben) sind in jedem Falle *Verbindungselemente* erforderlich, die zumeist als standardisierte Normteile verfügbar sind, aber auch als spezielle Vorrichtungsteile ausgebildet sein können. Im letzteren Fall werden sie nach Möglichkeit in *Aufbauelemente* integriert. Diese werden unmittelbar auf den Grundkörper aufgesetzt und sind mit diesem gemeinsam der Träger aller anderen Vorrichtungsbaugruppen, sie werden deshalb *Basisbaugruppen* genannt.

Struktur der Basisbaugruppen

Eine *Basisbaugruppe* besteht aus den Vorrichtungselementen, die funktionell gemeinsam die Vorrichtungselemente der *Funktions- und Ergänzungsbaugruppen* miteinander und zum Werkstückträger der Fertigungseinrichtung verbinden.

Unabhängig von der jeweiligen Herstellungsart können die Basisbaugruppen bestehen aus *Grundelementen, Aufbauelementen* und eventuell aus Normteilen.

Grund- und Aufbauelemente:

Grundelemente sind Vorrichtungselemente, welche die Verbindung zwischen Maschinentisch und weiteren Vorrichtungselementen herstellen und den Kraftfluß auf den Werkstückträger der Fertigungseinrichtung übertragen.

Aufbauelemente dienen zur Befestigung weiterer Vorrichtungselemente oder als Bindeglied zu Grundelementen, sie lassen sich auch als Grundelemente einsetzen.

3.2.4.2 Anforderungen

Grundsätzliche Forderungen an Basisbaugruppen

– genügende Steifigkeit (statisch, dynamisch, thermisch)
– genügende Genauigkeit (hinsichtlich Maß, Form, Lage und Oberfläche)
– kostengünstige Fertigungsmöglichkeit (stückzahl- und losgrößenabhängig)

Diese generell zu fordernden Eigenschaften sind für jede Vorrichtung von Bedeutung, aber in Abhängigkeit der Vorrichtungsaufgabe von unterschiedlicher Wertigkeit. So ist z. B. für eine Bohrvorrichtung die Steifigkeit nicht so entscheidend, wie für eine Fräsvorrichtung.

Die mit dem Spannen aufgebrachte Vorspannkraft verursacht stets eine elastische Verformung aller im Kraftfluß liegenden Vorrichtungselemente. Dies sind in jedem Fall die Spannelemente und die Basisbaugruppen, insbesondere der Grundkörper. Unter Einwirkung der Bearbeitungskräfte verändern sich diese Verformungen, weil sich das Kräftegleichgewicht verändert. Sind Komponenten der Bearbeitungskräfte den Spannkräften entgegengerichtet, so wird die beim Spannen mit der Vorspannkraft bewirkte elastische Verformung teilweise kompensiert, wodurch die verbleibende Spannkraft auf eine Restspannkraft absinkt. Bei einer geringen statischen Steifigkeit kann diese Entlastung zu einem großen Abfall der Spannkraft am Werkstück führen. Der Vorrichtungskonstrukteur muß gewährleisten, daß zu keinem Zeitpunkt während der Bearbeitung die Spannkraft unzulässig absinkt, d. h. während der Bearbeitung muß die anliegende Spannkraft das Werkstück immer sicher in seiner Bestimmlage halten. Die Festlegung der Richtung der Spannkraft, – vorzugsweise gegen die am Grundkörper angebrachten festen Bestimmelemente – der Betrag dieser Spannkraft und die statische Steifigkeit aller im Kraftfluß liegenden Vorrichtungselemente sind dafür maßgebend.

Die *statische Steifigkeit* ist definiert als der **Quotient aus einer Belastung und der durch sie verursachten Verformung**. Als Belastung kommen Zug-, Druck- und Biegekräfte oder auch Torsionsmomente in Betracht. Die Verformungen entstehen dementsprechend durch Dehnung oder Stauchung (Längenänderung Δl), Ab-/Durchbiegung (gemäß Biegelinie f oder η) oder Verdrehung um einen Torsionswinkel $\Delta\varphi$.

Rattermarken am Werkstück weisen immer auf eine zu geringe *dynamische Steifigkeit* von Werkstück, Vorrichtung oder Werkzeugmaschine hin.

Die *dynamische Steifigkeit* ist zu berechnen als der **Quotient aus der Amplitude der Erregerkraft und der Amplitude des erzwungenen Ausschlages**. Die *dynamische Steifigkeit* ist deshalb nur für erzwungene Schwingungen erklärbar.

3.2 Struktureller Aufbau der Vorrichtungen

3.2.4.3 Fertigungsverfahren – Werkstoffauswahl

Die Werkstoffe für Vorrichtungselemente werden entsprechend der zu erfüllenden Aufgabe anforderungs- und funktionsgerecht ausgewählt, – beispielsweise nach der Belastbarkeit statisch, dynamisch, thermisch; der Verschleißfestigkeit u. a. m *(siehe dazu Anlagen zu 8.3)*.
Die Wahl des Fertigungsverfahrens für den Vorrichtungsgrundkörper hängt von vielen Einflußfaktoren ab, beispielsweise von den zu fertigenden Stückzahlen und Losgrößen.
Die nachfolgende Tabelle 3.1 vermittelt den Zusammenhang zwischen den erzielbaren Eigenschaften der Grundkörper und den möglichen Werkstoffen für jedes Herstellungsverfahren.
Für die meisten Werkstoffe können mehrere Herstellungsverfahren realisiert werden. Die betrieblichen Bedingungen sind darüber hinaus mit entscheidend.

Herstellung	Werkstoffe	Vorteile	Nachteile
Gießen	Grauguß, Stahlguß, Leichtmetalle, Kunststoffe, Mineralguß für Grundkörper.	höchste Genauigkeit möglich, große statische und dynamische Steifigkeit, komplizierte Formen möglich, in großen Stückzahlen wirtschaftlich	Modellkosten erforderlich, längere Durchlaufzeiten, nur Serienfertigung wirtschaftlich
Schweißen	Stahl, Einsatzstahl	große statische und dynamische Steifigkeit, gute Kontaktdämpfung; Masseeinsparung durch Leichtbauweise, Einzelfertigung wirtschaftlich möglich	Genauigkeit geringer, Normalglühen zur Beseitigung der Schrumpfspannungen erforderlich, spanende Bearbeitung aller Kontaktflächen notwendig
Verstiften und Verschrauben *(Plattenkonstruktion)*	Stahl, Grauguß, Stahlguß, Mineralguß Leichtmetalle, Kunststoffe.	große Genauigkeit, Einzel- und Serienfertigung möglich, Änderungen leicht möglich (Demontage)	statische und dynamische Steifigkeit geringer, Lagesicherung der Vorrichtungselemente durch Verstiften notwendig

Tabelle 3.1 Herstellung und Eigenschaften von Grundkörpern [3.1]

1. Gegossene Grundkörper

Werkstoffe für gegossene Grundkörper sind Grauguß, Stahlguß, Mineralguß, Leichtmetalle und Kunststoffe. Grundkörper aus Leichtmetall werden nur bei größeren Vorrichtungen zur Erleichterung der Arbeit eingesetzt. Dieser Gesichtspunkt ist besonders bei Vorrichtungen zu berücksichtigen, die während der Durchführung des Arbeitsgangs zu kippen oder zu schwenken sind (z. B. Bohrvorrichtungen).

Vorteile

- nur sehr geringer Verzug durch Bearbeitungsspannungen
- gußgerechtes Konstruieren leichter beherrschbar als schweißgerechtes Konstruieren, beispielsweise Radien an Übergängen, Aushebeschrägen, gleichmäßige Wanddicken
- günstige Formgestaltung, beispielsweise können Aussparungen, Durchbrüche und größere Öffnungen im Gußstück berücksichtigt werden

Nachteile

- geringere Biege- und Torsionssteifigkeit als bei Stahlwerkstoffen
- Wegen der Modellkosten sind Gußausführungen in Einzelfertigung unwirtschaftlich. Größere Terminfristen für Modellherstellung und Durchlauf in der Gießerei erforderlich.
- Die Bearbeitungszugaben sind relativ groß.

2. Geschweißte Grundkörper

Vorteile

- Die Prinzipien des Leichtbaues können angewendet werden. Die gleiche Steifigkeit kann bei einem geschweißten Grundkörper mit wesentlich geringerer Masse erreicht werden.
- Alle Schweißnähte binden Schwingungsenergie und verringern durch diese Kontaktdämpfung die Schwingungsanfälligkeit. Schweißkonstruktionen haben dadurch gegenüber Graugußkonstruktionen eine größere Dämpfung; bei großen Grundkörpern kann dies ausschlaggebend sein.
- einfache Änderungsmöglichkeiten gegenüber Gußkonstruktionen
- bei Einzelfertigung niedrigere Kosten und kürzere Terminfristen

Nachteile

- Die Schweißwärme verursacht einen Verzug durch Schrumpfspannungen. Diese erfordern nachfolgend ein Normalglühen des Grundkörpers.
- Alle für die Funktion der Vorrichtung wichtigen Flächen müssen nach dem Schweißen bearbeitet werden. Das gefügte Bauteil ist dafür oft schwer zugänglich, teilweise ist auch keine wirtschaftliche Bearbeitung möglich.
- Die spanende Bearbeitung kann bei geschweißten Grundkörpern zu relativ großen Spannungen führen, die durch große Bearbeitungszugaben zu berücksichtigen sind.

Die durch das Schweißverfahren festgelegte, an der Fügestelle eingebrachte Wärmeenergie bewirkt körperliche und stoffliche Veränderungen am geschweißten Bauteil. Die geometrischen Veränderungen erzeugen Maß-, Form- und Lageabweichungen, die Gefügeveränderungen bewirken Eigenschaftsveränderungen, wie Zähigkeit, Sprödigkeit und andere Festigkeitseigenschaften. Der Anwender von Schweißverfahren muß diese verfahrensbedingten typischen Merkmale und Verhaltensweisen kennen und sie von Anfang an berücksichtigen. Dies erfordert umfassendes spezifisches Fachwissen. Sofern keine Schweißerfahrungen vorliegen, sollten Fachleute zu Rate gezogen oder von einer Schweißkonstruktion Abstand genommen werden. Zur Veranschaulichung der schweißtechnischen Besonderheiten werden nachfolgend einige grundlegende Anforderungen als Konstruktionsrichtlinien formuliert.

Konstruktionsrichtlinien für geschweißte Grundkörper

- Die Schrumpfung quer zur Schweißnaht ist größer als in Längsrichtung. Die Konstruktion ist möglichst so auszuführen, daß die Querschrumpfung ungehindert erfolgen kann, um Schrumpfspannungen möglichst klein zu halten.

3.2 Struktureller Aufbau der Vorrichtungen

- Die Anzahl der Schweißnähte soll so gering wie möglich sein.
- Breite Schweißnähte verursachen eine größere Schrumpfung als schmale Schweißnähte.
- Alle nach dem Schweißen spanend zu bearbeitenden Flächen müssen dem Werkzeug zugänglich und bearbeitbar sein. Ein wirtschaftliches Bearbeitungsverfahren sollte angewendet werden können. Mit den notwendigen Bearbeitungen dürfen Schweißnähte nicht angeschnitten werden.
- Versteifungsrippen eignen sich besser zur Vergrößerung der statischen Steifigkeit als größere Blechdicken. Bei Biegebeanspruchung sind Längsrippen, bei Torsionsbeanspruchung Diagonalrippen für die Versteifung von Platten anzuwenden. Bei zusammengesetzter Beanspruchung aus Biegung und Torsion sind Längs- und Diagonalrippen zu kombinieren.
- Statisch steifere Konstruktionen werden erzielt, wenn die Schweißnähte in die Zonen geringerer Beanspruchung gelegt werden, die Dämpfungswirkung wird dadurch jedoch herabgesetzt. Unterbrochene Schweißnähte vergrößern die Dämpfungswirkung, verringern aber zugleich die statische Steifigkeit.

3. Verstiftete und verschraubte Grundkörper (Plattenkonstruktion)

Vorteile

Im Vergleich zu geschweißten Grundkörpern ergeben sich entscheidende Vorteile hinsichtlich der erreichbaren Genauigkeit:

- kein Verzug durch Schrumpfspannungen oder Bearbeitungsspannungen
- Fügen mit sehr großer Genauigkeit möglich, da alle Flächen durch Schleifen an den Einzelteilen bearbeitet werden können

Gegenüber den gegossenen Grundkörpern ergeben sich flexiblere Fertigungsmöglichkeiten:

- geringere Masse wegen geringeren Werkstoffaufwandes
- kürzere Terminfristen

Nachteile

Der verstiftete und verschraubte Grundkörper besitzt im allgemeinen eine geringere statische Steifigkeit als bei gegossenen oder geschweißten Konstruktionen. Diese Herstellungsart ist deshalb vorteilhaft für kleinere Vorrichtungsgrundkörper anzuwenden, die geringen Beanspruchungen unterliegen.

Konstruktionsrichtlinien für verstiftete und verschraubte Grundkörper

- Der Abstand zwischen zwei Paßstiften ist so groß wie möglich auszuführen. Sie sind diagonal entgegengesetzt zu den Schrauben anzuordnen.
- Im Vorrichtungsbau haben sich der Zylinderstift und die Innensechskantschraube durchgesetzt. Der Kegelstift verbindet zwar nach jedem Lösen die erneut gefügten Teile in der ursprünglichen Lage, die Herstellung der Bohrung ist jedoch teurer.

Bei der Anwendung von Kunststoffen (z. B. Duro- oder Thermoplaste) sind spezifische Eigenschaftsmerkmale zu beachten, wichtig sind:

- geringes spezifisches Gewicht
- Korrosionsunempfindlichkeit
- elektrisch isolierend
- geringe statische und dynamische Belastbarkeit
- geringe Verschleißfestigkeit
- höherer Wärmeausdehnungskoeffizient gegenüber Stahl

Konstruktionshinweise:

- Befestigungslöcher im Abstand der sechs- bis achtfachen Wandstärke anordnen
- Gewindedurchmesser mindestens mit M 6 bemessen
- Einschraubtiefe mindestens mit dem doppelten Gewindedurchmesser ansetzen
- keine Kegelstifte verwenden
- Erhöhung der Verschleißfestigkeit durch Armieren mit Stahlteilen

3.2.4.4 Verbindung mit der Werkzeugmaschine

Verschiedene Baugruppen der Werkzeugmaschinen werden als Werkstückträger zur Aufnahme der Vorrichtung eingesetzt:

- Maschinentische, beispielsweise bei Bohr-, Fräs- oder Karuselldrehmaschinen
- Spindelköpfe bei Drehmaschinen
- Frontplatten bei Räummaschinen

Die *Positionierung* erfolgt beispielsweise durch

- Auflegen oder Anlegen an ebene Flächen unter Anwendung von Vorrichtungsfüßen, Nutensteinen und Anschlagwinkeln oder -leisten,
- Einmitten in konische Bohrungen mittels Aufnahmekegel,
- Einmitten in Bohrungen mittels zylindrischer Aufnahmebolzen.

Vorrichtungsfüße:

- Mögliche Ausführungsarten sind angegossen, ausgefräst, eingepreßt und eingeschraubt.
- Vorrichtungsfüße nicht scharfkantig und nicht ballig ausbilden
- stets 4 Vorrichtungsfüße anbringen, um Auflagefehler erkennen zu können
- Für ein günstiges Verschieben auf dem Vorrichtungsträger sind dessen Nutenabstände zu beachten.

Nutensteine:

- richtiges und genaues Positionieren stets mit 2 Nutensteinen, die in möglichst großem Abstand anzubringen sind
- stets nur nach einer T-Nut positionieren
- Mit der Vorrichtung fest verschraubte Nutensteine bedeuten eine erhöhte Beschädigungsgefahr.
- Lose Nutensteine sind in der T-Nut verschiebbar und günstig seitlich einzuschieben.

Das *Spannen* zur Lagesicherung der Vorrichtung erfolgt durch

- Handkraft für kleine Vorrichtungen, insbesondere beim Bohren,
- Reibschluß bei konischen Aufnahmen für Werkstücke, Werkzeuge oder Vorrichtungen,
- Spanneinrichtungen verschiedenster Bauart.

3.2.5 Ergänzungsbaugruppen

Ergänzungsbaugruppen vervollständigen die durch Funktions- und Basisbaugruppen aufgebauten Vorrichtungen. Insofern gehören dazu alle Baugruppen der Vorrichtung, die nicht bereits zu diesen beiden Baugruppenarten zählen.

Ergänzungsbaugruppen erhöhen das Leistungsvermögen, die Funktionssicherheit, die Zuverlässigkeit, die Bedienbarkeit oder sie gewährleisten die Versorgung der Vorrichtung mit Hilfsstoffen oder Energie. Auch Einrichtungen zur Steuerung, Regelung, Prozeßüberwachung und Datenübertragung gehören dazu.

3.2 Struktureller Aufbau der Vorrichtungen

Begriffsbestimmung "Ergänzungsbaugruppen" [3.1]

Ergänzungsbaugruppen erweitern das Leistungsvermögen von Funktions- oder Basisbaugruppen, um den Vorrichtungsanforderungen zu entsprechen oder andere beabsichtigte Wirkungen mit der Vorrichtung zu erreichen.

Zu den wichtigsten Vorrichtungselementen der Ergänzungsbaugruppen gehören:

Stützelemente

Stützelemente sind Vorrichtungselemente zur Gewährleistung einer eindeutigen, stabilen Werkstückbestimmlage durch zusätzliche Vorrichtungskontaktflächen. Diese ermöglichen eine stabile Gleichgewichtslage des Werkstückes, oder sie erhöhen die Steifigkeit der im Kraftfluß liegenden Teile des Werkstückes oder der Vorrichtung [3.1].

Die Anwendung von Stützelementen wird erforderlich,

- um ein Werkstück in die durch die Bestimmelemente vorgegebene Bestimmlage zu bringen, d. h. eine stabile Gleichgewichtslage auf den Bestimmelementen der Vorrichtung vor dem Spannen zu ermöglichen,
- um das Spannen von Werkstücken in der Vorrichtung zu gewährleisten. Durch das Abstützen des in der Vorrichtung bestimmten Werkstückes wird – ohne seine Bestimmlage zu verändern – seine statische Steifigkeit erhöht, so daß nachfolgend funktionssicher das Werkstück gespannt werden kann. In diesem Fall sind die Größe der Spannkraft und die Steifigkeit der im Kraftfluß liegenden Vorrichtungselemente ausschlaggebend.
- Um wenig steife Werkstücke nach dem Bestimmen und Spannen in der Vorrichtung abzustützen, damit bei der Bearbeitung die einwirkenden Bearbeitungskräfte keine unvertretbaren elastischen Deformationen am Werkstück hervorrufen können. Die geforderte Fertigungsgenauigkeit ist in diesem Anwendungsfall ausschlaggebend.

Indexierelemente

Indexierelemente sind Vorrichtungselemente zum Fixieren der durch eine Teilbewegung herbeigeführten Lageveränderung des Werkstückträgers oder eines Werkstückes [3.1].

Arretierelemente

Arretierelemente sind Vorrichtungselemente zum Sichern von indexierten Teilbewegungen durch kraftschlüssiges Feststellen des beweglichen Werkstückträgers der Teilvorrichtung [3.1].

Jede Teilvorrichtung benötigt zum Klemmen des beweglichen Werkstückträgers ein Arretierelement. Nach erfolgter Bearbeitung wird die Teilbewegung durch ein Indexierelement fixiert, anschließend muß sie mit einem Arretierelement gesichert werden, bevor erneut eine Bearbeitung durchgeführt werden kann.

Verschlußelemente

Verschlußelemente sind Vorrichtungselemente, mit deren Hilfe andere bewegliche Vorrichtungselemente in einer vorgegebenen Lage formschlüssig, ohne Kraftausübung und schnell lösbar verriegelt werden können [3.1].

Ein Verschlußelement ist dazu mit einem Vorrichtungselement – vorzugsweise einem der Basisbaugruppe – lagesicher verbunden. Ein Teilstück des Verschlußelementes ist jeweils starr angeordnet, gegenüber diesem ist ein anderes Teilstück durch eine geführte Bahn beweglich angeordnet.

In den meisten Fällen werden Verschlußelemente eingesetzt, um einen schnellen Werkstückwechsel zu ermöglichen. Verschlußelemente ermöglichen auch die Verriegelung von beweglichen Werkzeugführungen, beispielsweise von schwenkbaren Bohrklappen. Für eine schnelle Festlegung beweglicher spannkraftübertragender Vorrichtungselemente sind sie ebenfalls geeignet, sofern deren Bewegungsbahn fixiert ist.

3.3 Konstruktiver Entwicklungsprozeß

Für den konstruktiven Entwicklungsprozeß der Vorrichtungen kann prinzipiell die Vorgehensweise des methodischen Konstruierens zugrunde gelegt werden, wie sie für die Konstruktion aller technischen Gebilde Anwendung findet. Allerdings sind einige Besonderheiten zu berücksichtigen, die durch die besonderen Einsatzmerkmale der Vorrichtungen als Fertigungsmittel begründet werden.

Vorrichtungen werden größtenteils im Wirksystem "*Fertigungsprozeß*" eingesetzt. Die Wechselbeziehungen und die Schnittstellen zu allen anderen Systemkomponenten des Wirksystems begründen umfangreiche und vielseitige Anforderungen an die Vorrichtungskonstruktion, die zugleich den dynamischen Veränderungen des Bearbeitungsprozesse unterworfen und prozeßbedingt nicht immer determiniert sind. Die Vorrichtung muß also *Systemanforderungen* erfüllen, die nach Systemkomponenten definierbar, aber prozeßbezogen nur ergebnisorientiert umschrieben werden können. Diese prinzipielle Forderung an Vorrichtungen soll als "systemgerecht", d. h. anforderungsgerecht zum Wirksystem "Fertigungsprozeß" bezeichnet werden.

Dieses Problem existiert für alle Fertigungsmittel. Mit gleicher Konsequenz für die Konstruktion aller Fertigungseinrichtungen (Werkzeugmaschinen; Maschinensysteme), vereinfacht für Werkzeuge sowie Meß- und Prüfmittel.

Demgegenüber sind die Konstruktionsanforderungen an technische Gebilde allgemein zwar häufig komplexer Natur, aber nur teilweise systembezogen und noch weniger von stochastischen Prozessen beeinflußt. Beispielsweise sind die Konstruktionsanforderungen an Konsumgüter wesentlich anders strukturiert. Nachfolgend wird der konstruktive Entwicklungsprozeß der Vorrichtungen dargestellt, wobei die speziellen Bedingungen der Vorrichtungskonstruktion berücksichtigt werden.

3.3.1 Prinzipielle Konstruktionsanforderungen

Jede Konstruktion ist auf ein konkretes Entwicklungsziel ausgerichtet. Die mit der Aufgabenstellung formulierten Anforderungen sind mit der Konstruktionslösung zu erfüllen. Die allgemeinen Grunderfordernisse, die jede Konstruktion und damit auch jede Vorrichtungskonstruktion erfüllen muß, können als *prinzipielle Konstruktionsanforderungen* bezeichnet werden.

Die für Vorrichtungen gültigen **Systemanforderungen** führen zur Forderung "*systemgerecht*". Darunter sollen die Eigenschaftsmerkmale der Vorrichtungskonstruktion verstanden werden, die ein funktionsgerechtes Zusammenwirken mit allen anderen Systemkomponenten des Wirksystems ermöglichen.

Weiterhin ist entsprechend ihrer **Funktion** die Vorrichtungskonstruktion **"funktionsgerecht"** auszuführen. Dies ist der Fall, wenn die Vorrichtungskonstruktion die Realisierung aller ihr zugewiesenen Aufgaben gewährleistet. Eine Konstruktion, die der vorgegebenen Aufgabenstellung nicht gerecht wird, ist von vornherein abzulehnen.

3.3 Konstruktiver Entwicklungsprozeß

Nach der *Fertigung* beurteilt, muß eine Konstruktion mit ausreichender Genauigkeit möglichst kostengünstig herstellbar sein. Erfüllt eine Konstruktion diese Prämisse, so kann sie als *"fertigungsgerecht"* angesehen werden. Eine Konstruktion, die nicht fertigungsgerecht ist, kann nicht akzeptiert werden. Die fertigungsgerechte Ausführung beinhaltet also die Fertigungsmöglichkeit nach dem Stand der Technik und zugleich die Anwendbarkeit produktiver, kostensparender oder anderweitig vorgegebener Fertigungsverfahren.

Die *Montage* als Bestandteil des Fertigungsprozesses begründet die Konstruktionsanforderung *"montagegerecht"*. Diese Forderung ist erfüllt, wenn eine möglichst aufwandsparende Montierbarkeit gewährleistet werden kann.

Unter *Inbetriebnahme* sollen alle Erfordernisse erfaßt werden, die mit *Einsatz, Bedienung, Instandhaltung* und *Wartung* der Konstruktion verbunden sind. Auch die *Transport-* und *Aufstellungsbedingungen* gehören dazu. Daraus werden viele Forderungen abgeleitet:

Der Einsatz einer Konstruktion darf zu keiner Gefährdung oder Schädigung der Gesundheit von Menschen führen, die Konstruktion muß *"arbeitsschutzgerecht"*, *"brandschutzgerecht"* oder auch in anderer Hinsicht *"sicherheitsgerecht"* sein.

Ebenso muß allen Forderungen des Umweltschutzes entsprochen werden, folglich muß unter gegebenen Umständen die Konstruktionslösung *"umweltgerecht"* sein (Lärm, Schadstoffe).

Einen Schwerpunkt bildet zunehmend die rationelle Demontage technischer Produkte, um eine umweltgerechte Entsorgung oder ein Recycling zu ermöglichen. Diese Forderung lautet *"recyclinggerecht"*.

Die ergonomischen Aspekte sind unbedingt zu beachten, die Vorrichtungen müssen *"bediengerecht"* ausgeführt sein. Alle Bedienungseinrichtungen müssen menschengerecht ausgebildet sein, d. h. durch eine einfache Bedienbarkeit sollten Fehlbedienungen ausgeschlossen werden, ebenso muß die Arbeitsbelastung im zulässigen Rahmen bleiben.

Eine regelmäßige Wartung, eine planmäßige Instandhaltung, günstige Möglichkeiten einer Reparatur und Demontage sind ebenfalls wichtige Grundforderungen für den Einsatz und Betrieb von Vorrichtungen, sie sind *"wartungsgerecht" und "instandhaltungsgerecht"* zu konstruieren. Durch eine gute Zugänglichkeit aller Schmier- bzw. Wartungsstellen, eine gute Auswechselbarkeit von Verschleißteilen, Havarieschutz durch Sollbruchstellen, konkrete Vorschriften für die Planung der vorbeugenden Instandhaltung und andere konstruktive Maßnahmen kann der Konstrukteur den Gebrauchswert erhöhen und die Kosten senken.

Eine funktionsgerechte Konstruktion wird hinsichtlich ihrer *Wirtschaftlichkeit* nach dem *Verhältnis von Nutzen zum Aufwand* beurteilt. In diesem Zusammenhang wird von *"nutzensgerecht"* und *"aufwandsgerecht"* gesprochen.

Durch die Verwendung von Halbzeugen, Normteilen oder Kaufteilen, eine zweckmäßige Werkstoffauswahl, kostengünstige Fertigungsverfahren, günstige Reparatur- und Wartungsmöglichkeiten und andere Maßnahmen kann der Konstrukteur beispielsweise die Kosten senken und die Wirtschaftlichkeit verbessern.

In den meisten Fällen wird es Alternativen für die Fertigungsart geben, z. B. unterschiedliche Fügeverfahren. Damit ergibt sich die Frage nach dem günstigsten Fertigungsverfahren. Eine Optimierung fordert außer den Kosten noch andere Restriktionen, z. B. Stückzahlen in Abhängigkeit des zu wählenden Fertigungsverfahrens. Demzufolge sind die Voraussetzungen und die Möglichkeiten der Fertigungsverfahren vom Konstrukteur zu untersuchen, z. B. bezüglich geforderter und erreichbarer Genauigkeit, Oberflächengüte und anderer Eigenschaftsmerkmale der Werkstückbeschaffenheit.

3.3.2 Konstruktionsmethodik

Die *Aufgabe* beim Konstruieren einer Vorrichtung besteht darin, aufgabenorientiert und zielgerichtet eine noch nicht existierende Vorrichtung in allen ihren Einzelheiten gedanklich zu entwickeln und anschaulich darzustellen. Das Gedankenmodell wird zumeist in Form einer technischen Zeichnung niedergelegt. Dabei sind verschiedene Darstellungsarten als Zeichnung oder als Computergrafik möglich.

Im folgenden soll die prinzipielle Vorgehensweise des Konstrukteurs für das Konstruieren von Vorrichtungen aufgezeigt werden, sie wird als *Konstruktionsmethodik* bezeichnet.

Mindestvoraussetzung für den Konstruktionserfolg ist eine anforderungsgerechte - d. h. zumindest funktionsfähige und kostengünstige - Vorrichtungslösung, die in der verfügbaren Zeitspanne erarbeitet werden kann. Unbestreitbar begünstigen Konstruktionserfahrung und geistig-schöpferische Begabung des Konstrukteurs den Erkenntnisprozeß und damit eine erfolgreiche Lösung der Konstruktionsaufgabe in einer möglichst kurzen Zeit. Doch lediglich ein geringer Zeitanteil wird beim Konstruieren für das kreative Schaffen neuer Lösungen und die Ideenfindung eingesetzt. Überwiegend ist der Konstrukteur mit Routineaufgaben beschäftigt, für die Handlungsalgorithmen bestehen und die ein fachgerechtes Handeln erfordern, welches effektiv mit computergestützten Nachschlagen, Recherchieren und Berechnen erfolgen kann. Deshalb ist es sehr wichtig, den objektiven Erkenntnisprozeß beim Konstruieren zu kennen und dem eigenen Handeln zugrunde zu legen. Je besser es einem Konstrukteur gelingt, diese organisatorisch-planerische Seite seiner Tätigkeit professionell zu beherrschen, um so mehr Freiraum besteht für die schöpferische Suche nach neuen Wegen und um so größer ist die Wahrscheinlichkeit für eine optimale Konstruktionslösung.

Der Konstruktionsprozeß für das Erstellen neuer Produkte wird nach der VDI-Richtlinie 2222 "Konzipieren technischer Produkte" in vier Phasen eingeteilt:

Planen – Konzipieren – Entwerfen – Ausarbeiten.

Auch in der VDI - Richtlinie 2225 "Technisch wirtschaftliches Konstruieren" werden methodische Vorgehensweisen behandelt. Analog dazu auch in [3.3/ 3.4].

3.3.2.1 Struktur des Konstruktionsprozesses

Der Konstruktionsprozeß beginnt bei der Problemstellung und endet bei der Problemlösung. Dieser Erkenntnisprozeß wird durch die Konstruktionsmethodik über die Entwicklungsphasen in festgelegte aufeinanderfolgende Arbeitsschritte aufgeteilt, die ein zielgerichtetes Handeln herausfordern. Der konstruktive Entwicklungsprozeß für Vorrichtungen wird zweckmäßig nur in *drei Phasen* unterteilt [3.1].

Erste Phase: Planen

Das *Planen* als *erste Phase* des konstruktiven Entwicklungsprozesses setzt bei der Analyse des Fertigungsprozesses ein. Als Ergebnis der Fertigungsplanung steht die Forderung zur Entwicklung einer Vorrichtung für ein Bearbeitungsproblem. Der *Vorrichtungsauftrag* erfordert eine Präzisierung der Aufgabenstellung. Dies erfolgt über die Wirkbeziehungen und die Schnittstellen im Wirksystem Fertigungsprozeß. Die technischen und wirtschaftlichen Anforderungen an die Vorrichtung werden analysiert. Die Planungsphase endet in der Zusammenstellung aller Konstruktionsanforderungen in Form eines *Anforderungskataloges*. Dieses ist ein Aufgabenschema als Ausgangspunkt für das weitere Vorgehen, aber zugleich die Grundlage für die spätere Bewertung und Beurteilung von Lösungswegen oder Konstruktionslösungen.

3.3 Konstruktiver Entwicklungsprozeß

Zweite Phase: **Konzipieren**

Das **Konzipieren** als *zweite Phase* des Konstruktionsprozesses beginnt mit der Suche nach *Lösungsprinzipien* für alle Vorrichtungs- und Handlingsfunktionen des Anforderungskataloges. Es sind möglichst mehrere anforderungsgerechte *Lösungsprinzipien* pro Vorrichtungs- und Handlingsfunktion zu finden und durch Vor- und Nachteile zu charakterisieren.

Durch Auswählen je eines Lösungsprinzipes pro Vorrichtungs- und Handlingsfunktion werden nach der *morphologischen Methode* günstige **Lösungsvarianten** zusammengestellt. Die festgelegten Lösungsvarianten werden durch Vor- und Nachteile verbal charakterisiert, damit im Rahmen eines **Variantenvergleiches** eine *technische und wirtschaftliche Bewertung* erfolgen kann. Die so ermittelte günstigste Variante kommt der unerreichbaren Ideallösung am nächsten und wird als optimale Lösungsvariante unter den zugrunde gelegten Bedingungen angesehen.

Dritte Phase: **Konstruieren**

Das *Konstruieren* ist ein iterativer Erkenntnisprozeß aus Recherchieren, Berechnen, Gestalten und Bewerten. Nur dadurch wird es möglich, die vielseitigen Anforderungen durch ein werkstoff-, festigkeits-, fertigungs-, montage- und bediengerechtes Konstruieren zu erfüllen. Der Konstruktionsprozeß ist ein in sich geschlossener Erkenntnis- und Entwicklungsprozeß, bei dem nach dem Entwurfsstadium das Stadium der Ausarbeitung folgt. Trotzdem existieren beide Stadien ständig nebeneinander, da nicht alle Detailentscheidungen beide Stadien durchlaufen müssen und keine Teilaufgabe als abgeschlossen betrachtet werden kann, solange die Gesamtaufgabe nicht nachweisbar gelöst ist.

Damit sind das **Entwerfen** und das **Ausarbeiten** zwei Entwicklungsstadien eines ganzheitlichen Konstruktionsprozesses. Sie gehen nahtlos ineinander über und sollten nicht getrennt werden. Es ist zweckmäßig, diese zusammen als das **Konstruieren**, d h. als *dritte Phase* anzusehen.

Für das Entwerfen werden oft vereinfachte Berechnungsmodelle zum überschlägigen Dimensionieren verwendet. Für das Nachrechnen einer Konstruktionslösung müssen exakte, offiziell anerkannte Berechnungsverfahren mit festgelegten Sicherheiten verwendet werden. In der Konstruktionsphase kann in diesem Fall und für diesen Teil das Entwurfsstadium und das Ausarbeitungsstadium unterschieden werden.

In der Praxis werden entsprechend der konkreten Aufgabenstellung verschiedene Arten der Konstruktion unterschieden:

1. Bei einer **Neukonstruktion** ist eine neue Konstruktionslösung zu erarbeiten, die keinen Bezug auf bereits vorliegende Konstruktionen nimmt.

2. Eine **Anpaßkonstruktion** erfordert eine bereits vorhandene Konstruktionslösung, die nach vorgegebenen Bedingungen in eine andere anforderungsgerechte Konstruktion umgesetzt wird. Das generelle Löungsprinzip bleibt hierbei erhalten, Teilaufgaben müssen häufig neu gelöst werden (z. B. Neukonstruktion einzelner Baugruppen).

3. Die **Variantenkonstruktion** ermöglicht die Erarbeitung einer Reihe ähnlicher Konstruktionen, in denen bei gleichem Grundprinzip wesentliche Parameter (Kenngrößen, Leistungsmerkmale) variiert wurden (Baureihenentwicklung).

Die unterschiedlichen Aufgabenstellungen dieser Konstruktionsarten führen zu einigen differenzierten Handlungsabläufen im konstruktiven Entwicklungsprozeß, ohne das methodische Vorgehen zu negieren.

3.3.2.2 Arbeitsetappen der Entwicklungsphasen

Nachfolgend werden die Arbeitsetappen in den drei Entwicklungsphasen der Vorrichtungskonstruktion näher beschrieben.

Planungsphase

Der Vorrichtungsauftrag

Für die Bearbeitung eines jeden Werkstückes wird durch den Arbeitsplaner ein Fertigungsplan erstellt. Darin wird das Werkstück bezüglich aller durchzuführenden Arbeitsoperationen und deren fertigungsgerechter Aufeinanderfolge analysiert. Im Fertigungsplan werden die weiteren Systemkomponenten Werkzeugmaschine, Werkzeug, Meß- und Prüfmittel und Vorrichtung ausgewiesen. Diese Fertigungsmittel sind in jedem Wirksystem vorhanden. Ihre Wirkbeziehungen in den Schnittstellen zum Werkstück werden für jede Arbeitsoperation im der Fertigungsplan ausgewiesen. Für bestimmte Arbeitsabläufe wird nur durch den Einsatz von Vorrichtungen eine rationelle Bearbeitung möglich sein. Dafür wird vom Fertigungsplaner mit der Festlegung der Bearbeitungsfolge der Vorrichtungsauftrag erteilt. Die nachfolgende Tabelle 3.2 zeigt ein Schema für einen Fertigungsplan als Beispiel.

Fertigungsplan für Werkstück – Zeichnungs- Nr.:............................

Fertigungsablauf		Fertigungsmittel / Betriebsmittel			
lfd.Nr. (Code)	Arbeitsgang	Werkzeugmaschine	Werkzeug	Meß- und Prüfmittel	Vorrichtung
..	....	....	....	....	....
12	Bohren Ø 11,7 mm	Säulenbohrmaschine	Spiralbohrer DIN 339-11,7-HSS	–	Bohrvorrichtung BV 1
13	Reiben Ø 12 H7 mm	Säulenbohrmaschine	Reibahle DIN 208-A-12-HSS	Grenzlehrdorn 12 H7	Bohrvorrichtung BV 1

Tabelle 3.2 *Schema eines Fertigungsplanes (Auszug) [3.1]*

Der *Vorrichtungsauftrag* legt fest, welcher Arbeitsgang mit Hilfe einer Vorrichtung durchgeführt wird und gibt weitere Bedingungen vor *(siehe Bild 3.1)*, beispielsweise:

- die Werkstückzeichnung (Werkstückprototyp, sofern möglich)
- weitere werkstückbezogene Angaben (Anzahl, Losgröße, Anlieferungszustand, Endbearbeitungszustand, Qualitätssicherungsmaßnahmen)
- das Fertigungsverfahren (Schnittwerte und weitere vorzugebende Verfahrenskenngrößen)
- die Werkzeugmaschinen (Leistungsparameter, Aufspannbedingungen, Werkstückwechsel)
- die Werkzeuge (Werkzeugaufnahme, Voreinstellung, Hilfsstoffeinsatz)

Erfahrungsgemäß werden nicht alle Bedingungen für die Vorrichtungskonstruktion bereits im Vorrichtungsauftrag erfaßt. So gibt es möglicherweise für den späteren Einsatz der Vorrichtung noch spezielle Wünsche, die beachtet werden müssen. Diese Angaben erhält der Konstrukteur von den zuständigen Leitern. Diese Wünsche und die Forderungen des Vorrichtungsauftrages werden zweckmäßig in einem *Situationsbericht* festgehalten. Mit dem

3.3 Konstruktiver Entwicklungsprozeß

Situationsbericht schafft sich der Vorrichtungskonstrukteur ein Protokoll der Absprachen. Er präzisiert auf diese Weise die Aufgabenstellung und schafft die Voraussetzungen für eine anforderungsgerechte Konstruktionslösung.

Der Anforderungskatalog

Die auf die zuvor beschriebene Weise erarbeitete *präzisierte Aufgabenstellung* enthält alle Anforderungen an die Vorrichtungskonstruktion. Dieser müssen nunmehr Vorrichtungs- und Handlingsfunktionen zugeordnet werden. Welche Funktionen überhaupt durch die Vorrichtung auszuführen sind, kann nur durch eine Analyse des Wirksystems, d. h. über die Wirkbeziehungen und Schnittstellen zwischen Werkstück, Vorrichtung und zu den anderen Systemkomponenten ermittelt werden. Dazu ist die Anwendung einer *Lösungsmatrix* zweckmäßig. Sie ermöglicht den schnellen Überblick über alle Wechselwirkungen zwischen den Systemkomponenten, erleichtert das Suchen nach weiteren Abhängigkeiten und schränkt mögliche Fehler ein. Insbesondere bei großen Bearbeitungskomplexen ist diese Vorgehensweise unumgänglich, z. B. bei Vorrichtungen für automatisierte Fertigungssysteme.

Das Bild 3.4 zeigt die Darstellung einer Lösungsmatrix. Weitere im Wirksystem vorhandene Systemkomponenten müssen ergänzt werden – z. B. Werkstückwechseleinrichtungen.

Systemkomponenten	Werkstück	Vorrichtung	Werkzeug, Werkzeugführung	Meß- und Prüfmittel	Werkzeugmaschine	Mensch (Bediener)
Werkstück	A_{11}	A_{12}	A_{13}	A_{14}	A_{15}	A_{16}
Vorrichtung	A_{21}	A_{22}	A_{23}	A_{24}	A_{25}	A_{26}
Werkzeug, Werkzeugführung	A_{31}	A_{32}	A_{33}	A_{34}	A_{35}	A_{36}
Meß- und Prüfmittel	A_{41}	A_{42}	A_{43}	A_{44}	A_{45}	A_{46}
Werkzeugmaschine	A_{51}	A_{52}	A_{53}	A_{54}	A_{55}	A_{56}
Mensch (Bediener)	A_{61}	A_{62}	A_{63}	A_{64}	A_{65}	A_{66}

Bild 3.4 Lösungsmatrix für die Vorrichtungsfunktionen [3.1]

Die Lösungsmatrix ist eine Anordnung aller Systemkomponenten des Wirksystems in Zeilen und Spalten in jeweils gleicher Reihenfolge der Komponenten. Jedes Element dieser Matrix charakterisiert eine Wirkbeziehung zweier Systemkomponenten. Das jeweils zur Hauptdiagonale spiegelbildliche Element steht für die entgegengesetzte Wirkrichtung. Die Wirkrichtung zeigt vom (anfordernden) Element der Zeile zum (geforderten) Element der Spalte. Die Elemente der Hauptdiagonale kennzeichnen durch das Element A_{kk} die Systemkomponente "k". Alle so gefundenen Elemente der Matrix bilden die erste Spalte eines Anforderungskataloges. Im Bild 3.5 wird ein Schema mit zwei Beispielen aufgeführt.

Die jedem Matrixelement A_{ik} oder A_{ki} zugeordnete verbale Beschreibung der Verknüpfung charakterisiert die Wirkbeziehung einschließlich eine möglicherweise vorhandene Schnittstelle zwischen den Systemkomponenten A_{ii} und A_{kk}. Diese entsprechen den zu realisierenden Vorrichtungs- und Handlingsfunktionen, sofern dazu relevante Vorrichtungsanforderungen aus der präzisierten Aufgabenstellung existieren. Diese können im Anforderungskatalog noch zusätzlich als Bedingungen, Mindestforderungen oder Wünsche gekennzeichnet werden.

Damit wird eine Wertung der Anforderungen erreicht, die vor allem bei notwendigen Kompromißlösungen Alternativentscheidungen erleichtert.

Zu den Funktionen des Anforderungskataloges müssen in der nachfolgenden Konzipierungsphase Lösungsprinzipien gesucht werden.

Anforderungskatalog		
Vorrichtungs- und Handlingsfunktionen		**Vorrichtungsanforderungen**
(Matrixelement)	*(Beschreibung der Verknüpfung)*	*(gemäß präzisierter Aufgabenstellung)*
A_{12}	**Bestimmen,** *Werkstückbestimmflächen* **Spannen;** *Werkstückspannfläche*	Werkstücktoleranzen zur Maß-, Form-, Lagegenauigkeit; Werkstückwerkstoff; Oberflächengüte zulässige Pressung
A_{21}	**Bestimmen,** *Vorrichtungsbestimmflächen* **Spannen;** *Spannelement*	Vorrichtungstoleranzen zur Maß-, Form-, Lagegenauigkeit; Werkstoff vom Bestimmelement Spannkraftanforderungen Spannkrafteinwirkung
.....	....	....

Bild 3.5
Anforderungskatalog zur Vorrichtungskonstruktion
[3.1]

Konzipierungsphase

Lösungsprinzipe

Für jede Funktion des *Anforderungskataloges* ist ein *Lösungsprinzip* zu finden. Für jede dieser Funktionen gibt es aber erfahrungsgemäß eine Vielzahl von Lösungsmöglichkeiten, die sich sogar grundlegend voneinander unterscheiden können. Das günstigste Lösungsprinzip ist herauszufinden. Für die *Optimierung einer Konstruktionslösung* ist aber nur die bestmögliche Erfüllung aller Vorrichtungsfunktionen in ihrem Zusammenwirken entscheidend. Es ist demnach die günstigste Lösungsvariante aus allen Lösungskombinationen zu ermitteln.

Lösungsvarianten

Jede *Lösungsvariante* muß alle zu realisierenden *Funktionen* enthalten, wobei jeder Funktion nur ein *Lösungsprinzip* zugewiesen werden kann. Dabei ist zu beachten, daß alle ausgewählten Lösungsprinzipe innerhalb der Lösungsvariante zueinander verträglich sein müssen.

Eine *Lösungsmatrix*, deren Zeilen die erforderlichen *Vorrichtungs- und Handhabefunktionen* und deren Spalten die erkannten *Lösungsprinzipe* beinhaltet, würde eine sehr große Anzahl kombinatorischer Lösungsmöglichkeiten hervorbringen. Darin wären viele nicht geeignete und sich widersprechende Lösungen enthalten. Eine analytische Untersuchung dieser Vielzahl von Lösungsmöglichkeiten ist selten zu rechtfertigen. Es ist deshalb notwendig, mit dem Weitblick und der Erfahrung des Konstrukteurs von vornherein nur geeignete, sinnvolle und erfolgversprechende Lösungsprinzipien für jede Vorrichtungsfunktion zu akzeptieren und in ein Auswahlschema zur Festlegung von Lösungsvarianten aufzunehmen. Die Zuordnung von Lösungsprinzipien zu Vorrichtungsfunktionen und die Auswahl von Lösungsvarianten durch sinnvolle Verknüpfung der Lösungsprinzipe miteinander bezeichnet man als *morphologische Methode*, das Auswahlschema als *morphologischen Kasten*.

Darunter versteht man eine tabellenartige Anordnung der Vorrichtungsfunktionen als Tabellenzeilen und der Lösungsprinzipe als Tabellenspalten. Für jede Funktion (Zeile) wird jeweils

3.3 Konstruktiver Entwicklungsprozeß

ein günstiges Lösungsprinzip (Spalte) zugeordnet durch Markieren des Feldes im Schnittpunkt. Alle markierten Felder werden durch einen Linienzug verbunden, wodurch eine Lösungsvariante festgelegt ist. Auf diese Weise können mehrere günstige Lösungsvarianten herausgefunden werden. Diese Vorgehensweise ist unbedingt zu empfehlen, wenn eine große Anzahl von Lösungsvarianten zu analysieren ist.

Die auf diese Art und Weise strukturierten Lösungsvarianten sind nachfolgend auszuarbeiten, um die Auswahl einer optimalen Vorzugsvariante zu ermöglichen. Jede Variante muß die Grundstruktur der Vorrichtung bezüglich aller zu verwirklichenden Funktionen erkennen lassen, um eine technische und wirtschaftliche Bewertung im Variantenvergleich vornehmen zu können.

Die Grundstruktur der Vorrichtung wird durch die zu erfüllenden Funktionen, ihr Lösungsprinzip und die Gestalt der Wirkelemente der Vorrichtung dargestellt. Die Grundfunktionen Bestimmen, Spannen sowie eventuell Führen der Werkzeuge und Teilen, müssen am Grundkörper durch Vorrichtungselemente realisiert werden.

Das Werkstück wird proportionsgerecht in einer Gebrauchslage skizziert. Das Bestimmen des Werkstücks steht an erster Stelle der konstruktiven Überlegungen; es ist für die Genauigkeit des Arbeitsergebnisses, für die Einhaltung der geforderten Toleranz, von ausschlaggebender Bedeutung. Entsprechend der Bemaßung in der Zeichnung werden die Werkstückbestimmflächen in den Bezugsebenen der Konstruktionsbasis ausgewählt und an diese Vorrichtungsbestimmflächen angeordnet.

Die Auswahl der Bestimmelemente (Art, Form, Anzahl) erfolgt nach den Freiheitsgraden, die für eine exakte Bestimmlage zur vorgesehenen Bearbeitung zu binden sind. Nachfolgend werden unter Berücksichtigung der Bearbeitungskräfte die Vektoren der Spannkräfte eingezeichnet. Dazu werden das Spannprinzip und das Spannmittel als Spanneinrichtung veranschaulicht. Die Spannelemente sind so auszuwählen und zu gestalten, daß günstigste Spannbedingungen (kurze Spannzeit, geringe Spannkräfte) erreicht werden. Auch die Werkzeugführungen werden um das Werkstück angeordnet. Sind Bohrbuchsen oder Einstellehren für Bohrer, Fräser oder Hobelmeißel erforderlich, so ist darauf zu achten, daß diese die Bedienbarkeit der Vorrichtung bei Werkstückwechsel usw. nicht einschränken. Die Halter dieser Elemente sind gegebenenfalls schwenkbar oder klappbar anzuordnen. Auch ist darauf zu achten, daß die Werkstücktoleranzen eingehalten werden.

Der Vorrichtungsgrundkörper nimmt die Bestimmelemente, die Spannelemente und die Träger der Werkzeugführungen auf. Er überträgt die Zerspanungskräfte auf die Werkzeugmaschine. Die Herstellungsart des Grundkörpers (geschweißt, gegossen oder geschraubt und verstiftet) ist bereits bei der Variantenausarbeitung zu berücksichtigen.

Bei allen Varianten ist nicht nur das Funktionsprinzip von Bedeutung, sondern auch die Gestalt der Vorrichtungsteile. Diese hat Auswirkungen auf

- die Fertigungsmöglichkeiten und damit die Kosten,
- die erreichbare Werkstückgenauigkeit,
- die Steifigkeit und Festigkeit der Vorrichtung,
- den Aufwand an Handkraft und die Bedienzeit,
- den Verschleiß und damit die Lebensdauer.

Eine gut ausgearbeitete Lösungsvariante enthält maßliche Festlegungen und Eintragungen und ist bereits der erste Entwurf der Vorrichtung. Nach einer so ausgearbeiteten Variante kann man die erforderlichen Festigkeitsberechnungen durchführen und die Konstruktionszeichnungen anfertigen.

Variantenvergleich

Aus dem Spektrum anforderungsgerechter Vorrichtungsvarianten muß die günstigste Lösung für die Vorrichtungskonstruktion herausgefunden werden. Alle gedanklich und konzeptionell vorausgedachten Vorrichtungsvarianten werden zunächst als funktionsfähig angenommen und in einen *Variantenvergleich* einbezogen. Die methodische Durchführung eines *Variantenvergleiches* wird nachfolgend beschrieben.

Jede Vorrichtungsvariante weist Vor- und Nachteile auf, sie wird deshalb nur bedingt die vorgegebenen Anforderungen erfüllen. Die Auswahl einer Lösung führt deshalb zumeist zu einer Kompromißentscheidung. In den meisten Fällen gibt es ein ganzes Spektrum unterschiedlicher *Beurteilungskriterien*, die für eine Bewertung der Leistungsfähigkeit und Eignung einer Vorrichtungsvariante in Frage kommen können.

Die Vorgehensweise beim Variantenvergleich erfordert zunächst das Festlegen von Kriterien, die für die Beurteilung jeder Lösungsvariante herangezogen werden sollen. Die *Beurteilungskriterien* sollen wesentliche Leistungsmerkmale der Vorrichtung benennen. Beispielsweise können derartige *Beurteilungskriterien* die Genauigkeit, die Zuverlässigkeit, die Bedienzeit, die erforderliche Spannkraft, die Arbeitssicherheit oder der Kostenaufwand sein. Beim Aufstellen der Beurteilungskriterien ist eine objektive Bewertbarkeit anzustreben.

In Abwägung der Bedeutung und damit der Wertigkeit eines jeden Beurteilungskriteriums für die geforderte Vorrichtungslösung, ist eine *Wichtung* der einzelnen Kriterien vorzunehmen. Dies erfolgt durch die Vergabe eines *Wichtungsfaktors* pro Kriterium. Primäre Kriterien erhalten den höchsten, weniger bedeutsame entsprechend einen geringeren Wichtungsfaktor.

Jede in den Variantenvergleich einbezogene Lösungsvariante wird nach allen Beurteilungskriterien eingeschätzt und pro Kriterium mit einer *Punktzahl* bewertet. Der Bewertungsmaßstab ist zuvor festzulegen und für alle Lösungsvarianten einheitlich anzuwenden.

Der Wichtungsfaktor jedes Kriteriums ist mit der für dieses Kriterium an die Lösungsvariante vergebenen Punktzahl zu multiplizieren. Die Produkte aus Punktzahl und Wichtungsfaktor sind für jede Lösungsvariante über alle Beurteilungskriterien zu summieren.

Die Lösungsvariante mit der größten Summe über alle Produkte stellt die günstigste Lösung nach den gewählten Beurteilungskriterien dar. Über eine verbale Einschätzung der Vor- und Nachteile jeder Lösungsvariante ist das Ergebnis des Variantenvergleiches nochmals zu überprüfen. Die Festlegung bzw. Auswahl der Vergleichskriterien hat der Konstrukteur zu treffen. Ihre Anzahl sollte überschaubar und auf wesentliche Aspekte ausgerichtet sein.

Kriterien zur Funktion der Vorrichtung:	*Kriterien zur Herstellung der Vorrichtung:*	*Kriterien zum Einsatz der Vorrichtung:*
– Genauigkeit – Zuverlässigkeit – Steifigkeit (statisch, dynamisch) – Anzahl der gleichzeitig gespannten Teile – Zeit zum Werkstückwechsel – Kraftaufwand beim Spannen – Automatisierbarkeit – Systemintegrierbarkeit	– Investitionskosten – Abschreibungkosten – Anzahl der Standardteile – Anzahl der zu fertigenden Vorrichtungsteile – Kompliziertheit der Einzelteile – Masse der Vorrichtung – Montageaufwand – Auftragsfertigung außer Haus	– Wartung und Pflege – Instandhaltung und Reparatur – Bedienzeit; Werkstückwechsel – Bedienbarkeit; Kraftaufwand – Aufwand zum Entfernen der Späne – Arbeitsschutz, Sicherheit – Maschinengrundzeit pro Werkstück

Tabelle 3.3 *Beispiele für Beurteilungskriterien [3.1]*

3.3 Konstruktiver Entwicklungsprozeß

Bewertungsmatix für den Variantenvergleich

Die Bewertung der Lösungsvarianten erfolgt mittels Punktsystem:

Tabelle 3.4
Bewertungsschema für Lösungsvarianten (4 – Punkt – Schema) [3.1]

Punkte	Prädikat	Bewertungsfaktor
4	sehr gut	P = 4
3	gut	P = 3
2	ausreichend	P = 2
1	gerade noch akzeptabel	P = 1
0	unbefriedigend	P = 0

Die unterschiedlich große Bedeutung der einzelnen Kriterien für die anforderungsgerechte optimale Vorrichtungskonstruktion kann durch eine Wichtung nach Tabelle 3.5 berücksichtigt werden.

Ein Kriterium mit W = 0 sollte aus dem Variantenvergleich entfernt werden.

Tabelle 3.5
Bewertungsschema für die Wichtung von Vergleichskriterien [3.1]

Wichtung	Prädikat	Wichtungsfaktor
5	von sehr großem Einfluß	W = 5
4	von großem Einfluß	W = 4
3	von Einfluß	W = 3
2	wenig Einfluß	W = 2
1	sehr wenig Einfluß	W = 1
0	ohne Einfluß	W = 0

Die Wertigkeit des Kriteriums K_i in der Lösungsvariante V_j ergibt sich dann zu

$$\lambda_{ij} = W_i \cdot P_j \qquad i = 1...m; j = 1...n \qquad (3.1)$$

$$\lambda = \sum_{(i,j)=1}^{m,n} \lambda_{ij} \qquad i = 1...m; j = 1...n \qquad (3.2)$$

Dividiert man die Summe der technischen Wertigkeiten einer Variante durch die mögliche Höchstsumme, so erhält man die technische Wertigkeit "X_j" der Variante V_j:

$$X_j = \frac{\sum_{i=1}^{m} \lambda_{ij}}{4 \sum_{i=1}^{m} W_i} \lambda_{ij} \qquad (3.3)$$

λ_{ij} *Wertigkeit des Kriteriums K_i in der Lösungsvariante V_j*
W   *Wichtungsfaktor der Kriterien (i = 1...m)*
P   *Bewertungsfaktor der Lösungsvarianten (j = 1...n)*
m   *Anzahl der Kriterien*

Auf analoge Weise kann auch eine wirtschaftliche Wertigkeit berechnet werden. Im Beispiel nach Tabelle 3.6 wurden kombiniert wirtschaftliche und technische Beurteilungskriterien angesetzt; demzufolge wird danach eine technische und wirtschaftliche Wertigkeit begründet. Für umfangreiche und komplizierte Vergleiche mit einer Vielzahl von Lösungsvarianten kann die wirtschaftliche und die technische Bewertung getrennt vorgenommen und zur Optimierung benutzt werden, insbesondere zur Beseitigung von Schwachstellen der Varianten.

Variantenvergleich						
Vergleichskriterium		\multicolumn{5}{c	}{Lösungsvariante}
		V_1		V_2		V_3	
Lfd. Nr.	Benennung	W	P	λ	P	λ	P	λ

Lfd. Nr.	Benennung	W	P	λ	P	λ	P	λ
1	Genauigkeit	5	4	20	2	10	1	5
2	Zuverlässigkeit	5	3	15	5	25	4	20
3	Steifigkeit (statisch, dynamisch)	4	4	16	3	12	2	8
4	Wartung und Pflege	2	1	2	2	4	3	6
5	Instandhaltung und Reparatur	1	2	2	2	2	3	3
6	Arbeitssicherheit, Arbeitsschutz	3	3	9	2	6	1	3
7	Bedienbarkeit, Kraftaufwand	3	4	12	3	9	2	6
8	Bedienzeit, Werkstückwechsel	4	2	8	2	8	1	4
9	Investitionskosten, Abschreibung	3	2	6	3	9	4	12
10	Betriebskosten, Unterhaltung	2	1	2	2	4	3	6
	Produktsumme	Σ 32		Σ 92		Σ 89		Σ 73

Tabelle 3.6 Beispiel für einen Variantenvergleich [3.1]

Die Variante V_1 erreicht mit 92 Punkten zur Ideallösung von 128 Punkten eine *technische und wirtschaftliche Wertigkeit* von $X_1 = \dfrac{92}{128} = 0,72$.

Konstruktionsphase

In der Konstruktionsphase wird aus der im Variantenvergleich ermittelten optimalen Lösungsvariante eine Vorrichtungskonstruktion erarbeitet. Die konkreten Arbeitsschritte des Entwerfens und Ausarbeitens der Konstruktionslösung werden in den nachfolgenden Kapiteln ausführlich für alle Funktionen und Baugruppen dargestellt und an Lösungsbeispielen erläutert. Nachfolgend wird deshalb nur eine Orientierung zum prinzipiellen Ablauf gegeben.

In der Darstellung der Lösungsvarianten sind die Funktionsprinzipe für das Bestimmen und das Spannen zumeist bereits festgelegt, ebenso die Struktur des geometrischen Grundaufbaues der Funktions- bzw. Hauptbaugruppen. In diesem Fall sind die getroffenen Annahmen hinsichtlich ihrer Schwachstellen im Variantenvergleich zu überprüfen und möglicherweise bessere Teillösungen vorzusehen. Sofern Angaben der Grundstruktur noch fehlen, sind folgende Arbeitsschritte zweckmäßig für den *Entwurf der Vorrichtungskonstruktion*:

1. Überprüfung und endgültige Festlegung des Bestimmens

– Analyse der Bearbeitungsaufgaben, Kontrolle ihrer Bemaßung, Ermittlung der zu bindenden Freiheitsgrade aus der Konstruktionsbasis,
– Festlegung der Werkstückbestimmflächen, Auswahl des Bestimmprinzipes mit Hilfe der möglichen Bestimmfälle *(dazu Bilder möglicher Bestimmfälle im Kapitel 4)*, Festlegung der Bestimmelemente nach Art und Abmessung,
– Überprüfung der Bestimmlage des Werkstückes hinsichtlich notwendiger Bestimmhilfen. Bei instabiler Lage müssen Ausgleichsstücke oder Stützen die Bestimmlage gewährleisten. Ebenso können Bestimmkräfte für das Einnehmen der Bestimmlage notwendig werden.

3.3 Konstruktiver Entwicklungsprozeß

2. Überprüfung und endgültige Festlegung des Spannens
- Festlegung der Spannflächen am Werkstück, endgültige Auswahl des Spannprinzipes und der Spannmittel *(mit Hilfe der Angaben im Kapitel 5),* Bestätigung von Richtung und Angriffspunkt der Spannkraft, Angabe der Anzahl der Spannstellen
- Aufstellen des Berechnungsmodelles, Ermittlung der Bearbeitungskräfte, der Sicherheitsfaktoren, der Ersatzkräfte, Berechnung der Spannkraft und der Handkräfte am Bedienelement, Dimensionierung der Spannelemente und der Bedienelemente
- Überprüfung der Anordnung der Spannelemente und der Notwendigkeit von Stützen nach der Steifigkeit des Werkstückes und der im Kraftfluß liegenden Vorrichtungselemente

3. Erneuter Variantenvergleich, sofern im Konstruktionsentwurf mehrere verschiedene Varianten vorliegen

4. Ausarbeitung weiterer Baugruppen der Grundfunktionen, sofern sie benötigt werden:
- Werkzeugführungen
- Einstellelemente
- Teileinrichtungen

5. Ausarbeitung der Basisbaugruppe aus dem Grundkörper, den Verbindungselementen und den Aufbauelementen, einschließlich zur Positionierung auf der Werkzeugmaschine

6. Ausarbeitung der Ergänzungsbaugruppen, soweit diese erforderlich sind

7. Festigkeitsberechnung

Durch funktionsgerechtes Gestalten und die zunächst getroffene Vorauswahl der Werkstoffe wurde eine entwurfsgemäße überschlägige Dimensionierung der Bestimm-, und Spannelemente sowie der Basiselemente vorgenommen. Zum Abschluß der Konstruktionstätigkeit muß mit den genauen Abmessungen und den konkret im Entwurf festgelegten Bestimm- und Spannelementen die konstruktionsgerechte Dimensionierung nach den tatsächlich vorliegenden Kräften und Momenten erfolgen. Danach kann eine erneute Überarbeitung des Konstruktionsentwurfes zum funktionsgerechten Gestalten notwendig sein.

Ausgangspunkt ist die Berechnung der auftretenden Bearbeitungskräfte im jeweils ungünstigsten Belastungsfall. Entsprechend den Ausführungen nach Kapitel 5 werden daraus die Spannkraft und die Belastungsmomente berechnet. Sie bilden die Grundlage für die Dimensionierung aller im Kraftfluß liegenden Elemente, einschließlich der zulässigen Belastbarkeit und des Sicherheitsnachweises. Auch die Bedienelemente werden danach dimensioniert.

- Nachrechnung der erforderlichen und zulässigen Spannkräfte
- Sicherheitsnachweis für alle kraftübertragenden Vorrichtungselemente
- Berechnungen zur Spannmarkenbildung, zur zulässigen Pressung und zur Verformung kritischer Schwachstellen

8. Erarbeitung aller Unterlagen zur Dokumentation der Vorrichtungskonstruktion
- Zeichnungssatz (Zusammenstellungszeichnungen, Einzelteilzeichnungen, komplette Fertigungsunterlagen, Stücklisten, Montageunterlagen)
- Funktionsbeschreibung
- Berechnungen
- Schaltpläne
- Bedienungsanweisung

4 Positionieren und Bestimmen

Diese Begriffe kennzeichnen die für eine Bearbeitung erforderliche genaue und wiederholbare räumliche Lageanordnung eines Werkstückes im Arbeitsraum einer Fertigungseinrichtung. Für die Bearbeitung des Werkstückes ist seine *Position* zum Werkzeug der Werkzeugmaschine maßgebend. Eine für die Bearbeitung notwendige Relativlage zwischen Werkstück und Werkzeug kann auf verschiedene Weise erreicht werden. Zu einem festliegenden Werkstück kann das Werkzeug positioniert werden, bei vorgegebener fester Werkzeuganordnung muß das Werkstück positioniert werden, und schließlich kann das Positionieren beider zweckmäßig sein, insbesondere wenn verschiedene Positionierschritte zeitlich und räumlich getrennt erfolgen müssen.

Positionieren der Werkzeuge

Das *Positionieren der Werkzeuge* in die für die Bearbeitung erforderliche Relativlage zum Werkstück – und damit zugleich zur Vorrichtung und zum Werkstückträger – erfolgt über eine *Einstellbewegung der Werkzeuge*, die auch als *Einrichten* bezeichnet wird.

Das *Einrichten* kann auf verschiedene Weise erfolgen. Es ist davon abhängig, ob die Werkstückposition zum Maschinenkoordinatensystem definiert vorliegt oder nicht.

– Bei positionierter Lage des Werkstückträgers mit Vorrichtung und Werkstück können die Werkzeuge über die NC-Steuerung der Maschine über zuvor berechnete Referenzkoordinaten eingefahren werden. Dies kann z. B. mit Spannpaletten ermöglicht werden, die zuvor eingerüstet wurden.
– Sofern die exakte Position der Vorrichtung mit Werkstück zum Werkstückträger der Werkzeugmaschine nicht definiert und bekannt ist, muß über Meßtaster oder Werkzeugeinstellelemente die Position des Werkzeuges eingerichtet werden. Dazu werden die Einstellelemente nach den Bestimmflächen der Vorrichtung oder eigens dafür an der Vorrichtung vorgesehenen Richtflächen ausgerichtet.

Das Ermitteln einer exakten Werkstückposition durch Ausmessen mittels Meßtaster ist zeitaufwendig, teuer und deshalb zu vermeiden. Man ist deshalb bestrebt, auch in der flexiblen Fertigung alle Werkstücke stets in einer definierten Lage anzuordnen und diese möglichst beizubehalten, damit die Werkstückreferenzposition jeweils berechnet werden kann und aufwendiges Ausrichten oder Ausmessen nicht erforderlich wird. Dies begründet ein Positionieren der Werkstücke.

Positionieren der Werkstücke

Damit wird die wichtige Funktion der Lagefixierung der Werkstücke durch die Vorrichtung angesprochen. Gleichermaßen betrifft dies jedoch auch das Positionieren der mit einem Werkstück bestückten Vorrichtung zur Werkzeugmaschine.

In Fachkreisen werden die Begriffe nicht einheitlich verwendet. Der Begriff des "Positionierens" wurde im Zuge fortschreitender Automatisierung der Fertigungsabläufe eingeführt und auch in die Vorrichtungstechnik übernommen, obwohl der vorliegende Zusammenhang auch durch den Begriff "*Bestimmen*" bezeichnet wird. Im Interesse einer einheitlichen Begriffswelt und unter Beibehaltung eingeführter zweckmäßiger Begriffsinhalte wird deshalb nachfolgend eine begriffliche Klärung vorgeschlagen.

4.1 Begriffsbestimmung "Positionieren" und "Bestimmen"

Für eine maschinelle Bearbeitung müssen die Werkstücke in eine definierte arbeitsgerechte Lage zum Werkzeug gebracht und in dieser während der Bearbeitungszeit sicher gehalten werden. Diese Lagefixierung der Werkstücke muß schnell, zuverlässig und mit der benötigten Genauigkeit jederzeit wiederholbar erfolgen können. Diese Zielstellung wird auf vorteilhafte Weise mit Vorrichtungen erreicht. Den Vorgang der Lagefixierung in der Vorrichtung bezeichnet man als *Bestimmen* des Werkstückes.

Begriffsfestlegung "Bestimmen" [4.1]

> *Das Bestimmen ist die definierte und reproduzierbare Lagefixierung eines (oder mehrerer) Werkstückes (-e) in einer Vorrichtung mit der für die Bearbeitung notwendigen Genauigkeit.*

Mit dem Bestimmen wird damit zugleich ein Positioniervorgang in der Schnittstelle Werkstück – Vorrichtung verwirklicht, der ein nachfolgendes Positionieren der Vorrichtung zur Werkzeugmaschine erfordert bzw. vorteilhafterweise ermöglicht.

Mit fortschreitender Automatisierung der Fertigungsabläufe wurde auch ein automatisierter Werkstückfluß mit automatischem Werkstücktransport und automatischer Werkstückbeschickung verwirklicht. Der Einsatz von maschinellen Einrichtungen oder Robotern zum automatischen Handhaben von Werkstücken ermöglicht ein automatisches Bereitstellen der Werkstücke an einem vorgegebenen geometrischen Ort, d. h. einer genauen Position bezüglich eines Koordinaten-Bezugssystems. Für diesen Vorgang der automatisierten positionsgerechten Bereitstellung der Werkstücke als Bestandteil des Werkstückhandlings wurde der Fachbegriff "*Positionieren*" geprägt. Seit dieser Zeit werden die Begriffe *Bestimmen* und *Positionieren* nebeneinander verwendet.

Anmerkung:
Häufig wird kein Bedeutungsunterschied hineingelegt und einfach der Ausdruck "Bestimmen" durch den Ausdruck "Positionieren" ersetzt. Dies ist aber oft nicht sinnvoll und teilweise auch nicht beabsichtigt. In jedem Fall kann eine Fehlinterpretation eines technischen Sachverhaltes entstehen.

Mit der konkreten Ausbildung der Wirkflächenpaare in der Schnittstelle Werkstück – Vorrichtung wird das Bestimmen und auch das Spannen in der Vorrichtung verwirklicht, damit erfolgt keinerlei Maßfestlegung zur Werkzeugmaschine. Die Anordnung der mit dem Werkstück bestückten Vorrichtung ist auf der Werkzeugmaschine ebenfalls noch nicht fixiert und wird erst über die Schnittstelle Vorrichtung – Werkzeugmaschine konkretisiert.

Viele verschiedene Werkstücke werden in Gruppenvorrichtungen bestimmt, aber damit noch nicht zur Maschine positioniert. Die Werkzeugmaschine muß vorgegebenen Anforderungen entsprechen, ist aber selbst noch weitestgehend wahlfrei. Durch Bestimmen werden deshalb günstige Voraussetzungen für ein nachfolgendes Positionieren geschaffen oder bestenfalls ein erster Schritt dafür getan.

Es ist deshalb durchaus zweckmäßig, die unterschiedliche Aussagekraft beider Begriffe zu wahren und sie inhaltsgerecht zu verwenden. Da beiden Begriffen gemeinsam die Lagefestlegung eines Werkstückes zugrunde liegt, soll nachfolgend versucht werden, eine zweckmäßige eindeutige Begriffsbestimmung zu finden.

Für die Bearbeitung müssen die Werkstücke auf der Werkzeugmaschine positioniert werden. Dazu werden maschinen- und verfahrenstypische Werkstückträger eingesetzt. Das Werkstück muß in jedem Fall von einer Vorrichtung oder einem Werkstückspanner aufgenommen werden, wobei diese wiederum – möglicherweise über eine Spannpalette – auf dem Maschinentisch oder einer Maschinenpalette befestigt werden. Diesen Fall zeigt Bild 3.2 am Beispiel des Fräsens auf einer Waagerechtfräsmaschine für ein Werkstück in einer Vorrichtung.

Es wird ersichtlich, daß das *Positionieren* eines Werkstückes in Arbeitsraum einer Werkzeugmaschine über mehrere Positionierschritte bzw. mehrere einzelne Positioniervorgänge erfolgen muß, abhängig von der vorliegenden Werkstückträgerkonfiguration und der Zahl der dadurch festgelegten mechanischen Schnittstellen. Im Bild 4.1 wird dieser Vorgang veranschaulicht.

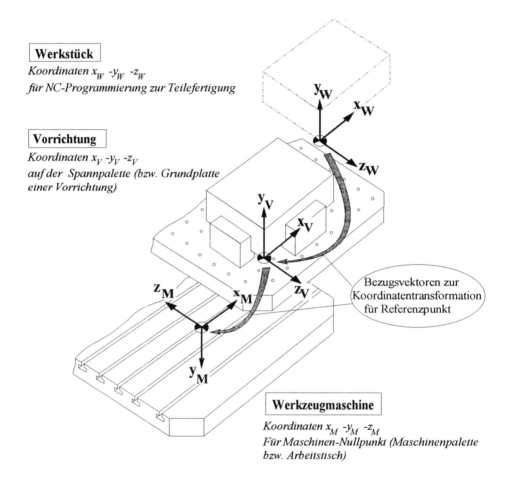

Werkstück
*Koordinaten x_W -y_W -z_W
für NC-Programmierung zur Teilefertigung*

Vorrichtung
*Koordinaten x_V -y_V -z_V
auf der Spannpalette (bzw. Grundplatte einer Vorrichtung)*

Werkzeugmaschine
*Koordinaten x_M -y_M -z_M
Für Maschinen-Nullpunkt (Maschinenpalette bzw. Arbeitstisch)*

Bild 4.1 *Positionieren eines Werkstückes auf einer Werkzeugmaschine [4.1]*

Allgemein ist unter *Positionieren* das reproduzierbare Erzeugen einer vorgegebenen Relativlage von Objekten zueinander zu verstehen. Beim Werkstückhandling werden mit "*Positionieren*" oft nur die translatorischen Bewegungen bezeichnet, während für rotatorische Bewegungen der Begriff "*Orientieren*" benutzt wird.

*Begriffsbestimmung "**Positionieren**" [4.1]*

> ***Das Positionieren ist die definierte und reproduzierbare Lagefestlegung zur Fertigungseinrichtung.***

Für das Positionieren eines Werkstückes können mehrere aufeinanderfolgende Positioniervorgänge erforderlich werden, es umfaßt dann die Gesamtheit aller Positioniervorgänge. Nach Bild 4.1 sind beispielsweise folgende Positioniervorgänge notwendig:

1. *Positioniervorgang:*
   Fixieren des *Werkstückes in der Vorrichtung* bzw. im Werkstückspanner
2. *Positioniervorgang:*
   Fixieren der *Vorrichtung zur Spannpalette*
3. *Positioniervorgang:*
   Fixieren der *Spannpalette zur Maschinenpalette*
4. *Positioniervorgang:*
   Fixieren der *Maschinenpalette* bzw. *des Maschinentisches zur Werkzeugmaschine*

Falls keine Spannpaletten zum Einsatz kommen, können die Positioniervorgänge 2. und 3. entfallen. In diesem Fall wird die Vorrichtung unmittelbar auf dem Maschinentisch oder einer Maschinenpalette positioniert.

Obwohl die einzelnen Positioniervorgänge zeitlich und räumlich getrennt vollzogen werden, legen sie nur in ihrer Gesamtheit die endgültige Werkstückposition fest. Die erzielbare Positioniergenauigkeit ergibt sich als Summe der einzelnen Positioniergenauigkeiten. Die für die NC-Bearbeitung an der Werkzeugmaschine einzugebenden Referenzkoordinaten werden über eine Koordinatentransformation berechnet. Die Bezugsvektoren für die Koordinatentransformation werden am Spannplatz in Abhängigkeit der Maschinenpalette ermittelt.

Die Lage des Referenzpunktes in der Vorrichtung wird durch das *Bestimmen* festgelegt, weil die Gesamtheit aller Bestimmelemente die räumliche Lage des Werkstückes fixiert. Bei Einsatz von Vorrichtungen ist demzufolge das Bestimmen eine notwendige Voraussetzung für ein nachfolgendes Positionieren.

Wird dennoch vom *Positionieren* des Werkstückes in der Vorrichtung gesprochen, so ist häufig nur die Verschiebebewegung des Werkstückes zur Erreichung einer korrekten Anlage des Werkstückes an allen Bestimmflächen gemeint, d. h. das Verwirklichen der Bestimmlage. Diesen Zweck erfüllen Positionierelemente, z.B. federbelastete Positionierbolzen. Diese wirken als Bestimmhilfen, indem sie das Werkstück in die vorgegebene Bestimmlage drücken.

4.2 Vorgehensweise beim Bestimmen

Ein Körper, der frei im Raum beweglich ist, kann seine Raumlage nach sechs Freiheitsgraden verändern. Bezüglich eines raumfesten Koordinatensystems kann eine Verschiebung des Körpers in jeder der drei Koordinatenrichtungen erfolgen, also sind drei Translationsbewegungen möglich. Zugleich kann der Körper um jede Koordinatenachse gedreht werden, folglich sind drei Rotationsbewegungen denkbar. Eine beliebige räumliche Anordnung eines Körpers wird demzufolge durch 6 Freiheitsgrade eindeutig definiert [4.2].

Ein Werkstück wird im Raum vollständig fixiert, wenn ihm die sechs möglichen Freiheitsgrade entzogen werden.

Dieser Sachverhalt ist auch die Grundlage für das *Bestimmen* der definierten Lage eines Werkstückes in einer Vorrichtung. Man geht davon aus, daß die *Bestimmflächen* der Vorrichtung die Werkstücklage eindeutig fixieren sollen. Die *Bestimmflächen* müssen also das Werkstück räumlich so umschließen und damit dessen Bewegungsfreiheit so einschränken, daß die angestrebte räumliche Anordnung erreicht wird. Die *Bestimmflächen* begrenzen die Bewegungsmöglichkeiten des Werkstückes, indem sie Freiheitsgrade der Bewegung entziehen.

Diese Methode wird bewußt für das *Bestimmen* angewandt, indem die *Bestimmflächen* entsprechend der Zahl der zu entziehenden Freiheitsgrade gestaltet werden [4.2].

Die Vorgehensweise beim Bestimmen wird als Methode des Entzuges der Freiheitsgrade bezeichnet.

Im Bild 4.2 wird die **Methodik des Bestimmens** eines Werkstückes veranschaulicht. Es wird gezeigt, wie ein angenommenes quaderförmiges Werkstück über drei Ebenen B 1, B 2 und B 3 vollständig nach sechs Freiheitsgraden bestimmt wird. Die schraffiert markierten Flächen des Werkstückes sollen dabei nach den Maßen a_1, a_2 und a_3 gefertigt werden.

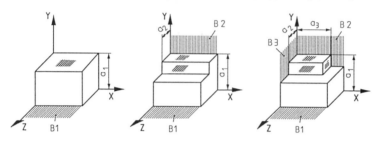

▓▓ Fertigungsaufgabe a_1; a_2; a_3

▒▒ Bezugsebene zugleich Bestimmebene B1; B2; B3

Fertigungsmaß	Bestimmebene	Bindung der Freiheitsgrade	Benennung der Werkstückbestimmfläche
a_1	B 1	y_{trans}, x_{rot}, z_{rot}	Auflagefläche (AF)
a_2	B 2	z_{trans}, y_{rot}	Führungsfläche (FF)
a_3	B 3	x_{trans}	Stützfläche (SF)

Bild 4.2 Methodik des Bestimmens eines Werkstückes [4.1]

Anmerkung:
Es handelt sich lediglich um Begriffsfestlegungen zur besseren Verständigung. In Anlehnung an Begriffe der Fertigungslehre könnte beispielsweise die Auflagefläche ebenso als **Einstellfläche** *bezeichnet werden. Mit dieser Bezeichnung könnten Fehldeutungen allerdings ebenfalls nicht ausgeschlossen werden.*

Alle Werkstücke werden für einen bestimmten Verwendungszweck hergestellt. Aus diesem künftigen Einsatz in einem Erzeugnis, der konkreten Funktion, die das Werkstück dort zu erfüllen hat, leiten sich die zu fordernden Eigenschaften und Wesensmerkmale ab. Diese Eigenschaften müssen über die Fertigung des Werkstückes herbeigeführt werden. Dies setzt eine gezielt darauf ausgerichtete Fertigungsvorgabe voraus. Diese Aufgabe obliegt der Zeichnung. Darin sind auch die Genauigkeitsanforderungen über die zulässigen Fertigungsabweichungen bezüglich der Maß-, Form-, Lagegenauigkeit und der Oberflächengüte vorzugeben.

Die fertigungsgerechte Bemaßung muß die künftige Funktion des Werkstückes gewährleisten, also zugleich funktionsgerecht sein.

4.2 Vorgehensweise beim Bestimmen

Diese Festlegungen sind von ausschlaggebender Bedeutung für den möglichen Fertigungsablauf und die zu erwartenden Fertigungskosten. Vor allem wird bereits mit der Bemaßung eine Vorentscheidung über einen möglichen Vorrichtungseinsatz getroffen.

Es gilt der **Grundsatz:**

> *Nur so genau wie notwendig – nicht wie möglich – fertigen!*

Eine geforderte äußere Form eines Werkstückes kann auf unterschiedliche Weise, d. h. über unterschiedliche Maßeintragungen gefertigt werden. Entscheidend für das Fertigungsergebnis und damit die tatsächlich zu erreichenden Eigenschaften des Werkstückes ist, wie die Maße angetragen wurden, also welcher Maßbezug für eine Fertigungsaufgabe gewählt wurde.

Alle Werkstückflächen, nach denen laut Zeichnung die Fertigungsmaße auszumessen sind, bilden die *Konstruktionsbasis*. Die durch diese Flächen definierten Ebenen heißen *Bezugsebenen*. Nach Bild 4.2 sind die Fertigungsmaße a_1, a_2 und a_3 jeweils von den Ebenen B 1, B 2 und B 3 aus zu fertigen, damit stellen diese die *Bezugsebenen* dar.

> *Die funktionsabhängige Bemaßung eines Werkstückes legt die Bezugsebenen als Konstruktionsbasis fest.*

Um eine zeichnungsgerechte Fertigung zu gewährleisten, müssen die Bezugsebenen zur Ausgangsposition für die Werkzeugeinstellung bzw. die NC-Programmierung werden, d. h. zur *Fertigungsbasis*. Dies wird gewährleistet, indem in jeder Koordinatenrichtung ein Berührungskontakt des Werkstückes mit der Vorrichtung herbeigeführt wird.

> *In die Bezugsebenen müssen Berührungsflächen von Werkstück und Vorrichtung gelegt werden; sie werden als Bestimmflächen bezeichnet.*

Die am Werkstück vorgesehenen Kontaktflächen nennt man *Werkstückbestimmflächen*. Die an der Vorrichtung ausgebildeten Kontaktflächen heißen *Vorrichtungsbestimmflächen*; ihre Träger sind die *Bestimmelemente*.

> *In jeder Koordinatenrichtung des Raumes definieren die Werkstückbestimmflächen und die Vorrichtungsbestimmflächen gemeinsam eine Bestimmebene.*

Nach diesen Erkenntnissen kann zusammenfassend festgestellt werden:

> *Eine zeichnungsgerechte Fertigung verlangt grundsätzlich die Übereinstimmung von Konstruktionsbasis und Fertigungsbasis.*

Daraus kann als **Grundregel des Bestimmens** abgeleitet werden:

> *Die Bezugsebenen der Konstruktionsbasis müssen zu Bestimmebenen der Fertigungsbasis werden.*

Bei Übereinstimmung von *Konstruktionsbasis* und *Fertigungsbasis* treten nur Bestimmfehler 2. Ordnung auf, d. h. die Maß-, Form- und Lageabweichungen des Werkstückes und der Bestimmelemente liegen innerhalb der vorgeschriebenen Toleranzfelder und sind meist vernachlässigbar.

Nach Bild 2.2 begründet das Fertigungsmaß a_1 die *Bezugsebene* B 1, die der Grundregel des Bestimmens zufolge zur *Bestimmebene* B 1 werden muß. In dieser Ebene müssen die *Bestimmflächen* von Werkstück und Vorrichtung, also die Kontaktflächen der Bestimmelemente zum Werkstück liegen, damit *Konstruktionsbasis* und *Fertigungsbasis* übereinstimmen.

Die *Vorrichtungsbestimmfläche* in dieser ersten Ebene B 1 bindet am Werkstück drei Freiheitsgrade.

Es sind dies orthogonal zur Ebene B 1 eine translatorische Bewegung und zwei Rotationsbewegungen, deren Drehachsen in der Ebene B 1 liegen.

Eine Bestimmfläche der Vorrichtung, die dem Werkstück drei Freiheitsgrade entzieht, wird als Auflagefläche (AF) bezeichnet.

Das Maß a_2 wird mit einer *Bestimmfläche* in der *Bezugsebene* B 2 gefertigt.

Die *Vorrichtungsbestimmfläche* in dieser zweiten Ebene B 2 entzieht dem Werkstück zwei weitere Freiheitsgrade, wiederum orthogonal zur *Bestimmebene* B 2 eine Translationsbewegung und außerdem eine Rotationsbewegung, deren Drehachse in B 2 liegt.

Eine Bestimmfläche der Vorrichtung, die dem Werkstück zwei Freiheitsgrade entzieht, wird als Führungsfläche (FF) bezeichnet.

Um schließlich den prismatischen Ansatz am Werkstück nach Bild 2.2 fertigzustellen, ist noch das Maß a_3 zu realisieren. Dies erfordert die Anordnung einer *Vorrichtungsbestimmfläche* in der *Bezugsebene* B 3. Das Bestimmelement der Vorrichtung, welches diese Aufgabe erfüllt, kann nur noch den letzten freien, d. h. den sechsten Freiheitsgrad binden.

Eine Bestimmfläche der Vorrichtung, die dem Werkstück lediglich einen Freiheitsgrad entzieht, wird als Stützfläche (SF) bezeichnet.

Im Beispiel erforderte die Fertigung des prismatischen Aufsatzes am quaderförmigen Werkstück eine Bindung von sechs Freiheitsgraden. Dazu wurden drei *Bestimmebenen* benötigt.

Nicht in jedem Fall müssen alle sechs möglichen Freiheitsgrade einem Werkstück durch die Vorrichtung entzogen werden. Die Anzahl der Freiheitsgrade, die einem Werkstück unbedingt entzogen werden muß, hängt von der Art der durchzuführenden Fertigungsaufgabe ab.

Durch Bestimmen müssen jeweils nur soviel Freiheitsgrade entzogen werden, wie es die zu fertigenden Maße des Werkstückes festlegen. Die Anzahl der Bezugsebenen entspricht dabei der für das richtige Bestimmen erforderlichen Anzahl von Bestimmebenen.

Bei einem vollkommen rotationssymmetrischen buchsen- oder wellenförmigen Werkstück sind z. B. nur fünf Freiheitsgrade zu binden, wenn es für die nachfolgende Bearbeitung in einer Vorrichtung aufgenommen wird.

Zur Kennzeichnung, wieviele Freiheitsgrade durch ein Bestimmelement gebunden werden bzw. am Werkstück gebunden sind, werden noch weitere Begriffe verwendet [4.3]:

- *Vollbestimmen* ist die Bindung aller 6 möglichen Freiheitsgrade.
- *Hauptbestimmen* liegt vor, wenn 3 oder 4 Freiheitsgrade einem Werkstück durch ein Bestimmelement entzogen werden.
- *Nebenbestimmen* beinhaltet die über das *Hauptbestimmen* hinausgehende Bindung der restlichen Freiheitsgrade, die laut Fertigungsaufgabe noch zu fixieren sind.

Nicht immer kann die Grundregel des Bestimmens praktisch auch verwirklicht werden, d. h. können die *Bezugsebenen* der *Konstruktionsbasis* zu *Bestimmebenen* der *Fertigungsbasis* werden. Dies ist immer dann nicht möglich, wenn in einer Aufspannung des Werkstückes mehrere Maße gefertigt werden sollen, die pro Koordinatenrichtung nach verschiedenen Bezugsebenen bemaßt wurden. Bei einer Mehrseiten- oder Komplettbearbeitung wird dies der Regelfall sein. In diesen Fällen muß ein Wechsel der *Fertigungsbasis* für alle Maße erfolgen, die von der für jede Koordinatenrichtung ausgewählten Bezugsebene abweichen.

4.2 Vorgehensweise beim Bestimmen

Pro Koordinatenrichtung kann jeweils nur eine *Bezugsebene* über *Bestimmflächen* an Werkstück und Vorrichtung zur *Bestimmebene* der *Fertigungsbasis* werden.

Bei Nichteinhaltung der Grundregel des Bestimmens infolge Wechsel der Fertigungsbasis treten Bestimmfehler 1. Ordnung auf, die relativ große Abweichungen zwischen Bezugs- und Bestimmebenen verursachen. Es werden Toleranzuntersuchungen erforderlich. Die Berechnungen erfolgen nach der Maßkettentheorie und dem linearen Toleranzfortpflanzungsgesetz.

Bei Festlegung einer Fertigungsbasis, die nicht der jeweiligen Bezugsebene entspricht, ist stets eine Maßketten-Toleranzrechnung zur Ermittlung der neuen Fertigungsmaße notwendig.

Bei *Abweichung von der Grundregel des Bestimmens gilt*:

Bei Ersatz eines tolerierten Maßes durch ein anderes Maß werden die Toleranzen in jedem Fall verkleinert.

Bei einem notwendigen Wechsel der *Fertigungsbasis*, z. B. infolge Mehrseitenbearbeitung und dadurch bedingter Umrechnung der Fertigungsmaße auf ein einheitliches Bezugssystem für die NC-Programmierung, müssen also immer höhere Fertigungsgenauigkeiten in Kauf genommen werden [4.2].

Nachfolgend wird an zwei Beispielen das übliche Bestimmen nach der Grundregel dargestellt. Zugleich wird aufgezeigt, wie bei einem unvermeidbaren Wechsel der Fertigungsbasis eine *Maßketten-Toleranzrechnung* durchzuführen ist [4.1]. Im Bild 4.3 und im Bild 4.4 werden diese zwei Beispiele ausgeführt und gegenübergestellt. In den beiden Beispielen wird das gleiche Werkstück vorgegeben. Der Unterschied besteht in der angenommenen möglichen *Bemaßung*, die für diese Demonstrationsbeispiele ausgewählt wurde.

Nur bei Kenntnis des künftigen Verwendungszweckes des Werkstückes kann eine *funktionsgerechte Bemaßung* vorgenommen werden. Ohne diese spezielle Kenntnis können für den außenstehenden Betrachter beide *Bemaßungen* entsprechend Beispiel 1 oder Beispiel 2 richtig sein, sie beinhalten unterschiedliche Fertigungsaufgaben, die dem Werkstück auch verschiedene Funktionen als Gebrauchseigenschaften zuweisen.

Nach *Beispiel 1* [4.1] gemäß Bild 4.3 a wird durch das Nennmaß 50 mm eine funktionelle Abhängigkeit der zu fertigenden Nut zur Stirnseite des Werkstückes begründet. Diese stellt damit eine *Bezugsebene* der *Konstruktionsbasis* dar. In Umsetzung der Grundregel des Bestimmens muß sie zur *Fertigungsbasis* werden [4.1].

Nach Bild 4.3 b wird dies durch die *Bestimmebene* verwirklicht, die durch die Anlagefläche des Bestimmbolzens im Anlagekontakt an das Werkstück begründet wird.

Welche Auswirkungen ein Abweichen von der Grundregel beim Bestimmen haben kann, zeigt Bild 4.3 c. Die Ursache für diese Abweichung kann Mehrseitenbearbeitung, falsche Bemaßung, nicht fachgerechtes Handeln oder anderweitig begründet sein, entscheidend ist lediglich der dadurch erzwungene Wechsel der Fertigungsbasis. Dieser wird begründet, indem die Bohrung des Werkstückes – und nicht die in der Zeichnung laut Bemaßung in Abbildung a) geforderte Stirnseite des Werkstückes – zum Bestimmen mit einem Bolzen benutzt wird. Beim Herstellen der Nut ist in diesem Fall das Maß x_W am Werkstück zu fordern, während dieses Maß x_V an der Vorrichtung ca. dreimal genauer zu tolerieren ist. Dazu muß eine *Maßketten-Toleranzrechnung* durchgeführt werden.

Nach Aufstellen der Maßkette und der Toleranzgleichung ist diese nach dem zu ersetzenden Nennmaß aufzulösen, d. h. nach dem ursprünglich geforderten Fertigungsmaß 50 mm.

Beispiel 1

a) Aufgabe : Fräsen einer Nut   **b) Konstruktionsbasis wird zur Fertigungsbasis**

Bemaßung ⟶ Bezugsebene ⟶ Bestimmebene

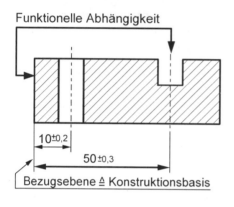
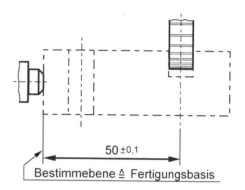

c) Wechsel der Fertigungsbasis ⟶ Toleranzrechnung wird notwendig

Für das Werkstückmaß x_{II} gilt:

Toleranzgleichung:
$10 + x - 50 = 0$

Auflösung nach zu ersetzendem Maß:
$50 = 10 + x$

Anwendung des 1. Hauptsatzes des Toleranzwesens:

$$50\,{}^G_K = 10\,{}^G_K + x\,{}^G_K$$

$$x\,{}^G_K = 50\,{}^G_K - 10\,{}^G_K$$

$x_G = 50{,}3 - 10{,}2 = 40{,}1$

$x_K = 49{,}7 - 9{,}8 = 39{,}9$

$\underline{\underline{x_W = x = 40 \pm 0{,}1}}$

$T_x = x_G - x_K$
$T_x = 40{,}1 - 39{,}9 = 0{,}2$

Für das Vorrichtungsmaß x_I folgt

$\underline{\underline{x_V = x = 40 \pm 0{,}03}}$ *bei* $T_{I\cdot} = \frac{1}{3} T_W$

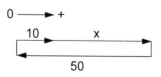

Aufstellen der Maßkette

Alle Maßangaben in mm

Bild 4.3 *Bestimmen eines Werkstückes — Beispiel 1*
a, b) nach der Grundregel   c) Wechsel der Fertigungsbasis

4.2 Vorgehensweise beim Bestimmen

Nur auf diese Gleichung kann der 1. Hauptsatz des Toleranzwesens angewandt werden. Sinngemäß formuliert werden danach alle positiven Kettenglieder dieser Gleichung mit dem Größtmaß (und umgekehrt negative mit dem Kleinstmaß) eingesetzt. Die Auflösung der Gleichung nach dem gesuchten Fertigungsmaß x zeigt, daß der angenommene Wechsel der Fertigungsbasis, d. h. das Bestimmen mittels eines Bolzens über die Bohrung möglich ist. Das neue Maß x_W ergibt sich zu $(40 \pm 0{,}1)$ mm und ersetzt das ursprünglich laut Zeichnung gemäß Abbildung a) geforderte Maß $(50 \pm 0{,}3)$ mm. Damit wird die Fertigungstoleranz wesentlich kleiner, d. h. es muß dreimal genauer gefertigt werden, was aber fertigungstechnisch noch kein Problem darstellt. Im Vorgriff auf die erst später zu behandelnden Genauigkeitsanforderungen von Vorrichtungen soll hier bereits hingewiesen werden, daß das Maß x_V an der Vorrichtung wesentlich genauer, z. B. $(40 \pm 0{,}03)$ mm einzustellen ist.

Zusammenfassung zum Beispiel 1 [4.1]:

Durch die Anordnung des Bestimmbolzens im Abstand x zur Nutmitte erfolgt ein Wechsel der Fertigungsbasis, da laut Zeichnung die Stirnfläche als Bestimmfläche gefordert wurde. Um trotzdem Werkstücke vom Maß $(50 \pm 0{,}3)$ mm bearbeiten zu können, muß als Ersatzmaß $x_W = (40 \pm 0{,}1)$ mm gewählt werden. Dies entspricht dem neuen Maß für die Fertigungszeichnung bei Wegfall des Maßes $(50 \pm 0{,}3)$ mm. Die Vorrichtung muß demzufolge mit $x_V = (40 \pm 0{,}03)$ mm gefertigt werden.

Damit ist bewiesen, daß bei Ersatz eines tolerierten Maßes durch ein anderes Maß die Toleranzen in jedem Fall verkleinert werden.

Im *Beispiel 2* wird im Bild 4.4 a durch das Maß $(40 \pm 0{,}2)$ mm zwischen Bohrung und zu fertigender Nut auf eine funktionelle Beziehung zueinander hingewiesen (*vorausgesetzt diese Maßangabe erfolgte funktionsgerecht*). Demnach ist die Mittelebene der Bohrung eine Bezugsebene der Konstruktionsbasis.

Im Bild 4.4 b wird sie folgerichtig als Bestimmebene für die Fertigungsbasis gewählt. Die Bestimmfläche wird mittels eines Bestimmbolzens ausgebildet und der Werkzeugeinstellung zugrunde gelegt. Das Fertigungsmaß für die Nut wird vorrichtungsseitig wiederum ca. dreimal so genau festgelegt.

Auch für diese vorgegebene Fertigungsaufgabe wird im Bild 4.4 c ein notwendiger Wechsel der Fertigungsbasis angenommen, und zwar diesmal die stirnseitige Anlage des Werkstückes an einen Bestimmbolzen.

In analoger Weise zu Beispiel 1 wird für die Maßkette die Toleranzgleichung aufgestellt und diese nach dem zu ersetzenden ursprünglichen Fertigungsmaß aufgelöst. In der Gleichung entsteht ein negatives Kettenglied, was nach dem 1. Hauptsatz des Toleranzwesens zu einem Vorzeichenwechsel von Größt- und Kleinstmaß führt.

Das Ergebnis der Toleranzrechnung ergibt für das neue Nennmaß $x_W = 50$ mm eine Toleranz von ± 0, d. h. diese Lösung ist fertigungstechnisch nicht durchführbar. Die Vorrichtung müßte wiederum noch genauer gefertigt werden, was ebenfalls nicht möglich wäre.

Zusammenfassung zum Beispiel 2 [4.1]:

Durch das Bestimmen mit einem Anlagebolzen an der Stirnfläche des Werkstückes erfolgt ein Wechsel der Fertigungsbasis, da laut Zeichnung eine Bestimmung nach der Bohrungsmitte erfolgen muß. Um trotzdem Werkstücke mit dem Maß $(40 \pm 0{,}2)$ mm bearbeiten zu können, muß das mit der Fertigungsbasis realisierte Maß x_W berechnet werden.

Beispiel 2

a) Aufgabe : Fräsen einer Nut

b) Konstruktionsbasis wird zur Fertigungsbasis

Bemaßung ⟶ Bezugsebene ⟶ Bestimmebene

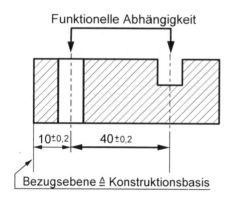
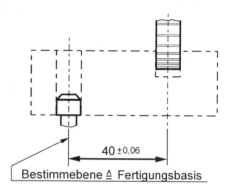

c) Wechsel der Fertigungsbasis ⟶ Toleranzrechnung wird notwendig

Für das Werkstückmaß x_w gilt:

Toleranzgleichung:
$10 + 40 - x = 0$

Auflösung nach zu ersetzendem Maß:
$40 = x - 10$

Anwendung des 1. Hauptsatzes des Toleranzwesens:

$$40_K^G = x_K^G - 10_G^K$$
$$x_K^G = 40_K^G + 10_G^K$$

$x_G = 40{,}2 + 9{,}8 = 50{,}0$
$x_K = 39{,}8 + 10{,}2 = 50{,}0$

$x_W = x = 50 \pm 0$ ⎫ *Dies ist am Werkstück unmöglich.*
$T_x = x_G - x_K = 0$ ⎭ *Für die Vorrichtung gilt bei $T_V = \frac{1}{3}T_W$. Dies ist erst recht unmöglich.*

Aufstellen der Maßkette

Alle Maßangaben in mm

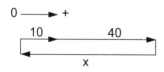

Bild 4.4 *Bestimmen eines Werkstückes — Beispiel 2*
a, b) nach der Grundregel   c) Wechsel der Fertigungsbasis

4.3 Fehler durch Überbestimmen

Für dieses neue Nennmaß von 50 mm ergibt die Rechnung eine Toleranz von ± 0; dies kann nicht ermöglicht werden. Die Vorrichtung müßte außerdem noch etwa dreimal genauer toleriert werden, was ebenfalls nicht durchführbar ist. Nach dieser Art der Bestimmung können keine Werkstücke gemäß Zeichnung bearbeitet werden.

Damit ist bewiesen, daß ein Wechsel der Fertigungsbasis mit Neuberechung der Fertigungstoleranzen nicht immer zu einer brauchbaren Lösung führt. In derartigen Fällen muß auf den Wechsel der Fertigungsbasis verzichtet und das Werkstück nach der Grundregel bestimmt werden. Sollte dies nicht möglich sein, muß eine andere (genauere) Bemaßung des Werkstückes erfolgen.

Bei Wechsel der Fertigungsbasis, d. h. keiner Übereinstimmung mit der Konstruktionsbasis, müssen die Toleranzen für die neuen Nennmaße des Werkstückes berechnet werden. Für die vorstehend ausgeführten zwei Beispiele wird diese Rechnung in Tabelle 4.1 gezeigt:

Mögliche Maßabweichungen am Werkstück nach den neuen Fertigungsmaßen x_W [mm]

Beispiel 1	Beispiel 2
Toleranzgleichung nach **x** aufgelöst: $x = 50 - 10$ Anwendung auf den **1. Hauptsatz** des Toleranzwesens: $x_K^G = 50_K^G - 10_G^K$ $x^G = 50{,}3 - 9{,}8 = 40{,}5$ $x_K = 49{,}7 - 10{,}2 = 39{,}5$ $x = 40 \pm 0{,}5$ $T_x = x_G - x_K$ $T_x = 40{,}5 - 39{,}5 = 1{,}0$	Toleranzgleichung nach **x** aufgelöst: $x = 40 + 10$ Anwendung auf den **1. Hauptsatz** des Toleranzwesens: $x_K^G = 40_K^G + 10_K^G$ $x^G = 40{,}2 + 10{,}2 = 50{,}4$ $x_K = 39{,}8 + 9{,}8 = 49{,}6$ $x = 50 \pm 0{,}4$ $T_x = x_G - x_K$ $T_x = 50{,}4 - 49{,}6 = 0{,}8$
Kontrolle mit dem **2. Hauptsatz** des Toleranzwesens: $T_x = T_{50} + T_{10}$ $T_x = 0{,}3 + 0{,}2 = 0{,}5$	Kontrolle mit dem **2. Hauptsatz** des Toleranzwesens: $T_x = T_{40} + T_{10}$ $T_x = 0{,}2 + 0{,}2 = 0{,}4$

Tabelle 4.1 Werkstücktoleranzen nach dem Wechsel der Fertigungsbasis [4.1]

4.3 Fehler durch Überbestimmen

In den vorangehenden Ausführungen wurde begründet, daß jeder der insgesamt sechs Freiheitsgrade nur einmal einem Werkstück durch Bestimmelemente entzogen werden kann. Dadurch wird die Werkstücklage in jeder Richtung des Raumes exakt fixiert. Eindeutig ist die Bestimmlage des Werkstückes für jede Koordinatenrichtung nur dann definiert, wenn die zur Lagefixierung ausgewählten Bestimmflächen von Werkstück und Vorrichtungsbestimmelement eindeutigen Berührungskontakt in der durch das Fertigungsmaß angegebenen Bezugsebene haben.

Existieren mehrere Maßangaben zur Kennzeichnung der Bestimmflächen, so werden damit auch zugleich mehrere Bezugsebenen in dieser Koordinatenrichtung begründet. Jeweils nur eine Bezugsebene kann aber als Fertigungsbasis ausgewählt werden, indem über die Bestimmflächen das Werkstück fixiert und somit die Bestimmebene ausgewählt ist. Sollten auch in den nicht benötigten anderen Bezugsebenen derselben Koordinatenrichtung weitere Bestimmflächen vorgesehen sein, so wird die Werkstücklage nicht eindeutig charakterisiert, es wird damit falsch bestimmt. Dieser Vorgang wird als *Überbestimmen* bezeichnet.

Eine Überbestimmung liegt dann vor, wenn pro Koordinatenrichtung zur Bezugsebene eines Maßes mehr als eine Bestimmebene festgelegt wurde.

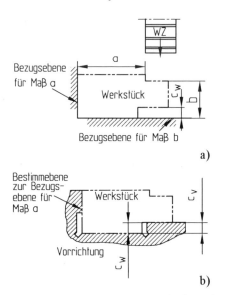

Durch *Überbestimmen* werden die Werkstücke falsch bestimmt. Fertigungsfehler verschiedener Art werden verursacht, eine Ausschußproduktion ist die Folge. *Überbestimmen* wird stets durch falsch angeordnete oder falsch gestaltete Bestimmflächen der Vorrichtung verursacht. Das unbeabsichtigte *Überbestimmen* wird nachfolgend an einem Beispiel erläutert.

Nach Bild 4.5 a ist an ein Werkstück ein Absatz mit dem Einstellmaß b zur Auflagefläche zu fräsen. Die Auflagefläche des Werkstückes besitzt einen Absatz mit der Absatzhöhe c_W zur Auflagefläche.

Bild 4.5
Bestimmen eines Werkstückes [4.1]
a) Vorrichtungsaufgabe
b) Vorrichtungsprinziplösung (Idealfall)

Nach Bild 4.5 a ist ein Absatz mit dem Einstellmaß b zur Auflagefläche zu fräsen. Die Auflagefläche des Werkstückes besitzt einen Absatz mit der Absatzhöhe c_W zur Auflagefläche.

Im Bild 4.5 b wird versucht, zur Erreichung einer großen Steifigkeit eine möglichst große Auflagefläche über die gesamte Werkstückbreite zu verwirklichen, indem auch der Absatz des Werkstückes auf einer Bestimmfläche aufliegt. Diese bildliche Darstellung stellt einen theoretischen Idealfall mit $c_W = c_V$ dar, der praktisch nicht erreicht wird. In der Praxis ist damit das Werkstück bereits überbestimmt. Denn aus der Vielzahl der möglichen Werkstücke

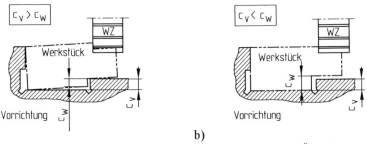

Bild 4.6 *Bestimmen eines Werkstückes: Reale Bestimmlage nicht eindeutig – Überbestimmung [4.1]*
a) Überbestimmung verursacht Fertigungsfehler b) Überbestimmung wird nicht fertigungswirksam

4.3 Fehler durch Überbestimmen

wird es kaum welche geben, deren Absatzhöhe c_w genau der an der Vorrichtung realisierten Bestimmflächenhöhe c_v entspricht. Die *Überbestimmung* liegt vor, weil das Maß b einerseits und das Maß c_w über die Beziehung (b – c_w) andererseits je eine Bezugsebene in vertikaler Koordinatenrichtung definieren, d. h. zwei Bestimmebenen wurden realisiert. Die Bestimmlage ist damit nicht eindeutig fixiert. Das Ergebnis dieser Überbestimmung zeigt Bild 4.6.

Das Nennmaß c wird vorrichtungsseitig als Maßverkörperung c_v des Bestimmelementes verwirklicht. Diesem steht werkstückseitig bei jedem Werkstück infolge der Fertigungstoleranzen ein anderes Maß c_w gegenüber. Bei $c_w > c_v$ liegt der Absatz frei, die Überbestimmung kommt nicht zum Tragen (Bild 4.6 b). Bei Werkstücken mit $c_w < c_v$ wird das Werkstück schräg in der Vorrichtung liegen, es werden Maß-, Form- und Lagefehler gefertigt. Es hängt also bei jedem Werkstück von seinen zufälligen Fertigungsabmaßen ab, ob noch Qualität oder bereits Ausschuß gefertigt wird. Ursache dafür ist das Überbestimmen der Auflagefläche durch die zwei Maße b und c. Eindeutig definierte Bestimmlagen sind Grundvoraussetzung für eine qualitätsgerechte Fertigung. Es kann nur eines dieser beiden Maße als Maßbezug für den zu fräsenden Absatz dienen; dieses bildet die Auflagefläche als Fertigungsbasis.

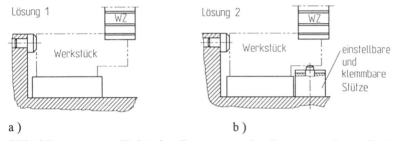

a)   b)

Bild 4.7 Bestimmen eines Werkstückes: Fertigungsgerechtes Bestimmen nach einer Fertigungsbasis [4.1]

Eine gangbare Lösung besteht darin, daß nur die günstigere Auflagefläche – die auch eine stabile Bestimmlage gewährleistet – als Bestimmfläche festgelegt wird (Bild 4.7 a). Sollte diese Lösung nicht befriedigen – z. B. bei unzureichender Steifigkeit des Werkstückes – kann zusätzlich eine weitere Auflage als einstellbare und danach klemmbare Stütze gewählt werden (Bild 4.7 b).

Erfordert die Gewährleistung der Bestimmlage weitere Stützpunkte, so können zur Vermeidung des Überbestimmens einstellbare oder sich selbst anpassende Stützen eingesetzt werden.

Im Bild 4.8 werden richtiges und falsches Bestimmen am Beispiel eines hebelförmigen Werkstückes gegenübergestellt.

In allen 5 Abbildungen wird die Koordinatenrichtung längs der Hebelachse durch ein V-Prisma fixiert, indem über das große Auge des Hebels die Symmetrieachse als Mittelebene zur Bestimmebene wird. Die 3 Beispiele der rechten Spalte des Bildes 4.8 zeigen falsche Lösungen, weil sie überbestimmt sind. In diesen 3 Abbildungen wird durch ein weiteres Bestimmelement nochmals der bereits (durch ein V-Prisma am großen Auge des Hebels) gebundene Freiheitsgrad festgelegt. Für die Bearbeitung wird keine eindeutige Lage gewährleistet. Die linke Spalte enthält Lösungsvorschläge, die eindeutig die Bestimmlage definieren.

Die Gefahr eines Überbestimmens besteht besonders bei parallel oder schräg abgesetzten Flächen am Werkstück sowie bei der Anwendung von Prismen oder Bestimmbolzen.

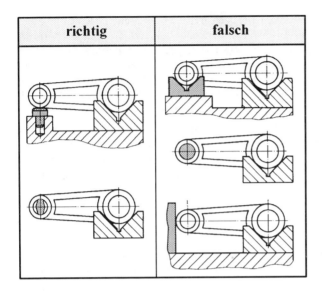

Bild 4.8
Überbestimmen am Beispiel eines hebelförmigen Werkstückes [4.1]

Im Bild 4.9 wird ein hebelförmiges Werkstück über zwei getrennte Bestimmelemente in vertikaler Richtung bestimmt. Definitionsgemäß liegt somit eine Überbestimmung vor. Trotzdem werden in der Praxis derartige Lösungen angewandt, da solche Vorrichtungen einfach und kostengünstig sind. Diese Lösung ist überhaupt nur anwendbar, wenn die beiden Auflageflächen des Hebels eng tolerierte Fertigungsmaße besitzen, so daß die zulässigen Fertigungsabweichungen sehr klein und die möglichen Lagefehler des Werkstückes in den vertretbaren Grenzen liegen. Darüber hinaus ist diese Lösung nur für untergeordnete Zwecke und geringere Genauigkeitsanforderungen anwendbar; besser wäre stets eine einstellbare Stütze an der kleineren Auflagefläche.

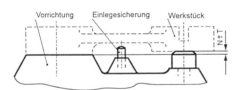

Bild 4.9
Fertigungstoleranzen können eine Überbestimmung vermeiden [4.1]

4.4 Auswahl des Bestimmprinzipes

Zur Erfüllung der Vorrichtungsfunktion "Bestimmen" müssen die Wirkflächenpaare der Wirkstellen zwischen Werkstück und Vorrichtung funktionsgerecht ausgebildet werden. Dazu sind zunächst die Bestimmflächen von Werkstück und Vorrichtung für die zu bindenden Freiheitsgrade auszuwählen und prinzipiell festzulegen.

4.4.1 Werkstückbestimmflächen

Diese legen *Bestimmebenen* fest, die unter Beachtung der *Grundregel des Bestimmens* nach Möglichkeit in die Bezugsebenen der Konstruktionsbasis des Werkstückes zu legen sind. Damit ist die Lage der *Werkstückbestimmflächen* ebenfalls festgelegt.

> *Werkstückbestimmflächen stehen im Kontakt mit den Vorrichtungsbestimmflächen und sollen nach der Grundregel ebenfalls in der Konstruktionsbasis liegen.*

Für eine definierte und reproduzierbare Bestimmlage des Werkstückes müssen eindeutige Kontaktbedingungen zwischen Vorrichtung und Werkstück gegeben sein.

4.4 Auswahl des Bestimmprinzipes

Dies ist werkstückseitig nur bei auf ein toleriertes Fertigungsmaß bearbeiteten Kontaktflächen gewährleistet. Um die geforderte Anzahl von Freiheitsgraden zu binden, müssen teilweise auch unbearbeitete Flächen zur Bestimmung herangezogen werden. Dementsprechend ungenau wird auch die Lagebestimmung des Werkstückes, d. h. große Abweichungen der Bestimmlage müssen in Kauf genommen werden. Je mehr Arbeitsgänge in einer Aufspannung realisiert werden, desto weniger bearbeitete Flächen gibt es zuvor. Es kann also nur bzw. fast nur mit unbearbeiteten Bezugsflächen des Werkstückes bestimmt werden.

Man ist deshalb bestrebt, eine *Mehrseiten-* oder noch besser *Komplettbearbeitung* in einer Aufspannung durchzuführen. In diesen Fällen werden die durch Rohteilflächen verursachten Ungenauigkeiten der Lagebestimmung unwirksam, weil die Fertigungsmaße nach einer definierten Ausgangsposition – dem Referenzpunkt der NC-Programmierung – ausgemessen werden.

Vorrangig werden für das Bestimmen die am Werkstück vor der Bearbeitung bereits vorhandenen Teile der Werkstückoberfläche ausgenutzt; man bezeichnet diese als natürliche Basen.

In allen Fällen, wo die vorhandenen natürlichen Basen nicht ausreichen bzw. nicht geeignet sind zur Bindung der geforderten Freiheitsgrade, müssen Hilfsflächen dafür am Werkstück vorgesehen werden. Diese werden beim Urformen, Umformen oder bei der spanenden Fertigung am Werkstück erzeugt. Man bezeichnet diese Flächen als *künstliche Basen* [4.4].

Als künstliche Basen werden die Werkstückflächen bezeichnet, die funktionsbedingt nicht notwendig, sondern nur aus Fertigungsgründen am Werkstück ausgebildet wurden.

Durch eine fertigungsgerechte Gestaltung der Werkstücke muß der Produktkonstrukteur gewährleisten, daß insbesondere eine Erstaufspannung der Werkstücke zur Herstellung der Fertigungsbasen für die Folgebearbeitung möglich wird. Bei bestimmten Werkstückformen war es schon immer für eine wirtschaftlichen Bearbeitung notwendig, *künstliche Basen* einzusetzen. Solche Anwendungsfälle sind z. B. gegeben bei Gußschrägen, konischen Mantelflächen, abgeschrägten oder offenen Stirnflächen wellenförmiger Teile, bei parallelen, nicht in einer gemeinsamen Fertigungsebene liegenden ebenen Flächen und anderen gebogenen oder abgewinkelten Werkstückelementen. Durch künstliche Basen werden erforderlichenfalls zylindrische Mantelflächen, planparallele Stirnflächen, ebene Auflageflächen und andere fertigungstechnisch gut beherrschbare Werkstückformen geschaffen *(siehe auch Kapitel 8, Fertigungsgerechte Gestaltung von Werkstücken)*.

Das Einbringen künstlicher Fertigungsbasen erfordert immer einen höheren Fertigungsaufwand und verursacht dadurch höhere Kosten. *Künstliche Basen* schaffen aber auf Grund dieser einheitlichen Schnittstellen gleiche Voraussetzungen für die Fertigung eines umfangreichen Werkstückspektrums, wodurch die Fertigungseinrichtungen flexibler einsetzbar und Kostenersparnisse möglich sind. Unter welchen Fertigungsbedingungen *künstliche Basen* vorteilhaft sind, ist nur über eine Gesamtkostenanalyse und unter Beachtung aller im System wirkenden Faktoren einzuschätzen.

Als bekanntestes Beispiel sei hier die erforderliche Zentrierbohrung für die Fertigung wellenförmiger Teile durch Aufnahme mit Zentrierspitzen genannt.

Mit der zunehmenden Automatisierung der Fertigung müssen immer vielfältigere Werkstückspektren unter gleichen Fertigungsbedingungen bearbeitet werden können. Die Fertigungseinrichtungen müssen flexibler den unterschiedlichen Werkstücken anpaßbar sein. Dies ist häufig nur unbefriedigend und unter hohen Kosten lösbar. Als günstige Alternative erweisen sich hier *künstliche Basen*, die als einheitliche Schnittstellen an allen Werkstücken gleichermaßen vorgesehen werden, z. B. in Form von Bohrungen, Senkungen, Aussparungen, Absätzen, Nuten, Taschen und anderen gut zu erzeugenden geometrischen Formelementen. Für alle Werkstücke, an denen diese künstlichen Basen eingebracht wurden, liegen somit einheitliche Fertigungsbedingungen bezüglich des Bestimmens und Spannens mittels Vorrichtungen vor. Aber auch für andere Arbeitsoperationen, wie des Handhabens und Transportierens sind künstliche Basen von Nutzen. Für die Entwicklung und den Einsatz flexibler Vorrichtungssysteme gewinnen künstliche Basen zunehmend an Bedeutung (*siehe auch Kapitel 10 Alternative Lösungen unter Anwendung künstlicher Basen*).

Im allgemeinen existieren keine Vorgaben für die Anwendung künstlicher Basen. Es sollte deshalb zunächst immer versucht werden, eine Problemlösung über *natürliche Basen* herbeizuführen, d. h. die vor der Fertigung vorliegende Werkstückoberfläche für das Bestimmen auszunutzen.

4.4.2 Vorrichtungsbestimmflächen

Analog zur Forderung an *Werkstückbestimmflächen*, sollen auch ihre zugeordneten Kontaktstellen an der Vorrichtung geometrisch genau definiert vorliegen. Diese Bestimmflächen der Bestimmelemente sollen fertigungstechnisch sehr genau, gut reproduzierbar und kostengünstig herstellbar sein. Prinzipiell werden diese Forderungen von allen ebenen und allen rotationssymmetrischen Flächen erfüllt. Sie alle sind geeignete Formen für *Bestimmflächen* an *Bestimmelementen* der Vorrichtungen.

Bestimmfläche	Bestimmelemente	
	Ebene Fläche	Rotationssymmetrische Fläche
Außenkontakt	– Anlage, Auflage, Anschlag – Paßstein, ebene Führung	– Welle, Bolzen, Zapfen, Rundführung – Konus, Kegel, Kegelspitze
Innenkontakt	– U–Prisma – V–Prisma	– Bohrung, Hohlzylinder – Innenkonus, Senkung

Tabelle 4.2 Grundformen der Bestimmelemente [4.1]

Diese geometrischen Grundformen von Bestimmflächen stellen die Kontaktbereiche der Vorrichtungsbestimmelemente zum Werkstück dar. Sie sind konstruktiv so auszubilden und zu gestalten, daß nicht mehr Freiheitsgrade als für die Bearbeitungsaufgabe notwendig bzw. beabsichtigt gebunden werden. Vor allem ist darauf zu achten, daß pro Koordinatenrichtung jeder Freiheitsgrad nur durch eine Bestimmfläche fixiert wird.

In Tabelle 4.3 [4.1] wurden die möglichen Bestimmprinzipe zusammengestellt, die für ein Vollbestimmen von Werkstücken in Betracht kommen. Daraus wird ersichtlich, daß unabhängig von der konkreten geometrischen Form des Bestimmelementes stets drei Bestimmflächen benötigt werden.

4.4.2.1 Bestimmen mit drei ebenen Flächen

Bei der Darstellung der Methodik des Bestimmens nach Bild 4.2 wurden für das Vollbestimmen des Werkstückes nach sechs Freiheitsgraden stets drei Flächen benötigt. Dieses in Bild 4.2 gewählte Bestimmprinzip soll deshalb als "Bestimmen nach drei Ebenen" bezeichnet werden. Durch die konstruktive Gestaltung der Ebenen zu Bestimmflächen wird darüber entschieden, wieviele Freiheitsgrade jede Fläche zu binden in der Lage ist.

4.4 Auswahl des Bestimmprinzipes

Bestimm-ebenen	Bindung von 6 Freiheitsgraden durch Vorrichtungsbestimmflächen			
	1. Fläche	2. Fläche	3. Fläche
3 Ebenen	AF = 3 : ebene Fläche	FF = 2 : ebene Fläche	SF = 1 : ebene Fläche
2 Ebenen + 1 Mittelebene	AF = 3 : ebene Fläche	FF = 2 : ebene Fläche	SF = 1 : - kurzer abgeflachter Bolzen - kurzes U-Prisma - kurzes V-Prisma einstellbar
	FF = 2 : ebene Fläche	FF = 2 : ebene Fläche	FF = 2 : - langer abgeflachter Bolzen - langes U-Prisma - langes V-Prisma einstellbar
1 Ebene + 2 Mittelebenen	AF = 3 : ebene Fläche	ZF = 2 : - kurzer voller Bolzen - kurze Paßbohrung	SF = 1 : ebene Fläche
	DZF = 4 : - langer voller Bolzen - lange Paßbohrung	SF = 1 : ebene Fläche	SF = 1 : ebene Fläche
	AF = 3 : ebene Fläche	ZF = 2 : kurzer voller Bolzen	SF = 1 : kurzer abgeflachter Bolzen
	DZF = 4 : langer voller Bolzen	SF = 1 : ebene Fläche	SF = 1 : kurzer abgeflachter Bolzen
	ZF = 2 : kurzer voller Bolzen	FF = 2 : ebene Fläche	FF = 2 : langer abgeflachter Bolzen

AF = Auflagefläche; FF = Führungsfläche; SF = Stützfläche; ZF = Zentrierfläche; DZF = Doppelte Zentrierfläche; ▓ = Zahl der gebundenen Freiheitsgrade

Tabelle 4.3 Bestimmen mit ebenen Flächen und Zylinderflächen

Es erfolgt die Festlegung der
- Auflagefläche *(AF)* zur Bindung von drei Freiheitsgraden
- Führungsfläche *(FF)* zur Bindung von zwei Freiheitsgraden
- Stützfläche *(SF)* zur Bindung von einem Freiheitsgrad

4.4.2.2 Bestimmen mit zwei ebenen Flächen, einer Zylinderfläche oder einem Prisma

Von den für ein Vollbestimmen von sechs Freiheitsgraden notwendigen drei Flächen kann eine als Zylinderfläche vorhanden sein. Die Zylinderfläche selbst kann wellenförmig (Außenkontakt) oder buchsenförmig (Innenkontakt) gestaltet sein. Bei einem Bestimmen über rotationssymmetrische Flächen kommt der Berührungskontakt zwischen Werkstück und Bestimmelement theoretisch am gesamten Umfang der Rotationsflächen zustande, deshalb wird in diesen Fällen die Mittelebene – eine Symmetrieebene durch die Rotationsachse des Bestimmelementes – als Bestimmebene festgelegt.

> *Anmerkung: Da in der Praxis ein Fügespiel zwischen Werkstückbestimmfläche und rotationssymmetrischem Bestimmelement vorhanden ist, wird der tatsächliche Anlagekontakt nur auf einem Teil der Umfangsfläche des Bestimmelementes zustandekommen. Wo genau dies der Fall sein wird, ist zufälliger Art und nicht definiert.*

Die Bestimmprinzipe nach Tabelle 4.3 [4.1] werden in den nachfolgenden Bildern 4.10, Bild 4.11 und Bild 4.12 ausführlich erläutert. Es handelt sich jeweils um eine Modellvorstellung, mit deren Hilfe der Sachverhalt des jeweiligen Bestimmprinzips demonstriert werden soll. Die äußere Form des Werkstückes wurde entsprechend dem beabsichtigten Bestimmfall gewählt.

> *Anmerkung: Die Bestimmflächen der Bestimmelemente der Vorrichtung wurden schraffiert markiert, die Zahl der durch sie gebundenen Freiheitsgrade wurde hinter der Abkürzung der Benennung dieser Flächen vermerkt. Die Pfeile und die Koordinatenachsen symbolisieren die Art der gebundenen Freiheitsgrade.*

Bestimmen mit zwei ebenen Flächen und einem Bestimmbolzen

Im Bild 4.10 [4.1] wird gezeigt, daß ein Werkstück nach seiner Oberfläche über zwei ebene Flächen und eine Bohrung auf durchaus verschiedene Weisen bestimmt werden kann.

Handelt es sich um ein flaches, plattenförmiges Werkstück *(kleine Höhe im Verhältnis zur großen Grundfläche, z. B. Bleche)* kommt für die Bohrung nur ein **kurzer Bolzen** (l < d) als Bestimmelement in Betracht *(Bild 4.10 linke Felder)*.

Bei einem massiven Werkstück mit langer Bohrung *(Bild 4.10 rechte Felder)* kann auch ein **langer Bolzen** (l > d) zur Anwendung kommen, sofern den möglichen Kippmomenten entgegengewirkt und die Bohrungsachse den Ausschlag für die Bestimmlage geben soll. Es kann auch ein kurzer Bolzen gewählt werden, wenn es die Bemaßung gemäß Zeichnung rechtfertigt.

Der **volle zylindrische Bolzen** *(Bild 4.10 untere Felder)* fixiert das Werkstück in beiden Koordinatenrichtungen der Ebene, er bestimmt somit auf den Mittelpunkt als Schnittpunkt zweier Symmetrieachsen. Dies wird als **Bestimmen nach 2 Mittelebenen** bezeichnet, die Bestimmfläche wird **Zentrierfläche** genannt. Wird diese in Achsrichtung lang ausgebildet, so wird sie als **doppelte Zentrierfläche** bezeichnet. Das Werkstück wird in diesem Fall durch den Bolzen gut ausgerichtet, und Kippungen orthogonal zur Führungsachse werden um beide Koordinatenachsen kompensiert. Für das Ausrichten des Werkstückes nach der Bohrungsachse erfolgt das Hauptbestimmen durch eine doppelte Zentrierfläche; es werden 4 Freiheitsgrade gebunden *(Bild 4.10 unten, rechtes Feld)*.

4.4 Auswahl des Bestimmprinzipes

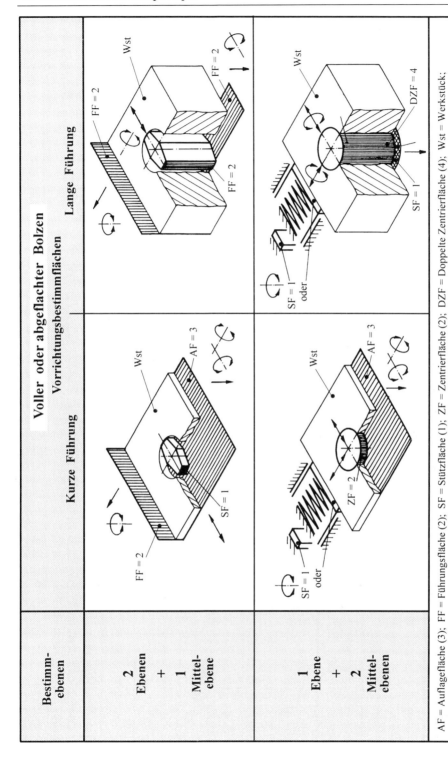

Bild 4.10 Bestimmen mit zwei ebenen Flächen und einem vollen oder abgeflachten Bestimmbolzen

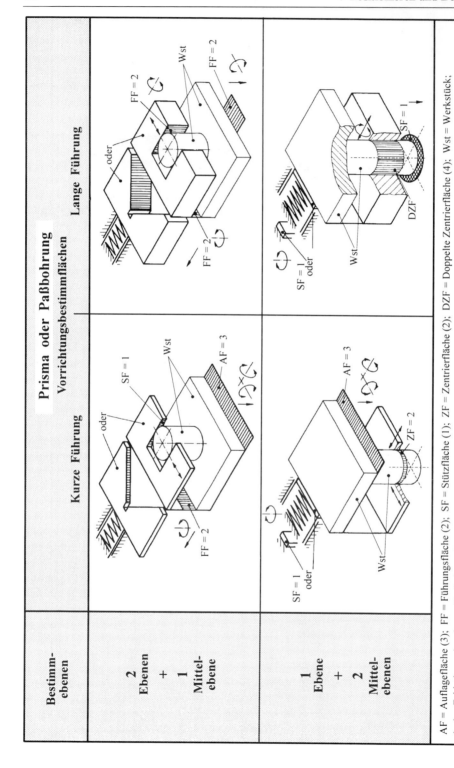

Bild 4.11 *Bestimmen mit zwei ebenen Flächen und einer Paßbohrung oder einem Prisma*

AF = Auflagefläche (3); FF = Führungsfläche (2); SF = Stützfläche (1); ZF = Zentrierfläche (2); DZF = Doppelte Zentrierfläche (4); Wst = Werkstück; (...) = Zahl der gebundenen Freiheitsgrade

4.4 Auswahl des Bestimmprinzipes

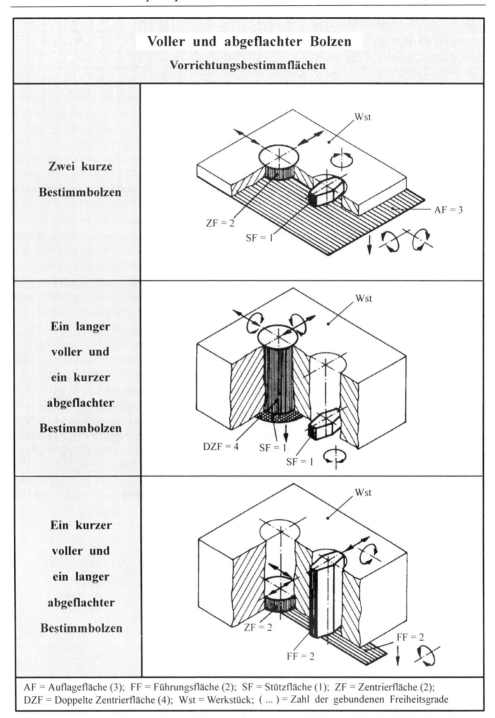

	Voller und abgeflachter Bolzen
	Vorrichtungsbestimmflächen
Zwei kurze Bestimmbolzen	ZF = 2; SF = 1; AF = 3
Ein langer voller und ein kurzer abgeflachter Bestimmbolzen	DZF = 4; SF = 1; SF = 1
Ein kurzer voller und ein langer abgeflachter Bestimmbolzen	ZF = 2; FF = 2; FF = 2

AF = Auflagefläche (3); FF = Führungsfläche (2); SF = Stützfläche (1); ZF = Zentrierfläche (2); DZF = Doppelte Zentrierfläche (4); Wst = Werkstück; (...) = Zahl der gebundenen Freiheitsgrade

Bild 4.12 *Bestimmen mit einer ebenen Fläche und zwei Bestimmbolzen (voll und abgeflacht)*

Es ist möglich, mit Hilfe eines Bolzens in einer Bohrung ein Werkstück zu bestimmen und dabei aber nur in einer Koordinatenrichtung der Bestimmebene das Werkstück zu fixieren. Dies wird durch Abflachen des Bestimmbolzens erreicht. Der *abgeflachte Bolzen* wird auch *Schwertbolzen* genannt. Es wird gezeigt *(Bild 4.10 obere Felder)*, daß bei einem **kurzen Bolzen** (l < d) auf diese Weise eine Stützfläche entsteht, die 1 Freiheitsgrad bindet *(Bild 4.10 oben, linkes Feld)*.

Wird ein *langer Bolzen* (l > d) abgeflacht, so entsteht eine Führungsfläche, die zugleich auch die Drehbewegung um die Führungsflächen bindet *(Bild 4.10 oben, rechtes Feld)*.

Bestimmen mit zwei ebenen Flächen und einer Bohrung oder einem Prisma

Das Bild 4.11 [4.1] zeigt in analoger Weise zu Bild 4.10 die Möglichkeiten des Bestimmens eines Werkstückes über zwei Ebenen und eine Zylinderfläche. Die Zylinderfläche wird diesmal als Zapfen am Werkstück angenommen.

Dieser *Zapfen (Bolzen, Wellenabsatz* oder anderes rotationssymmetrisches Formelement am Werkstück) wird in Verbindung mit einem U-Prisma oder einem anpassungsfähigen V-Prisma (gerichtete Beweglichkeit in der Symmetrieachse des V-Prismas) zum Bestimmen benutzt *(Bild 4.11 obere Felder)*. Bei einer im Verhältnis zum Zapfendurchmesser sehr *schmalen Bestimmfläche* am Prisma, wird eine Stützfläche erzeugt, die ein Freiheitsgrad bindet *(Bild 4.11 oben, linkes Feld)*.

Soll der Zapfen zugleich ein Kippen verhindern, muß eine *breite Kontaktfläche* am Prisma zur Verfügung stehen *(Bild 4.11 oben, rechtes Feld)*. Diese beiden vorgenannten Bestimmprinzipien fixieren das Werkstück *nach eine Mittelebene (Bild 4.11 obere Felder)*. Eine Bestimmung *nach zwei Mittelebenen* wird durch Einführung des Werkstückzapfens in eine Paßbohrung erreicht, welche als Bestimmfläche der Vorrichtung ausgebildet wird *(Bild 4.11 untere Felder)*. Wird die Führungslänge dieser *Paßbohrung sehr kurz* gestaltet, liegt eine *Zentrierfläche* vor, die in der Ebene auf den Bohrungsmittelpunkt fixiert *(Bild 4.11 unten, linkes Feld)*. Bei *größerer Führungslänge der Paßbohrung* werden auch die möglichen zwei Kippungen orthogonal zur Längsachse gebunden, eine *doppelte Zentrierfläche* bindet dann vier Freiheitsgrade *(Bild 4.11 unten, rechtes Feld)*.

4.4.2.3 Bestimmen mit einer ebenen Fläche und zwei Bestimmbolzen

Das Bild 4.12 [4.1] zeigt die Möglichkeiten des Bestimmens eines Werkstückes, welches zwei Bohrungen besitzt, die als Werkstückbestimmfläche geeignet sind.

Diese ausgewählten Bohrungen des Werkstückes werden auf zwei zugeordnete Bestimmbolzen als Bestimmelemente der Vorrichtung aufgeschoben. In Richtung der gemeinsamen Symmetrieachse beider Bohrungen liegt dann jedoch immer eine Überbestimmung vor, weil jede der Bohrungen das Werkstück in dieser Richtung fixiert. Deshalb muß immer einer der zugeordneten Bestimmbolzen als *Schwertbolzen* gestaltet, also abgeflacht werden. Die Abflachung des Schwertbolzens muß berechnet werden, um stets ein Fügen zu ermöglichen *(Siehe Abschnitt 4.5.3.2)*.

4.4.2.4 Hauptbestimmen

In der Tabelle 4.3 wurden die theoretisch möglichen Bestimmprinzipe zusammengestellt, die mit drei Bestimmflächen ein *Vollbestimmen* nach sechs Freiheitsgraden ermöglichen. Danach kann entsprechend der geometrischen Form und dem vorliegenden Bearbeitungszustand für ein vorgegebenes Werkstück das geeignete Bestimmprinzip ausgewählt werden.

4.4 Auswahl des Bestimmprinzipes

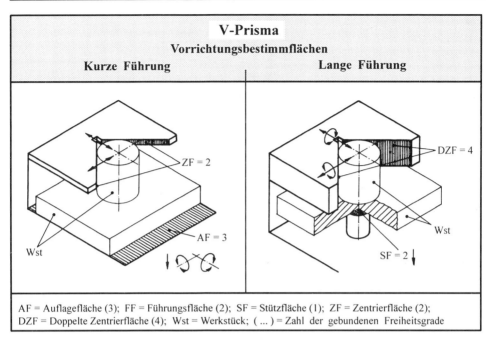

Bild 4.13 Bestimmprinzipe für fünf Freiheitsgrade [4.1]

Vorrangig sollten bearbeitete, möglichst genau gefertigte Flächen als Werkstückbestimmflächen ausgewählt werden. Zum besseren Verständnis wurden diese theoretisch möglichen Bestimmprinzipe als Modelldarstellung in den Bildern 4.2 und 4.10 bis 4.12 veranschaulicht. Demnach stehen 12 verschiedene Lösungsmöglichkeiten zur Verfügung, um mit drei Bestimmflächen ein Vollbestimmen des Werkstückes nach allen sechs Freiheitsgraden zu erreichen.

Nicht jede Bearbeitungsaufgabe erfordert ein Vollbestimmen, d. h. das Binden aller sechs Freiheitsgrade. Im Bild 4.13 werden Bestimmprinzipe gezeigt, die zur Anwendung kommen können, wenn nur fünf Freiheitsgrade gebunden werden müssen. In beiden gezeigten Lösungsansätzen erfolgt ein *Hauptbestimmen*. Beim Einsatz eines flachen V-Prismas können drei Freiheitsgrade in eine Auflagefläche (AF) gelegt werden *(Bild 4.13 linkes Feld)*. Bei einem langen V-Prisma wird das Hauptbestimmen durch die doppelte Zentrierfläche (DZF) erreicht, die vier Freiheitsgrade bindet *(Bild 4.13 rechtes Feld)*.

Eine Bestimmlage kann für alle Freiheitsgrade definiert sein und trotzdem keine reproduzierbare Werkstücklage gewährleisten. Dieser Fall ergibt sich bei Anwendung eines langen abgeflachten Bolzens *(Bild 4.10 oben, rechtes Feld und Bild 4.12 unteres Feld)* oder eines langen Prismas bei schmaler, ebener Bestimmfläche *(Bild 4.11 oben, rechtes Feld)*.

In diesen dargestellten drei Bestimmprinzipen bindet jede Bestimmfläche zwei Freiheitsgrade. Welche Bestimmfläche den dominierenden Einfluß auf das Werkstück ausübt, ist zufälliger Art und hängt von den jeweiligen Fertigungstoleranzen und der Richtung der Spannkraft ab. Deshalb sollte in jedem Fall durch ein Bestimmelement ein Hauptbestimmen gewährleistet sein, indem drei oder mehr Freiheitsgrade gebunden werden. Die weiteren notwendigen Freiheitsgrade werden über andere Bestimmflächen durch Nebenbestimmen gebunden.

Jedes Bestimmlösung sollte ein Hauptbestimmen ermöglichen!

4.5 Ausführung der Bestimmelemente

Die Systembetrachtungen im Kapitel 3 zeigten, daß alle Funktionen der Vorrichtung nur über die Wirkflächenpaare in den Schnittstellen wirksam werden können. Die Realisierung der Grundfunktion "Bestimmen" erfolgt über die durch die Werkstückbestimmflächen und die Vorrichtungsbestimmflächen definierten Kontaktstellen, welche die Bestimmebenen festlegen. Die konkreten Anforderungen an das Bestimmen werden durch die funktionsgerechte Ausbildung der Vorrichtungsbestimmflächen zu Bestimmelementen vorrichtungswirksam.

Die Ausführung der Bestimmelemente beinhaltet ihre Anzahl und Anordnung am Werkstück sowie ihre Beschaffenheit bezüglich äußerer Form, Abmessungen, Oberflächenzustand und stofflicher Beschaffenheit.

Die Gestaltung der Bestimmflächen an den Bestimmelementen der Vorrichtung wird entscheidend durch die geometrische Form der Werkstückbestimmflächen und die Lage der Bestimmebene zur Bezugsebene beeinflußt. Der Betriebsmittelkonstrukteur hat für eine werkstückgerechte Gestaltung der Bestimmelemente zu sorgen, weil damit maßgeblich Einfluß auf die künftige Funktionssicherheit, Zuverlässigkeit und Genauigkeit der Vorrichtung genommen wird.

Die werkstückgerechte Auslegung der Bestimmelemente beinhaltet dabei die Werkstoffauswahl und Dimensionierung nach der geforderten Festigkeit, Steifigkeit und Genauigkeit sowie die konstruktive Gestaltung nach funktionellen und fertigungsgerechten Gesichtspunkten.

Allgemein werden ebene Flächen, eben gekrümmte Flächen und räumlich gekrümmte Flächen unterschieden. Der wichtigste Sonderfall der eben gekrümmten Flächen sind die zylindrischen Flächen. Somit kann das Bestimmen nach ebenen, zylindrischen und anderen eben gekrümmten Werkstückbestimmflächen unterschieden werden.

Ein Bestimmen nach räumlich gekrümmten Werkstückbestimmflächen ist sehr aufwendig und sollte vermieden werden. Wenn eine räumlich gekrümmte Werkstückfläche funktionsbedingt ist, sollte sie als letzte gefertigt werden. Dadurch wird es nicht erforderlich, nach ihr zu bestimmen.

In Tabelle 4.2 wurde mit den Grundformen der Bestimmelemente gezeigt, daß nur ebene und rotationssymmetrische Bestimmflächen günstig sind. Danach ergaben sich 12 Bestimmprinzipe, die in Tabelle 4.3 aufgelistet und in den Bildern 4.10 bis 4.12 dargestellt wurden. Diese Lösungsprinzipe zeigen jeweils eine Grundvariante mit zylindrischer Bestimmfläche als rotationssymmetrische Fläche. Durch Abwandlungen in keglige bzw. konische Bestimmflächen kann die Lösungsvielfalt erhöht werden, z. B. Zentrieren mit Kegelspitzen oder Spannzangen.

4.5.1 Bestimmen nach ebenen Werkstückflächen

Das Bestimmen nach drei senkrecht aufeinander stehenden Bezugsebenen kann als der allgemeine Fall angesehen werden. Die Vorgehensweise beim Bestimmen nach der Methode des Entzuges der Freiheitsgrade zeigt im Bild 4.2 die unterschiedlichen Anforderungen an jede der drei zum Vollbestimmen notwendigen Bestimmebenen. Die dazugehörige Aufgliederung in Auflagefläche, Führungsfläche und Stützfläche ist das Ergebnis der unterschiedlichen Funktionsanforderungen *(siehe dazu Bild 4.14).*

Die *Auflagefläche* wird zuerst festgelegt, sie ist in der Regel in der stabilen Gebrauchslage des Werkstückes an die Werkstückbestimmfläche mit den größten nutzbaren Abmessungen anzuordnen. Diese Vorrichtungsbestimmfläche soll eine Ebene aufspannen. Geometrisch wird eine Ebene durch drei Punkte definiert, demzufolge besteht die Auflagefläche in Form von

4.5 Ausführung der Bestimmelemente

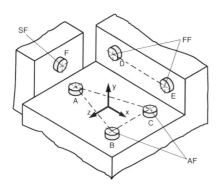

drei Auflagepunkten. Die zweite Bestimmebene hat zwei Freiheitsgrade zu binden. Dies erfolgt durch zwei Bestimmpunkte einer *Führungsfläche*, die das Werkstück ausrichten. Die dritte Bestimmebene fixiert das Werkstück in einem Punkt durch die *Stützfläche*. In allen Fällen werden durch Punktauflagen die geometrischen Anforderungen exakt erfüllt.

Bild 4.14
Ausbildung der Bestimmebenen durch Bestimmpunkte [4.1]

Für genaues Bestimmen von *unbearbeiteten Werkstücke* gilt :

Bestimmflächen als Punktauflagen ausbilden, sofern Spannmarken akzeptiert werden können

Die Punktauflagen werden als ballige Stirnflächen von zylindrischen Bestimmbolzen ausgebildet. Diese Punktauflagen erfüllen zwar in idealer Weise die geometrischen Anforderungen, haben aber große Nachteile bezüglich ihrer Kontaktbedingungen. Bereits bei geringen Belastungen infolge Werkstückgewicht, Spannkraft oder Bearbeitungskraft entstehen an der punktförmigen Kontaktstelle zwischen Werkstückoberfläche und Punktauflage des Bestimmelementes sehr große Hertz'sche Pressungen, die unvermeidbar zu elastischen Verformungen am Werkstück führen. Diese enstehenden Oberflächenmarkierungen werden als Spannmarken bezeichnet. Bei Rohteilen, Guß- oder Schmiedestücken, Halbzeugen und unbearbeiteten Werkstückflächen können die Spannmarken in vertretbarem Maße zumeist akzeptiert werden. Bei bearbeiteten Auflageflächen – insbesondere bei Funktionsflächen – sind Spannmarken unbedingt zu vermeiden, d. h. Punktauflagen können nicht angewandt werden.

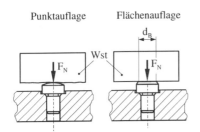

Die Flächen der Auflagepunkte müssen so groß sein, daß keine Markierungen am Werkstück entstehen. Die erforderliche Flächengröße hängt von der jeweils auftretenden Normalkraft und dem Werkstoff des Werkstückes ab. Die Größe der Kontaktfläche wird nach der Festigkeit des Werkstückes festgelegt.

Bild 4.15
Ausführungsformen der Bestimmbolzen [4.1]

Für genaues Bestimmen von *bearbeiteten Werkstücke* gilt:

Bestimmflächen so klein wie möglich, aber doch so groß ausbilden, daß keine Spannmarken entstehen

Diese Forderung kann nur durch eine Berechnung optimal erfüllt werden. Die notwendige Flächengröße hängt von der jeweils auftretenden Normalkraft und dem Werkstoff des Werkstückes ab. Bei mehreren Auflagebolzen in einer Ebene sind diese über die Normalkraft bzw. die Auflagefläche entsprechend zu berücksichtigen.

Für ein verzugsfreies Spannen von Rohteilen und unbearbeiteten Werkstücken haben sich Pendelauflagen bewährt; sie vereinigen in sich die Vorzüge beider Bolzenarten, Flächenberührung und keine Möglichkeit der Überbestimmung infolge Selbstanpassung.

Die Anpassung an die Kontur der Werkstückoberfläche wird durch die Lagerung des Bolzens in einer Kugelpfanne gewährleistet. Die Pendelauflagen werden für bearbeitete bzw. glatte Werkstückoberflächen eben/plan und für Rohteile geriffelt ausgeführt.

Die Größe der Kontaktfläche wird nach der Festigkeit des Werkstückes wie folgt berechnet:

$$\sigma_{D_{vorh}} = \frac{F_N}{A} \tag{4.1}$$

$\sigma_{D_{vorh}}$ *Vorhandene Druckfestigkeit des Werkstückes*
F_N *Normalkraft zur Bestimmfläche*
A *Bestimmfläche*

Die Bestimmfläche vom Durchmesser d_B beträgt

$$A = \frac{d_B^2 \cdot \pi}{4} \tag{4.2}$$

d_B *Durchmesser der Bestimmfläche*

Aus Gl. (4.1) und Gl. (4.2) folgen

$$\sigma_{D_{vorh}} = \frac{4 \cdot F_N}{d_B^2 \cdot \pi} \tag{4.3}$$

Der erforderliche Mindestdurchmesser der Bestimmfläche ergibt sich zu

$$d_B = \sqrt{\frac{4 \cdot F_N}{\sigma_{D_{zul}} \cdot \pi}} \tag{4.4}$$

$\sigma_{D_{zul}}$ *Zulässige Druckfestigkeit für den Werkstoff des Werkstückes*

Zur konstruktiven Ausführung:

Auflagebolzen werden einsatzgehärtet und geschliffen, insbesondere bei mehreren Auflagebolzen in einer Bestimmebene. Als Werkstoffe sind C 15 und C 45 geeignet. In DIN 6321 werden Normteile als Auflagebolzen empfohlen.

Im weiteren genügt es, nur eine Bestimmebene zu betrachten, da die gewonnenen Erkenntnisse sinngemäß auch auf das Bestimmen in den anderen Ebenen anzuwenden sind.

Außer der geometrischen Form der Werkstückbestimmflächen ist ihre *Oberflächenbeschaffenheit* von Bedeutung. Feinbearbeitete oder gar feinstbearbeitete Werkstückbestimmflächen können auf oder an einer Vorrichtungsbestimmfläche sehr exakt anliegen. Rohteile – beispielsweise Halbzeuge, Schmiedestücke und Gußstücke – haben eine rauhe Oberfläche, nach ihnen ist daher schwieriger zu bestimmen.

Bei Einwirkung von Bearbeitungs- bzw. Spannkräften außerhalb der durch die Bestimmpunkte gebildeten Dreipunktauflage ist selbst bei steifen Werkstücken ihre Lage nicht stabil. Ist andererseits die Oberfläche der Werkstückbestimmfläche uneben (Gußhaut, Walzhaut u. ä.), so muß die Bestimmung in drei Punkten erfolgen. Damit wird es notwendig, die Werkstückbedingungen, steife und wenig steife Werkstücke, bearbeitete und nicht bearbeitete Werkstückbestimmflächen und den Ort oder die Orte des Kraftangriffs, also die Kraftangriffsbedingungen, zu berücksichtigen.

Im Bild 4.16 werden die konstruktiven Erfordernisse ebener Bestimmelemente dargestellt.

4.5 Ausführung der Bestimmelemente

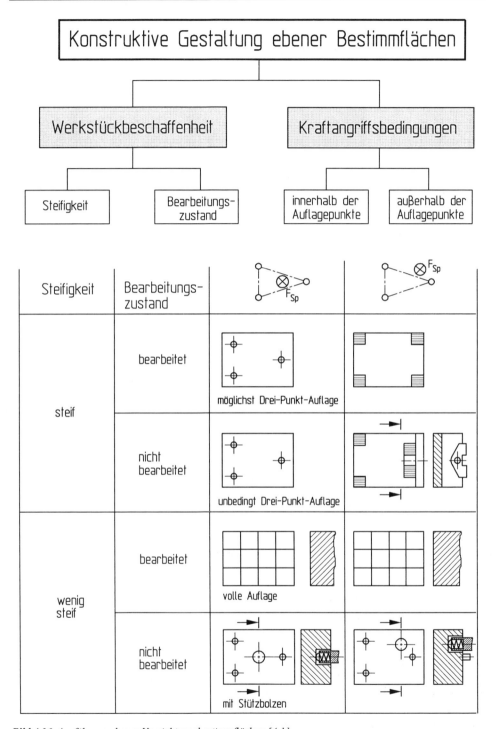

Bild 4.16 Ausführung ebener Vorrichtungsbestimmflächen [4.1]

Unabhängig davon, ob unbearbeitete Werkstücke über Punktauflagen oder bearbeitete Werkstücke über kleine Auflageflächen bestimmt werden sollen, kann eine optimale Lösung nur unter Beachtung der *Steifigkeit* des Werkstückes und der *Kraftangriffsbedingungen* gefunden werden. Aufgrund der Werkstücksteifigkeit und der Oberflächenbeschaffenheit der Werkstückbestimmfläche muß in manchen Fällen von der nach Bild 4.14 eindeutigen Ausbildung der Vorrichtungsbestimmflächen abgewichen werden.

Von Bedeutung sind nur die Kräfte oder Kraftkomponenten, die senkrecht auf der jeweiligen Bestimmebene stehen. Große Normalkräfte bewirken eine große elastische Verformung zwischen den Auflagestellen, die insbesondere bei *wenig steifen Werkstücken* als unzulässig große Durchbiegung auftritt. In diesen Fällen müssen die Werkstücke eine größere Abstützung erhalten. Wenig steife Werkstücke müssen deshalb direkt in der Wirkrichtung der Normalkraft durch eine Bestimmfläche oder einen zusätzlichen vierten Auflagepunkt in Form eines anpaßfähigen Stützbolzens abgestützt werden. Sofern eine bearbeitete Auflagefläche vorliegt, kann eine vollflächige Auflage über die gesamte Werkstückbestimmfläche in dieser Bestimmebene erfolgen, wobei Schmutzrillen vorzusehen sind.

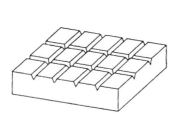 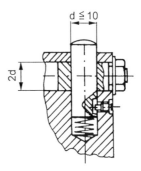

Bild 4.17 Schmutzrillen für große Bestimmflächen [4.2]
(für wenig steife bearbeitete Auflageflächen)

Bild 4.18 Stützbolzen, manuell klemmbar [4.1]
(für wenig steife nicht bearbeitete Auflagen)

Bei wenig steifen Werkstücken und über die Bestimmebene verteiltem Kraftangriff ist man gezwungen, das Werkstück auf einer vollen Vorrichtungsbestimmfläche aufzulegen. Solche Bestimmflächen werden oft mit **Schmutzrillen** versehen, um sie leichter säubern zu können. Die Anordnung von Schmutzrillen ist jedoch umstritten, denn sie halten Späne auch hartnäckig fest. Beim Einlegen des Werkstücks in die Bestimmlage gelangen Späne leicht zwischen beide Bestimmflächen und verursachen Bestimmfehler. Desweiteren kann die Werkstückbestimmfläche durch Späne sehr leicht beschädigt werden. Deshalb sollten zumindest kleine Bestimmflächen glatt ausgeführt werden.

Besondere Maßnahmen erfordern Bestimmlagen, die durch Spannkräfte gesichert werden sollen, deren Angriffspunkt außerhalb der Bestimmpunkte liegt. Jede *Krafteinwirkung außerhalb der Auflagestellen* verursacht Kippmomente, welche die Bestimmlage verändern können. Diese Möglichkeit muß durch konstruktive Maßnahmen ausgeschlossen werden.

Wie Bild 4.16 zeigt, können bei steifen Werkstücken vier Auflagepunkte vorgesehen werden. Bei unbearbeiteten Werkstücken sind jedoch zwei davon über ein *Ausgleichsteil (Mehrpunktauflage an einer selbsteinstellenden Stütze)* zusammenzufassen, damit diese nur als ein Bestimmpunkt zur Fixierung der Ebene wirksam werden und eine Überbestimmung vermieden wird. Das Ausgleichsteil ist wie ein federnder Stützbolzen *(Bild 4.18)* festzuklemmen, nachdem das Werkstück aufliegt.

4.5 Ausführung der Bestimmelemente

Einfluß der Toleranzen

Bestimmfehler 1. und 2. Ordnung haben im wesentlichen folgende Ursachen:
1. Maßabweichungen des Werkstückes innerhalb der Toleranz
2. Form- und Lageabweichungen des Werkstückes innerhalb des Toleranzbereiches
3. Maßabweichungen im Abstand zwischen der Bezugs- und der ihr zugeordneten Bestimmebene, wenn die Bestimmebene aus Fertigungsgründen eine andere Lage als die Bezugsebene hat (Bestimmfehler 1. Ordnung)
4. Maß- und Form- und Lageabweichungen des Bestimmelementes

Diese angeführten Einflüsse des Werkstücks auf den Fehler des zu fertigenden Maßes werden nachfolgend anhand von Beispielen untersucht.

Im Bild 4.19a) wird dazu ein Werkstück dargestellt. Für den Arbeitsgang Bohren werden die möglichen Fertigungsfehler in den Bildern 4.19 b) bis e) veranschaulicht [4.2].
Die Maße $c \pm v$ und $d \pm u$ legen die Bezugsebenen eindeutig fest.

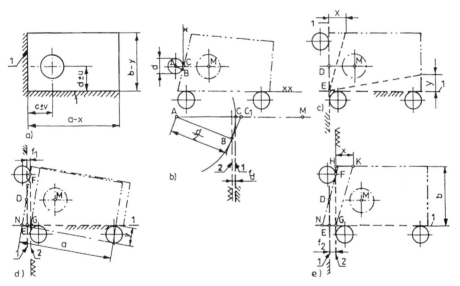

Bild 4.19 *Einfluß der Toleranzen auf die Bestimmgenauigkeit bzw. Fertigungsfehler [4.2]*
a) Werkstück b) richtiges Bestimmen c) falsches Bestimmen d) Einfluß der Toleranz y
e) Einfluß der Toleranz x; 1 = Bezugsebenen; 2 = Bestimmebenen

Zum Bild 4.19 b):

Für das Werkstück nach Bild 4.19 a) wurden Formfehler angenommen (stark überzogene Darstellung). Bei richtigem Bestimmen müßte das Werkstück im Punkt C in der Ebene der Mittellinie der Bohrung anliegen. Infolge der angenommenen Formfehler stehen die Werkstückbestimmflächen nicht rechtwinklig zueinander; das Werkstück liegt im Punkt B an. Diese geometrischen Verhältnisse sind im gleichen Bild noch einmal vergrößert dargestellt. Das Maß f_d ist der Abstand zwischen der Bezugsebene *(in ihr liegt der Punkt C)* und der Bestimmebene, die den Punkt B enthält. Der Abstand f_d ist der Fehler, der in das Maß $c \pm v$ eingeht. Da jedoch die Toleranzen (-x) und (-y) sowie der Durchmesser d des Bestimmbolzens klein sind, ist dieser Fehler vernachlässigbar.

Zu den Bildern 4.19 c) bis e):

Ein Bestimmen des gleichen Werkstückes – wie es in den Bildern 4.19 c) bis e) gezeigt wird – gewährleistet zwar eine stabile Lage, verursacht jedoch auch einen größeren Fehler. Er entspricht dem Abstand zwischen der Bezugs- und Bestimmebene. Der maximale Fehler entsteht, wenn das Werkstück in bezug auf die Maße (a - x) und (b - y) auf einer Seite das Größtmaß, auf der anderen Seite das Kleinstmaß aufweist gemäß Bild 4.19 d).

Für den Fehler f_1 gilt dann:

$$f_1 = \overline{EG} = \overline{NG} - \overline{NE} \tag{4.5}$$

Ferner verhält sich

$$\frac{a}{|y|} = \frac{\overline{FG}}{\overline{NG}} = \frac{\overline{DE}}{\overline{NE}} \tag{4.6}$$

und daraus ergeben sich

$$\overline{NG} = \overline{FG} \cdot \frac{|y|}{a} \tag{4.7}$$

$$\overline{NE} = \overline{DE} \cdot \frac{|y|}{a} \tag{4.8}$$

Schließlich wird

$$f_1 = \left(\overline{FG} - \overline{DE}\right) \cdot \frac{|y|}{a} \tag{4.9}$$

Nimmt man dagegen an, daß nur das Maß (a - x) an der einen Seite das Größtmaß und an der anderen Seite das Kleinstmaß aufweist, so ergibt sich der im Bild 4.19 e) dargestellte Fall. Hier ist die Abweichung zwischen Bezugs- und Bestimmebene der Fehler f_2. Diesen kann man aus dem Bild ablesen zu

$$f_2 = \overline{EG} = \overline{NG} - \overline{NE} \tag{4.10}$$

Für die Strecke $\overline{NG}$ bzw. $\overline{NE}$ ergibt sich aufgrund der Ähnlichkeit der Dreiecke mit

$$\frac{b}{|x|} = \frac{\overline{FG}}{\overline{NG}} = \frac{\overline{DE}}{\overline{NE}} \tag{4.11}$$

$$f_2 = \left(\overline{FG} - \overline{DE}\right) \cdot \frac{|x|}{b} \tag{4.12}$$

Für den maximalen Fehler überlagern sich beide Einzelfehler, es gilt

$$f_{max} = f_1 + f_2 = \left(\frac{|y|}{a} + \frac{|x|}{b}\right) \cdot \left(\overline{FG} - \overline{DE}\right) \tag{4.13}$$

Die Gl. (4.13) beweist, daß der Fehler $f_{max} = 0$ wird, wenn gilt $\overline{FG} = \overline{DE}$.

Dies ist der Fall, wenn das Werkstück wie in Bild 4.19 b) richtig bestimmt wird.

Um die Größenordnung des Fehlers zu erkennen, werden folgende Maße angenommen:

(a - x) = (80 - 0,2) mm;   (b - y) = (50 - 0,1) mm; $\overline{FG}$ = 48 mm; $\overline{ED}$ = 20 mm.

4.5 Ausführung der Bestimmelemente

Die Maße $\overline{FG}$ und $\overline{ED}$ sind Vorrichtungsmaße und folglich unveränderlich. Für den Fehler f_{max} ergibt sich dann nach Gl. (4.13)

$$f_{max} = \left(\frac{0,2}{80} + \frac{0,1}{50}\right) \cdot (48 - 20) \text{mm} = 0,126 \text{ mm} \approx 0,13 \text{ mm}$$

Bei Annahme einer Toleranz von $\pm v = \pm 0,05$ mm für den Bohrungsabstand $(c \pm v)$ wird das berechnete Werkstück Ausschuß. Allerdings werden von den vielen in dieser Bestimmlage gefertigten gleichartigen Werkstücken nur relativ wenig dem ungünstigsten Fall entsprechen, welcher der Gl. (4.13) zugrunde liegt. Es werden also nicht alle Werkstücke Ausschuß, sondern nur ein bestimmter Prozentsatz.

Das Bestimmen gegen die Mantelflächen von Bestimmbolzen – wie es in Bild 4.19 gezeigt wird – ist zwar kostengünstig realisierbar, aber hinsichtlich Zuverlässigkeit und Genauigkeit problematisch. Bereits geringe Krafteinwirkungen gegen die Linienberührung an den Zylinderflächen der Bestimmbolzen – wie zum Beispiel durch Bestimmhilfen für das Andrücken des Werkstückes in die Bestimmlage – erzeugen elastische Verformungen und verfälschen die Bestimmlage. Auch plastische Verformungen können auf Grund der relativ großen Pressungen auftreten. Es ist deshalb besser, eine Anordnung der Bestimmbolzen nach Bild 4.14 anzustreben.

4.5.2 Bestimmen nach zylindrischen Werkstückflächen

Zylindrische Werkstückflächen können Bohrungen (möglichst Paßbohrungen) und zapfen-, bolzen- oder wellenartige Werkstückformen sein *(siehe dazu die Bilder 4.10 bis 4.13)*.

4.5.2.1 Bestimmen nach Werkstückbohrungen

In Abhängigkeit der Werkstückbeschaffenheit und der Anzahl der zu bindenden Freiheitsgrade kann nach einer Paßbohrung des Werkstückes oder nach zwei Bohrungen am Werkstück bestimmt werden.

Bestimmen nach einer Werkstückbohrung

Das Bestimmen erfolgt durch Aufschieben des Werkstückes mit seiner Bohrung in Achsrichtung auf einen Bestimmbolzen der Vorrichtung. Zur Gewährleistung einer definierten Bestimmlage wird der Bestimmbolzen mit einem tolerierten Paßmaß gefertigt, welches in Abhängigkeit der Werkstückbohrung auf eine noch gut aufsteckbare Spielpassung festgelegt wird.

Die jeweilige Bearbeitungsaufgabe gibt mit den Anforderungen an die Vorrichtung auch die Zahl der zu bindenden Freiheitsgrade vor, wonach die Führungslänge des Bestimmbolzens auszuwählen ist. Ein *kurzer Bolzen* zentriert das Werkstück nach zwei Mittelebenen auf den Mittelpunkt der Werkstückbohrung. Im Bild 4.10 unten, linkes Feld wird gezeigt, daß durch diese *Zentrierfläche* die zwei Freiheitsgrade der Verschiebung in der Auflagefläche gebunden werden.
Sofern das Werkstück nach der Achse der Werkstückbohrung ausgerichtet werden soll, muß entsprechend Bild 4.10 unten, rechtes Feld ein *langer Bestimmbolzen* vorgesehen werden. Bei diesem ist die Führungslänge wesentlich größer als der Bolzendurchmesser, wodurch eine *doppelte Zentrierfläche* entsteht. Es werden dadurch vier Freiheitsgrade gebunden, weil auch ein Kippen in der Auflagefläche ausgeschlossen wird. Zur Vermeidung des Überbestimmens darf die Auflage dann nur noch eine Stützfläche sein (Bindung eines Freiheitsgrades).

Für die werkstückgerechte und funktionsgerechte Ausführung der Bestimmbolzen sind Konstruktions- und Gestaltungshinweise zu berücksichtigen. Diese sollen mit Hilfe des Bildes 4.20 erläutert werden.

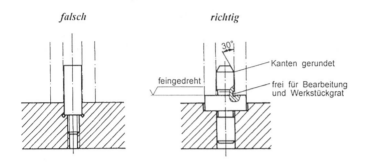

Bild 4.20
Konstruktive Ausführung von Bestimmbolzen [4.1]

Konstruktions- und Gestaltungshinweise für Bestimmbolzen

- Bestimmbolzen in den Vorrichtungskörper wegen genauer Position einpressen und nicht einschrauben. Gewinde gewährleistet nicht das Bestimmen nach den zwei Mittelebenen, d. h. *Gewinde zentriert nicht!*
- Bei Zugbeanspruchung des Bestimmbolzens zusätzlich axiale Verschraubung mit Mutter und erforderlichenfalls Schraubensicherung vorsehen. Preßpassung den Anforderungen entsprechend auswählen.
- Die untere Planfläche am Bund des Bestimmbolzens gewährleistet eine rechtwinklige Auflage am Vorrichtungskörper.
- Die Bolzenoberfläche und die Stirnflächenauflage sind verschleißfest auszuführen, also nach der Feinbearbeitung zu härten. Eine Schmutzrille an der Innenkante ist günstig.
Für große Bohrungsdurchmesser den Auflagebund separat als Ring mit Zentrierbund ausbilden, um fertigungsgerecht und kostengünstig zu konstruieren.
- Der rechte Winkel zwischen Bolzenachse und Werkstückauflage am Bund des Bestimmbolzens kann durch die Fertigung garantiert werden, durch eine Montage mit Gewindebolzen ist dies nicht gewährleistbar.
- Eine Einführungsfase von 15° bis 30° und eine abgerundete Kante ermöglichen ein gutes Vorzentrieren und damit ein leichtes und schnelles Aufstecken.
- Eine kurze oder lange Führung durch die Führungslänge des Bolzens ausbilden. Die Passung anforderungsgerecht auswählen, bei genauen Arbeiten Passung H7/ H6.

Bestimmen nach zwei Werkstückbohrungen

Auch beim Bestimmen nach zwei Werkstückbohrungen gelten die vorgenannten Konstruktionsrichtlinien. Durch Aufnahme auf zwei Bestimmbolzen der Vorrichtung können dem Werkstück drei bis fünf Freiheitsgrade entzogen werden. Im Bild 4.12 wird dieser Sachverhalt ausführlich behandelt.

Beim Bestimmen eines Werkstückes mit *zwei Bestimmbolzen ist stets einer davon abzuflachen als Schwertbolzen.* Das Werkstück wäre in Richtung der gemeinsamen Symmetrielinie beider Werkstückbohrungen überbestimmt, weil jeder der beiden Bolzen sonst den Freiheitsgrad in dieser Koordinatenrichtung bindet. Durch die geeignete Führungslänge der Bestimmbolzen kann die Zahl der zu fixierenden Freiheitsgrade wiederum beeinflußt werden, wie Bild 4.12 zeigt. Beim Einpressen dieses Schwertbolzens in die

4.5 Ausführung der Bestimmelemente

Bestimmbaugruppe der Vorrichtung müssen dessen Führungsstege parallel zur Verbindungslinie beider Bestimmbolzen ausgerichtet werden, damit exakt der Freiheitsgrad der Drehung um den vollen Bolzen gebunden wird.

Die Variante kurzer voller und langer abgeflachter Bestimmbolzen *(Bild 4.12 unten)* sollte nicht angestrebt werden, da in diesem Fall kein Hauptbestimmen erfolgt und die Bestimmlage eindeutig festlegt. Die zufällige Toleranzanlage am jeweiligen Werkstück oder die später einwirkende Spannkraft entscheiden hier über die tatsächlich sich einstellende Werkstücklage. Das Bestimmen mittels zweier Bestimmbolzen zeigt Bild 4.21.

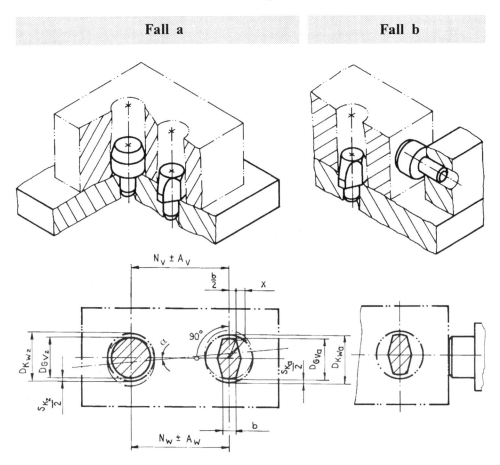

Bild 4.21 *Bestimmen mit einem vollen und einem abgeflachten Bestimmbolzen [4.1]*
a) *nach zwei Werkstückbohrungen* b) *nach einer Werkstückbohrung und einer ebenen Bestimmfläche*

Damit alle Werkstücke des Fertigungsloses auf die zwei Bestimmbolzen aufgeschoben werden können, gilt die Bedingung:

$$A_W + A_V \leq \frac{S_{K_a}}{2} + \frac{S_{K_z}}{2} \qquad (4.14)$$

Die Breite des Führungssteges des abgeflachten Bolzens muß jeweils berechnet werden.

Der *Bestimm – Winkelfehler* α infolge der Spiele S_{K_a} und S_{K_z} beträgt:

$$\tan\alpha = \frac{S_{K_a} + S_{K_z}}{2\cdot(N_V - A_V)} \tag{4.15}$$

$$S_{K_z} = D_{K_{W_z}} - D_{G_{V_z}} \tag{4.16}$$

$$S_{K_a} = D_{K_{W_a}} - D_{G_{V_a}} \tag{4.17}$$

Berechnung der zulässigen Stegbreite für den abzuflachenden Bestimmbolzen:

$$x = A_W + A_V - \frac{S_{K_z}}{2} \tag{4.18}$$

$$b \leq \frac{D_{K_{W_a}} \cdot S_{K_a}}{2\cdot x} \tag{4.19}$$

$$b \leq \frac{D_{K_{W_a}} \cdot S_{K_a}}{2(A_W + A_V) - S_{K_z}} \tag{4.20}$$

$$S_{K_a} \geq \frac{b\left[2(A_W + A_V) - S_{K_z}\right]}{D_{K_{W_a}}} \tag{4.21}$$

α	*Bestimm – Winkelfehler*		*Index W*	*Werkstück*
b	*Stegbreite des abgeflachten Bolzens*		*Index V*	*Vorrichtung*
A_W	*Abmaß zu* N_W		*Index a*	*abgeflachter Bolzen*
A_V	*Abmaß zu* N_V		*Index z*	*zylindrischer (voller) Bolzen*
N_W	*Nennmaß am Werkstück (Bohrungsabstand)*			
N_V	*Nennmaß an der Vorrichtung (Bolzenabstand)*			
D_{KW}	*Kleinstdurchmesser einer Bohrung*			
D_{GV}	*Größtdurchmesser eines Bolzens*			
S_K	*Kleinstspiel eines Bolzens in einer Bohrung*			

Für $D_{G_V} < 6$ mm keine abgeflachten Bolzen einsetzen! [4.4]

Im Fall b) nach Bild 4.21 ist $S_{K_z} = 0$ zu setzen!

Beispiel für die Berechnung der Stegbreite b eines abgeflachten Bestimmbolzens:

Gegeben durch das Werkstück:

Kleinstdurchmesser der Bohrung $\quad \varnothing\, 10^{H7} \Rightarrow 10^{+15}_{0} \Rightarrow D_{K_W} = 10{,}000$ mm

Bohrungsabstandstoleranz $\quad A_W = N_W \pm 0{,}05$ mm

Gewählt:

Bolzenabstandstoleranz der Vorrichtung $\quad A_V = N_V \pm 0{,}05$ mm

Voller Bestimmbolzen $\quad \varnothing\, 10_{f7} \Rightarrow 10^{-13}_{-28} \Rightarrow S_{K_z} = 0{,}013$ mm

Stegbreite des abgeflachten Bolzens nach DIN 6321 für d = 10 mm: $\quad b = 2$ mm
Mit Gl. (4.21) folgt für

$$S_{K_a} \geq \frac{2[2(0{,}05 + 0{,}05) - 0{,}013]}{10{,}000} \geq 0{,}0374 \text{ mm} \approx 37\,\mu\text{m} \Rightarrow \varnothing\, 10_{d9} \Rightarrow 10^{-40}_{-76} \Rightarrow (40 \geq 37)\,\mu\text{m}$$

Nachrechnung: $\quad S_{K_a} = 0{,}040$ mm: $\quad b \leq \dfrac{10{,}000 \cdot 0{,}040}{2(0{,}05 + 0{,}05) - 0{,}013} \leq 2{,}14$ mm, gewählt $\quad b = 2$ mm

4.5.2.2 Bestimmen nach Werkstückzapfen

Darunter sollen alle Werkstückflächen verstanden werden, deren Grundform als Zapfen, Bolzen, Stift oder Welle bezeichnet werden kann, also nach außen gekrümmte Zylinderflächen. Dafür können vorrichtungsseitig Prismen, Paßbohrungen, Spannzangen oder Zentrierspitzen als Bestimmelemente eingesetzt werden.

Die einfachste Möglichkeit zum Bestimmen von Werkstücken mit zapfenförmigen Ansätzen oder Wellen ist durch die Anwendung eines *L – Prismas* gegeben, das Bestimmprinzip veranschaulicht Bild 4.22.

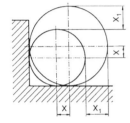

Es besteht aus zwei orthogonal aufeinander stehenden Vorrichtungsbestimmflächen, die beide Anlagen für die Mantelfläche des Werkstückes darstellen. Es wird nach keiner Mittelebene, sondern der Außenkontur bestimmt. Damit wird eine spielfreie, eindeutig definierte Lage des Werkstückes festgelegt, allerdings treten als Folge der nicht vermeidbaren Toleranzabweichungen der Werkstücke eines Fertigungsloses stets Maßabweichungen in zwei Koordinatenrichtungen auf. Bezüglich des Mittelpunktes beträgt die Mittenabweichung x und zwischen den Mantelflächen x_1.

Bild 4.22
Bestimmen im L – Prisma

Für die Berechnung der Mittenabweichung gilt

$$x = 0,5 \cdot T = \frac{x_1}{2} \qquad (4.22)$$

x *Mittenabweichung*
x_1 *Durchmesserabweichung*
T *Durchmessertoleranz*

Mit einem sogenannten *U – Prisma* wird eine Stützfläche an die zapfenförmige Werkstückbestimmfläche angelegt *(Bild 4.11, oben)*. Die Stützflächen des U – Prismas sind als Passung mit sehr kleinem Spiel auf die Werkstückbestimmfläche abgestimmt. Dadurch wird die Überbestimmung in Stützrichtung verhindert und *auf eine Mittelebene zentriert* bei Bindung eines Freiheitsgrades *(siehe dazu Bild 4.11 oben, linkes Feld)*.

Bei großer Führungslänge des U – Prismas werden zwei Freiheitsgrade gebunden, d. h. es werden auch Kippmomente verhindert. Dieser Fall wird im Bild 4.11 oben, rechtes Feld gezeigt. Nachteilig ist hierbei, daß kein Hauptbestimmen erfolgt und damit keine eindeutige Lagefixierung vor dem Spannen. Die mit einem U – Prisma erreichte Stützfunktion kann andererseits auch durch ein in seiner Symmetrieachse *nachgiebiges V – Prisma* erzeugt werden *(Bild 4.11 oben)*.

Eine günstige Möglichkeit wellenförmige Werkstücke nach einer Mittelebene zu bestimmen bietet ein *V – Prisma*. Dieses zentriert ein rotationssymmetrisches Werkstück stets auf die Symmetrieachse des V – Prismas unabhängig vom Werkstückdurchmesser. Dieser hat allerdings Einfluß auf die Einsinktiefe in das Prisma und führt infolge der Toleranzen am Werkstückdurchmesser zur Veränderung der Bestimmlage des Werkstückes in Richtung der Symmetrieachse des V – Prismas. Mit einem kurzen V – Prisma werden dem Werkstück zwei Freiheitsgrade durch die doppelte Zentrierfläche entzogen, wenn die Führungslänge l viel kleiner als der Werkstückdurchmesser d ist (l << d). Bei l > d bindet eine doppelte Zentrierfläche vier Freiheitsgrade *(siehe Bild 4.13)*.

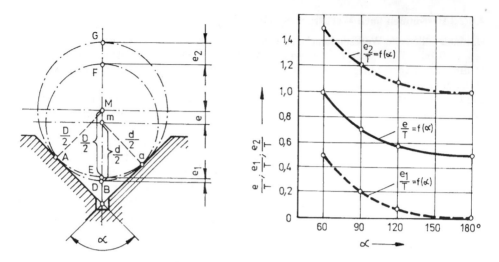

Prismenwinkel α	e / T	e_1 / T	e_2 / T
60°	1,00	0,50	1,50
90°	0,7071	0,207	1,208
120°	0,5774	0,077	1,078
180°	0,50	0	1.00

Bild 4.23 *Bestimmen mit einem V – Prisma [4.2]*

Im Bild 4.23 werden die geometrischen Verhältnisse beim Bestimmen mit einem V – Prisma dargestellt. Der toleranzbedingte Mittenversatz e in Richtung der Symmetrieachse des Prismas bewirkt zugleich die Verschiebungen e_1 und e_2 der Außenkontur. Diese stellen Bestimmfehler dar. Bezüglich einer geforderten Mittenzentrierung wird der Fehler e wirksam. Bei Bearbeitung der Mantelfläche orthogonal zur Prismasymmetrie – beispielsweise für das Fräsen einer Fläche an das zylindrische Werkstück – ist die Verschiebung e_2 zu berücksichtigen.

Der Mittenversatz e und die Verschiebungen der Außenkonturen e_1, e_2 werden berechnet zu:

$$e = \overline{MB} - \overline{mB} \qquad (4.23)$$

Für das Dreieck MAB gilt

$$\overline{MB} = \frac{\overline{MA}}{\sin\frac{\alpha}{2}} = \frac{D}{2 \cdot \sin\frac{\alpha}{2}} \qquad (4.24)$$

Aus dem Dreieck maB ergibt sich

$$\overline{mB} = \frac{\overline{mA}}{\sin\frac{\alpha}{2}} = \frac{d}{2 \cdot \sin\frac{\alpha}{2}} \qquad (4.25)$$

Für die Toleranz T gilt

$$T = D - d \qquad (4.26)$$

4.5 Ausführung der Bestimmelemente

Durch Kombination der Gleichungen (4.23) bis (4.26) folgt

$$e = \frac{T}{2 \cdot \sin\frac{\alpha}{2}} \tag{4.27}$$

Die Verschiebungen der Außenkonturen e_1 und e_2 werden auf ähnliche Weise ermittelt zu:

$$e_1 = e \cdot \left(1 - \sin\frac{\alpha}{2}\right) \tag{4.28}$$

$$e_2 = e \cdot \left(1 + \sin\frac{\alpha}{2}\right) \tag{4.29}$$

Die Gleichungen (4.27) bis (4.29) sind Funktionen des Prismenwinkels α. Die Größe der Bestimmfehler e, e_1 und e_2 sind abhängig vom Öffnungswinkel α des V – Prismas. Der Verlauf dieser Bestimmfehler wird als Funktion des Prismawinkels α im Bild 4.23 aufgezeigt. Mit größeren Prismawinkeln α verringern sich die Bestimmfehler, der Winkel $\alpha = 120°$ ist für die Praxis als optimal anzusehen. Für kleine Werkstückdurchmesser müssen kleinere Winkel angewendet werden, außerdem erfolgt dann ein günstigeres Einmitten in die Bestimmlage.

Beispiel

Eine Welle vom Durchmesser d = (60 ± 0,1) mm wird mit einem V – Prisma bestimmt. Auf einem Teilkreis vom Durchmesser d_k = (20 ± 0,05) mm sind stirnseitig Bohrungen einzubringen. Welcher Mittenversatz e wird als Bestimmfehler bei einem Öffnungswinkel α des Prismas am Teilkreis auftreten? [4.2]

a) Prisma mit α = 90°: *Aus der Tabelle im Bild 4.23 folgt e = 0,7071· T ; mit T = 0,2 mm folgt e = 0,1414 mm. Beim Größtdurchmesser beträgt der Fehler f = ± e/2 = 0,071 mm.*

b) Prisma mit α = 120°: *Aus der Tabelle im Bild 4.23 folgt e = 0,5774· T ;mit T = 0,2 mm folgt e = 0,1155 mm. Beim Größtdurchmesser beträgt der Fehler f = ± e/2 = 0,057 mm.*

Beide Fehler sind größer als die zulässige Toleranz von 0,05 mm. In beiden Prismen würde der Bestimmfehler eine hohe Ausschußquote verursachen. Die Welle muß anders, beispielsweise mit einer Spannzange bestimmt werden.

Schwieriger ist das Bestimmen *nach zwei senkrecht aufeinander stehenden Mittelebenen* durchzuführen. Ein Bestimmen mit *Paßbohrungen* zeigen im Bild 4.11 unten die beiden Beispiele. Eine kurze Paßbohrung zentriert das Werkstück auf die Bohrungsmitte – dem Schnittpunkt der beiden Mittelebenen – und bindet zwei Freiheitsgrade. Bei einer größeren Führungslänge entsteht eine doppelte Zentrierfläche, die vier Freiheitsgrade fixiert.

Die exakteste zentrische Bestimmung nach zwei Mittelebenen ist mit dem *Spannzangenprinzip* möglich. Die beiden Bezugsebenen kommen mit den jeweiligen Bestimmebenen theoretisch zur Deckung. DIN 6341, DIN 6343 und DIN 6344 enthalten dazu Empfehlungen.

Die Werkstückbestimmfläche (Zylindermantel) wird von der Vorrichtungsbestimmfläche (innerer Zylindermantel einer Kegelhülse) umschlossen. Durch die geschlitzte Kegelhülse können die Durchmesserunterschiede der Werkstücke ausgeglichen werden. Die Zentrierung bzw. Spannwirkung der Spannzange wird über die Durchbiegung federnder Segmente erzeugt, indem die Spannzange in oder über einen Kegel gezogen wird. *Spannzangen* können sogar für etwas gröbere Werkstücktoleranzen eingesetzt werden. Mit Spannzangen können auch eckige Querschnitte (Vierkante, Sechskante usw.) gespannt werden. Der Kegelwinkel der Spannzange darf nicht selbsthemmend sein, damit diese selbsttätig öffnet.

4.6 Stützen

Aus den vorstehenden Ausführungen wurde ersichtlich, daß für das Einnehmen der durch die Bestimmelemente vorgegebenen Bestimmlage teilweise *Stützelemente* erforderlich werden. Dies wurde im Bild 4.7 b) gezeigt, wo eine zusätzliche Werkstückabstützung benötigt wurde und eine Überbestimmung vermieden werden mußte. Aus Bild 4.16 wurde ersichtlich, daß nicht bearbeitete Werkstücke eventuell nach Lage der Spannkraft, aber nicht bearbeitete wenig steife Werkstücke stets einen Stützbolzen an der Krafteinwirkungsstelle benötigen. Das Stützen wurde bereits im *Abschnitt 3.1.3.2 Ergänzungsfunktionen und 3.2.5 Ergänzungsbaugruppen* beschrieben. Danach ergibt sich:

> *Stützen ist das Zuweisen einer zusätzlichen Vorrichtungskontaktfläche, um das Bestimmen oder Spannen eines Werkstückes bzw. das Bearbeiten zu ermöglichen.*

Stützelemente haben also nicht die Aufgabe eine Bestimmlage neu zu definieren. Sie erfüllen vielmehr eine Ergänzungsfunktion, welche für die Grundfunktionen Bestimmen und/oder Spannen notwendig werden kann und die nachfolgende Bearbeitung sichern hilft.

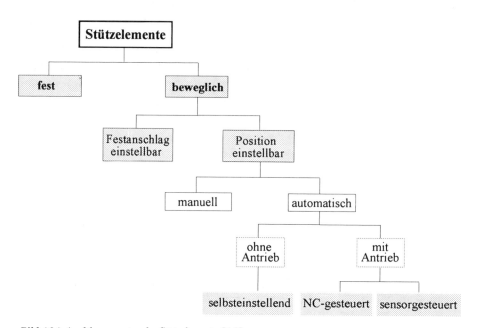

Bild 4.24 Ausführungsarten der Stützelemente [4.1]

Stützelemente ermöglichen eine *stabile Gleichgewichtslage* des Werkstückes, oder sie *erhöhen die Steifigkeit* der im Kraftfluß liegenden Teile des Werkstückes oder der Vorrichtung. Die Anwendung von Stützelementen wird erforderlich,

1. um ein Werkstück in die durch die Bestimmelemente fixierte Bestimmlage zu bringen,
2. um das Spannen von Werkstücken in der Vorrichtung zu gewährleisten,
3. um wenig steife Werkstücke nach dem Bestimmen und Spannen in der Vorrichtung abzustützen für die nachfolgende Bearbeitung.

Bild 4.18 zeigt eine Stütze für geringe Anforderungen. Mit steigenden Automatisierungserfordernissen werden auch leistungsfähigere Stützen benötigt *(siehe auch Kapitel 8 und 10)*.

5 Spannen

Aus den bisherigen Darlegungen wurde erkannt, daß der Fertigungserfolg, insbesondere das Erreichen der geforderten Genauigkeit, vom fachgerechten Positionieren und Bestimmen des Werkstückes abhängt.

Die durch das Bestimmen mit der Vorrichtung vorgegebene und durch Positionieren auf der Werkzeugmaschine definierte Lage des Werkstückes muß exakt während der gesamten Bearbeitungsdauer beibehalten werden. Diese Lagesicherung durch *Spannkräfte* bezeichnet man als *Spannen*, die dazu benötigten Vorrichtungselemente als *Spannelemente*.

Bei nicht fachgerechtem Spannen wird die Werkstücklage nur unzureichend gesichert. Bearbeitungskräfte und andere im Fertigungsprozeß auftretende Belastungen können dann am Werkstück Lageveränderungen, elastische Verformungen und Schwingungen erzeugen, die den Fertigungserfolg wieder in Frage stellen können. So können Fertigungsfehler entstehen, die als Maß-, Form- und Lageabweichungen die Fertigungsqualität bis zum Ausschuß verschlechtern können. Bei schwingungsgefährdeten Werkstückeinspannungen ist außerdem eine schlechte Oberflächengüte sehr wahrscheinlich. Im extremen Fall kann durch ein Rutschen oder Lösen des Werkstückes die Arbeitssicherheit gefährdet oder eine Havarie der gesamten Anlage hervorgerufen werden.

Das Spannen verlangt ein verantwortungsbewußtes fachgerechtes Handeln.

5.1 Begriffsbestimmung "Spannen"

Als Aufgabe des Spannens könnte damit die Lagesicherung des Werkstückes während der Bearbeitung genannt werden. Dies ist generell richtig, berücksichtigt aber in keiner Weise die Komplexität und Kompliziertheit des Bearbeitungsprozesses.

Für eine vorgegebene Fertigungsaufgabe können bei bekannten Prozeßparametern die auftretenden Bearbeitungskräfte berechnet oder auch experimentell gemessen werden. Trotzdem treten bei der Fertigung jedes einzelnen Werkstückes beträchtliche Schnittkraftunterschiede auf, die durch Chargenabweichungen von Werkstoff und Schneidstoff, Werkzeugverschleiß und prozeßbedingte Störgrößen verursacht werden. Deshalb läuft jede Fertigungsaufgabe anders ab, Störgrößen müssen spanntechnisch einkalkuliert werden.

Stoßartige Belastungen sind typisch und vorhersehbar für bestimmte Bearbeitungsverfahren wie Fräsen, Hobeln, Stoßen, Räumen, Hinterdrehen u. a. Sie können aber auch bei anderen Verfahren infolge unterbrochener Schnitte (z. B. beim Drehen unrunder oder mit Aussparungen versehener Teile), ungleichmäßiger Aufmaße (insbesondere Guß- und Schmiedekrusten) oder unvorhersehbar bei Werkzeugbruch auftreten.

Schwingungen des Werkstückes sind ebenfalls nicht immer vorhersehbar. So können diese aufgeführten plötzlichen Änderungen der Schnittkräfte zu selbsterregten Schwingungen am Werkstück führen. Auch während der Bearbeitung auftretende bzw. durch sie hervorgerufene Veränderungen der Masse-, Steifigkeits- und Dämpfungsverhältnisse führen zur Veränderung der Eigenfrequenzen im System Werkstück – Vorrichtung, wodurch Resonanzerscheinungen mit den Erregerfrequenzen der Werkzeugmaschine zu fremderregten Schwingungen von Werkstück und Werkzeug führen können.

Ohne alle derartigen Störgrößen im Fertigungsprozeß erfassen oder vorhersehen zu können, muß das Werkstück während der gesamten Fertigungszeit mit Sicherheit gespannt werden.
Somit muß der Begriff "*Spannen*" präzisiert werden:

Begriffsbestimmung "Spannen" [5.1]

> **Spannen ist das sichere Festhalten unter allen Bearbeitungsbedingungen durch Spannkräfte.**

- Lagebestimmte Werkstücke werden durch Spannmittel der Vorrichtung gespannt.
- Auf Werkstückträgern direkt positionierte Werkstücke (Paletten; Maschinentisch) werden durch separate Werkstückspanner gespannt.
- Werkzeuge werden durch Werkzeugspanner gespannt.

5.2 Forderungen an das Spannen

Die generell an das Spannen zu stellenden Forderungen werden vor allem durch die grundsätzliche Aufgabe des Spannens "*Lagesicherung des Werkstückes* unter allen Bearbeitungsbedingungen" begründet.

> *Die Spannkraft ist als Vektor durch drei Größen eindeutig festgelegt, es sind dies der Betrag der Spannkraft, ihre Richtung und ihr Angriffspunkt.*

5.2.1 Zum Betrag der Spannkraft

Die auf ein Werkstück ausgeübte *Spannkraft* soll in ihrer *Größe* so festgelegt werden, daß sie mit einer beabsichtigten vorgegebenen Sicherheit das Werkstück unter allen Bearbeitungszuständen festhält und damit unzulässige Lageveränderungen verhindert. Eine zu groß gewählte Spannkraft bedeutet zwar eine größere Sicherheit, aber zugleich auch:

- Erhöhte *Pressung an den Bestimmflächen* zwischen Werkstück und Vorrichtung. Dies kann zur Herausbildung von Spannmarken führen. Diese sind besonders bei bearbeiteten Flächen störend oder bei endbearbeiteten Funktions- und Paßflächen nicht zu akzeptieren. Abhilfe kann teilweise durch *indirektes Spannen*, Einsatz von Zwischenlagen z. B. Druckstücken und durch verschleißfeste Bestimmelemente erfolgen.
- Erhöhte *Verspannung des Werkstückes* bei vorliegenden Form- und Lagefehlern bzw. geometrisch nicht exakt definierten Werkstückoberflächen. Nach dem Entspannen des Werkstückes ist dadurch auch die Rückfederung der elastischen Verformungen größer. Die Gefahr der Überschreitung der Fertigungstoleranzen liegt dadurch näher.
- Erhöhte *Deformation des Werkstückes* als Folge elastischer Verformungen durch die einwirkende Spannkraft. Dies entspricht einem Abweichen des Werkstückes von seiner Soll-Bestimmlage und führt zu Fertigungsfehlern. Besonders bei wenig steifen Werkstücken, bei dünnwandigen oder kastenförmigen Werkstücken, bei schweren Schnitten, beim Einsatz formgebundener Werkzeuge oder bei schlechter bzw. nicht abgestützter Werkstückauflage kann dies zu einer Überschreitung der Fertigungstoleranzen führen. Durch den gezielten *Einsatz von Stützen* kann dies verhindert werden.

Eine zu klein gewählte Spannkraft kann verhängnisvolle Folgen haben. Es wurde bereits begründet, daß in diesem Fall Fertigungsfehler oder Ausschuß noch das geringste Übel sein werden. Unfälle oder Havarien können weit größere Schäden, Kosten und Ausfälle in der Produktion verursachen. Es gilt deshalb der *Grundsatz:*

> *Die Spannkraft nur so groß wählen, wie sie für ein sicheres Spannen notwendig ist.*

5.2 Forderungen an das Spannen

Bei fast allen Betrachtungen werden die Bestimmelemente als starr angenommen, d. h. die elastischen Verformungen durch die Spannkraft unberücksichtigt gelassen. In Wirklichkeit verursacht die Spannkraft elastische Verformungen der Bestimmflächen, die zu Veränderungen der Bestimmlage des Werkstückes führen müssen. Dies ist ein Widerspruch, denn die Bestimmelemente haben ja gerade die Aufgabe, die Bestimmlage eindeutig zu definieren.

Nach dem *Hooke'schen Gesetz* sind Spannung und Dehnung einander proportional, der Proportionalitätsfaktor heißt Elastizitätsmodul. Daraus wird ersichtlich, daß nur dann keine Verformung vorhanden ist, wenn auch keine Krafteinwirkung vorliegt. Ansonsten ruft auch die kleinste Krafteinwirkung die entsprechende proportionale Verformung hervor. Ebenso führen alle Krafteinwirkungen an schwingungsfähigen Systemen zu *Schwingungserscheinungen*, also auch am Werkstück. Es kann also nicht absolut von einer Verhinderung elastischer Verformungen oder einer Vermeidung von Schwingungserscheinungen am Werkstück gesprochen werden, dies ist nicht möglich. Präziser formuliert kommt es darauf an, diese Erscheinungen auf die zulässige Größe zu begrenzen, d. h. für eine genügend große statische und dynamische Steifigkeit von Werkstück und Vorrichtung zu sorgen, damit die auftretenden unvermeidbaren Verformungen, Lageveränderungen und Schwingungen des Werkstückes vernachlässigt werden können bzw. bei vorgegebener Genauigkeit in den vertretbaren Grenzen liegen.

Der Vorrichtungskonstrukteur hat zu gewährleisten, daß die funktionsgerecht notwendige Spannkraft durch Vorrichtungselemente mit genügend großer Steifigkeit aufgenommen wird.

Erforderlichenfalls ist die zulässige Verformung der Bestimmelemente für eine vorgegebene Genauigkeit zu berechnen.

Durch Stützen kann die Steifigkeit der im Kraftfluß liegenden Vorrichtungselemente oder auch des Werkstückes erhöht werden.

5.2.2 Zur Richtung der Spannkraft

Beim Aufbringen der Spannkraft darf ebenfalls keine Verschiebung des Werkstückes aus seiner Bestimmlage erfolgen. Die *Richtung der Spannkraft* sollte deshalb so gewählt werden, daß das Werkstück in die durch die Bestimmelemente definierte Bestimmlage gedrückt wird. Daraus folgt:

Die Hauptkomponente der Spannkraft sollte orthogonal auf die Bestimmflächen gerichtet sein, mit denen das Hauptbestimmen erfolgt.

In der Praxis ist diese Vorgehensweise allerdings nicht immer einhaltbar. Erfolgt eine Mehrseiten- oder Komplettbearbeitung eines Werkstückes in einer Aufspannung, so werden in der Regel mehrere Arbeitsoperationen ausgeführt, deren Schnittkraftkomponenten unterschiedliche Richtungen aufweisen. Die Spannkraft muß aber allen Komponenten der Bearbeitungskräfte das Gleichgewicht halten.

Damit die Resultierende des Kräftegleichgewichtes nicht zu Null werden kann, sollte die Spannkraft stets gleichgerichtet zur Hauptschnittkraft wirken.

Es muß in jedem Fall ausgeschlossen werden, daß die Bearbeitungskräfte die Spannkräfte nahezu kompensieren können, weil ein Lösen des Werkstückes zu folgenschweren Konsequenzen führen kann.

Die Komponenten der Schnittkraft sollen durch feste Bestimmelemente am Grundkörper aufgenommen werden.

Die Funktionsfähigkeit dieser Bestimmelemente darf dadurch jedoch nicht beeinträchtigt werden, beispielsweise würden Biegekräfte oder Biegemomente das Aufschieben eines Werkstückes auf einen Bestimmbolzen behindern oder unmöglich machen. Bestimmbolzen dürfen deshalb nicht querbelastet werden.

Bei einem unvermeidbaren Spannen gegen die Hauptschnittkraft sollte eine selbsthemmende Spannung vorgesehen werden.

5.2.3 Zum Angriffspunkt der Spannkraft

Der *Angriffspunkt der Spannkraft* richtet sich nach der Werkstückbeschaffenheit und dem Bearbeitungsverfahren bzw. auch wirtschaftlichen Erwägungen. Für unbearbeitete Werkstücke, große Erwärmungen bzw. thermische Prozesse sowie schwingungsbegünstigende Bearbeitungen sind *elastische Spannmittel* einzusetzen. Diese ermöglichen einen Toleranzausgleich der Werkstückabmessungen, sie stellen den Kraftangriffspunkt jeweils auf diese ein. In anderen Fällen, z. B. bei geringen Werkstücktoleranzen, bei massiven Werkstücken, kleinen Kräften, geringen Erwärmungen und eng tolerierten Werkstückabmessungen können auch *starre Spannmittel* zur Anwendung kommen. Bei Einhaltung dieser Forderungen ist der Vektor der Spannkraft für jeden Anwendungsfall festlegbar.

Zusammenfassung "Spannkraftanforderungen" [5.1]

1. Die Spannkraft ist nur so groß zu wählen, wie sie für ein *sicheres Spannen* des Werkstückes in der Vorrichtung *unter allen Bearbeitungsbedingungen* notwendig ist.

2. Ein sicheres Spannen ist erreicht, wenn eine *Lageveränderung* des Werkstückes *ausgeschlossen* und *elastische Verformungen oder Schwingungen zu vernachlässigen* sind.

3. *Verspannungen* des Werkstückes sind zu *vermeiden* durch entsprechend gestaltete Spannflächen, die Form- und Lagefehler kompensieren können (Ausgleichsteile, Pendelauflagen, kugelgelagerte Druckscheiben, elastische Spannmittel).

4. *Spannmarken* sind zu *vermeiden* (indirektes Spannen, Zwischenlagen, Druckscheiben, verschleißfeste gehärtete Spannelemente).

5. Zur *Erhöhung der statischen Steifigkeit* des Werkstückes oder der Vorrichtung können *Stützen* eingesetzt werden.

6. Die Spannkraft soll *gleichgerichtet zur Hauptschnittkraft wirken*, möglichst *gegen die festen Bestimmelemente am Grundkörper* der Vorrichtung. Die Funktionsfähigkeit der Bestimmelemente darf nicht beeinträchtigt werden (z. B. Biegebeanspruchung von Bestimmbolzen). Bei unvermeidbarem Spannen *gegen die Hauptschnittkraft muß ein selbsthemmendes Spannen ermöglicht werden.*

7. Die *größte Komponente der Spannkraft sollte orthogonal auf die Bestimmebene* des Hauptbestimmens wirken. Anderenfalls darf das Werkstück durch die Spannkraft nicht aus seiner Bestimmlage gedrückt werden.

8. Die Festlegung der *Art des Spannprinzipes* und des *zu wählenden Spannmittels* ist auf die konkrete Fertigungsaufgabe über einen Variantenvergleich abzustimmen.

9. *Elastische Spannmittel* ermöglichen einen *Toleranzausgleich* bei großen Maßtoleranzen am Werkstück, großen Wärmedehnungen oder schwingungsgefährdeten Bearbeitungen.

10. Die Spanneinrichtung sollte möglichst *wenige Spannstellen* (z. B. Einhebelspannung), einen *kurzen Kraftfluß* und einen *kurzen Spannweg (Bedienweg)* aufweisen.

11. Bei manueller Spannkrafterzeugung durch Muskelkraft dürfen die *zulässigen Werte körperlicher Belastbarkeit* nicht überschritten werden. Eine *leichte Bedienbarkeit* der Spanneinrichtung ist durch den Vorrichtungskonstrukteur zu gewährleisten.

5.3 Arten des Spannens

Aus den Forderungen an das Spannen sind aufgabenbezogen jeweils die konkreten Anforderungen an die Spannkraft abzuleiten. Diese ist in jedem Fall als Vektor nach ihren drei Kenngrößen festzulegen. Bevor der *Betrag* der notwendigen Spannkraft berechnet werden kann, muß sie nach *Angriffspunkt* und *Richtung* definiert werden.
Im Bild 5.1 werden die möglichen *Wirkungsrichtungen* der Spannkraft an einem Werkstück veranschaulicht.

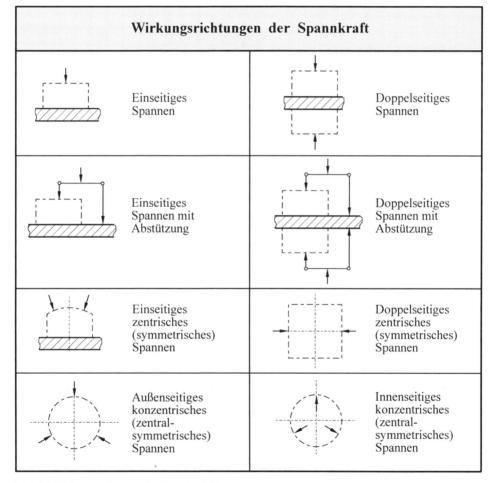

Bild 5.1 Wirkungsrichtungen der Spannkraft [5.1]

Die Festlegung der *Wirkungsrichtung der Spannkraft* hängt in erster Linie von den Anforderungen ab, die das Werkstück an die Vorrichtung stellt.

Alle Werkstücke, die gegen einen **Festanschlag** bestimmt werden, können durch *einseitiges Spannen mit oder ohne Abstützung* gesichert werden. Sollen in einer Mehrfachvorrichtung zugleich mehrere Werkstücke gespannt werden, so ist die Möglichkeit des *doppelseitigen Spannens* gegeben. Die platzsparende Bauweise und das Kräftegleichgewicht über das mittige Auflager bringen in diesem Fall häufig Konstruktionsvorteile.

Beim Bestimmen eines Werkstückes nach **Mittelebenen** – d. h. symmetrischen Formelementen oder Rotationsflächen von Bohrungen oder Zylinderflächen – kann dies zugleich mit dem Spannen verbunden werden. Zweckmäßig ist ein *zentrisches (symmetrisches) Spannen* bei Prismateilen und ein *konzentrisches (zentralsymmetrisches) Spannen* bei Rotationsteilen.

Allerdings ist die Wahl der Wirkungsrichtung mit den weiteren möglichen und notwendigen Auswahlkriterien *Spannprinzip* und *Spannmittel* abzustimmen. Weitere Auswahlgesichtspunkte sind beispielsweise die betragsmäßige Berechnung der Spannkraft und die anderen Anforderungen der Wirkbeziehungen und Schnittstellen des Wirksystems (z. B. die mögliche Spannzeit, der Spannweg, die Häufigkeit des Spannens, die Belastbarkeit, die Oberflächenbeschaffenheit des Werkstückes, ergonomische Aspekte).

Unabhängig von der Wirkungsrichtung der Spannkraft ist jeweils eines der beiden möglichen *Spannprinzipe* anzuwenden.

Begriffsbestimmung "Spannprinzip"

Das Spannprinzip ist die Spannkrafterzeugung durch Normalkraft oder durch Reibkraft.

Mit *Normalkraft* erfolgt die Spannkrafteinwirkung orthogonal auf die Werkstückoberfläche. Die *Reibkraft* wird durch eine Normalkraft erzeugt. Sie wirkt orthogonal zu dieser, der möglichen Bewegungsrichtung entgegengerichtet. Damit ist ein Spannen parallel zur Auflagefläche gegen eine Anlagefläche des Werkstückes möglich.

Die zwei Spannprinzipe unterscheiden sich wesentlich hinsichtlich der tatsächlich wirksamen Spannkraft bei gleicher aufzubringender Kraft.

Für die Reibkraft F_R gilt:

$$F_R = \mu \cdot F_N \tag{5.1}$$

F_R *Reibkraft*
F_N *Normalkraft*
μ *Reibwert zwischen Spannelement und Werkstück*

Bei Annahme eines durchaus realen Reibwertes von $\mu = 0{,}1$ würde beim Spannen mit Reibkraft eine 10-fache größere Normalkraft erforderlich, um die gleiche Spannwirkung gegen die Werkstückauflage auszuüben, bei Annahme zweier gegenüberliegender Spannflächen gleichen Reibwertes immer noch der fünffache Betrag als Normalkraft. Bei Werkstücken mit geringer statischer Steifigkeit (z. B. Hohlkörpern), mit geringen Reibwerten (feinbearbeiteten Oberflächen, ungünstigen Werkstoffpaarungen) oder großen erforderlichen Spannkräften kann deshalb das Spannen mit Reibkraft problematisch werden. Bei massiven, steifen Werkstücken, Rohteilen oder unbearbeiteten Werkstückoberflächen sowie geringen Bearbeitungskräften kann vorteilhaft mit Reibkraft gespannt werden. Besonders notwendig ist das Spannen mit Reibkraft, wenn verfahrensbedingt orthogonal zur Werkstückoberfläche das Bearbeitungswerkzeug angreift und diese Fläche parallel zur Auflagefläche nicht für Spannzwecke verfügbar ist. Dies trifft auch für Vorrichtungen zu, die Werkzeugführungen – z. B. Bohrklappen – benötigen.

5.3 Arten des Spannens

Im Bild 5.2 wird am Beispiel mechanischer Spanneinrichtungen das *formschlüssige* Spannen mit **Normalkraft** und das *kraftschlüssige* Spannen mit **Reibkraft** gezeigt. Diese beiden Spannprinzipe können auch durch elastische Spannmittel über Druckmedien verwirklicht werden. Ebenso kann mit der Normalkraft auch kraftschlüssig gespannt werden.

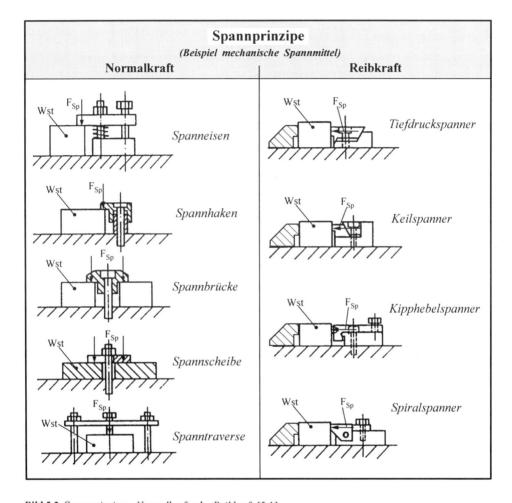

Bild 5.2 Spannprinzipe – Normalkraft oder Reibkraft [5.1]

Durch die Beschaffenheit des Werkstückes – vor allem die Größe der Werkstücktoleranzen und die Oberflächenqualität vor der Bearbeitung – und auch durch die anderen Systemkomponenten des Wirksystems kann zwingend eine elastische *Verschiebbarkeit des Kraftangriffspunktes in der Wirkungsrichtung* der Spannkraft notwendig werden. In diesem Fall müssen **elastische Spannmittel** eingesetzt werden. Darunter sind die Spanneinrichtungen zu verstehen, die einen spannwegunabhängigen Kraftangriff ermöglichen, weil sich die Wirkfläche der Spanneinrichtung dem Werkstück jeweils durch Selbsteinstellung anpaßt. Diese "elastische" Anpassungsfähigkeit der Spannstelle an die Werkstückabmessungen gewährleistet eine sichere Spannwirkung auch bei großen Toleranzabweichungen, wie sie beispielsweise bei Rohteilen, Halbzeugen, Guß- und Schmiedestücken auftreten.

Die Anwendung *elastischer* Spannmittel ist auch dann zweckmäßig und anzustreben, wenn Schwingungen, Spannkraftschwankungen und andere Störgrößen aus dem Bearbeitungsprozeß die Spannwirkung dynamisch belasten und mit starrer Spannung deren Zuverlässigkeit nicht gewährleistet werden könnte. Weitere Vorzüge haben elastische Spannmittel hinsichtlich ihrer Automatisierbarkeit, beispielsweise der Steuerung oder Regelung der Spannkraft im Bearbeitungsprozeß. Nachteilig sind die relativ größeren Anschaffungskosten.

In vielen Anwendungsfällen bestehen nicht von Anbeginn Forderungen zum ausschließlichen Einsatz elastischer Spannmittel. Dann stehen diese ebenso wie *starre Spannmittel* zur Disposition. Aus der Gesamtheit der Systemanforderungen sind dann anforderungsgerechte Vorrichtungslösungen zu konzipieren. Deren Spannmittelauswahl muß zur jeweiligen Lösungsvariante paßfähig sein. Das günstigste Spannmittel ist auf der Grundlage eines Variantenvergleiches festzulegen.

Im Bild 5.3 werden die Einsatzmerkmale starrer und elastischer Spannmittel aufgezeigt.

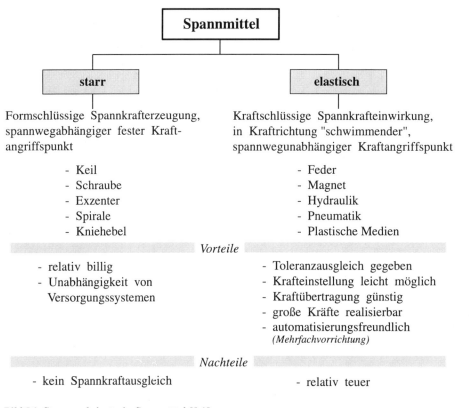

Bild 5.3 Starre und elastische Spannmittel [5.1]

Mit der Auswahl eines Spannmittels wird zugleich über den Angriffspunkt der Spannkraft entschieden. Für eine optimale Auswahl eines Spannmittels sind eine große Zahl weiterer Einflußfaktoren des Wirksystems zu berücksichtigen. Die benötigte *Anzahl von Spannstellen* und ihre *Anordnung* werden wesentlich durch die Fertigungsbedingungen und die Werkstückbeschaffenheit (geforderte Genauigkeit, Größe und Richtung der Bearbeitungskräfte, Steifigkeit von Werkstück und Vorrichtung) festgelegt.

Für die Auswahl und Beurteilung eines Spannmittels müssen häufig weitere *Einsatzmerkmale* herangezogen werden:
1. Wegen der kurzen Zeit, die für das Aufbringen der Spannkraft benötigt wird, bezeichnet man Kreisexzenter, Spannspiralen und Kniehebel als **mechanische Schnellspanner**.
2. Die Einschätzung der realisierbaren *Spannwege* zeigt:
   - nur kleine Spannwege erreichbar mit Keil, Kreisexzenter und Spannspirale
   - große Spannwege möglich mit Kniehebel
   - Mit Spannschrauben können beliebige Spannwege, allerdings zeitaufwendig, realisiert werden.
3. Zur Schonung der Werkstückoberfläche gegen Spannmarken können Spanneinlagen zwischen Werkstück und Spanneinrichtung an der Wirkstelle eingelegt werden. Dieser Fall wird als **mittelbares Spannen** bezeichnet, im Gegensatz zum **direkten Spannen** ohne Einlage, was anzustreben ist.

5.4 Festlegung der Spannkraft

Die Spannkräfte müssen die Bearbeitungskräfte so kompensieren, daß die Werkstücklage in der Vorrichtung erhalten bleibt und das Werkstück sicher gespannt wird. Das in der Vorrichtung gespannte Werkstück ist damit in den Kraftfluß einbezogen, der über die Wirkstellen zur Werkzeugmaschine geschlossen wird. In den Bildern 3.2 und 4.1 wird dies ersichtlich.

Alle während der Bearbeitung wirkenden Belastungen müssen sich im *statischen Gleichgewicht* befinden, diese Forderung besteht für jeden Freiheitsgrad im Raum. Die Belastungen entstehen durch Kräfte und Momente, die vor allem durch die Spann- und Bearbeitungskräfte verursacht werden. Demnach gelten als *Gleichgewichtsbedingungen*:

Kräftegleichgewicht in drei Koordinatenrichtungen

$$\Sigma F_i = 0 \qquad i = x; y; z \qquad (5.2)$$

und *Momentengleichgewicht* um drei Koordinatenachsen

$$\Sigma M_i = 0 \qquad i = x; y; z \qquad (5.3)$$

Das **Werkstückgewicht** kann in den meisten Fällen vernachlässigt werden. Bei extremen Genauigkeitsanforderungen, großen Massebeschleunigungen und auch bei mittleren Werkstückabmessungen ist aufgabenbezogen darüber zu befinden.

Für jede Bearbeitungsaufgabe ist einzuschätzen, inwieweit *prozeßbedingte Störgrößen* – wie beispielsweise Wärmespannungen, Massenträgheitskräfte, Resonanz durch Schwingungen, regeneratives Rattern, Stick-slip-Wirkungen – das Kräftegleichgewicht beeinflussen können. Soweit derartige Kräftewirkungen voraussehbar sind, müssen sie berücksichtigt werden.

Als Bearbeitungskraft wirkt verfahrensabhängig die *Schnittkraft F_S* mit ihren Komponenten *Vorschubkraft F_V* und *Passivkraft F_P*. Sie können Schubkräfte, Kipp- und Drehmomente und andere Beanspruchungsarten am Werkstück erzeugen.

Bei Mehrseiten- oder Komplettbearbeitung in einer Vorrichtung ist für jede Koordinatenrichtung der *ungünstigste Belastungsfall* zu ermitteln und den Gleichgewichtsbedingungen zur Berechnung der Spannkraft zugrunde zu legen. Die gleiche Verfahrensweise ist anzuwenden, wenn mehrere unterschiedliche Arbeitsoperationen mit verschiedenartigen Schnittkraftbelastungen auftreten.

Für die Festlegung der notwendigen Spannkraft müssen auch die nicht vorhersehbaren Störgrößen vorsichtshalber berücksichtigt werden. Dies erfolgt durch die Einbeziehung von empirisch angenommenen *Sicherheitsfaktoren* zur Berechnung fiktiver *Ersatzkräfte* für die Schnittkraft bzw. ihre Komponenten. Diese werden als Bearbeitungskräfte angenommen und für alle nachfolgenden Berechnungen verwendet. Im allgemeinen kann die elastische Verformung des Werkstückes und der im Kraftfluß liegenden Vorrichtungselemente vernachlässigt werden und die Spannkraftberechnung mit Sicherheitsfaktoren erfolgen.

Es werden zwei Sicherheitsfaktoren c_1 und c_2 unabhängig voneinander angesetzt, die aus den nachfolgenden Tabellen 5.1 und 5.2 ausgewählt werden können [5.2].

Verfahrensabhängiger Stoßfaktor c_1	Bearbeitungsverfahren
1,2	Drehen und Bohren
1,4	Fräsen und Schleifen
1,6	Hobeln
1,8	Stoßen

Tabelle 5.1 *Sicherheitsfaktor für das Bearbeitungsverfahren [5.2]*

Der Sicherheitsfaktor c_2 erfaßt mit den charakteristischen Merkmalen der Bearbeitungsbedingungen zugleich auch die wichtigen Einflußfaktoren, die für Schwingungen und Verformungen im Bearbeitungsprozeß bedeutsam sind. Um großen Berechnungsaufwand über Formänderungsarbeit zu vermeiden, sollte der Sicherheitsfaktor c_2 sorgfältig ausgewählt werden.

Bei großen Schnittkräften und hohen Genauigkeitsanforderungen muß eine aufgabenbezogene exakte Berechnung über die Steifigkeit der Vorrichtungselemente – beispielsweise über die *Formänderungsarbeit* nach dem Satz von Castigliano – erfolgen, um die Verformung der im Kraftfluß liegenden Vorrichtungselemente zu berücksichtigen. Dieser Aufwand ist allerdings nur selten gerechtfertigt.

Prozeßabhängiger Stoßfaktor c_2	Bearbeitungsbedingungen
1,0 bis 2,0	*Einer der nachfolgenden Einflußfaktoren wirkt*
2,0 bis 3,0	*Jeder Einflußfaktor erhöht c_2:* –Schnitt- und Spannkraft wirken gegeneinander –große Aufmaße bei Guß- und Schmiedeteilen –Einsatz langgespannter Werkzeuge –Einsatz formgebender Werkzeuge *Mehrere Einflußfaktoren gleichzeitig erhöhen c_2:* –Gußkrusten –Lunker –unterbrochene Schnitte –Bearbeitung hochlegierter Werkstoffe –Bearbeitung hochwarmfester Werkstoffe –Bearbeitung vergüteter Werkstoffe –Bearbeitung zäher Werkstoffe

Tabelle 5.2 *Sicherheitsfaktor für die Bearbeitungsbedingungen [5.2]*

Mit Hilfe der Sicherheitsfaktoren c_1 und c_2 werden die Ersatzkräfte wie folgt berechnet:
Für die *Schnittkraft F_S* wird die *Ersatzkraft* $F_{S_{Ers}}$ berechnet:

$$F_{S_{Ers}} = c_1 \cdot c_2 \cdot F_S \tag{5.4}$$

Für die *Vorschubkraft F_V* ergibt sich als *Ersatzkraft* $F_{V_{Ers}}$ zu:

$$F_{V_{Ers}} = c_1 \cdot c_2 \cdot F_V \tag{5.5}$$

Für die *Passivkraft F_P* folgt als *Ersatzkraft* $F_{P_{Ers}}$

$$F_{P_{Ers}} = c_1 \cdot c_2 \cdot F_P \tag{5.6}$$

Mit diesen Ersatzkräften werden die statischen Gleichgewichtsbedingungen gemäß den Gleichungen (5.2) bzw. (5.3) aufgestellt. Aus dem sich ergebenden Gleichungssystem wird die Spannkraft berechnet. Diese bildet die Grundlage für die Dimensionierung der Spannelemente. Zum Abschluß ist der Festigkeitsnachweis der Bestimmelemente und die Spannmarkenkontrolle für das Werkstück danach zu berechnen.

Vorgehensweise zur Berechnung und Dimensionierung der Spannelemente [5.1]:

1. Ermittlung der verfahrensabhängigen Bearbeitungskräfte, die je Koordinatenrichtung auf das Werkstück wirken

2. Ermittlung des kritischen Belastungsfalles für jede Koordinatenrichtung durch Auswahl der ungünstigsten Bearbeitungsaufgabe

3. Aufstellung der statischen Gleichgewichtsbedingungen $\sum F_i = 0$ und $\sum M_i = 0$ für alle erforderlichen Koordinatenrichtungen $i = x, y, z$
Einbeziehung der Komponenten der zu berechnenden Spannkräfte F_{Sp} und von Sicherheitsfaktoren c_1 und c_2. Dabei gilt $F_{S_{Ers}} = c_1 \cdot c_2 \cdot F_S$ bzw. $F_{V_{Ers}} = c_1 \cdot c_2 \cdot F_V$.

4. Auswahl und Dimensionierung der Spannelemente nach der erforderlichen Spannkraft F_{Sp}

5. Festigkeitsnachweis der Bestimmelemente und Spannmarkenkontrolle für das Werkstück

5.5 Spannkraftberechnung

Nachfolgend wird an Hand einiger typischer Beispiele die prinzipielle Vorgehensweise zur Berechnung der Spannkraft demonstriert. Folgende Etappen sind charakteristische Schritte, die in jeder Berechnung der Spannkraft für einen vorliegenden Belastungsfall auftreten:

1. Modellbildung
2. Aufstellen der Gleichgewichtsbeziehungen
3. Lösen des Gleichungssystems und Berechnen der Spannkraft

Zu 1. Das Modell

Ausgangspunkt ist stets ein mathematisches Modell, welches als vereinfachtes Abbild der Realität aufgestellt wird. Das Modell beinhaltet eine vereinfachte Wirksystemdarstellung.

Dieses wird in ein kartesisches Koordinatensystem eingeordnet. Die angenommenen positiven Koordinatenrichtungen werden durch Pfeile gekennzeichnet.

In das Modell werden alle Kraftvektoren der Bearbeitungskräfte, Spannkräfte, Reibungskräfte und der Auflagereaktionskräfte eingezeichnet, auch wenn sie nach Richtung oder Betrag noch nicht bekannt sind. Für bereits bekannte Größen werden ebenfalls Symbole verwendet. Zahlenwerte werden erst nach Lösung des Gleichungssystems in die explizite Form der Spannkraftgleichung eingesetzt. Als Bearbeitungskräfte sind bereits die nach den Gleichungen (5.4) bis (5.6) unter Berücksichtigung der Sicherheitsfaktoren c_1 und c_2 angenommenen Ersatzkräfte einzusetzen.

Die Reibungskraft wirkt stets entgegen der Bewegungsrichtung. Im Modell muß sie deshalb entgegen der Kraft angesetzt werden, die eine mögliche Bewegung auslösen kann.

Zu 2. Die Gleichgewichtsbeziehungen

Nach dem Modell werden die Gleichgewichtsbeziehungen für das *Kräftegleichgewicht* gemäß Gleichung (5.2) und erforderlichenfalls auch das *Momentengleichgewicht* nach Gleichung (5.3) aufgestellt für alle Koordinatenrichtungen, in denen Kräfte angreifen oder um deren Koordinatenachsen Momente wirken.

Zu 3. Berechnung der Spannkraft aus dem Gleichungssystem

Im *Gleichungssystem* müssen so viele unabhängig voneinander existierende Beziehungen als Gleichungen formuliert werden, wie unbekannte Größen als Kraft oder Moment im Modell vorliegen. Es sind dies die Komponenten der Spannkraft und der Auflagereaktionen, die Bearbeitungskräfte müssen über die Bearbeitungsbedingungen berechnet und hier deshalb als bekannt vorausgesetzt werden. Nach den üblichen mathematischen Methoden wird das Gleichungssystem gelöst und die Spannkraft berechnet.

Das Bild 5.4 zeigt die Arbeitsschritte zur Ermittlung der Spannkraft an einem Beispiel [5.1].

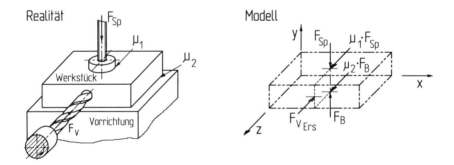

Bild 5.4 Einseitiges Spannen durch Reibungskraft [5.1]

Aus Bild 5.4 ist ersichtlich, daß die Vorschubkraft F_V des Spiralbohrers bestrebt ist, das Werkstück in Vorschubrichtung aus der Einspannung zu drücken. Durch kraftschlüssiges Spannen mit einer als F_{Sp} bezeichneten Spannkraft soll dies verhindert werden. Die Spannkraft erzeugt an den Wirkstellen der Einspannung Reibungskräfte, welche der Vorschubkraft entgegengerichtet sind und diese sicher kompensieren müssen. An den Wirkflächenpaaren zur Spanneinrichtung und zu den Vorrichtungsbestimmflächen liegen unterschiedliche Reibwerte μ_1 und μ_2 vor, da unterschiedliche Werkstoffe möglich sind.

5.5 Spannkraftberechnung

Die *Reibungskräfte* sind nach Gleichung (5.1) zu ermitteln. Für die Reibungskoeffizienten μ sind geeignete Werte festzulegen. In der Anlage zu 8.3 werden dazu Richtwerte in einer Tabelle 8.3.7 aufgeführt. Zu beachten ist, daß die Reibungskoeffizienten von den Werkstoffen der Reibungspartner, der Oberflächenrauhheit der Kontaktfläche und ihren Gleitverhältnissen (trocken, feucht, geschmiert) abhängen.

Im Modell wird eine Auflagereaktionskraft F_B angesetzt, die über die Auflagebestimmflächen der Vorrichtung die Spannkraft F_{Sp} sicher kompensieren muß. Als Bearbeitungskraft wird die Ersatzkraft der Vorschubkraft eingesetzt. Danach können folgende Gleichgewichtsbeziehungen nach Gleichung (5.2) aufgestellt werden:

$\Sigma F_y = 0:$ $\Rightarrow$ $F_B - F_{Sp} = 0$ (I)

$\Sigma F_z = 0:$ $\Rightarrow$ $\mu_1 \cdot F_{Sp} + \mu_2 \cdot F_B - F_{V_{Ers}} = 0$ (II)

Diese zwei Gleichungen genügen, um die zwei Unbekannten F_B und F_{Sp} zu berechnen.

Aus (I) $\Rightarrow$ $F_B = F_{Sp}$

Einsetzen (I) in (II) $\Rightarrow$ $(\mu_1 + \mu_2) F_{Sp} - F_{V_{Ers}} = 0$

Explizit für F_{Sp} $\Rightarrow$ $F_{Sp} = \dfrac{F_{V_{Ers}}}{(\mu_1 + \mu_2)}$ (5.7)

Mit Gleichung (5.5) $\Rightarrow$ $F_{Sp} = \dfrac{c_1 \cdot c_2 \cdot F_V}{(\mu_1 + \mu_2)}$ (5.8)

Bei $\mu_1 = \mu_2 = \mu$ $\Rightarrow$ $F_{Sp} = \dfrac{c_1 \cdot c_2 \cdot F_V}{2 \cdot \mu}$ (5.9)

Nach dieser Beziehung (5.9) kann die Spannkraft berechnet werden. Die Sicherheitsfaktoren c_1 und c_2 sind aus den Tabellen 5.1 und 5.2 auszuwählen. Die Reibwerte μ können beispielsweise der Tabelle 8.3.7 in der Anlage entnommen werden.

Die Vorschubkraft F_V ist aus den Zerspanungsbedingungen zu berechnen. Dafür werden in der Fachliteratur [5.3 bis 5.8] verschiedene empirische Beziehungen aufgezeigt. Es liegt im Ermessen des Konstrukteurs, welche Berechnungsgrundlage verwendet wird *(siehe dazu auch Kapitel 8, Abschnitt 8.1, sowie die Anlage, Tabelle 8.1.1)*.

Sofern keine anderweitige Berechnungsmöglichkeit vorliegt, kann nach [5.3] mit folgender Näherungsformeln die *Vorschubkraft F_V* aus der *Schnittkraft F_S* festgelegt werden.

Es gilt für die **Vorschubkraft beim Bohren und Aufbohren**

$F_V = 0{,}6 \cdot F_S$ *bei Bearbeitung von Stahl* (5.10)

$F_V = 0{,}8 \cdot F_S$ *bei Bearbeitung von Grauguß* (5.11)

Durch Vorbohren auf den Kerndurchmesser sinkt die Vorschubkraft um rund 50 %.

Die nachfolgenden zwei Beispiele im Bild 5.5 zeigen ebenfalls ein einseitiges kraftschlüssiges Spannen mit Reibungskraft orthogonal zur Vorschubkraft. Die mathematischen Modelle wurden jeweils in zwei Ansichten entwickelt. Der Belastungsfall nach Bild 5.5 a entspricht dem nach Bild 5.4. Im Bild 5.5 b wird abweichend davon nicht gegen die Auflagefläche gespannt, sondern gegen die Führungsfläche.

Modellbildung für beide Anwendungsfälle:

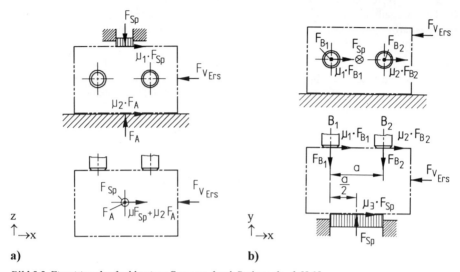

Bild 5.5 *Einseitiges kraftschlüssiges Spannen durch Reibungskraft [5.2]*
a) Spannen gegen die Auflagefläche   *b) Spannen gegen die Führungsfläche*

Berechnung der Spannkraft F_{Sp} für beide Anwendungsfälle:

a) $\quad\quad\quad\quad\quad\quad \Sigma F_x = 0$

(I) $\quad \mu_1 \cdot F_{Sp} + \mu_2 \cdot F_A - F_{V_{Ers}} = 0$

$\quad\quad\quad\quad\quad\quad \Sigma F_z = 0$

(II) $\quad\quad\quad F_A - F_{Sp} = 0$

(III) $\quad F_{V_{Ers}} = c_1 \cdot c_2 \cdot F_V$

(II), und (III) in (I) einsetzen:

$$F_{Sp} = \frac{c_1 \cdot c_2 \cdot F_V}{\mu_1 + \mu_2}$$

(IV) Annahme: $\mu_1 = \mu_2 = \mu$

(II), (III) und (IV) in (I) einsetzen

$$F_{Sp} = \frac{c_1 \cdot c_2 \cdot F_V}{2 \cdot \mu}$$

b) $\quad\quad\quad\quad\quad\quad \Sigma F_x = 0$

(I) $\quad \mu_1 \cdot F_{B1} + \mu_2 \cdot F_{B2} + \mu_3 \cdot F_{Sp} - F_{V_{Ers}} = 0$

$\quad\quad\quad\quad\quad\quad \Sigma F_y = 0$

(II) $\quad\quad F_{Sp} - F_{B1} - F_{B2} = 0$

(III) $\quad F_{V_{Ers}} = c_1 \cdot c_2 \cdot F_V$

(II), (III) in (I) einsetzen und $\mu_1 = \mu_2 = \mu$

$$F_{Sp} = \frac{c_1 \cdot c_2 \cdot F_V}{\mu + \mu_3}$$

(IV) Annahme: $\mu_1 = \mu_2 = \mu_3 = \mu$

(II), (III) und (IV) in (I) einsetzen:

$$F_{Sp} = \frac{c_1 \cdot c_2 \cdot F_V}{2 \cdot \mu}$$

Die Berechnung der Spannkraft für beide Beispiele führt zum gleichen Ergebnis. Damit wird bewiesen, daß über die Veränderung der Bestimmflächen kein Einfluß auf die Spannkraft genommen werden kann. Jeder Belastungsfall wird nur durch die Kraftvektoren zueinander und die möglichen Freiheitsgrade der Auflager definiert. Da sich diese in beiden Fällen prinzipiell entsprechen, ergibt sich auch die gleiche Spannkraft.

5.5 Spannkraftberechnung

Das Bild 5.6 zeigt eine Modelldarstellung für einseitiges Spannen.

Der kritische Belastungsfall besteht darin, daß die Vorschubkraft infolge der geringen Einspannhöhe ein großes Kippmoment erzeugt. Damit besteht die Gefahr, daß das Werkstück über die durch die Anlagepunkte A und B gebildete Kippachse A – B aus der Einspannung gerissen wird, – beispielsweise beim Fräsen, Hobeln oder Stoßen.

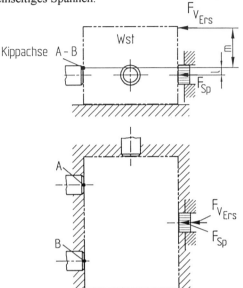

$\Sigma M_{A-B} = 0$:

$F_{VErs} \cdot m - F_{Sp} \cdot l = 0$

$F_{Sp} = \dfrac{F_{VErs} \cdot m}{l}$ \hfill (5.12)

$F_{Sp} = \dfrac{c_1 \cdot c_2 \cdot F_V \cdot m}{l}$ \hfill (5.13)

Bild 5.6
Einseitiges Spannen gegen ein Kippmoment [5.1]

Im Bild 5.7 werden die Verhältnisse an einem Drehteil veranschaulicht, wenn es konzentrisch von außen auf der Zylinderfläche gespannt wird – nach dem Bild in einem Dreibackenfutter.

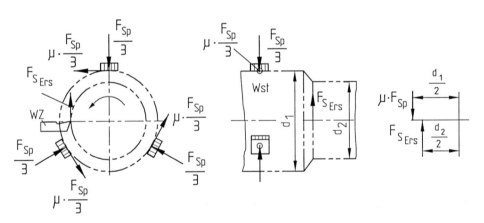

Bild 5.7 *Spannen durch Reibungskraft in einem Dreibackenfutter [5.1]*

$\Sigma M = 0: \quad \Rightarrow \quad \mu \cdot F_{Sp} \cdot \dfrac{d_1}{2} - F_{S_{Ers}} \cdot \dfrac{d_2}{2} = 0$ \hfill (5.14)

Explizit nach F_{Sp} $\quad \Rightarrow \quad F_{Sp} = \dfrac{d_2}{\mu \cdot d_1} \cdot F_{S_{Ers}}$ \hfill (5.15)

Mit Gleichung (5.4) $\quad \Rightarrow \quad F_{Sp} = \dfrac{d_2}{\mu \cdot d_1} \cdot c_1 \cdot c_2 \cdot F_S$ \hfill (5.16)

5.6 Ausführung der Spannelemente

5.6.1 Spannschrauben

Spannschrauben sind sehr wichtige Spannelemente, sie kommen sehr häufig zum Einsatz. Im Vorrichtungsbau werden Schrauben und Muttern in jedem Fall beim manuellen Spannen mit Muskelkraft eingesetzt. Für Spannschrauben kommen grundsätzlich nur standardisierte Gewinde zur Anwendung, diese sind selbsthemmend. Weitere *Konstruktionshinweise*:
- Die Spannkraft sollte mit wenigen Umdrehungen (möglichst < 0,5) aufgebracht werden.
- Für große Hübe sind mehrgängige Schrauben – auch mit großer Steigung – einsetzbar.
- Für Bewegungsschrauben gilt: Muttergewindelänge = 1,5 -mal Normallänge.
- Bis 16 mm ⌀ sind Spitzgewinde möglich, ab > 16 mm ⌀ sind Trapezgewinde einzusetzen.

Die maximal zulässigen Handkräfte wurden für männliche und weibliche Arbeitskräfte differenziert festgelegt. Sie berücksichtigen die unterschiedliche Belastbarkeit und die Wiederholbarkeit des Spannprozesses. Die zulässigen Richtwerte für die Bedienkräfte können der Tabelle 5.3 entnommen werden [5.2].

Arbeitskraft	Zeit zwischen zwei Spannprozessen in min	Maximal zulässige Handkraft F_h in N
männlich	≥ 1	150
	< 1	100
weiblich	≥ 1	75
	< 1	30

Tabelle 5.3
Richtwerte für Bedienkräfte (maximal zulässige Werte)

Für die Auswahl und Dimensionierung von Spannschrauben ist die Größe der zu übertragenden Spannkraft maßgebend. Die auf das Werkstück auftreffende Spannkraft hängt von der konstruktiven Ausbildung der Wirkstelle der Spannkraftübertragung ab. Die Vielzahl möglicher Lösungen wurde auf 4 Grundformen reduziert. Nach der Kontaktform des spannkraftübertragenden Elementes mit der Werkstückoberfläche werden unterschieden:

1. Punktberührung   Fall I
2. Kreisflächenberührung   Fall II
3. Linienberührung   Fall III
4. Kreisringflächenberührung Fall IV

Diese 4 Fälle bilden die Berechnungsgrundlage zur Ermittlung der Spannkraft nach Tabelle 5.4 und der Auswahl des Bedienelementes nach der wirksamen Hebellänge nach Bild 5.8 [5.1].

Bei jeder Schraubenverbindung muß Kräftegleichgewicht bestehen. Demnach ergibt die Summe aus Handmoment, Drehmoment und Zapfenmoment stets den Wert Null. Diese Beziehung ist als Gl. (5.23) in Tabelle 5.4 die Berechnungsgrundlage für die Spannkraft F. Für alle 4 Fälle der Kraftübertragung gelten die gleichen Berechnungsformeln für das Handmoment (Gl. 5.17) und das Drehmoment (Gl. 5.18), diese sind zuerst zu berechnen [5.2].

Vorgehensweise zur Auswahl und Berechnung einer Spannschraube:

1. Berechnung der *Spannkraft F_{Sp}* aus den Gleichgewichtsbedingungen – Abschnitt 5.5
2. Festlegung der *Kontaktform (Fall I bis IV)* und der *Handkraft F_h* – Bild 5.8 / Tab. 5.3
3. Ermittlung der erforderlichen *Hebellänge l_{wirk}* (Entwurf) für F_{Sp} = F aus Bild 5.8 [5.1]
4. *Kontrolle* der erreichbaren Spannkraft mit dem gewählten *Bedienelement* – Tab. 5.5
5. Berechnung der *Schraubenspannkraft F* mit F_h und l_{wirk} – Tab. 5.4 [5.2]
6. *Vergleich* der berechneten *Schraubenspannkraft F* mit der geforderten *Spannkraft F_{Sp}*.

5.6 Ausführung der Spannelemente

Punktberührung	Kreisflächenberührung	Linienberührung	Kreisringflächenberührung
			F_h Handkraft l_{wirk} wirksame Hebellänge d_2 Flankendurchmesser α Steigungswinkel d_z Zapfendurchmesser d_z' reduzierter Zapfendurchmesser

Handmoment

$$M_h = F_h \cdot l_{wirk} \quad (5.17)$$

Drehmoment

$$M_d = F \cdot \left(\frac{d_2}{2}\right) \cdot \tan(\alpha + \rho') \quad (5.18)$$

$d_z' = 0{,}8\, d_z$

$\tan \rho' = \dfrac{\mu_1}{\cos \beta}$

$\beta = 0{,}5\cdot$ Flankenwinkel

Zapfenmoment

$M_z = 0 \quad (5.19)$	$M_z = F \cdot \mu_2 \cdot \left(\dfrac{d_z'}{4}\right) \quad (5.20)$	$M_z = F \cdot r \cdot \mu_2 \cdot \left(\dfrac{\cos\gamma}{2}\right) \quad (5.21)$	$M_z = F \cdot \mu_2 \cdot \left(\dfrac{D_m}{2}\right) \quad (5.22)$

$$\sum M = -M_h + M_d + M_z = 0 \quad (5.23)$$

Spannkraft F

$F = \dfrac{2 \cdot F_h \cdot l_{wirk}}{d_2 \cdot \tan(\alpha + \rho')} \quad (5.24)$	$F = \dfrac{2 \cdot F_h \cdot l_{wirk}}{d_2 \cdot \tan(\alpha + \rho') + \mu_2 \cdot \left(\dfrac{d_z'}{2}\right)} \quad (5.25)$	$F = \dfrac{2 \cdot F_h \cdot l_{wirk}}{\left(\dfrac{d_2}{2}\right) \cdot \tan(\alpha + \rho') + r \cdot \mu_2 \cdot \cos\left(\dfrac{\gamma}{2}\right)} \quad (5.26)$	$F = \dfrac{2 \cdot F_h \cdot l_{wirk}}{d_2 \cdot \tan(\alpha + \rho') + \mu_2 \cdot D_m} \quad (5.27)$

Zapfenbeanspruchung; Spannmarkenbildung

$p_{vorh} = 0{,}388 \cdot \sqrt[3]{\dfrac{F \cdot E^2}{r^2}} \quad$ (5.28)	$\sigma_{D\,vorh} = \sqrt{\dfrac{4 \cdot F}{d_z'^2 \cdot \pi}} \quad$ (5.29)	Kugel und Kegel sind vom Hersteller optimal ausgelegt. Nachweisrechnung ist nicht erforderlich.	$\sigma_{D\,vorh} = \sqrt{\dfrac{4 \cdot F}{(d_4^2 - d^2)}} \quad$ (5.30)

Tabelle 5.4 Berechnung der Spannkraft von Spannschrauben

Zulässige Zapfenbeanspruchung (*Punktberührung:* p_{zul} *Flächenberührung:* $\sigma_{D_{zul}}$)
Zur Vermeidung von Spannmarken sind die Werkstoffwerte des Werkstückes einzusetzen!

Zug- bzw. Druck- und Torsionsbeanspruchung des Schraubenschaftes

$$\sigma_v = \sqrt{\sigma_z^2 + 3 \cdot \tau_t^2} \qquad (5.31)$$

$$\sigma_{V_{zul}} = 0{,}5 \cdot \sigma_s \qquad \textit{bei Schraubenwerkstoffen 4.6.....6.6} \qquad (5.32\ a)$$

$$\sigma_{V_{zul}} = 0{,}7 \cdot \sigma_s \qquad \textit{bei Schraubenwerkstoffen 8.8...14.9} \qquad (5.32\ b)$$

$$\sigma_z = \frac{F}{A_s} \qquad (5.33)$$

$$\tau_t = \frac{M_d + M_z}{W_t} \qquad (5.34)$$

$$W_t = \frac{\pi \cdot d_3^3}{16} \qquad (5.35)$$

Gewindepressung
Nur berechnen, wenn die Einschraublänge < 0,7· Gewindedurchmesser beträgt!

$$\sigma_{D_{vorh}} = \frac{4 \cdot F}{i \cdot \pi \cdot \left(d^2 - d_3^2\right)} \qquad (5.36)$$

$$\sigma_{D_{zul}} = 13...17\ \text{MPa} \qquad (5.37)$$

i	*Anzahl der Gewindegänge*	M_d	*Drehmoment*
F	*Spannkraft*	M_z	*Zapfenmoment*
A_s	*Spannungsquerschnitt*	W_t	*Widerstandsmoment*

Zur Anwendung des Nomogrammes nach Bild 5.8:

Aus dem Nomogramm kann für eine vorgegebene Schraubenspannkraft F – die beispielsweise zuvor als erforderliche Spannkraft F_{Sp} aus den Bedingungen für Kräftegleichgewicht nach Abschnitt 5.5 berechnet wurde – der notwendige Hebelarm für die Handkraft am Bedienhebel des Spannelementes l_{wirk} abgelesen werden. Dazu muß eine der zehn möglichen Nomogrammlinien ausgewählt werden, die den 4 Berührungsformen an der Kontaktstelle der Spannkraftübertragung zugeordnet wurden. Dabei ist zwischen männlichen Bedienkräften der Vorrichtung ($F_h = 150\,N$; Linien Ia bis IVa) und weiblichen ($F_h = 75\,N$; unterbrochene Linien Ib bis IVb) unbedingt zu unterscheiden.
Die aufzubringende Schraubenspannkraft F bzw. die erforderliche Spannkraft F_{Sp} bildet als Ordinatenwert in kN eine waagerechte Linie, welche die Nomogrammlinien schneidet. Im Schnittpunkt mit der ausgewählten Nomogrammlinie ist das Lot auf die Abszisse zu fällen, um die notwendige Handhebellänge l_{wirk} ablesen zu können. Alle Werte sind relativ als Vielfaches des Gewindenenndurchmessers d (in mm) angegeben. Standardisierte Handhebellängen wurden hervorgehoben (3d, 4d, 5d, 8d, 12,5d und 17,5d).
Nach Aufsuchen der standardisierten l_{wirk} in der zugehörigen Tabelle der angewendeten Berührungsform des Zapfens läßt sich in Abhängigkeit vom Gewindedurchmesser die Mindestgüte des Schraube-Mutter-Werkstoffes ablesen oder der Gewindedurchmesser festlegen, wenn nur ein bestimmter Werkstoff zur Verfügung steht.

5.6 Ausführung der Spannelemente

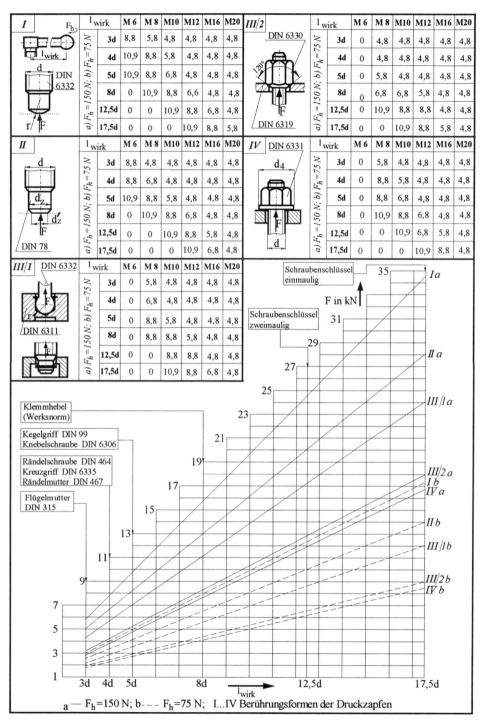

Bild 5.8 *Spannschrauben für metrisches ISO-Gewinde von M 6 bis M20 [5.1]*

	Spannkrafterzeugung durch Bedienelemente bzw. Doppelmaulschlüssel *(experimentell ermittelt bei Langzeitbelastung)*									
	Kraftübertragung an der Stirnfläche des Bedienelementes bzw. am Kopf von Schraube/Mutter [N]				Kraftübertragung am Druckzapfen des im Bedienelement befestigten Gewindestiftes [N]					
	Kreuz-griff	Klemm-hebel	Spann-hebel	Doppel-maul-schlüssel	Rändel-mutter	Stern-griff	Kreuz-griff	Klemm-hebel	Spann-hebel	Doppel-maul-schlüssel
Ge-winde	DIN 6335	Werksnorm	Werksnorm		DIN 467	DIN 6336	DIN 6335	Werksnorm	Werksnorm	
M 4	150	-	-	2500	150	-	300	-	-	3100
M 5	300	-	-	3700	250	500	600	-	-	5100
M 6	500	1000	-	4600	350	700	950	1950	-	7150
M 8	1050	1850	2200	6800	550	1250	1750	3200	3800	13100
M 10	1400	2400	3200	9200	850	2350	3500	5900	7000	18300
M 12	2300	4200	4700	12700	-	5100	5850	9500	11700	25400
M 16	3800	6800	7500	19500	-	5900	7300	11700	14600	39000
M 20	4000	8000	9500	23500	-	-	7600	14000	19000	47000
M 24	-	-	11500	31000	-	-	-	-	23000	62000

Tabelle 5.5 Erreichbare Spannkräfte bei manueller Bedienung im längeren Einsatz [5.1]

5.6.2 Spannkeile

Die Keilspanner werden nach der Kraftaufbringung in Schlagkeile und indirekte Keilspanner untergliedert. *Schlagkeile* werden in Vorrichtungen von untergeordneter Bedeutung verwendet (z. B. einfachen Bohr- und Schweißvorrichtungen). Da die einzubringende Schlagkraft nicht reproduzierbar zugemessen werden kann, ist die erzeugte Spannkraft sehr ungenau festzulegen. Spannmarken sind unvermeidbar. Die Schlagkeile müssen selbsthemmend sein. Selbsthemmung liegt vor, wenn die nachfolgende Bedingung erfüllt ist:

$$\tan\alpha \leq \tan\rho \leq \mu \tag{5.38}$$

Ist $\mu = 0,1$, so ergibt sich Selbsthemmung, wenn $\tan\alpha \leq 0,1$ wird und somit der Steigungswinkel $\alpha \leq 5,7°$ ist. Diese Bedingung läßt sich durch das Steigungsverhältnis ausdrücken. Alle Keile mit einem kleineren oder gleichen Steigungsverhältnis wie 1:10 sind selbsthemmend.

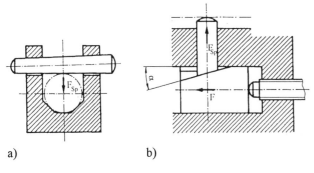

Den Aufbau einer einfachen, durch Schlagkeile gespannten Vorrichtung zeigt Bild 5.9. Bei der Anwendung der *indirekten Keilspanner* wird die Spannkraft durch eine Spannschraube oder ein anderes Spannelement erzeugt und durch Keile übersetzt und umgelenkt.

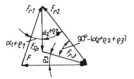

Bild 5.9
Keilspanner [5.2]
a) Schlagkeilspanner
b) Schema des indirekten Keilspanners
c) Kräfteplan eines indirekten Keilspanners

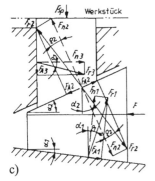

Der Kräfteplan im Bild 5.9 läßt erkennen, daß F_{Sp} gegenüber F nur verändert werden kann, wenn die Keilwinkel verändert werden, da die Reibungswinkel konstant bleiben.

Zum besseren Verständnis des Kräfteverlaufs sind im Bild 5.10 die Einzelheiten ausgewählter Keilspanner dargestellt.

Die Ableitung der Spannkraftgleichungen erfolgt nach der Gleichgewichtsbedingung $\sum F = 0$ *(Bild 5.10)*.

Mit Keilgetrieben nach Bild 5.10 können sehr vielfältige Über- und Untersetzungsverhältnisse realisiert werden. Ein entscheidender Vorteil besteht in der Möglichkeit der Kraftverstärkung, d. h. mit einer geringen Erzeugungskraft kann eine große Spannkraft ausgeübt werden.

Während beim Schlagkeil unbedingte Selbsthemmung gefordert wird, ist bei den indirekten Keilspannern die Selbsthemmung nicht erwünscht, weil sonst eine zusätzliche Lösekraft für jede Keilspannung benötigt würde. Ausnahmen bilden sehr große Kraftübersetzungen F_{Sp} / F.

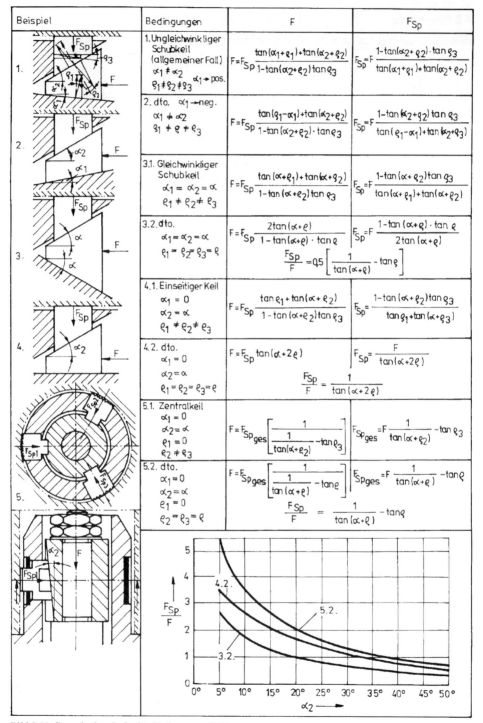

Bild 5.10 Spannkeile – Indirekte Keilspanner [5.2]

5.6.3 Spannexzenter

Einen Spannexzenter erhält man durch außermittige Lagerung einer Kurvenscheibe. Bei einem rotationssymmetrischen Körper entsteht ein Kreisexzenter. Bei Kreisexzentern erhält die zylindrische Scheibe eine exzentrische Bohrung, sie ist deshalb nur noch in einem bestimmten Drehwinkelbereich einsetzbar. Es gibt Druck- und Zugexzenter, beide werden einfach- und doppeltwirkend ausgeführt. Als Werkstoffe werden C15 (einsatzgehärtet) oder C60 (oberflächengehärtet) verwendet. In jedem Fall muß der Spannexzenter selbsthemmend sein.

Mit dem Spannexzenter können relativ große Kräfte erzeugt werden, die benötigte Spannzeit ist klein. Weitere Vorteile sind die geringen Herstellungskosten. Er ist nicht genormt, läßt sich aber ohne großen Aufwand schnell und einfach herstellen.

Die Nachteile liegen in einer geringen Hubhöhe H und den stark veränderlichen Kräften F in Abhängigkeit vom Schwenkwinkel φ. Nur in einem relativ kleinen Schwenkbereich von ca. 60° kann angenäherte konstante Spannkraft angenommen werden.

Spannexzenter dürfen unter keinen Umständen für unterbrochene Schnitte (z. B. nicht für Fräsarbeiten) oder Bearbeitungsverfahren mit periodischen Belastungen eingesetzt werden, da die Gefahr des Lösens bestehen kann!

Die Kräfte und Maße am Spannexzenter zeigt Bild 5.11 a. Die funktionellen Zusammenhänge des Keilwinkels α und der Spannkraft F in Abhängigkeit vom Schwenkwinkel φ gehen aus Bild 5.11 b hervor.

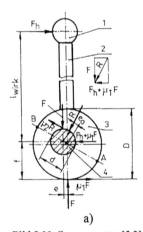
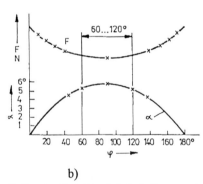

Bild 5.11 *Spannexzenter* [5.2]
a) Kräfte und Maße
(1 Kugelgriff 2 Handhebel 3 Exzenterscheibe 4 Lagerbolzen)
b) Keilwinkel α und Spannkräfte als Funktion des Schwenkwinkel φ

Aus $\sum M = 0$ ergibt sich

$$F \cdot e + f \cdot \mu_1 \cdot F + \left(\frac{d}{2}\right) \cdot \mu_2 \cdot R - F_h \cdot l_{wirk} = 0 \qquad (5.39)$$

Der Einfachheit halber setzt man $R = F$.

Selbsthemmung muß am Exzenter vorhanden sein, damit keine Kraft zum Halten des Bedienhebels benötigt wird.

Zum Lösen des Exzenters wird eine Handkraft F_h' benötigt. Damit ergibt sich

$$F \cdot \left[-e + f \cdot \mu_1 + \left(\frac{d}{2}\right) \cdot \mu_2 \right] = F_h' \cdot l_{wirk} \qquad (5.40)$$

$F_h' \cdot l_{wirk} = 0$, solange der Löseprozeß nicht stattfindet. Dividiert man die Gleichung durch F, so ergibt sich

$$e = f \cdot \mu_1 + \left(\frac{d}{2}\right) \cdot \mu_2 . \qquad (5.41)$$

Da im genannten Fall $\mu_1 = \mu_2 = 0,1$ ist, so wird

$$e = 0,1 \cdot \left[f + \left(\frac{d}{2}\right) \right]. \qquad (5.41a)$$

Unter den Bedingungen sind gegeben, wenn $e = e_0$, $f = \dfrac{D}{2}$ und $d = \left(\dfrac{1}{3}\right) \cdot D$

$$e_0 = 0,0665 \cdot D \leq \frac{D}{15}. \qquad (5.42)$$

Außerdem ergibt sich aus Bild 5.11, daß der Spannexzenter theoretisch nur im Bereich des Bogens AB, also nur im Winkel von 180° spannen kann. Einwandfreies Spannen wird nur garantiert, wenn $F = f(\varphi) \approx$ const ist. Diese Forderung wird eingehalten, wenn der Schwenkwinkel $\varphi = 60°$ bis 120° ist. In diesem Bereich ist der Verlauf der Spannkraftkurve annähernd konstant.

Die Spannkraftgleichung lautet

$$F_{Sp} = \frac{F_h \cdot l_{wirk}}{e_0 + \left(\dfrac{15}{20}\right) \cdot e_0 + \left(\dfrac{5}{20}\right) \cdot e_0} = \frac{F_h \cdot l_{wirk}}{2 \cdot e_0} . \qquad (5.43)$$

Die maximale Hubhöhe im Spannbereich von 60° ist

$$H_{60°} = 2 \cdot e_0 \cdot \sin 30° = e_0 \qquad (5.44)$$

Weitere Berechnungen sind erforderlich für

– Lagerbolzen gegen Biegung und Pressung,
– Breite des Exzenters, um Abplattung und Spannmarkenbildung zu verhindern,
– Griffstangendurchmesser gegen Biegung.

Der Lagerbolzen des Exzenters ist gegen Biegung nachzuweisen:

$$\sigma_{b_{vorh}} = \frac{M_b}{W} = \frac{F \cdot l}{0,4 \cdot d_L^3} \qquad (5.45)$$

l   *Stützlänge zwischen den Exzenterlagerungen in mm*

Bei direkter Berührung von Exzenter und Werkstück ist bei bearbeiteter Spannfläche eine Nachweisrechnung gegen Spannmarkenbildung erforderlich:

$$p_{zul} = 900 \text{ MPA}$$

5.6 Ausführung der Spannelemente

$$p_{vorh} = 0,418 \cdot \sqrt{\frac{2 \cdot F \cdot E}{D \cdot b}} \tag{5.46}$$

Der kleinste Durchmesser der Griffstange $d_{h_{min}}$ ergibt sich aus der Gleichung

$$d_{h_{min}} = \sqrt[3]{\frac{M_b}{0,1 \cdot \sigma_{b_{zul}}}} = \sqrt[3]{\frac{F_h \cdot l_{wirk}}{0,1 \cdot \sigma_{b_{zul}}}} \tag{5.47}$$

Bei $d_{h_{min}} > b$, ist b an $d_{h_{min}}$ anzupassen!

5.6.4 Spannspirale

Sofern man einen Keilwinkel auf den Umfang eines Kreises aufrollt, erhält man eine archimedische oder logarithmische Spannspirale. Die meisten Spannspiralen besitzen eine archimedische Spirale, wie sie Bild 5.12 zeigt. Durch den Steigungswinkel $\alpha = 5°$ ist die Spannspirale immer selbsthemmend. In Bild 5.13 zeigt sich, daß die Spannspirale einen konstanten Steigungswinkel α und demzufolge auch eine konstante Spannkraft F bei gleichem Handmoment unabhängig vom Schwenkwinkel φ hat. Der Mittelpunkt zum Herstellen der Zapfenbohrung wird aus den geometrischen Beziehungen nach Bild 5.13 c gefunden.

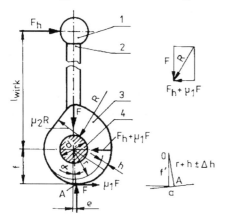

Die Einsatzmöglichkeiten sind größer als beim Spannexzenter, weil ein praktischer Schwenkwinkel φ von 180° (meist im Bereich von 30° bis 210°) ausgenutzt werden kann. Somit wird auch die Hubhöhe größer. Als Werkstoff wird C 15 (einsatzgehärtet) verwendet.

Bild 5.12
Hand- und Spannkräfte an der Spannspirale [5.2]
1 Kugelgriff   2 Handhebel
3 Spiralscheibe   4 Lagerbolzen

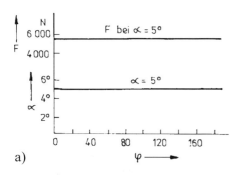

a)

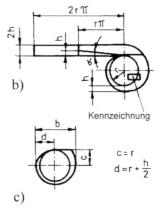

b)

c)

***Bild 5.13** Spannspirale [5.2]*   *a) Keilwinkel α und Spannkraft F in Abhängigkeit vom Schwenkwinkel φ*
b) Konstruktionsmaße   *c) Ermittlung des Mittelpunktes für die Zapfenbohrung*

Die archimedische Spannspirale entsteht, wenn sich ein Punkt P mit gleichbleibender Geschwindigkeit auf einem Strahl $\overline{OA}$ bewegt, der sich seinerseits gleichförmig um den Pol O dreht. Hat der Punkt P auf dem Leitstrahl bei einer Umdrehung von $360° = 2 \cdot \pi$ im Bogenmaß den Weg $\overline{OA} = r_o$ zurückgelegt, so lautet die Polargleichung

$$f' = a \cdot \varphi = \frac{r_o \cdot \varphi}{2 \cdot \pi} = \frac{r_o \cdot \varphi°}{360°} \qquad (5.48)$$

Als Subnormale steht a senkrecht auf $\overline{OA}$. Damit wird

$$\tan \alpha = \frac{a}{r + h \pm \Delta h}$$

$$e = (r + h \pm \Delta h) \cdot \sin \alpha \qquad (5.49)$$

$$f' = (r + h \pm \Delta h) \cdot \cos \alpha. \qquad (5.50)$$

Nach Bild 5.12 ergibt sich aus $\sum M = 0$

$$F \cdot e + \mu_1 \cdot F \cdot f + \mu_2 \cdot R \cdot \left(\frac{d}{2}\right) - F_h \cdot l_{wirk} = 0 \qquad (5.51)$$

Zur Auflösung der Gleichung ist zunächst die Größe der Kraft R zu ermitteln. Aus Bild 5.12 erkennt man

$$R = \sqrt{F^2 + (F_h + \mu_1 \cdot F)^2} \qquad (5.52)$$

Der Wirkungsgrad der Spannspirale ergibt sich aus dem Quotienten von Spannmoment und Handmoment zu $\eta = \dfrac{F \cdot e}{F_h \cdot l_{wirk}}$ und beträgt sowohl bei der Spannspirale als auch beim Spannexzenter $\approx 42\%$. Somit ergibt sich

$$\left(\frac{100}{42}\right) \cdot F_{h_o} = F_h = \left(\frac{100}{42}\right) \cdot F \cdot \left(\frac{e}{l_{wirk}}\right)$$

$$R = \sqrt{F^2 + \left[\left(\frac{100}{42}\right) \cdot F\left(\frac{e}{l_{wirk}}\right) + \mu_1 \cdot F\right]^2} \qquad (5.53)$$

Der Wert in den eckigen Klammern ist sehr klein. Somit ist $R \approx F$. Setzt man $R = F$, wird

$$F = \frac{F_h \cdot l_{wirk}}{e + \mu_1 \cdot f + \mu_2 \cdot \left(\dfrac{d}{2}\right)}. \qquad (5.54)$$

Das Maß f ergibt sich aus Bild 5.14 zu $f = r + h \pm \Delta h$.

Da $\Delta h \rightarrow 0$ geht, genügt es, für $r + h = f$ einzusetzen. Werden Spannspiralen verwendet, sind die Kenngrößen für l_{wirk}, b_{min} und d_h dem Bild 5.13 zu entnehmen. Die Hubhöhe der Spannspirale bei einem möglichen Schwenkwinkel von 180° ergibt sich nach Gleichung (5.55)

$$H_{180°} = 2 \cdot \pi \cdot r \cdot \left(\frac{180°}{360°}\right) \cdot \tan 5° = 0{,}275 \cdot r = h \qquad (5.55)$$

5.6 Ausführung der Spannelemente

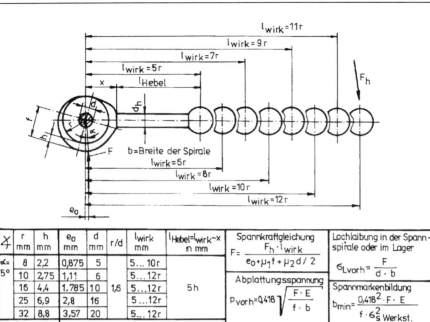

α	r mm	h mm	e_0 mm	d mm	r/d	l_{wirk} mm	$l_{Hebel}=l_{wirk}-x$ in mm	Spannkraftgleichung $F=\dfrac{F_h \cdot l_{wirk}}{e_0+\mu_1 f+\mu_2 d/2}$	Lochlaibung in der Spann- spirale oder im Lager $\sigma_{L\,vorh}=\dfrac{F}{d\cdot b}$
$\alpha=$	8	2,2	0,875	5		5...10r			
5°	10	2,75	1,11	6		5...12r			
	16	4,4	1,785	10	1,6	5...12r	5h	Abplattungsspannung $p_{vorh}=0{,}418\sqrt{\dfrac{F\cdot E}{f\cdot b}}$	Spannmarkenbildung $b_{min}=\dfrac{0{,}418^2\cdot F\cdot E}{f\cdot \sigma_{s\,Werkst.}^2}$
	25	6,9	2,8	16		5...12r			
	32	8,8	3,57	20		5...12r			
$f=r+h$									$F_{Res}\approx F$

Gleichbleibende Bedingungen:
Werkstoff der Spannspirale: C15 eh
Werkstoff des Lagerbolzens: St 50
Werkstoff der Griffstange: St 38 u-2

$\mu_1=\mu_2=0{,}1$; $E=2{,}1\cdot 10^5$ MPa; p_{zul} C15 = 900 MPa;
$\sigma_{L\,zul}=30$ MPa (Spielpassung);
$\sigma_{L\,zul}=180$ MPa (Preßpassung);
$\sigma_{b\,zul}$ St38 = 140 MPa; $\sigma_{b\,zul}$ St50 = 180 MPa

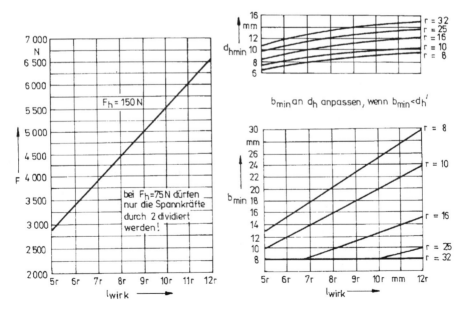

Bild 5.14 *Relationen an der Spannspirale (in Anlehnung an [5.2])*

5.6.5 Kniehebel

Kniehebelspanner sind einfache Gelenkgetriebe entsprechend den Ausführungsformen nach Bild 5.15. Sie werden mit Handkraft betätigt oder in automatisierten Abläufen pneumatisch oder hydraulisch betrieben. Die Kniehebelspanner nach Bild 5.17 sind senkrecht und waagerecht einsetzbar, aber nur selbsthemmend in gestreckter Lage.

Vorteilhaft ist die sehr kurze erforderliche Spannzeit (Schnellspanner). Große Spannkräfte sind bei kleinen Anstellwinkeln nahe der Strecklage zu erreichen. Anstellwinkel α kleiner 5° sollten nicht angewendet werden, damit kein Ausknicken des Kniehebels nach der anderen Seite erfolgen kann. In jedem Fall muß am Spannelement eine Nachstellmöglichkeit vorgesehen werden. Die Anwendung sollte nur bei kleinen Werkstücktoleranzen erfolgen.

Kniehebelspanner werden vielseitig in der Kombination mit elastischen Spannelementen eingesetzt. Damit wird ein Ausgleich großer Werkstücktoleranzen ermöglicht und zugleich vorteilhaft die große Spannkraft und der große Hub des Kniehebels genutzt (Kniehebel als Krafterzeuger, elastisches Spannelement als Kraftspeicher). Auf diese Weise ist die Spannkraft auch ohne Selbsthemmung während der gesamten Bearbeitungszeit vorhanden.

Aus den geometrischen Verhältnissen am Kniehebel nach Bild 5.16 können folgende Beziehungen abgeleitet werden:

$$F_R = \frac{F}{2} \cdot \tan\rho \;; \qquad F_1 = \frac{F}{2 \cdot \tan(\alpha + \beta)} \;; \qquad F_{Sp} = F_1 - F_R \;;$$

Die Spannkraft ergibt sich damit zu

$$F_{Sp} = \frac{F}{2} \cdot \left[\frac{1}{\tan \cdot (\alpha + \beta)} - \tan\rho \right] \tag{5.56}$$

$$\beta = \arcsin \cdot \left(\mu \cdot \frac{D_1 + D_2}{l_1 + l_2} \right) \tag{5.57}$$

D_1, D_2 *Durchmesser der Gelenkbolzen*

l_1, l_2 *Längen der Hebelarme*

β *Reibungswinkel in den Gelenken als* $f(D_1, D_2, l_1, l_2)$

ρ *Reibungswinkel im Spannbolzen*

$\dfrac{F_{Sp}}{F}$ schwankt in Abhängigkeit von β innerhalb eines bestimmten Bereichs, der bei kleinem Stellungswinkel sehr groß und bei großem Stellungswinkel klein ist. Läßt sich β aus der Konstruktion berechnen, dann kann der zutreffende Wert durch Interpolieren gefunden werden. Ist β unbekannt, führt der Größtwert immer zu brauchbaren Ergebnissen. Von Bedeutung ist noch der Hub H. Bei einem Kniehebelsystem nach den Bildern 5.16 c und 5.16 d wird

$$H = 2 \cdot b_{un} - 2 \cdot b_{ob} = 2 \cdot l \cdot (\cos\alpha_{un} - \cos\alpha_{ob}) \tag{5.58}$$

Bei einem ganzen Kniehebelsystem nach den Bildern 5.17 a und 5.17 b entfällt der Hub auf zwei Spannstellen, und es wird $H = H_1 + H_2$

Da aber $H_1 = H_2$ ist, wird

$$H_1 = H_2 = l \cdot (\cos\alpha_{un} - \cos\alpha_{ob}) \tag{5.59}$$

5.6 Ausführung der Spannelemente

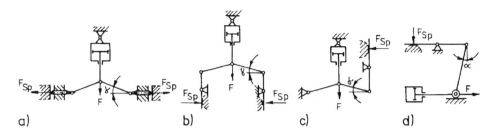

Bild 5.15 Systeme von kombinierten Kniehebelspannern [5.9]
a), b) ganze Kniehebelsysteme   c), d) halbe Kniehebelsysteme

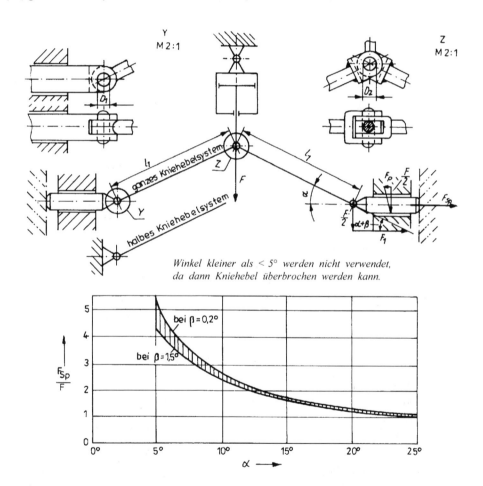

Kraftübersetzungsverhältnis $\dfrac{F_{Sp}}{F}$ in Abhängigkeit vom Anstellwinkel α und Reibungswinkel β

Bild 5.16 Kniehebelspanner [5.2] – Konstruktionshinweise

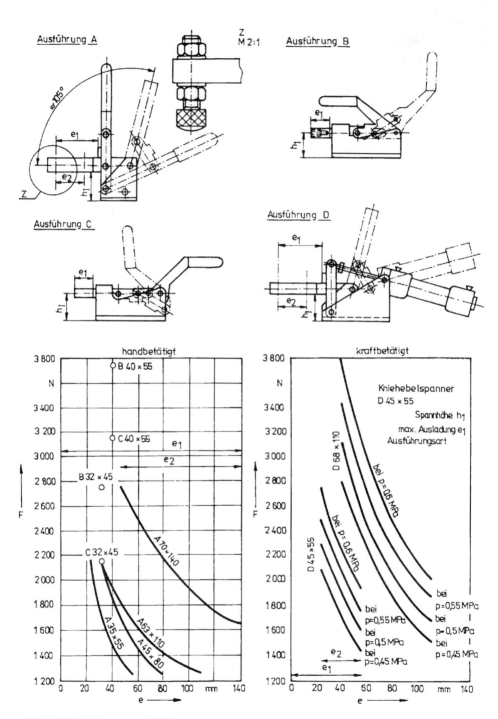

Bild 5.17 *Kniehebelspanner [5.2]*

5.6 Ausführung der Spannelemente 109

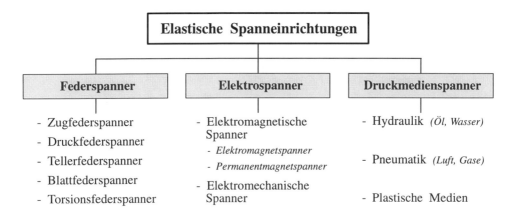

Bild 5.18 *Einteilung elastischer Spanneinrichtungen [5.1]*

5.6.6 Federspanner

Als Federspannner kommen Schrauben-, Teller-, Torsions- oder Blattfedern zur Anwendung. Das Spannen der Werkstücke mit Federkraft wird selten angewendet, da nur geringe Spannkräfte erzeugt werden können.

Die Anwendung erfolgt dann, wenn ein Verziehen des Werkstücks infolge der Spannkräfte ausgeschlossen werden soll. Bild 5.19 zeigt das Spannen eines Werkstückes mit Federkraft. Das Spannelement ist in die Spannklappe einer Vorrichtung eingebaut. Ein Beispiel der Spannung mit Tellerfederpaketen zeigt Bild 5.20.

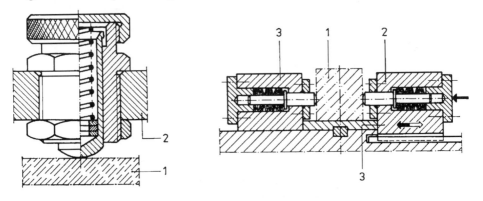

Bild 5.19 *Spannen mit Federkraft [5.10]*
(1 Werkstück; 2 Spannklappe)

Bild 5.20 *Doppelseitiges Spannen mit Federkraft [5.10]*
(1 Werkstück; 2 verstellbare Backe; 3 feste Backe)

Eine besondere Ausführung der Federspannung sind die Spannzangen in Zug- oder Druckausführung nach Bild 5.21. Die Spannzangen sind genormt und federn zum Zwecke des selbsttätigen Öffnens, d. h. der Einbau darf nicht selbsthemmend sein. Die Werkstückspannung erfolgt durch Ziehen der Zange in einen feststehenden Kegel oder durch Schieben eines Kegels über die Spannzange. Spannzangen ermöglichen auch das Spannen während des Laufes der Maschine! Somit lassen sich kurze Spannzeiten erzielen. Als Schnittdarstellung wurden die Berührungszonen vor dem Spannen in Bild 5.21 dargestellt.

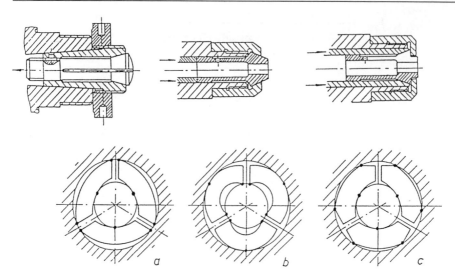

Bild 5.21 Spannzangenausführungen und Spannzonen am Werkstück [5.9]
a) Werkstück-Ø < Spannzangen-Ø   b) Werkstück-Ø > Spannzangen-Ø   c) Zangenkantenabflachung

Beim Spannen des Werkstücks durch Ziehen entsteht beim Arbeiten ohne Anschlag eine Längenabwicklung *(siehe Bild 5.22)*. Die Berechnung erfolgt nach Gleichung *(5.60)*.

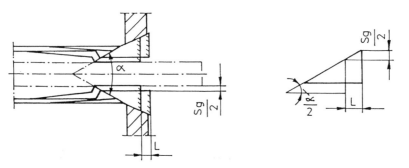

Bild 5.22 Veränderung der Werkstücklage beim Arbeiten ohne Anschlag [5.2]   (Sg - Größtspiel)

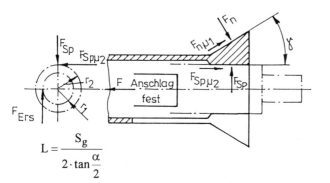

Die Kräfte am Werkstück und an der Spannzange sind im Bild 5.23 dargestellt.

Bild 5.23
Kräfte und Momente an der Spannzange [5.2]

$$L = \frac{S_g}{2 \cdot \tan\frac{\alpha}{2}} \qquad (5.60)$$

Mit Anschlagen des Werkstückes berechnet sich die Spannkraft nach Gleichung (5.61)

5.6 Ausführung der Spannelemente

$$F_{Sp} = \frac{F}{\tan\left(\frac{\alpha}{2}+\rho_1\right) + \tan\cdot\rho_2}. \qquad (5.61)$$

$\rho_{1,2}$ *Reibungswinkel*

Ohne Werkstückanschlag entfällt die Reibung zwischen Werkstück und Spannzange. Es gilt:

$$F_{Sp} = \frac{F}{\tan\cdot\left(\frac{\alpha}{2}+\rho_1\right)} \qquad (5.62)$$

Die mögliche Ersatzkraft ist nach Bild 5.23

$$F_{Ers} = \frac{F_{Sp}\cdot\mu_2\cdot r_2}{r_1} \qquad (5.63)$$

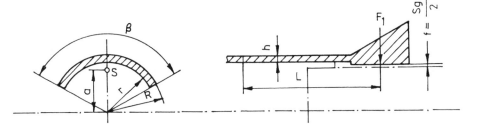

Bild 5.24 *Geometrische Abmessungen und Kräfte an einer Spannzange [5.2]*

Betrachtet man das Zangensegment als einseitig eingespannten Träger, so gilt *(Bild 5.24)*

$$F_1 = \frac{3\cdot E\cdot J\cdot f}{L^3} \qquad (5.64)$$

F_1 *Kraft zum Durchbiegen eines Zangensegments*
E   *Elastizitätsmodul des Zangenwerkstoffes*
J   *Trägheitsmoment (äquatorial) eines Segmentes.*
L   *Segmentlänge vom Schlitzende bis Kegelmitte*
f   *Durchbiegung des Segments (halbes Spiel zwischen Werkstück und Zangenbohrung)*

5.6.7 Elektrospanner

Die Elektrospanner sind *elektromagnetische* oder *elektromechanische* Spanner.

5.6.7.1 Elektromagnetische Spanner

Elektromagnetische Spanner werden in Normalpoltechnik als Magnetspannplatten und in Quadratpoltechnik als flexible Spannzeuge angeboten.

Magnetspannplatten

Magnetspannplatten können nur zum Spannen magnetisierbarer Werkstücke verwendet werden, wenn parallele Flächen erzeugt werden sollen. Ihr Einsatz erfolgt auf Schleif-, Fräs-, Hobel- und Drehmaschinen. Zur Anwendung kommen Elektromagnet- und Permanentmagnetspannplatten.

Elektromagnetspannplatten benötigen einen Gleichstromanschluß sowie besondere Schalter, die vor dem Stromabschalten kurzzeitig die Stromrichtung umkehren und dadurch die Werkstücke weitestgehend entmagnetisieren. So lassen sich die Werkstücke leichter abheben, und Späne haften nicht mehr so fest daran. Bild 5.25 zeigt den prinzipiellen Aufbau eines Elekromagnetspanners.

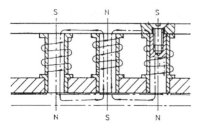

Bild 5.25 Elektromagnetspannplatte [5.2]
(Schematische Darstellung)

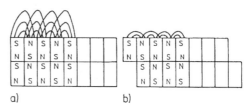

Bild 5.26 Permanentmagnetspannplatten [5.2]
(Wirkungsweise)

Die Wirkungsweise der *Permanentmagnetspannplatten* geht aus Bild 5.26 hervor. Es wird keine Stromquelle und keine elektrische Installation benötigt. Der Spanndruck beträgt etwa 0,075 MPa. Das Verschieben erfolgt durch Schwenken eines Hebels, der eine Exzenterwelle dreht. Dadurch wird das Unterteil um eine Polteilung verschoben, um die Magnetkraftlinien stark zu schwächen. Für kleine Werkstücke wählt man zweckmäßig eine kleine Polteilung.

Vorwiegend werden Magnetspannplatten für leichte Spanungsarbeiten eingesetzt, z. B. zum Schleifen. Es können auch größere Bearbeitungskräfte aufgenommen werden, wie beispielsweise bei Fräsarbeiten. Für schwere Schnitte werden Stützkörper empfohlen.

Die Spannkraft bzw. Haftkraft ergibt sich zu

$$F_{Sp} = \left(\frac{B}{0,5}\right)^2 \cdot A \qquad (5.65)$$

F_{Sp} Spannkraft, Haftkraft in N
B magnetische Induktion in T
A Spannfläche des Werkstückes in cm²

Die so ermittelte Haftkraft F_{Sp} wird von folgenden Faktoren beeinflußt:
- von der magnetischen Leitfähigkeit der Werkstücks
- von der Oberflächenrauhigkeit des Werkstücks (Luftspalt)
- vom Grad der Belegung der Spannplatte
- vom Verhältnis der Polteilung zur Werkstückgröße
- von der Größe des Werkstückquerschnittes

Quadratpoltechnik

Ein sicheres Spannen ermöglicht die Quadratpoltechnik. Es handelt sich hierbei um eine Kombination von Permanent- und Elektromagneten, ausgelegt in einem geometrisch optimalen Netzwerk (z. B. Quadrat). Derartige Spanneinrichtungen können als Spannplatte, Spannwinkel oder Spannwürfel gestaltet werden. Einen prinzipiell möglichen Aufbau zeigt Bild 5.27. Für den flexiblen Einsatz können mobile Polverlängerungen zum automatischen Unterfüttern der Werkstücke *(Bild 5.27 b)* eingesetzt werden. Dadurch kommt es zur sicheren Aufspannung und zu keinem Verspannen der Werkstücke.

5.6 Ausführung der Spannelemente

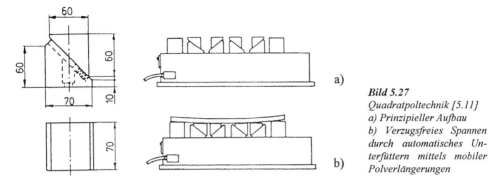

Bild 5.27
Quadratpoltechnik [5.11]
a) Prinzipieller Aufbau
b) Verzugsfreies Spannen durch automatisches Unterfüttern mittels mobiler Polverlängerungen

Vorteile der Quadratpoltechnik:
- Sicherheit durch lageunabhängige Vorspannkraft
- niedrige Betriebskosten
- kürzeste Rüstzeit
- gute Zugänglichkeit des Werkstücks
- höhere Auslastung
- konzentrierte Spannkraft
- vernetzte Kraftlinien
- kein Restmagnetismus

5.6.7.2 Elektromechanische Spanner

Der Einsatz elektromechanischer Spanner hat den Vorteil, daß nur eine Energieform und nur ein Leitungssystem im Betrieb benötigt werden. Es werden Systeme elektrischer Spanntriebe angeboten, die sich sowohl für die Werkstück- als auch für die Werkzeugspannung eignen. Sie bestehen aus folgenden Baueinheiten, die einzeln oder kombiniert angewendet werden können:

1. Spannantrieb, mit oder ohne Schleifringstromzuführung, zum Antrieb von Spannvorrichtungen und Spannfuttern auf Drehmaschinen, Mehrspindelautomaten sowie zum Antrieb von Fräseranzugstangen;

2. Kuppeleinrichtung, welche die Spanneinheit von der Werkzeugmaschine trennt;

3. Zwischengetriebe zur Gewährleistung eines bestimmten Werkstoffdurchlasses;

4. Hubumlenkung zur Betätigung von Kraftspannfuttern mit Keil- bzw. Winkelhebelsystemen sowie Spannzangen und Spanndornen.

5.6.8 Druckmedienspanner

5.6.8.1 Pneumatische Spanner

Im Vorrichtungsbau erfolgt die Abgrenzung der Pneumatik und der Ölhydraulik über die Größe der Kraft *(siehe Bild 5.28)*.

Aufbau eines Pneumatik-Spannsystems

Ähnlich wie Hydraulik-Systeme bestehen Pneumatiksysteme aus Zufuhr, Wasserabscheider, Zylinder, Spannelementen und der Steuerung. Aus dem Diagramm nach Bild 5.28 sind neben den Grenzen auch die Zylinderdurchmesser bestimmbar.

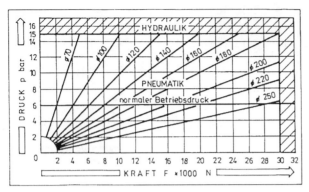

Diese Durchmessergrößen haben direkten Einfluß auf die Größe der Vorrichtung und damit auf wirtschaftliche Gesichtspunkte.

Bild 5.28
Abgrenzung der Anwendung der Pneumatik (Spannkraft und Zylinderdurchmesser) im Vorrichtungsbau [5.10]

Der Einsatz der Pneumatik im Vorrichtungsbau bietet folgende *Vorteile*:

- Druckluft ist in den meisten Betrieben in Form einer Ringleitung vorhanden; sie ist auf einfache Art verteilbar und benötigt keine Rückleitungen;
- einfache Bedienung und Wartung; temperaturunabhängig und feuchtigkeitsunabhängig; betriebssicher, da kaum reparaturbedürftige Bauelemente, kein schlagartiger Ausfall, so daß Reparaturen in die Stillstandszeit gelegt werden können; geringe Unfallgefahr, z. B. bei Bruch einer Leitung;
- Gute Eignung zum Spannen von Werkstücken; bei 6 bar Betriebsdruck können 30.000 N Spannkraft erreicht werden; einfache Energiespeicherung in einfachen Druckbehältern; keine Alterung des Energieträgers;
- hohe Steuergeschwindigkeit (40 ... 70 m/s) und kurze Schaltzeiten (< 10 ms), hohe Schaltfrequenz (> 50 Hz) möglich; hohe Lebensdauer (bei 10^6 bis 10^8 Schaltspielen); stufenlose Regulierung der Geschwindigkeiten und Kräfte; großer Kolbengeschwindigkeitsbereich (0,3 ... 150 m/min und bei Schlagzylindern: bis 7m/s); großer Kolbenarbeitshub (Hublänge bis 2.000 mm);
- einfache Erzeugung von geradlinigen und drehenden Bewegungen; Kräften und Drehmomenten (Druckluftmotoren);
- großer Anwendungsbereich; handelsübliche Bauteile (im Baukastensystem montierbar); einfache Teilvorgänge (Teiltische und -einrichtungen).

Bei Anwendung von Pneumatik sollten auch die *Nachteile* in Erwägung gezogen werden:

- große Zylinderdurchmesser infolge des geringen Betriebsdrucks;
- großer Luftverbrauch und Lärm durch die ausströmende Luft;
- mit Pneumatikzylindern können keine genauen Bewegungen ausgeführt werden, ausgenommen sind aufwendige und somit kostenaufwendige Steuerungen;
- lastabhängiger Geschwindigkeitsverlauf bedingt durch die Kompressibilität der Luft.

Die Grundarten pneumatischer *Steuerungen* sind:

- direkte Steuerung
- indirekte Steuerung
- teilautomatische Steuerung
- vollautomatische Steuerung

Die *direkte Steuerung* wird durch manuelle Betätigung eines Steuerelementes realisiert. Bei der *indirekten Steuerung* erfolgt die Steuerung zwangsweise z. B. durch Anfahren eines Steuerelementes. Bei der *teilautomatisierten Steuerung* wird das Startsignal manuell ausgelöst, aber der Vorgang nach Weg oder Zeit selbständig abgebrochen.

5.6 Ausführung der Spannelemente

Spannkrafterzeugung	Merkmale	Prinzip
Einfachwirkender Zylinder	- mit Rückholfeder - einseitig beaufschlagt	
Doppeltwirkende Zylinder mit einseitiger Kolbenstange	- doppelseitig beaufschlagt Rücklaufkraft < Vorlaufkraft	
mit durchgehender Kolbenstange	Rücklaufkraft = Vorlaufkraft	
Mehrstellungszylinder	- mehrere gekoppelte Zylinder, dadurch mehrere definierte Stellungen	
Tandemzylinder	- zwei oder mehrere Zylinder, Erhöhung der Spannkraft	
Zylinder mit Drehantrieb	- Umwandeln der Geradbewegung der Kolbenstange in eine Schwenkbewegung	

Druckluftdosen
Kurzhub-Druckluftdosen
Mittelhub-Druckluftdosen
	- mit Membran
	- Spannkraft ≤ 3 000 N
	  Hub: 50 ... 85 mm
	- Spannkraft ≤ 4 200 N
	  Hub: 100 ... 150 mm	

Pneumatik-Spannelemente	- kleine Zylinder, mit Spanneisen verbunden	
Umlaufender Pneumatikzylinder für Werkzeugmaschinen	- mit Zugstange kann Spannfutter betätigt werden	

Tabelle 5.6 Pneumatikzylinder und pneumatische Spannelemente

Die *vollautomatische Steuerung* läuft zyklisch ab nach manuell ausgelöstem Startsignal bis zum Endsignal.

An Vorrichtungen werden zur Erhöhung der Arbeitssicherheit pneumatische Zweihand-Sicherheitssteuerungen eingesetzt. Weiterhin werden insbesondere bei Schnellspannern Sicherheitsschaltungen und Endlagenmeldeeinrichtungen verwendet.

Lösung pneumatischer Steuerungsaufgaben nach folgenden Schritten :

1. Festlegung der Steueraufgabe;
2. Größe der Spann-, Stütz- und Bewegungskräfte; Anzahl der Spann- und Stützstellen; Art der Spann- und Stützelemente;
3. Hublänge der Spann- und Stützzylinder, Hublänge der Werkstückbewegungszylinder; Arbeitsgeschwindigkeit der Zylinder; Schaltreihenfolge;
4. Befestigungsmöglichkeiten; Notwendigkeit der Luftpufferung; Auswahl der Steuerventile; Sicherheitsmaßnahmen;
5. Schaltplangestaltung mit Erstellung des Bewegungsdiagramms (Weg-Schritt-Folge) und des Schaltplanes (Sinnbilder nach DIN 24300, Darstellung nach VDI 3226)

5.6.8.2 Hydraulische Spanner

Zur hydrostatischen Druckerzeugung wird heute vorwiegend Hydrauliköl benutzt. Wasserhydraulische Anlagen kommen nur unter sehr spezifischen Bedingungen zur Anwendung. Sehr viele Bauelemente der Ölhydraulik sind genormt und stehen dem Anwender als erprobte und betriebssichere Bauelemente zur Verfügung. Mit Hilfe der Ölhydraulik lassen sich Drücke bis zu 32 MPa mit Standardgeräten verwirklichen. Man kann aufgrund der hohen Drücke auch mit kleinen Spannzylindern große Spannkräfte erzeugen.

Für Vorrichtungen mit großen Kräften und engem Bauraum bietet sich der ölhydraulische Hochdruckantrieb als günstige Lösung an. Mit dieser Ölhydraulik können Spann-, Montage- und Prüfvorrichtungen rationell betrieben werden.

Vorteile der Ölhydraulik

- In der Regel werden Einzeldruckerzeuger eingesetzt, d. h. der Druckerzeuger benötigt nur einen Elektroanschluß. Bei Einzeleinsatz (Nacht) niedrige Betriebskosten;
- Hoher Betriebsdruck (bis 700 bar) verursacht geringe Maße der Druckzylinder. Kolbendruckkraft bis 700.000 N;
- Die Betätigung aller Spannstellen erfolgt zentral von einer Stelle aus. Genaue Spannkraftregulierung ; stufenlose Regulierung der Geschwindigkeit und Kraft;
- keine Lärmbelästigung; gute Schwingungsdämpfung;
- keine Schmierung notwendig; durch Ölbetrieb keine Korrosionsgefahr, Leckagen werden sofort sichtbar und können behoben werden.
- Durch Baukastensystem sind die Bauelemente beliebig austauschbar; Bauteile sind wiederverwendbar.
- elastisches Spannen; günstiges Spannen von Werkstücken mit großen Maßabweichungen

Nachteile der Ölhydraulik:

- hohe Anschaffungskosten für Druckerzeuger und Anlage wegen hoher Betriebsdrücke;
- Platzbedarf für Hydraulikaggregat. Jede Vorrichtung braucht einen Öldruckerzeuger.
- Das Öl muß in Rückführleitungen zum Aggregat zurückgeführt werden.
- Öl ist brennbar. Bei Leckagen Unfallgefahr (Rutschgefahr, Feuer- bzw. Explosionsgefahr);
- Öl altert. Nach ca. 1000 Betriebsstunden erneuern, Leitungen reinigen

5.6 Ausführung der Spannelemente

Aufbau eines Hydraulik-Spannsystems

Ein Hydrauliksystem für Spannvorrichtungen besteht aus:
1. Spannzylinder
2. Antriebsaggregat
3. Systemanschluß, bestehend aus Pumpe, Schläuchen oder Rohren, Manometer, Verschraubungen und sonstigem Zubehör

Der Aufbau eines solchen Systems erfordert folgende Maßnahmen:
- Auswahl der Zylindertypen;
- Auswahl von Kräften, Hüben und Funktionsweisen der Zylinder;
- Wahl des Antriebsaggregates;
- Gestaltung des Systemanschlusses.

Als Spannzylinder kommen folgende 6 Arten zur Anwendung:

1. Ausricht- und Spannzylinder (Hub: 5 ··· 25 mm)
Diese Zylinder sind zum Spannen, Positionieren und Auswerfen von Werkstücken geeignet. Man unterscheidet einfach- und doppeltwirkende Zylinder. Der Rückzug kann über Federn oder hydraulisch erfolgen. Für schnellen Rückzug sind doppeltwirkende Zylinder einzusetzen. Die eingesetzten Kolbenabschleifringe erlauben einen langen störungsfreien Betrieb.

2. Schwenkspannzylinder (Hub 5 ··· 8 mm)
Hierbei kann der Spannarm um 90° schwenken und dann gespannt und gesichert werden. Der Hydraulikaufbau entspricht dem Ausricht- und Spannzylinder. Den Spannarm kann man unterschiedlich gestalten und montieren (siehe Bild 5.29).

3. Zugzylinder (Hub: 21 ··· 42 mm)
Diese Zylinder sind in jeder Lage einsetzbar und bringen erhebliche Zugkräfte (bis 46 kN) auf. Sie besitzen ein voll einschraubbares Zylindergehäuse.

4. Federspannzylinder (Hub 2,2 mm)
Durch eingebaute Tellerfedern werden große Spannkräfte erreicht; das Lösen erfolgt durch Hydraulikdruck. Sie dienen zum Spannen und Sichern von Werkzeugschlitten, Reitstöcken, Werkzeugen usw. Diese Spanner haben Hohlkolbenkonstruktion und ein voll einschraubbares Zylindergehäuse.

5. Blockzylinder (Hub 25 ··· 50 mm)
Der blockförmige Aufbau erlaubt den Einbau in horizontaler und vertikaler Lage und kann zum Ausrichten, Spannen, Verschieben und Drücken eingesetzt werden. Die Kolben sind einfach wirkend mit Federrückzug. Das Gehäuse (Block) besitzt genormte Befestigungsbohrungen, und dies ermöglicht den Einsatz u.a. in Vorrichtungsbaukästen.

6. Abstützzylinder (Hub 8 mm)
Sie werden nach dem Spannen herangefahren und sollen bei der Bearbeitung am Werkstück Vibrationen und Verformungen vermeiden.

Antriebsaggregate

Es geht hierbei um Hydraulikpumpen nach dem Baukastenprinzip. Zur Anwendung kommen:
- Hand- und Fußhebelkolbenpumpen
- elektrohydraulische Pumpen
- lufthydraulische Pumpen

Als Ventilarten kommen die nach Tabelle 5.7 zum Einsatz:

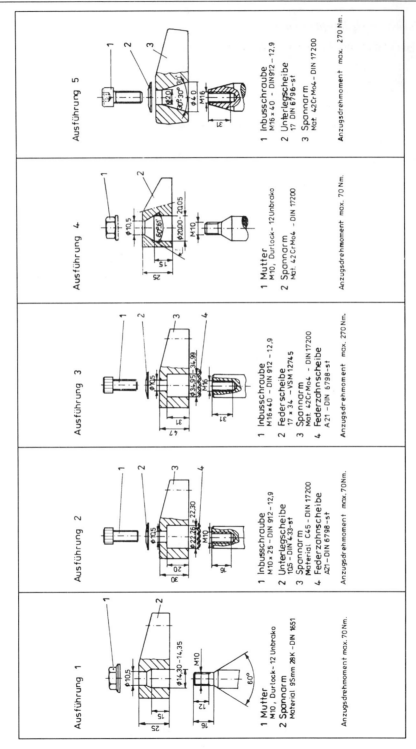

Bild 5.29 Montage von Spannarmen für Spannzylinder

5.6 Ausführung der Spannelemente

Berechnungen

Die *Druckkraft des Zylinders* F_D errechnet sich nach Gleichung (5.66)

$$F_D = A_K \cdot p \qquad (5.66)$$

F_D *Druckkraft des Zylinders in kN*
A_K *wirksame Kolbenfläche in cm²*
p   *hydraulischer Arbeitsdruck in bar*

Das *Ölvolumen des Zylinders* nach Gleichung (5.67)

$$V_Z = A_K \cdot h_Z \qquad (5.67)$$

A_K *wirksame Kolbenfläche in cm²*
h_Z *Zylinderhub in cm*
V_Z *Ölvolumen des Zylinders in cm³*

Bezeichnung	Bedienart /Bemerkung	max. Betriebsdruck
Wegeventil	handbetätigt	500 bar
Wegeventil	mechanisch	500 bar
Wegeventil	handbetätigt; einfach- und doppeltwirk.	500 bar
Wegeventil	elektrisch betätigt	500 bar
Hochdruck-Absperrventil		500 bar
Drosselrückschlagventil		300/500 bar
Rückschlagventil	hydraulisch entsperrbar	500 bar
Druckbegrenzungsventil		500 bar
Druckregelsitzventil		500 bar
Schließventil, druckabhäng.	leckölfrei	500 bar
Zuschaltventil	mit Rückschlagventil	500 bar

Tabelle 5.7 Ventilarten

Die Anzahl der pro Pumpe zu betreibenden Zylinderzahl z_Z

$$z_Z = \frac{V_{P_{nutz}}}{V_Z} \qquad (5.68)$$

$V_{P_{nutz}}$ *Nutzbares Ölvolumen der Pumpe in cm³*
V_Z *Ölvolumen des Zylinders in cm³*
z_Z *Anzahl der pro Pumpe zu betreibenden Zylinder*

Ermittlung der Spannkraft F_{Sp}

Die erforderliche Spannkraft F_{Sp} ist abhängig von der Antriebsleistung P und der Schnittgeschwindigkeit v der Werkzeugmaschine

$$F_{Sp} = \frac{p \cdot \eta \cdot 60}{\mu \cdot v} \quad \text{in kN} \qquad (5.69)$$

P   *Antriebsleistung in kW*
v   *Schnittgeschwindigkeit in m/min*
η   *Wirkungsgrad des Maschinenantriebes η=0,75*
μ   *Haftreibungsfaktor zwischen Maschinentisch und Werkstück*

Material Reibungspartner	Haftreibungswert μ_0	
	trocken	geschmiert
Guß auf Guß	0,3	0,19
Guß auf Stahl	0,19	0,10
Stahl auf Stahl	0,15	0,12

Tabelle 5.8 Haftreibungswerte μ_0

Beispiel: Gesucht F_{Sp},
gegeben: Guß auf Stahl,
$\mu_0 = 0,19$

P = 4 kW; v = 30 m/min

Lösung nach Gl. (5.69):

$$F_{Sp} = \frac{4 \cdot 0,75 \cdot 60}{0,19 \cdot 30} = \underline{30 \text{ kN}}$$

Systemanschluß

Alle Hydraulikzylinder lassen sich einzeln mechanisch verriegeln, aber auch ein System läßt sich an der automatischen Kupplung verriegeln.

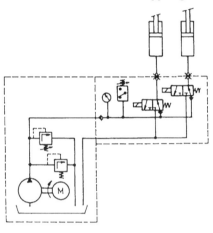

Hydraulik-Schaltplan

Für jedes Hydraulik-System ist ein Schaltplan erforderlich. Einen solchen Hydraulik-Schaltplan für zwei unabhängig einfachwirkende Zylinder zeigt Bild 5.30.

Bild 5.30
Hydraulik–Schaltplan für zwei unabhängig arbeitende einfachwirkende Zylinder [5.12]

Elektro-Schaltplan

Für den Ablauf der Steuerspannung (24 Volt) sind Schaltpläne erforderlich. Bild 5.31 zeigt einen Elektroschaltplan für zwei unabhängig arbeitende einfachwirkende Zylinder.

Bild 5.31
Schaltplan für zwei unabhängig arbeitende einfachwirkende Zylinder [5.12]

Automatisches Kupplungssystem

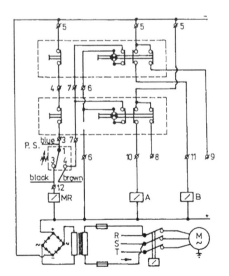

Die Wirtschaftlichkeit flexibler Fertigungssysteme und die Qualität der Werkstücke werden durch hydraulisch betätigte Vorrichtungen erhöht. Für flexible Fertigungen sind Spannsysteme erforderlich, die über eine Hydraulikkupplung am Spannplatz z. B. automatisch betätigt werden. Hierfür gibt es Kupplungssysteme *(siehe Bild 5.32)*. Sie bestehen beispielsweise aus Kupplungsnippelaufnahmen und einer automatischen Kupplungseinheit mit induktiver Stellungskontrolle.

5.6 Ausführung der Spannelemente 121

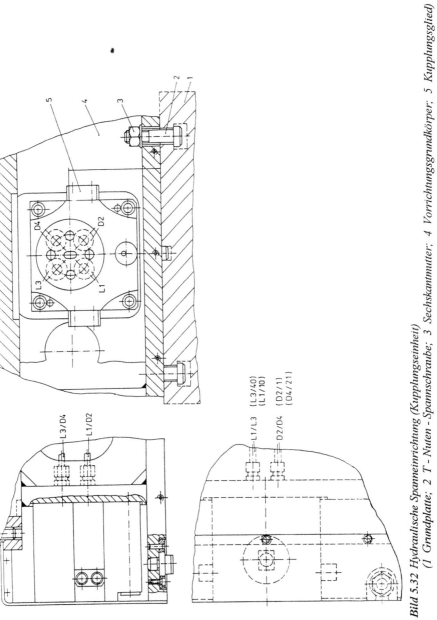

Bild 5.32 Hydraulische Spanneinrichtung (Kupplungseinheit)
(1 Grundplatte; 2 T - Nuten - Spannschraube; 3 Sechskantmutter; 4 Vorrichtungsgrundkörper; 5 Kupplungsglied)

Die Drucküberwachung auf abgekuppelten Geräten kann durch Überwachung mit Kontrollzylinder oder durch drahtlose Drucküberwachung erfolgen. Ein nachträgliches Aufrüsten mit Geräten zur Drucküberwachung ist möglich.

Zur Überwachung mit Kontrollzylinder gibt es 3 Lösungen:

a) Ein federbeaufschlagter Kontrollzylinder wird mittels Signalschalter vor dem Einlauf in die Bearbeitungsmaschine abgefragt.
b) Der Kontrollzylinder wird während der Bearbeitung im Intervall durch einen Meßtaster abgefragt.
c) Die Palette wird im Bearbeitungsraum, z. B. während eines Werkzeugwechsels, in eine bestimme Position gefahren, in welcher der Kontrollzylinder mit einem dort installierten Endschalter abgefragt wird.

Drahtlose Drucküberwachung

Durch einen elektrohydraulischen Druckschalter wird bei einem Druckabfall von ca. 10 % im Hydrauliksystem von einem Sender ein Signal an einen Empfänger gegeben. Mit diesem Signal kann eine optische oder akustische Anzeige ausgelöst bzw. die Maschinen abgeschaltet werden. Die hydraulische Spannung arbeitet mit einem Arbeitsdruck von 16 MPa und wird pneumatisch oder elektrisch betätigt.
Ein Einbaubeispiel eines Spannzylinders zeigt Bild 5.33.

Vorteile der Hydraulik–Technik:

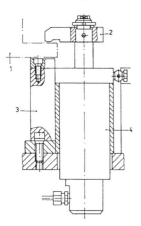

- kurze Spannzeiten (1s) und hohe Spannkräfte (3 bis 50 kN); gleichbleibende Spannkräfte
- gute Voraussetzungen für die Automatisierung von Spannprozessen
- hoher Sicherheitsgrad
- geringe Antriebsenergie, da der Druckstromerzeuger im Abschaltprinzip arbeitet

Ein wesentlicher Nachteil sind die höheren Ausführungskosten, aber andererseits hat das System eine größere Flexibilität.

Bild 5.33
Einbaubeispiel eines Spannzylinders
(1 Werkstück; 2 Spanneisen; 3 Vorrichtung; 4 Spannzylinder)

- stufenlos einstellbarer Hydraulikdruck   6,3 bis 16 MPa.
- Fördermenge: 3500 cm³/min
- Ölvolumen: 12000 cm³/min
- ausnutzbares Ölvolumen: 8000 cm³/min

5.6.8.3 Spannen mit Pneumo-Hydraulik

Aufbau eines Pneumo-Hydraulik-Systems
Ein solches System besteht aus folgenden Bauelementen
- Druckerzeuger
- Druckübersetzer
- druckluftbetriebene Hochdruck-Hydraulikpumpe
- pneumatisch-hydraulische Vorschubeinheit
- Druckmittelwandler (setzen einen Luftdruck in einen Öldruck um).

5.6 Ausführung der Spannelemente

Es gibt 2 Arten von Druckmittelwandlern:
1. Luftdruck wird ohne Widerstand (Trennung) in einen hydraulischen Druck umgewandelt. Hierbei kann nur senkrecht gearbeitet werden, d. h. der Luftdruck ist immer oben.
2. Beaufschlagung einer Membrane oder eines Kolbens, welche das Öl über eine Drossel zum Arbeitszylinder verdrängt *(Bild 5.34)*

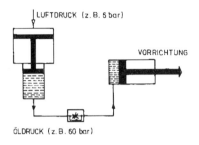

Steuerung

Die Steuerung eines pneumatisch-hydraulischen Druckübersetzers zeigt Bild 5.34. Hierin sind alle am System beteiligten Elemente sowie mögliche Einsatzvarianten der Spanneinrichtungen dargestellt.

Bild 5.34
Funktion eines pneumatisch-hydraulischen Druckübersetzers [5.10] Der Luftdruck von 6 bar wird in Öldruck von z. B. 60 bar umgewandelt.

Druckübersetzer
Mit einem niedrigen Luftdruck läßt sich ein hoher Öldruck durch konstruktive Gestaltung der Kolben erreichen. In die Druckluftzuleitung wird ein Rückschlagventil eingebaut, damit bei Druckabfall in der Luftleitung der Öldruck erhalten bleibt (sehr wichtig im Vorrichtungsbau). Durch ein eingebautes Druckminderungventil läßt sich der Luftdruck zusätzlich regeln. Die Druckverhältnisse sind aus dem Diagramm nach Bild 5.35 zu entnehmen.

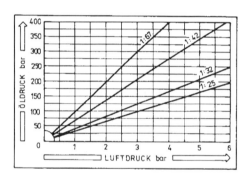

Bild 5.35
Diagramm zur Ermittlung des hydraulischen Drucks (sekundär) in Abhängigkeit des Übersetzungsverhältnisses und des Luftdruckes (primär) [5.10]

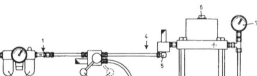
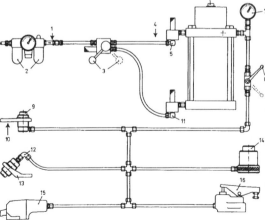

Bild 5.36
Steuerung eines pneumatisch-hydraulischen Druckübersetzers [5.10]
1 Rückschlagventil;
2 Wartungseinheit;
3 Vierwegeventil mit Schalldämpfer;
4 nur erforderlich bei doppelwirkendem Betrieb;
5 Schnellentlüfter mit Schnelldämpfer;
6 Druckübersetzer;
7 Manometer;
8 Absperrhahn;
9 Einschraubzylinder;
10 Montagesockel 180°;
11 Schnellentlüfter mit Schalldämpfer;
12 Einschraubzylinder;
13 Montagesockel 45;°
14 Hohlkolbenzylinder;
15 Spannklaue;
16 Schwenkspanner;

5.6.8.4 Spannen mit plastischen Massen

Plastische Medien sind solche, deren Aggregatzustand bei Raumtemperatur zwischen fest und flüssig liegt. Für Spannvorrichtungen müssen diese Druckmedien folgende Eigenschaften haben:

- Ihr innerer Widerstand gegen Verformung darf nur sehr klein sein, damit nur geringe Verformungsarbeit erforderlich ist.
- Um störungsfreies Arbeiten zu gewährleisten, darf das Medium nicht zu Lufteinschlüssen neigen.
- Das Medium darf bei Temperaturschwankungen seine Eigenschaften im Temperaturbereich von 5° bis 60° C nicht ändern.
- Das Medium darf Metalle und Dichtungswerkstoffe chemisch und physikalisch nicht angreifen.
- Am besten haben sich Druckübertragungsmedien auf Polyplastbasis bewährt. Dieses Medium hat ein gallertartiges Aussehen und Verhalten und nur ein geringes Adhäsionsvermögen gegenüber Metallen.

Anwendungsgebiet der Vorrichtungen mit plastischen Medien

Mit Drucköl und Druckluft kann man im Prinzip die gleichen Probleme lösen wie mit plastischen Medien. Der Vorteil der Vorrichtungen mit plastischen Medien liegt in der Unabhängigkeit von Druckerzeugungsanlagen, wie Ölpumpe oder Verdichter. Überall dort, wo diese Anlagen nicht vorhanden sind oder ihr Einsatz nicht möglich ist, kann man Vorrichtungen mit plastischen Medien sinnvoll anwenden.

Konstruktionsrichtlinien

Das Druckgehäuse ist aus einem Stück zu fertigen. Bei geschraubten und geschweißten Grundkörpern treten aufgrund der hohen Drücke leicht Leckverluste auf.

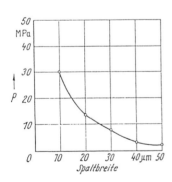

Wichtig ist, daß die Luft aus den Kanälen beim Füllvorgang restlos entweichen kann. Gegebenenfalls sind Entlüftungslöcher vorzusehen. Bei der Anwendung von Polyplasten als Druckmedien gilt das Diagramm nach Bild 5.37 für die Ausbildung des Spiels zwischen Kolben und Zylinder, Bild 5.38 für Druckkolben.

Es können mit einer Passung H7/g6 je nach vorhandener Spaltbreite Drücke bis zu 30 MPa im Medium zugelassen werden.

Bild 5.37
Abhängigkeit des Mediendrucks von der Spaltbreite für Kolbenabdichtungen [5.9]

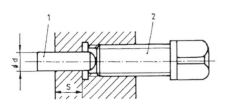

Plastische Massen eignen sich am besten für Ausgleichsspanner sowie Dehndorne und Dehnhülsen.

Bild 5.38
Zweckmäßige Ausbildung von Druckkolben und Druckschraube [5.2]
1 Kolben (s=2d);
2 Druckschraube;

5.6 Ausführung der Spannelemente

Aufbau von Ausgleichsspannern mit Druckübertragungsmedien

Die Ausgleichsspannung mit plastischen Medien kann man sehr vielseitig anwenden. Sie ist gegenüber mechanischen Systemen *(siehe Bild 5.39)* viel einfacher im Aufbau. Analoges gilt für Mehrfach-Spannvorrichtungen.

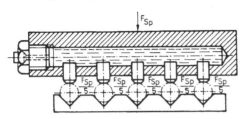

Bild 5.39
Ausgleichsspanner mit plastischem Medium [5.2]

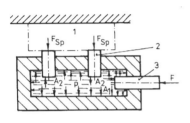

Analoges gilt für Mehrfach-Spannvorrichtungen *(Bild 5.40)*.

Für das Messen des Betriebsdrucks können Manometer eingesetzt werden.

Bild 5.40
Mehrfachspannvorrichtung mit plastischem Medium [5.2]
(1 Werkstück; 2 Spannkolben; 3 Druckkolben)

Dehndorne und Dehnhülsen

Sie eignen sich besonders für die Feinbearbeitung von runden Werkstücken, die bereits mit einer Aufnahmepassung versehen sind. Die erreichbare Rundlaufgenauigkeit ist abhängig vom Spannbereich. Bei einem genutzten Spannbereich ΔD von 2D/1000 (D Aufnahmedurchmesser in mm) beträgt der Rundlauffehler etwa 10 μm und bei einem Spannbereich ΔD von D/1000 etwa 5 μm *(Bild 5.41)*.

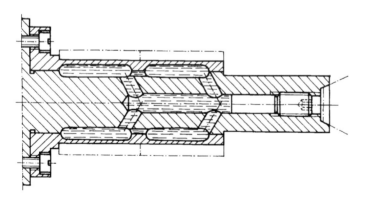

Bild 5.41
Doppeldehndorn
[5.13]

Die Dehnung der Wand wird durch hohen Druck erreicht, der durch das plastische Medium auf die Wand der Dehnhülse übertragen wird. Der Spannbereich solcher Vorrichtungen ist klein, da die auftretende Dehnung den elastischen Bereich nicht überschreiten darf. Die Berechnung des Spannbereichs ΔD erfolgt nach dem Hooke'schen Gesetz

$$\varepsilon = \frac{\Delta l}{l} = \frac{\sigma}{E} \tag{5.70}$$

$$l = D \cdot \pi \tag{5.71}$$

$$\Delta l = \Delta D \cdot \pi \tag{5.72}$$

$$\varepsilon = \frac{\Delta D \cdot \pi}{D \cdot \pi} = \frac{\sigma_E}{E} \qquad (5.73)$$

$$\Delta D = \frac{\sigma_E \cdot D}{E} \qquad (5.74)$$

σ_E *Spannung an der Elastizitätsgrenze*
E   *Elastizitätsmodul.*

Als Werkstoff für Dehnhülsen wird zweckmäßig Federstahl mit einer hohen Elastizitätsgrenze gewählt, weil so ein maximaler Spannbereich erzielt werden kann. Das Überschreiten der elastischen Dehnung hat zur Folge, daß die Dehnhülse nicht wieder auf ihr Ausgangsmaß zurückfedert. Deshalb ist es zweckmäßig, zur Begrenzung des Kolbenhubs einen Anschlag vorzusehen.

Damit beim Spannen keine Leckverluste zwischen Dehnhülse und Grundkörper auftreten, muß der Bund B *(siehe Bild 5.42)* mit genügender Vorspannung auf dem Grundkörper sitzen (erforderliche Passung H7/ s6).

Die Hülse wird bei Abkühlung des inneren Körpers auf – 70° C bis – 100° C und bei Erwärmung des äußeren Körpers auf 150° C bis 200° C aufgezogen. Die Stegbreite B muß genügend breit ausgeführt werden. Für mittlere Drücke (30 MPa) im Medium ist eine Stegbreite B von 0,1·l ausreichend, wenn die Buchse bei den angegebenen Temperaturen aufgeschrumpft wird. Für höhere Belastungen sind größere Stegbreiten erforderlich.

Abmessungen der Druckschrauben und Druckkolben in Abhängigkeit von den Werkstückabmessungen L und D

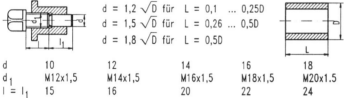

$d = 1{,}2\sqrt{D}$ für L = 0,1 ... 0,25D
$d = 1{,}5\sqrt{D}$ für L = 0,26 ... 0,5D
$d = 1{,}8\sqrt{D}$ für L = 0,5D

d	10	12	14	16	18
d_1	M12x1,5	M14x1,5	M16x1,5	M18x1,5	M20x1.5
$l = l_1$	15	16	20	22	24

Abmessungen der Dehnhülsen
D nach Werkstückbohrung bzw. Außendurchmesser
s 0,02D + 0,5, nicht unter 1mm
t (0,5 ... 0,8) H
D_1 D −2(s + t) bzw. D + 2(s − t)
L Ausführung a für L < D
   Ausführung b für L > D
R (0,03 ... 0,05) D
c t − 1 (nicht über 3mm)
B 0,1L
H $2\sqrt[3]{D}$

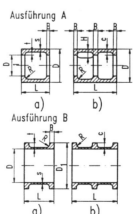

Bild 5.42 Druckschrauben, Druckkolben und Dehnhülsen für Dehndorne und Dehnfutter [5.2]

6 Führen

Nachdem ein Werkstück in der Vorrichtung bestimmt und gespannt wurde, ist es teilweise noch notwendig, die Stellung des Werkzeuges zum Werkstück eindeutig festzulegen. Werkzeugführungen und Werkzeugeinstellelemente sind Vorrichtungselemente, die eindeutig die Lage des Werkzeuges zum Werkstück festlegen.

6.1 Begriffsbestimmung "Führen"

Alle Werkzeuge, die auch während der Bearbeitung eine genügend große Steifigkeit aufweisen, können außerhalb der Aufspannfläche des Werkstückes mit Werkzeugeinstellelementen eingerichtet werden. Diese definieren vor der Bearbeitung die Lage des Werkzeuges zum positionierten Werkstück. Dieses ist beispielsweise in einer Vorrichtung bestimmt und gespannt sowie mit dieser auf dem Werkstückträger einer Fertigungseinrichtung für die Bearbeitung positioniert. Alle Werkzeuge der Fertigungsverfahren Drehen, Fräsen, Außenräumen, Stoßen und Hobeln können so positioniert werden. Zum Positionieren von Werkzeugen wurden bereits im Kapitel 4 Aussagen getroffen.

Anmerkung: Werkzeugeinstellelemente gewährleisten die Einstellmöglichkeit der Relativlage zwischen Werkzeug und Werkstück für die Positionierung des Werkzeuges. Dementsprechend ist es sinnvoll, die Werkzeugeinstellelemente den Vorrichtungselementen für das Positionieren zuzuordnen. In Fachkreisen veranlaßt oft die Beziehung zum Werkzeug eine Zuordnung zu den Führungselementen. Es wurde in den vorangestellten Ausführungen ausführlich begründet, daß während der Bearbeitung – nur dieses ist maßgebend – das Werkzeug durch Werkzeugeinstellelemente überhaupt nicht geführt wird.

Kann durch eine zu geringe Werkzeugsteifigkeit ein Verlaufen des Werkzeuges bei der Bearbeitung eintreten – beispielsweise bei Spiralbohrern oder Innenräumwerkzeugen – so muß es während der Bearbeitung geführt werden. *Werkzeugführungen* erzwingen die geforderte Lage des Werkzeuges während der Bearbeitung und geben damit dem Werkzeug eine größere Bearbeitungssteifigkeit.

Begriffsbestimmung "Führen" [6.1]

"Führen" ist die Auferlegung eines Zwanges auf die Bewegung des zu führenden Werkzeuges.

6.2 Forderungen an Führungselemente

Unabhängig von den konkreten Vorrichtungsanforderungen bestimmter Aufgabenstellungen, gibt es grundsätzliche Konstruktionsanforderungen an Führungselemente. Wichtige allgemeingültige Anforderungen sind:
- Führungselemente nicht an Vorrichtungsteilen anbringen, die durch Spann- und/oder Bearbeitungskräfte beansprucht werden;
- Führungen möglichst nahe an die Bearbeitungsstelle legen, um Maß-, Form- und Lagefehler klein zu halten;
- Führungsflächen härten, damit eine größere Verschleißfestigkeit gewährleistet wird; (Führungsflächen aus Stahlwerkstoffen mit $\geq 0,6$ % Kohlenstoff herstellen);

- Einführungskanten der Führungselemente mit Rundungen versehen, damit ein günstiger Werkzeugeintritt ermöglicht wird;
- Führungselemente sollen auf der Werkzeugeintrittseite bündig mit dem Vorrichtungskörper abschließen, um Beschädigungen zu vermeiden.

6.3 Arten des Führens

Das Führen der Werkzeuge kann auf verschiedene Weise durchgeführt werden. Für jede Fertigungsaufgabe muß in Verbindung mit dem auszuwählenden Fertigungsverfahren die günstigste Möglichkeit der Werkzeugführung ausgewählt werden.

6.3.1 Lagebestimmende Werkzeugführungen

Die Genauigkeit lagebestimmender Werkzeugführungen hängt von der genauen und vorrichtungsgerechten Verkörperung des Fertigungsmaßes in der Vorrichtung ab. Der tolerierte Abstand der Fertigungsbasis zur Werkzeugführung ist über den Träger der Werkzeugführung und die Bestimmelemente vorrichtungsgerecht abzubilden. Die Richtung und die Richtungsgenauigkeit müssen durch die Maschine sichergestellt werden. Die Symmetrieachse der Werkzeugführung und die Werkzeugachse werden als Folge von unvermeidbaren Fertigungsfehlern, Toleranzabweichungen und elastischen Verformungen nie vollkommen fluchten. Aus diesem Grund soll die Führungslänge einer Werkzeugführung so klein wie möglich gehalten werden, da sonst die Überbestimmung unzulässig groß wird. Andererseits muß die Führungslänge groß genug sein, um die notwendige Führungsgenauigkeit zu gewährleisten. Im Bild 6.1 a wird eine lagebestimmende Werkzeugführung dargestellt.

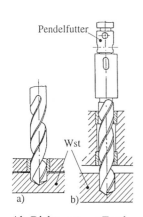

Bild 6.1
Arten des Führens von Werkzeugen [6.1]
a) Lagebestimmende Werkzeugführung
b) Lage- und richtungsbestimmende Werkzeugführung

Als Richtwert zur Festlegung der Führungslänge l gilt:

$$l = (1{,}5 \text{ bis } 2{,}5) \cdot d \tag{6.1}$$

d *Bohrungsdurchmesser*
l *Bohrbuchsenlänge*

6.3.2 Lage- und richtungsbestimmende Werkzeugführungen

Lage- und richtungsbestimmende Werkzeugführungen sind für hohe Genauigkeitsansprüche vorgesehen, weil sie nur mit einem größeren Aufwand zu realisieren sind. Um eine große Fertigungsgenauigkeit zu erreichen, müssen die Fluchtungsfehler des Werkzeuges mit der Werkzeugführung seitens der Werkzeugmaschine ausgeschlossen werden. Zu diesem Zweck wird die starre Werkzeugbefestigung durch eine Werkzeugaufnahme ersetzt, die das Drehmoment auf das Werkzeug bringt, es aber radial nicht in der Spindelachse führt. Das Werkzeug ist gegenüber der Spindelachse schwenkbar, diese Werkzeugaufnahme wird als Pendelfutter bezeichnet [6.2]. Die Richtung wird dem Werkzeug durch zwei Bohrbuchsen aufgezwungen, die mit einem größeren Abstand als lagebestimmende Bohrbuchsen angeordnet werden. Das Bild 6.1 b zeigt eine derartige *lage- und richtungsbestimmende Werkzeugführung*.

6.3 Arten des Führens

Bohrbuchsen allein können die Richtung eines Werkzeugs nicht festlegen. Die Ursachen hierfür sind, daß die Bohrer unbeweglich mit der Bohrspindel verbunden sind. Lagerspiel und Durchbiegung der Spindel, elastische Verformungen und Verlagerungen des Tisches und des Auslegers der Maschine und andere Störgrößen bewirken, daß die Achsen von Bohrer und Bohrbuchse nicht übereinstimmen. Sollen auf Bohrmaschinen (nicht auf Waagerecht- Bohr- und -Fräswerken) *lage- und richtungsbestimmende Bohrungen* gefertigt werden, so sind folgende *Maßnahmen* zu ergreifen:
1. Kompensieren der starren Verbindung zur Werkzeugmaschine durch ein Pendelfutter;
2. Gewährleistung einer guten Führung des Werkzeuges in der Vorrichtung durch zwei Führungsbuchsen, nach Möglichkeit in größerem Abstand. Diese Führungsbuchsen sollten ein besonders kleines Führungsspiel zum Werkzeug ermöglichen.
3. Einsatz steifer Werkzeuge, z. B. Anwendung von Sonderwerkzeugen oder Bohrstangen.

Diese Möglichkeit der Fertigung sehr genauer Bohrungen durch Anwendung von Bohrstangen zeigt das Bild 6.2. Im Bohr- und Fräswerk ist die Bohrstange pendelartig beweglich. Sie besitzt eine extrem gute Steifigkeit und ist deshalb die genaueste Bearbeitungsmöglichkeit. Zwei Führungsbuchsen gewährleisten eine exakte Werkzeugführung. Mehrere gleichzeitig im Eingriff stehende Bohrmesser verschlechtern die erreichbare Maß-, Form- und Lagegenauigkeit der Bohrungen.

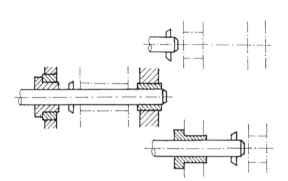

Bild 6.2 Führen einer Bohrstange [6.1]

Hinweise zur Anwendung von Bohrstangen:
- Die vordere Bohrbuchse muß einsteckbar sein (Einführen des Werkzeuges/Prüfdornes).
- Der Außendurchmesser der Steckbohrbuchse muß größer sein als der zu fertigende Bohrungsdurchmesser im Werkstück.
- Beim Einschieben der Bohrstange in Vorschubrichtung kann eine Sicherung gegen Verschiebung und Verdrehung entfallen.
- Die hintere Bohrbuchse kann fest sein.

Ein anderer Gesichtspunkt zur Beurteilung einer Werkzeugführung ist ihre *Lage zum Werkstück*. In den meisten Anwendungen wird das Werkzeug unmittelbar *vor* seinem Auftreffen auf das Werkstück geführt. Diesen Fall zeigt das Bild 6.3 a.

Beim Arbeiten mit Bohrstangen, Sonderwerkzeugen, z. B. Kombinationswerkzeugen für mehrere Arbeitsoperationen kann unter Umständen das Führen des Werkzeuges vor dem Werkstück nicht möglich oder ungewollt sein. In diesem Fall erfolgt das Führen des Werkzeuges *hinter* dem zu bearbeitenden Werkstück. Im Bild 6.3 b wird dies gezeigt.

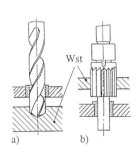

Bild 6.3
Arten von Werkzeugführungen [6.1]
a) Werkzeugführung vor dem Werkstück
b) Werkzeugführung hinter dem Werkstück

Die *Führung hinter dem Werkstück* kann bei vorgearbeiteten oder vorgegossenen Bohrungen sowie bei Werkzeugen mit Führungszapfen zum Einsatz kommen. Bohrbuchsen als *Werkzeugführung vor dem Werkstück* erfordern die Einhaltung definierter Bohrbuchsenabstände. Zu groß gewählte Bohrbuchsenabstände verschlechtern die Führungsgenauigkeit und damit die Qualität. Zu kleine Bohrbuchsenabstände beeinträchtigen nachteilig die Fertigungsgüte, da zu wenig Spanraum vorhanden ist und Späne das Werkzeug in der gefertigten Bohrung verklemmen können. Die Größe des benötigten Spanraumes und damit der Bohrbuchsenabstand ist deshalb abhängig vom zu bearbeitenden Werkstoff des Werkstückes.

Richtwerte für die Festlegung des erforderlichen Bohrbuchsenabstandes a [6.1]:

$a = 0{,}3 \cdot d$ *für **Stahlwerkstoffe** bzw. bei **Fließspanbildung***   (6.2)

$a = 0{,}5 \cdot d$ *für **Gußwerkstoffe** bzw. bei **Bröckelspanbildung***   (6.3)

$a = 0$ *für **Blechpakete** oder **Bohrschablonen***   (6.4)

6.4 Ausführung der Führungselemente

6.4.1 Werkzeugführungen mit Bohrbuchsen

Beim Bohren ins Volle und auch beim Aufbohren vorgegossener, geschnittener oder ausgebrannter Bohrungen müssen Spiralbohrer, Mehrfasenstufenbohrer und Bohrstangen durch Bohrbuchsen geführt werden. Bei einer Fertigung auf NC-Maschinen werden spezielle Werkzeuge mit einer größeren Steifigkeit eingesetzt, deshalb kann in diesem Fall das Führen der Werkzeuge entfallen.

Aufbohrwerkzeuge aller Art – beispielsweise Kegel-, Flach- und Spiralsenker – werden nicht geführt, da diese Werkzeuge der vorgearbeiteten Bohrung folgen. Ebenso sollten Gewindeschneidbohrer und Reibahlen nicht in Bohrbuchsen geführt werden, diese Werkzeuge würden sehr schnell stumpf werden.

6.4.1.1 Bohrbuchsen *(ohne Bund, fest)*

Bohrbuchsen (ohne Bund) werden in DIN 179 zur Anwendung empfohlen; Form A mit einer abgerundeten und Form B mit zwei abgerundeten Einführungskanten für den Einbau in doppelseitig einsetzbare Bohrbuchsenträger.

Der Außendurchmesser d_2 wird in der Regel mit dem Toleranzfeld n6 geliefert. Die Bohrbuchsen sollen auf der Werkzeugeintrittsseite nicht aus der Bohrplatte herausragen, um eine Beschädigung des Werkzeuges zu vermeiden. Die Ausführung fester Bohrbuchsen wird im Bild 6.4 gezeigt.

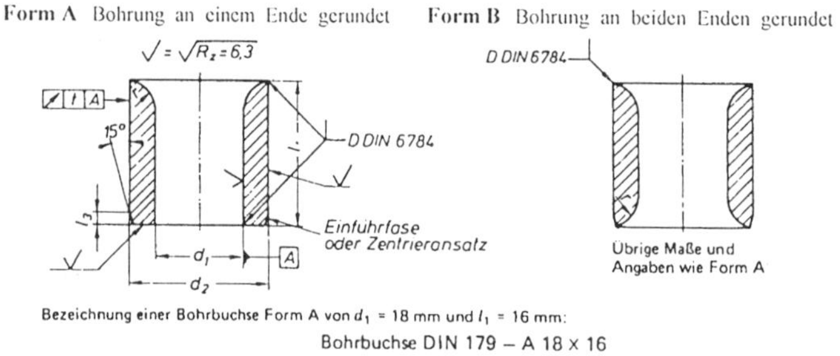

Bild 6.4
Bohrbuchsen nach
DIN 179 [6.3]

6.4 Ausführung der Führungselemente

Anwendung fester Bohrbuchsen ohne Bund:

- für Bohrungen, die in einem Arbeitsgang mit einem Werkzeug fertiggestellt werden
- für Bohrungen von geringer Genauigkeit und geringen Anforderungen (Öl-, Gewinde-, Nietbohrungen)
- zum Führen des ersten Werkzeuges, wenn zur Weiterbearbeitung im nachfolgenden Arbeitsgang (Reiben, Senken, Gewindeschneiden u. a.) die Bohrbuchse mit der Bohrplatte durch Verschieben, Ausschwenken, Wegklappen entfernt werden kann
- als Führungsbuchse für Steckbohrbuchsen

6.4.1.2 Bundbohrbuchsen

Für Bundbohrbuchsen werden nach DIN 172 ebenfalls zwei Ausführungsformen vorgestellt. Form A mit einseitiger und Form B mit beidseitiger Kantenrundung für das Bohren in beiden Richtungen. Die Toleranzfelder entsprechen denen der Festbohrbuchse ohne Bund. Bei der Verwendung als Grundbuchse sollte der Bund in die Bohrplatte eingesenkt werden, um die Beschädigung empfindlicher Werkzeuge auszuschließen.
Im Bild 6.5 ist eine feste Bohrbuchse mit Bund nach DIN 172 dargestellt [6.3].

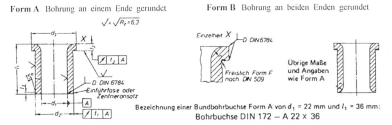

Bild 6.5 Bundbohrbuchsen nach DIN 172 [6.3]

Anwendung von Bundbohrbuchsen:

- bei großen axialen Kräften zur Verstärkung der Einführungskante
- bei kurzer Führungslänge $l_1 < 0,5 \cdot d_2$ zur Sicherung der Achslage durch den Bund
- zur Verlängerung der Bohrbuchse bei geringer Bohrplattendicke
- als Grundbuchse für Einsteckbohrbuchsen

6.4.1.3 Steckbohrbuchsen

Nach DIN 173 werden unterschiedliche Ausführungsformen für verschiedene Anwendungsfälle empfohlen. Mit Steckbohrbuchsen können mehrere Arbeitsstufen nacheinander durchgeführt werden, weil nach dem Herausnehmen der Steckbohrbuchse aus ihrer Bohrung eine größere Bohröffnung für das Folgewerkzeug zur Verfügung steht. In der Regel wird die Steckbohrbuchse in einer Grundbuchse aufgenommen. Die direkte Aufnahme im Vorrichtungskörper sollte nur für seltenen Wechsel der Steckbohrbuchse vorgesehen werden. Die Bilder 6.6 und 6.7 widerspiegeln die konstruktive Gestaltung und die Anwendungsmöglichkeiten von Steckbohrbuchsen.

Die Grundbuchse hat einen genauen und zuverlässigen Sitz über lange Zeit zu gewährleisten. Gleichzeitig muß sie den Verschleiß vermindern, der durch laufendes Umstecken unvermeidbar ist. In DIN 173 Blatt 2 werden spezielle Grundbuchsen mit dem Toleranzfeld H7 zur Steckbohrbuchse und m6 zum Grundkörper bereitgestellt.

Form K   Schnellwechselbuchsen für rechtsschneidende Werkzeuge
Form KL Schnellwechselbuchsen für linksschneidende Werkzeuge

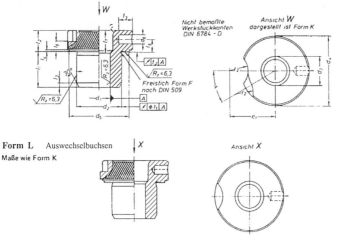

Bezeichnung einer Steckbohrbuchse Form K von d_1 = 15 mm, von d_2 = 22 mm und Länge l_1 = 36 mm:
Bohrbuchse DIN 173 – K 15 × 22 × 36

Bild 6.6 *Steckbohrbuchsen nach DIN 173 – Teil 1 [6.3]*

Diese Grundbuchsen wurden für Steckbohrbuchsen der Formen E, ES und ER entwickelt, die für höhere Genauigkeiten in der Großserienfertigung vorgesehen sind. Für häufigen Wechsel der Werkzeugführung werden die Schnellwechselbuchsen der Formen ES und ER eingesetzt. In der automatisierten Fertigung werden vorwiegend Auswechselbuchsen der Form E verwendet, die mit einer Flachkopfschraube gegen Lageveränderungen fest gesichert werden.

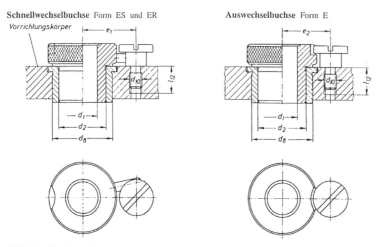

Bild 6.7 *Steckbohrbuchsen nach DIN 173, Blatt 2 [6.3]*

Durch Flachkopfschrauben, Spiralspannstifte, Ansatzkerbstifte, Zylinderkerbstifte oder andere konstruktive Maßnahmen werden die Steckbohrbuchsen gegen Verdrehen und Herausdrücken gesichert. Das Arbeiten mit Steckbohrbuchsen ist zeitaufwendig. Bei mehreren

6.4 Ausführung der Führungselemente

Steckbohrbuchsen an einem Werkstück besteht die Gefahr der Verwechslung; dies erfordert eine geeignete Kennzeichnung. Feste oder einsteckbare Griffe im Bohrbuchsenbund erleichtern das Handhaben.

Anwendungen von Steckbohrbuchsen:

- für Bohrungen, die mit mehreren Werkzeugen bearbeitet werden müssen (z. B. Vorbohren, Aufbohren, Reiben); insbesondere dann, wenn keine beweglichen Bohrbuchsenträger angewendet werden sollen und trotzdem mehrere Werkzeuge in derselben Werkstückaufspannung zum Einsatz kommen
- zur Vermeidung von Sonderkonstruktionen, weil Steckbohrbuchsen als lose Teile angewendet werden können; lose Teile sind jedoch möglichst zu umgehen.

6.4.1.4 Sonderbohrbuchsen

Grundsätzlich sollten zuerst alle Möglichkeiten geprüft werden, mit Standardbohrbuchsen jedes vorliegende Problem zu lösen. Dies gelingt aber nicht in jedem Fall, dann sind aufwendigere Sonderbohrbuchsen eine Alternative. In Bild 6.8 werden Gestaltungsmöglichkeiten für Sonderbohrbuchsen dargestellt.

Anwendung von Sonderbohrbuchsen

- Zum Bohren in gekrümmte oder schräge Werkstückoberflächen sind angeschrägte Bohrbuchsen einsetzbar, möglichst zuvor freisenken.
- Bei Platzmangel kann der Bund der Bohrbuchsen durch Anflächen gekürzt werden.
- Mehrere dicht liegende Bohrungen können mit Viellochbohrbuchsen gefertigt werden. Ihre Lagefixierung erfolgt durch Verstiften.

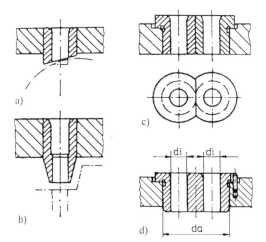

Bild 6.8
Ausführungen von Sonderbohrbuchsen [6.1]

Für die Festlegung der Führungslänge l von Sonderbohrbuchsen gelten folgende Richtlinien:

$$l = (1{,}5 \text{ bis } 2{,}5) \cdot d \qquad \text{für } (5 \leq d \leq 25) \text{ mm} \qquad (6.5)$$

$$l = (0{,}5 \text{ bis } 1) \cdot d \qquad \text{für } (d < 25) \text{ mm} \qquad (6.6)$$

Bohrplatten

Die gebräuchlichsten Träger für Bohrbuchsen sind *feste oder bewegliche Bohrplatten.*
- Bei beweglichen Bohrplatten treten Ungenauigkeiten durch Spiele, bei festen Bohrplatten durch den Einsatz von Steckbohrbuchsen auf.
- Die Entscheidung, ob schwenkbare oder klappbare Bohrplatten eingesetzt werden, hängt von der zur Verfügung stehenden Maschine ab.
- Die Befestigungsseite aller Bohrplatten sollte grundsätzlich an einer Bestimmseite des Werkstückes liegen.

134 6 Führen

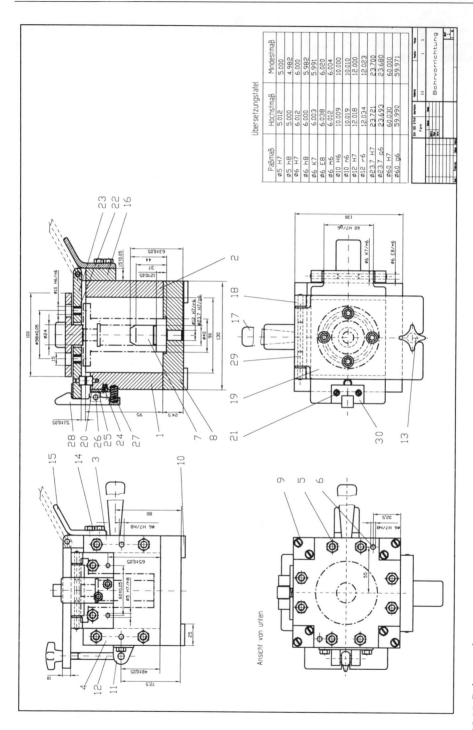

Bild 6.9 Bohrvorrichtung

6.4 Ausführung der Führungselemente

Feste Bohrplatten sind starr mit dem Vorrichtungsgrundkörper verbunden und gewährleisten deshalb hohe Bearbeitungsgenauigkeiten. Das Bedienen der Vorrichtung wird jedoch häufig durch ein kompliziertes Einlegen und Herausnehmen der Werkstücke erschwert. Wenn die Bohrung nicht in einem Arbeitsgang fertiggestellt werden kann, müssen Steckbohrbuchsen angewendet werden, wodurch die erreichbare Genauigkeit wieder vermindert wird. Bei der Verwendung von festen Bohrplatten treten in der Regel größere Hilfszeiten auf.

Bewegliche Bohrplatten können aus ihrer Gebrauchslage geschwenkt, geklappt oder verschoben werden, um die gefertigte Bohrung für ein Folgewerkzeug freizugeben.

Schwenkbare Bohrplatten eignen sich besonders für Ständer- oder Säulenbohrmaschinen, da die Bohrspindel nicht weit zurückgefahren werden muß. Nachteilig sind relativ großes Spiel der Plattenlagerung und die Notwendigkeit der Bedienung der Vorrichtung mit beiden Händen. Die Indexierung der Bohrplatte erfolgt durch Indexbolzen oder Anschläge, danach muß die Lage der Bohrplatte durch Arretieren gesichert werden (Verschlüsse, Verriegelungen).

Die *klappbaren Bohrplatten* haben ein kleines Spiel in der Plattenlagerung. Die Bedienung kann durch eine Hand erfolgen (Öffnen und Schließen der Bohrplatte). Durch einen Schnappverschluß wird die Bohrplatte verriegelt. Ein Indexieren der Platte ist nicht notwendig, da durch die Plattenlagerung die seitliche Führung für die Lagesicherung gewährleistet wird. Bild 6.9 zeigt eine Bohrvorrichtung mit klappbarer Bohrplatte.

Dazu Anwendungsbeispiel nach Bild 6.9 [6.1]:

Das bundbuchsenförmige Werkstück wird auf einem Bestimmbolzen nach 5 Freiheitsgraden bestimmt. Nach dem Schließen der Bohrklappe wird diese selbsttätig durch den Schnapper verriegelt. Über eine Spannklappe kann mit einem Kreuzgriff das Werkstück gespannt werden. Die geöffnete Bohrklappe wird auf dem Bohrklappenanschlag Teil 15 abgelegt.

Verschiebbare Bohrplatten werden besonders für lange Werkstücke (z. B. Profile) mit wiederkehrenden Bohrbildern verwendet oder wenn eine Gesamtbohrplatte für die Bedienung durch den Arbeiter zu schwer werden würde. Die Verriegelung wird durch Indexbolzen oder durch Rasten auf der Führungsstange erreicht. Die Lagesicherung erfolgt durch Arretieren.

6.4.2 Werkzeugführungen zum Räumen

Auch Räumnadeln zum Innenräumen müssen wegen ihrer geringen Steifigkeit geführt werden. Für symmetrische Räumarbeiten (zylindrische Bohrungen, Keilnabenprofile, Kastenprofile, Innenverzahnung, Sechskante, usw.), sind Senkrechträummaschinen günstig einsetzbar, weil die Masse der Räumnadel keine Verzerrung des zu räumenden Profiles hervorrufen kann. Bei unsymmetrischen Profilen (Nuten) kann mit einer Waagerechträummaschine gearbeitet werden. Die Zähne der Räumnadel müssen nach oben zeigen, weil auch hier die Masse der Räumnadel die Genauigkeit beeinflussen kann. Beim Innenräumen ist der Kräfteangriff der Schneiden zentralsymmetrisch, so daß die Werkstücke nicht gespannt werden müssen.

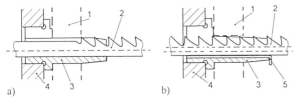

Bild 6.10
Führen von Räumnadeln [6.2]
a) ohne Zwischenlage
b) mit Zwischenlage

1 Werkstück
2 Räumnadel
3 Räumnadelführung
4 Vorrichtungsgrundkörper
5 Zwischenlagen

Richtlinien für **Führungen von Innenräumvorrichtungen:**

- Die Führung der Räumnadel soll so weit über das Werkstück hinausragen, daß ein Flattern des Werkzeugs unterbunden wird.
- Die durch das Scharfschleifen der Zähne hervorgerufene Höhendifferenz kann durch Zwischenlagen ausgeglichen werden.
- Das Werkstück darf beim Räumen nicht federn, deshalb muß die Anlage dicht an der Führung der Räumnadel anliegen. Bei schlechter Anlage sind Pendelanlagen vorzusehen.
- Werkstückaufnahmen und Werkzeugführungen sind gehärtet und geschliffen auszuführen.
- Beim Räumen von Nuten in kegligen Bohrungen muß das Werkstück durch eine Abdrückmutter gelöst werden.
- Bei kurzen Werkstücken können gleichzeitig mehrere Werkstücke geräumt werden.

6.5 Erreichbare Genauigkeit mit Bohrbuchsen

Die erreichbare Genauigkeit der Fertigung von Bohrungen mit einer Werkzeugführung durch Bohrbuchsen ist abhängig von folgenden Einflußfaktoren:

1. dem Spiel S_1 zwischen dem Werkzeug (Spiralbohrer) und der Bohrbuchse;
2. dem Spiel S_2 zwischen der Steckbohrbuchse und einer Grundbuchse (bzw. festen Buchse);
3. der Führungslänge l der Werkzeugführung (der Führungsbuchse des Werkzeuges);
4. dem Abstand a zwischen der Werkzeugführungsbuchse und der Werkstückoberfläche;
5. der Toleranz T der Bohrbuchsenabstände.

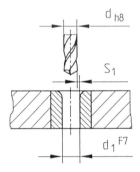

Das Spiel S_1 zwischen Werkzeug und Werkzeugführung (Bohrbuchse) ist für die Wärmedehnung des Werkzeuges und den Ausgleich geringer Winkelabweichungen zwischen der Werkzeugachse (wird bei starrem Bohrfutter durch die Werkzeugmaschine festgelegt) und der Bohrbuchsenachse erforderlich. Im Bild 6.11 wird dies gezeigt.

Das Spiel S_1 zwischen Werkzeug und Werkzeugführung kann für Sonderfälle auch mit $d_1 G7$ oder $d_1 E8$ festgelegt werden.

Bild 6.11
Spiel S_1 zwischen Werkzeug und Werkzeugführung [6.1]

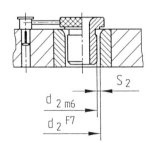

Das Spiel S_2 zwischen Steckbohrbuchse und Grundbuchse (bzw. fester Buchse) ist für ein Auswechseln der Steckbohrbuchse notwendig (Schiebesitz). Im Bild 6.12 werden die Passungen für das Spiel S_2 nach DIN 173 Teil 1 mit $d_2 m6$ für normale Einsatzverhältnisse gezeigt.

Bild 6.12
Spiel S_2 zwischen der Steckbohrbuchse und einer Grundbuchse bzw. festen Bohrbuchse [6.1]

Für höhere Genauigkeiten des gebohrten Loches und längere Standzeiten können die Steckbohrbuchsen nach DIN 173 Blatt 2 eingesetzt werden. Zur Werkzeugführung haben diese ein Paßmaß $d_1 G7$ und zur Grundbuchse eine Passung $d_2 h6$.

6.5 Erreichbare Genauigkeit mit Bohrbuchsen

Diese Steckbohrbuchsen müssen allerdings unbedingt in Grundbuchsen mit der Passung d_2 H7 eingesetzt werden. Diese Grundbuchsen sind ebenfalls in DIN 173 Blatt 2 enthalten.

Die mögliche Schrägstellung des Werkzeuges um die Winkelabweichung $\Delta\varphi$ wird vor allem durch das Spiel S_1 bestimmt. Durch eine genügend große Führungslänge l kann dieser Fehler auf eine vertretbare Größe reduziert werden.

In den standardisierten Bohrbuchsenabmessungen wurden die aus Lageabweichungen resultierenden Schiefstellungen der Werkzeuge bei der Festlegung der erforderlichen Führungslängen der Bohrbuchsen berücksichtigt. Für Sonderkonstruktionen können die in den Gleichungen 6.5 und 6.6 aufgeführten Beziehungen zur Festlegung der Führungslänge l verwendet werden. Im Bild 6.13 werden die geometrischen Verhältnisse dargestellt. Der Bohrbuchsenabstand a ist durchmesserbezogen nach dem zu zerspanenden Werkstoff des Werkstückes vorzugeben. Dafür gelten die Gleichungen 6.2 bis 6.4.

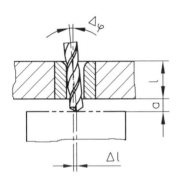

Die Winkelabweichung $\Delta\varphi = f(S_1; l)$ verursacht einen Versatz der Bohrungsmitte um
$\Delta l = f(a, \Delta\varphi) = f(a, S_1, l)$.

Der Einfluß des Bohrbuchsenabstandes a zeigt, daß unnötig große Bohrbuchsenabstände a den Fehler des Bohrungsmittenversatzes vergrößern.

Bild 6.13
Winkelabweichung und Bohrungsmittenversatz [6.1]

Die Toleranz der Bohrbuchsenabstände der Vorrichtung beeinflussen die Lageabweichung der Bohrungen im Werkstück. Im Bild 6.14 wird die Abhängigkeit der Lagegenauigkeit der Bohrungen vom Spiel S_1 und vom Spiel S_2 gezeigt. Alle Funktionsmaße der Vorrichtung müssen wesentlich genauer als diese Maße am Werkstück toleriert werden. Richtwerte sind die Beziehungen Gl. (6.7) und (6.8).

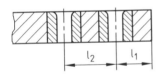

Bild 6.14
Lagegenauigkeit von Bohrbuchsen [6.1]

Bohrbuchsenanordnung	Bohrungsabstand l_1	Bohrungsmittenabstand l_2
Bohrbuchse, fest	S_1	$2 S_2$
Bohrbuchse mit Steckbohrbuchse	(S_1+S_2)	$2(S_1+S_2)$

Tabelle 6.1 Lageabweichungen der Bohrbuchsen [6.1]

Richtwerte für die Toleranz T_V der Vorrichtung [6.1]: T_W Werkstücktoleranz

$$T_V \approx \frac{1}{3} \cdot T_W \tag{6.7}$$

$$T_V \approx \frac{1}{5} \cdot T_W \quad \textbf{bei Kettenmaßen} \text{ anwenden} \tag{6.8}$$

7 Teilen

Häufig sind bestimmte Arbeitsoperationen, z. B. das Fertigen einer Bohrung oder das Fräsen einer Nut, wiederholt am gleichen Werkstück durchzuführen. Alle fertigungstechnischen Parameter bleiben in diesem Fall erhalten, lediglich die Bearbeitungsstelle ändert sich am Werkstück. Entsprechend der Anzahl der zu fertigenden gleichartigen Formelemente sind die erforderlichen Bestimmlagen zu gewährleisten. Diese Aufgabe kann über mehrere verschiedene Aufspannungen des Werkstückes nicht wirtschaftlich gelöst werden, eine Teilvorrichtung wird notwendig. Teilvorrichtungen ermöglichen die Durchführung einer vorgegebenen Fertigungsaufgabe in mehreren Bestimmlagen, die dem Werkstück nacheinander zugeordnet werden können.

Die Erfüllung dieser Aufgabe wird als "Teilen" bezeichnet. Die Lageveränderung des Werkstückes wird, vorzugsweise über einen beweglichen Werkstückträger erreicht.

7.1 Begriffsbestimmung "Teilen"

Kennzeichnend für das *Teilen* ist das Herbeiführen mehrerer Bestimmlagen eines Werkstückes in der Vorrichtung. Damit die durch Spannen gesicherte Bestimmlage des Werkstückes unverändert beibehalten werden kann, müssen die Bestimmelemente an einem beweglichen Werkstückträger angeordnet werden.

Mit dem *Teilen* wird dem Werkstück durch die Bewegung des Werkstückträgers eine andere Bestimmlage zugewiesen. Der Werkstückträger muß in dieser neuen Lage indexiert werden, damit diese eindeutig definiert und reproduzierbar ist.

Begriffsbestimmung "Indexieren" [7.1]:

> *Indexieren ist die Lagefixierung der durch eine Teilbewegung herbeigeführten Lageveränderung eines Werkstückträgers oder eines Werkstückes.*

Die Vorrichtungselemente für diese Lagefixierung werden *Indexierelemente* genannt.

Der das Werkstück tragende bewegliche Werkstückträger muß nach dem *Indexieren* der Teilbewegung seine Lage unbedingt beibehalten. Es wird eine Lagesicherung notwendig, um zu verhindern, daß Lageveränderungen durch Bearbeitungskräfte oder Schwingungen herbeigeführt werden können.

Begriffsbestimmung "Arretieren" [7.1]:

> *Arretieren ist das Sichern einer indexierten Teilbewegung des Werkstückträgers durch Klemmkräfte.*

Die Vorrichtungselemente für diese Lagesicherung werden *Arretierelemente* genannt.

Anmerkung: Häufig werden die Vorrichtungselemente zur Begrenzung der Teilbewegung als "Feststeller" bezeichnet. Die konstruktive Ausführung dieser Feststeller ermöglicht aber zumeist nur eine Lagefixierung und keine außerdem noch notwendige Lagesicherung. Damit ist der Begriff "Feststeller" irreführend, da der Werkstückträger gegen einwirkende Bearbeitungskräfte und Schwingungen nicht "festgestellt" wird im Sinne einer notwendigen Lagesicherung. Es wird deshalb empfohlen, der Funktionstrennung zu entsprechen und die Begriffe "Indexieren" und "Arretieren" zu verwenden.

Begriffsbestimmung "Teilen" [7.1]:

Teilen ist das Zuweisen mehrerer Bestimmlagen an ein Werkstück in einer Vorrichtung. Das Werkstück ist vorzugsweise auf einem beweglichen Werkstückträger bestimmt und gespannt, über den jede Bestimmlage indexiert und arretiert wird.

7.2 Grundsätzliche Forderungen an Teileinrichtungen

Vorgehensweise beim Teilen

Das Arbeiten mit einer Teilvorrichtung verlangt eine Abfolge festgelegter Handlungen, die über die üblichen Handlungsschritte beim Arbeiten mit Vorrichtungen hinausgehen.
Für das *Beschicken* der Vorrichtung mit einem Werkstück sind erforderlich:

1. *Einlegen:* Beschicken der Vorrichtung mit einem Werkstück
2. *Bestimmen:* Bestimmen des Werkstückes in der Teilvorrichtung
3. *Spannen:* Spannen des Werkstückes, vorzugsweise auf einem beweglichen Werkstückträger der Teilvorrichtung

Danach schließt sich der *Teilvorgang* an:
Der gesamte Teilvorgang umfaßt 5 nacheinanderfolgende Schritte. Bevor an einem Werkstück mit der Teilvorrichtung wiederholt die beabsichtigte Fertigungsaufgabe begonnen werden kann, sind folgende Arbeitsschritte nacheinander auszuführen:

4. *Entarretieren:* Lösen des Arretierelementes des beweglichen Werkstückträgers
5. *Entindexieren:* Ausrasten des Indexierelementes aus der Teilscheibe des beweglichen Werkstückträgers
6. *Teilen:* Ausführen der Teilbewegung mit dem Werkstückträger
7. *Indexieren:* Einrasten des Indexierelementes in die Teilmaßverkörperung (Teilscheibe) des Werkstückträgers
8. *Arretieren:* Feststellen des Arretierelementes des Werkstückträgers

Diese 5 Arbeitsschritte müssen für die *Bearbeitung* so oft aufeinanderfolgend wiederholt werden, wie es die Anzahl der mit der Teilvorrichtung am Werkstück zu fertigenden Formelemente erfordert, d. h. bis dieser Arbeitsgang abgeschlossen wurde. Danach sind folgende Arbeitsschritte für die *Entnahme* des Werkstückes erforderlich:

9. *Entspannen:* Lösen des Spannelementes
10. *Entleeren:* Entnahme des Werkstückes und vorbereiten der Vorrichtung für ein neues Werkstück (z. B. Säubern)

Bevor eine Neukonstruktion einer Teilvorrichtung in Erwägung gezogen wird, sollte der Einsatz handelsüblicher Universalteilvorrichtungen geprüft werden, da spezielle Teilvorrichtungen relativ hohe Entwicklungskosten erfordern.

Für die Auswahl und Ausführung von Teileinrichtungen ist hauptsächlich die geforderte Teilgenauigkeit maßgebend. Sie ist abhängig von folgenden Faktoren:

- vom Lagerspiel des Werkstückträgers
- vom Spiel zwischen Teilelement (Teilleiste, Teilscheibe) und Werkstückträger
- vom Spiel des Indexierelementes
- von der Teilgenauigkeit des Teileelementes (Teilleiste, Teilscheibe)
- von der Steifigkeit des Werkstückträgers
- von der Übereinstimmung der Indexierrichtung mit der Richtung der Arretierkraft

7.3 Arten des Teilens

Nach der *Richtung der Teilbewegung* kann zwischen *Längsteilen* und *Kreisteilen* (auch als *Umfangsteilen* bezeichnet) unterschieden werden.

Die *Größe des Teilungsschrittes*, d. h. des jeweiligen Betrages einer Längsverschiebung oder einer Verdrehung, kann für alle durchzuführenden Fertigungsaufgaben mit der Vorrichtung gleich sein oder aber unterschiedlich für die aufeinanderfolgenden Bearbeitungen. Dementsprechend wird nach dem Teilschritt zwischen *gleichmäßigen* und *ungleichmäßigen Teilen* unterschieden.

Die *Übertragung der Teilbewegung* kann auf das Werkstück bzw. einen beweglichen Werkstückträger über eine starre Verbindung erfolgen; dies wird als *direktes Teilen* bezeichnet. Beim *direkten Teilen* werden zwei Fälle unterschieden:
- *Unmittelbares Teilen*: Die Teilbewegung wird mit Indexieröffnungen am Werkstück (ohne Teilscheibe) realisiert.
- *Mittelbares Teilen*: Ein beweglicher Werkstückträger ist starr mit dem Werkstück und einem Teilelement (z. B. Teilscheibe) verbunden.

Beim Erzeugen der Teilbewegung über ein Getriebe erfolgt ein *indirektes Teilen*. Im Bild 7.1 werden die Arten des Teilens veranschaulicht.

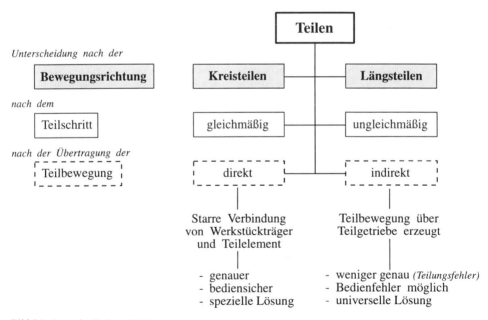

Bild 7.1 *Arten des Teilens [7.1]*

7.3.1 Längsteilen

Das *Längsteilen* kann durch Ausrichten nach Markenstrichen, Anlegen an Flächen, Zwischenlegen von Endmaßen, Teilleisten mit Rasten, Zahnstangen oder Gewindespindeln erfolgen. Beim Ausrichten nach Markenstrichen ist die Genauigkeit der Teilung auch von der subjektiven Leistungsfähigkeit des Bedieners der Vorrichtung abhängig.

7.3 Arten des Teilens

Für genauere Teilungen können die Markenstriche mit einer Optik besser hervorgehoben werden. Gewindespindeln und Zahnstangen sind so anzulegen, daß die Gewindesteigung bzw. die Zahnteilung der herzustellenden Teilung oder einem Vielfachen davon entspricht.

Einsatzmerkmale der Teilmaßverkörperungen:

– Markierungen (ungenau; Gefahr von Bedienfehlern)
– Anlageflächen (relativ genau und bedienungsfreundlich)
– Rasten (relativ genau und bedienungsfreundlich)
– Zahnstangen, Gewindespindeln, Räder- und Schneckengetriebe (Fehler in der Teilgenauigkeit durch Verschleiß)

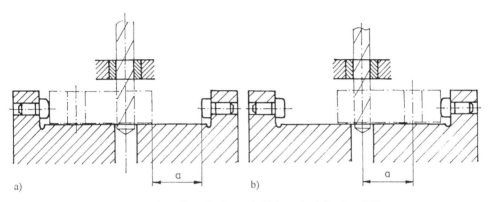

Bild 7.2 Längsteilen   *a) Bohren des 1. Loches*   *b) Bohren des 2. Loches [7.1]*

7.3.2 Kreisteilen

Beim *Kreisteilen* – auch *Umfangsteilen* genannt – wird das Werkstück um eine Drehachse geschwenkt. Dies erfolgt vorzugsweise über einen verdrehbaren Werkstückträger, auf dem das Werkstück bestimmt und gespannt ist. Die Verdrehbewegung des Werkstückes bzw. des Werkstückträgers wird definiert durch:
– Ausrichten eines Indexierelementes nach Markenstrichen
– Einrasten von Formelementen in angepaßte Öffnungen (z. B. Bolzen – Buchse, Kegel – Kegelbuchse, Kugel – Zentrieröffnung, genannt Bolzenindex, Kugelindex)
– Anlegen eines Indexierelementes an eine Schulter einer Paßfläche
– Anlegen eines Indexierelementes abwechselnd an beide Schultern einer Paßform
– Teilgetriebe (Zahnstangen, Gewindespindeln, Rädergetriebe, Schneckengetriebe)

Für das Ausrichten nach Markenstrichen gelten die Vorgehensweisen vom Längsteilen. Beim Anlegen an einseitige Anlagen muß beachtet werden, daß die Teilscheibe im Uhrzeigersinn zu schalten ist und in entgegengesetzter Richtung gegen den Rastbolzen gedreht werden muß. Das *Kreisteilen mit Bolzenindex* kann erfolgen:
– für gute Teilgenauigkeit mit einer Teilscheibe; die Teilgenauigkeit wird durch das Hebelverhältnis zwischen der Bearbeitungsfläche am Werkstück (Werkstückradius) und der Raststelle an der Teilscheibe (Teilscheibenradius) bestimmt.
– für geringere Teilgenauigkeit durch Einführung des Indexbolzens in das gefertigte Werkstück (ohne Teilscheibe); diese Methode sollte nur ausnahmsweise angewendet werden. Ein großer Verschleiß des Indexierbolzens ist unvermeidbar, auch Bearbeitungsgrat und Schmutz verursachen Teilfehler und verschlechtern die Teilgenauigkeit.

Die Teilgenauigkeit wird um so besser, je größer der Teilscheibendurchmesser gegenüber dem Werkstückdurchmesser ist. Die Teilfehler am Werkstück werden dadurch geringer. Die Teilgenauigkeit ist außerdem von der Fertigungsqualität der gesamten Teileinrichtung abhängig.

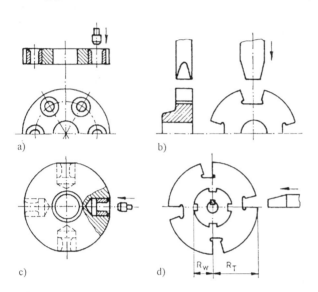

Als Rasten für die Teilscheiben werden zylindrische, keglige und konische ebene Formelemente angewendet.

a), b) einfache Herstellung, kostengünstig, lediglich gehärtete Buchsen notwendig;
c), d) komplizierter, teurer, höhere Teilgenauigkeit als bei a), b) möglich

Bild 7.3
Teilscheiben für das Kreisteilen [7.1]
a) axiales Teilen mit Bolzen
b) radiales Teilen mit Bolzen
c) radiales Teilen mit konischer doppelseitiger Rastfläche
d) radiales Teilen mit konischer einseitiger Rastfläche

Die konstruktive *Ausführung eines Teilmechanismus* richtet sich im wesentlichen nach:
- der Anzahl der Teilungen
- der erforderlichen Teilgenauigkeit
- der Größe der Vorrichtung
- dem Vektor der Bearbeitungskraft (Angriffspunkt, Richtung und Größe der Kräfte)
- der Werkstückanzahl

Für das Kreisteilen mit Räder- bzw. Schneckengetrieben kommen handelsübliche Teilapparate und Rundteiltische zur Anwendung. Kreisteilungen lassen sich auch ohne Schwenkeinrichtungen durch Bestimmen der Vorrichtung nach Außenflächen fertigen, die Vorrichtungen erhalten dazu den Teilungen entsprechende Flächen an ihrer Außenkontur.

7.4 Indexieren und Arretieren

Indexierelemente haben die Aufgabe, nach jedem durchgeführten Teilvorgang das Werkstück bzw. den Werkstückträger insgesamt (einschließlich der Teilscheibe) in der neuen Bestimmlage zu fixieren, d. h. seine neue Lage vorzugeben. Man unterscheidet formschlüssige und kraftschlüssige Indexierelemente.

Beim formschlüssigen Indexieren müssen sich die Paßflächen von Indexierelement und Indexieröffnung geometrisch als Formelemente entsprechen (positive Form – negatives Abbild). Formschlüssiges Indexieren kann durch zylindrische und parallele ebene Paßflächen erfolgen.

Kraftschlüssiges Indexieren wird über keglige, keilförmige und kugelförmige Paßflächen unter Krafteinwirkung mittels geeigneter Krafterzeuger erreicht. Dafür sind alle starren und alle elastischen Krafterzeuger prinzipiell geeignet, am häufigsten werden Federn, Keile, Schrauben

7.4 Indexieren und Arretieren

und Exzenter verwendet. Diese Indexierkraft muß ständig den kraftschlüssigen Kontakt des Indexierelementes in der jeweiligen Indexieröffnung gewährleisten. Die Auswahl der Qualität eines Indexierelementes richtet sich danach, inwieweit der Werkstückträger bei geringstem Zeit- und Kraftaufwand spielfrei festgestellt werden muß. Die wichtigsten Möglichkeiten des Indexierens sind in den Bildern 7.4 bis 7.6 dargestellt. Kostengünstig, aber nur bei geringen Anforderungen zu empfehlen, sind die Indexelemente nach Bild 7.4. Nach dem Indexieren durch Kugel, Bolzen oder Keilfläche ist der Werkstückträger in jedem Falle zu arretieren.

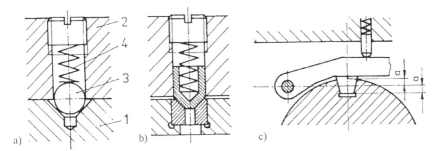

Bild 7.4 *Indexierelemente für geringe Anforderungen*
a) *Kugelindex [7.1]*   (1 Teilscheibe; 2 Vorrichtungsgrundkörper; 3 Kugel; 4 Druckfeder)
b) *Federbolzenindex mit 90° – Kegel [7.3]*   c) *Hebelindex mit zweiseitiger konischer Rast [7.2]*

Indexieren durch Kugelindex [7.1]
Der Kugelindex ist für untergeordnete Zwecke anwendbar, da das Spiel zwischen Kugel und Kugelführung und die relativ geringe Federkraft keine genaue Lagefestlegung garantieren. Kugelindexe sind jedoch schnell bedienbar, da die Kugel bei der Teilbewegung selbsttätig ein- und ausrastet. Kugelindexe werden auch mit einstellbarer Federkraft hergestellt *(Bild 7.4 a)*.

Indexieren durch Federbolzen mit 90° – Kegel [7.3]
Bolzenindexierelemente mit 90°-Kegel rasten besser und genauer in eine gehärtete Buchse ein als ein Kugelindex. Die Federkraft ist bei dieser Gestaltung einstellbar *(Bild 7.4 b)*.

Indexieren durch Hebel mit Rastflächen [7.2]
Dieser Index kann auch als Flachriegel bezeichnet werden. Die Teilgenauigkeit wird von der Kreisbewegung des Hebels und der Güte der Hebellagerung beeinflußt. Der Hebeldrehpunkt sollte möglichst auf der Tangente durch die Rastflächenmitte liegen. Der Flachriegel ist in seinen Eigenschaften mit dem kegligen Rastbolzen vergleichbar. Der Flachriegel läßt sich nur für untergeordnete Zwecke anwenden *(Bild 7.4 c)*.

Eine Alternative zu den Indexelementen nach Bild 7.4 ist der **Schwenkriegel**. Er fixiert über eine Schraubenfläche oder eine exzentrisch gelagerte Kegelfläche nahezu spielfrei.

Bolzenindexierelemente können bei ausreichender Fertigungsqualität auch sehr hohen Genauigkeitsansprüchen gerecht werden, wobei in dieser Hinsicht keglige Rastbolzen mit Kraftschluß oder kraftschlüssige zylindrische mit angeschrägter Stirnfläche am genauesten sind. In Bild 7.5 werden günstige Lösungen für *Bolzenindexierelemente* vorgestellt.

Indexieren durch zylindrische Rastflächen
Ein zylindrischer Indexbolzen ist gegen Schmutz und Späne unempfindlich *(Bild 7.5)*. Er schiebt Fremdkörper beim Indexieren vor sich her. Die Teilgenauigkeit wird durch Spiel zwischen Indexbolzen und Teilscheibe nachteilig beeinflußt, bei Abnutzung des Indexbolzens wird die Teilgenauigkeit noch mehr verschlechtert.

Aus fertigungstechnischen Gründen sind zylindrische Indexierelemente möglichst achsparallel zur Teilscheibe und nicht radial anzuordnen. Die Beziehung für die Toleranz T der Teilgenauigkeit (Abstände gefertigter Formelemente) am bearbeiteten Werkstück lautet:

$$T = S_1 + S_2 + T_1 + e \tag{7.1}$$

T   *Toleranz der Teilgenauigkeit*
S_1 *Spiel zwischen Rastbolzen und Rastbuchse in der Teilscheibe*
S_2 *Spiel zwischen Rastbolzen und Führungsbuchse im Vorrichtungskörper*
T_1 *Abstandstoleranz zwischen zwei benachbarten Rastbuchsen in der Teilscheibe*
e   *Exzentrizität der Rastbuchsen in der Teilscheibe*

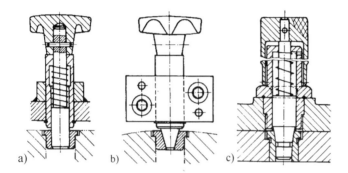

Bild 7.5
Bolzenindexierelemente für hohe Teilgenauigkeiten
a) Zylinderbolzenindex;
b) Kegelbolzenindex;
c) Kegelbolzenindex mit Vorführung durch Zylinderbolzen

Indexieren durch keglige Rastflächen

Indexierelemente mit kegligem Rastbolzen haben den Vorteil, daß sie in der Teilscheibe in jedem Fall spielfrei sitzen und sehr leicht einrasten. Die Teilgenauigkeit wird durch das Spiel S_2 in der zylindrischen Führung des Rastbolzens beeinträchtigt. Negativ wirkt sich die Möglichkeit eines Einklemmens von Fremdkörpern (z. B. Schmutz, Späne) zwischen den Rastflächen aus *(Bild 7.5 b)*. Dieser Nachteil wird mit dem Index nach Bild 7.5 c) vermieden. Die Vorführung durch den Zylinderbolzen beseitigt eine mögliche Verschmutzung. Der nachfolgende Kegelindex kann verschmutzungsfrei und sehr zuverlässig ein spielfreies und fehlerfreies Indexieren gewährleisten. Nachteilig sind die größeren Fertigungskosten *(Bild 7.5 c)*.

Bei Vorrichtungen zur Massenfertigung ist zur Erleichterung der Bedienung das Zurückziehen des Indexierelementes durch Hebel, Zahnrad, Exzenter usw. vorzusehen. Im Bild 7.6 werden Indexelemente vorgestellt, bei denen über eine Keilfläche am Bedienungselement das Zurückziehen des Rastbolzens in Achsrichtung selbsttätig erfolgt und damit die Hand nicht mehr zum Festhalten des Bedienelementes benötigt wird *(Bild 7.6)*. Es kann auch sinnvoll sein, diese Möglichkeit einer bedienfreien Rückzugslage des Rastbolzens nicht zuzulassen. Vor allem, wenn Fehlbedienungen durch ein Bearbeiten im nichtindexierten Zustand ausgeschlossen werden sollen.

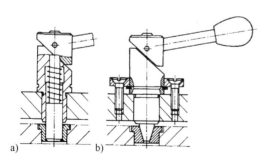

Bild 7.6
Bolzenindexierelemente mit selbsttätigem Rastbolzenrückzug
a) Zylinderbolzenindex
b) Kegelbolzenindex

7.4 Indexieren und Arretieren

Nach dem Indexieren einer Teilbewegung muß der bewegliche Werkstückträger, mit dem der Teilschritt vollzogen wurde, durch *Arretieren* gesichert werden. Die durch das Indexieren definierte Lage des Werkstückes in der Vorrichtung darf dadurch nicht verändert werden. Zugleich sollen durch das *Arretieren* die beweglichen Vorrichtungselemente der Teileinrichtung eine ausreichende statische und dynamische Steifigkeit für die Bearbeitung des Werkstückes erhalten, damit die elastischen Verformungen infolge der Bearbeitungskräfte die geforderte Fertigungsgenauigkeit nicht gefährden. Das Arretieren wird durch Feststellen oder Klemmen auf verschiedene Weise erreicht.

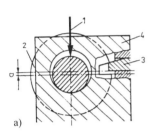
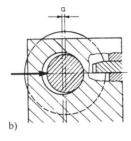

Bild 7.7
Arretieren des Werkstückträgers [7.2]
a) orthogonal zur Indexierrichtung
b) gegen die Indexierrichtung

1 Spannrichtung
2 Teilscheiben mit Werkstückträgerachse
3 Feststeller
4 Vorrichtungsgrundkörper
a Mittelpunktsverlagerung

Arretieren durch *axiales Klemmen* des Werkstückträgers beeinflußt die Teilgenauigkeit nicht. Bei *radialer Klemmung* des drehbaren Werkstückträgers gibt es zwei Möglichkeiten:
1. Das Arretieren des Werkstückträgers erfolgt senkrecht zur Indexierrichtung. Dabei wird die Teilscheibe mit dem Werkstückträger um einen Betrag (Lagerspiel) verschoben. Das Einrasten des Indexierelementes erfolgt erst nach einer weiteren Drehung der Teilscheibe um einen Verdrehwinkel (abhängig vom Lagerspiel und Teilscheibenradius). Diese Anordnung bringt einen Teilungsfehler mit sich.
2. Das Arretieren des Werkstückträgers erfolgt gegen die Indexierrichtung. Es tritt ebenfalls eine Mittenversatz um einen Betrag (Lagerspiel) auf. Die Teilungsgenauigkeit bleibt jedoch davon unbeeinflußt.

In Gleichung (7.1) sind die Fehlereinflüsse bedingt durch den Abstand des Indexierelementes vom Drehpunkt der Teilscheibe und die Abnutzung noch nicht enthalten. Wird ein glatter Absteckbolzen benutzt, so ist er gegen Herausfallen zu sichern. Aus den vorstehenden Betrachtungen und Bild 7.7 kann die Forderung abgeleitet werden:

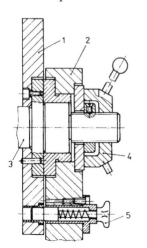

Zur Vermeidung von Teilungsfehlern müssen die Wirkrichtungen von Indexieren und Arretieren übereinstimmen, d. h. Arretierkraft und Indexierbewegung in einer Ebene liegen.

Im Bild 7.8 wird diese Forderung erfüllt. Axial wird indexiert und axial erfolgt mit der Überwurfmutter 4 das Arretieren.

Bild 7.8
Arretieren und Indexieren an einer Teileinrichtung [7.2]
1 Teilscheibe
2 Vorrichtungsgrundkörper
3 Werkstückträger
4 Arretierung
5 Bolzenindex

7.5 Teilvorrichtungen

Standard–Teilvorrichtungen werden durch den universellen Einsatz von indirekten Teileinrichtungen z. B. des Universal-Teilapparates realisiert. Die Anwendung eines Universal–Teilapparates ermöglicht die Fertigung von schraubenförmigen Nuten, z. B. an Spiralbohrern, Schnecken, Gewinden.

Häufig werden speziell auf das Werkstück vorbereitete Teilvorrichtungen benötigt. Im Bild 7.9 wird dafür ein Beispiel gezeigt. Nach dem Einlegen des Werkstückes in diese Vorrichtung sind nachfolgende Handlungsschritte durchzuführen:

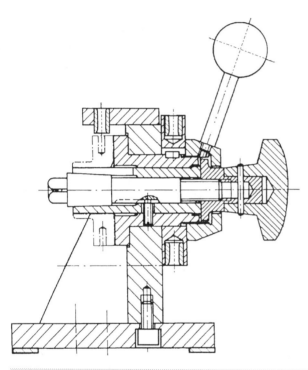

1. *Bestimmen durch Aufschieben des Werkstückes auf die Spreizhülse der Spannzange bis zum axialen Anschlag an den Bund des Werkstückträgers.*
2. *Spannen durch Einzug des Konusbolzens in die geschlitzte Spreizhülse der Spannzange über die Gewindebuchse mit dem Kreuzgriff.*
3. *Indexieren mit einem zylindrischen Bolzenindex (nicht abgebildet) radial in die Rastbuchsen der Teilscheibe.*
4. *Arretieren des beweglichen Werkstückträgers mit Werkstück durch axiales Verklemmen der Gleitbuchse des Werkstückträgers gegen den Vorrichtungsgrundkörper mit Hilfe der Überwurfmutter mit Kugelgriff.*
5. *Bearbeitung: Bohren eines Loches*
6. *Entarretieren⇒Entindexieren⇒ Teilen zur nächsten Rastbuchse⇒ Indexieren⇒Arretieren;*
7. *Wiederholung von 5. und 6. entsprechend der Teilungsanzahl;*
8. *Entspannen über Kreuzgriff;*
9. *Entnahme des Werkstückes⇒ Neubeginn mit 1.*

Bild 7.9
Teilvorrichtung [7.1]

Beispiel 1

Für eine Teilvorrichtung mit zylindrischem Rastbolzen ist die Teilgenauigkeit zu berechnen. Es ist die Toleranz für die Teilungen am bearbeiteten Werkstück zu ermitteln [7.2]. Mit dem Konstruktionsentwurf werden *vorgegeben*:

Teilscheibe, Außendurchmesser	⌀ 240 mm	
Werkstück, Außendurchmesser	⌀ 80 mm	
Rastbolzen vom Zylinderbolzenindex	⌀ 16 k6 mm	⇒ 16 k6 $^{+0,012}_{+0,001}$
Rastbuchse in der Teilscheibe, Bohrungsdurchmesser	⌀ 16 F7 mm	
Führungsbuchse für den Rastbolzen, Bohrungsdurchmesser	⌀ 16 F7 mm	⇒ 16 F7 $^{+0,034}_{+0,016}$
Abstandstoleranz zweier benachbarter Rastbuchsen	$T_l = 0,03$ mm	
Exzentrizität der Rastbuchse	$e = 0,01$ mm	

7.5 Teilvorrichtungen

Lösung:

Die Toleranz T für die Teilgenauigkeit wird nach Gl. (7.1) berechnet $\quad T = S_1 + S_2 + T_1 + e$

Für das Spiel S_1 zwischen Rastbolzen und Rastbuchse in der Teilscheibe gilt $\quad \Rightarrow \varnothing 16^{F7}_{k6}$

Für das Spiel S_2 zwischen Rastbolzen und Führungsbuchse gilt $\quad \Rightarrow \varnothing 16^{F7}_{k6}$

Da Rastbuchse und Führungsbuchse im vorliegenden Fall das gleiche Paßmaß besitzen, ergeben sich auch gleiche Spiele zum Rastbolzen, also $S_1 = S_2$.

Die Größtspiele betragen $\quad\quad\quad\quad S_{1_G} = S_{2_G} = (0,034 - 0,001)\,mm = 0,033\,mm$

Die Kleinstspiele betragen $\quad\quad\quad\quad S_{1_K} = S_{2_K} = (0,016 - 0,012)\,mm = 0,004\,mm$

Die Toleranz für die Teilungen an der Teilscheibe ergibt sich nach Gl. (7.1) unter Berücksichtigung der Größtspiele zu

$$T_G = S_{1_G} + S_{2_G} + T_1 + e = (0,033 + 0,033 + 0,03 + 0,01)\,mm = 0,106\,mm$$

und unter Berücksichtigung der Kleinstspiele zu

$$T_K = S_{1_K} + S_{2_K} + T_1 + e = (0,004 + 0,004 + 0,03 + 0,01)\,mm = 0,048\,mm$$

Diese Toleranzen T treten am Teilscheibendurchmesser $D_T = 240\,mm$ auf. Am Werkstückdurchmesser $D_W = 80\,mm$ werden sie proportional wirksam, es gilt

$$\frac{D_T}{D_W} = \frac{T}{T_W} \quad\quad\quad\quad T_W = \frac{D_W}{D_T} \cdot T = \frac{80}{240} \cdot T = \frac{T}{3}$$

Für die Teilungen am Werkstück ergibt sich danach

$$T_{W_G} = \frac{T_G}{3} = \frac{0,106}{3}\,mm \approx 0,035\,mm; \quad T_{W_K} = \frac{T_K}{3} = \frac{0,048}{3}\,mm = 0,016\,mm$$

Die Toleranz der Teilungen am Werkstück bewegt sich zwischen 0,016 mm und 0,035 mm. Durch Verschleiß am Indexierbolzen wird die Toleranz noch größer.

Beispiel 2

Für das im Bild 7.7 a dargestellte Prinzip einer Teileinrichtung ist der Teilfehler am Werkstückdurchmesser 100 mm zu ermitteln [7.2]. Es ist **vorgegeben**:

Teilscheibendurchmesser: $\quad\quad\quad\quad D_T = 240\,mm;$
Werkstückdurchmesser: $\quad\quad\quad\quad D_W = 100\,mm;$
Spalt a des Werkstückträgers in seiner Lagerung: $\quad a = 0,2\,mm.$

Lösung:

Damit der Feststeller einrasten kann, muß die Teilscheibe um den Betrag a am Umfang zurückgedreht werden. Der Bogen am Teilscheibenradius von 120 mm beträgt 0,2 mm. Damit wird

$$\text{arc}\,\alpha = \frac{0,2}{120} = 0,00166 \quad \text{für 1' ist arc } \alpha' = 0,000291; \quad \text{somit ergibt sich } \alpha = 5'42''$$

Der Teilfehler am Werkstück beträgt $\alpha = 5'42''$, weil die Indexierrichtung nicht mit der Arretierrichtung übereinstimmt.

8 Dimensionieren und Gestalten

Im Kapitel 3 wird der konstruktive Entwicklungsprozeß in seiner Gesamtheit dargestellt. Auf der Grundlage konkreter Konstruktionsanforderungen wird über die Phasen Planen – Konzipieren – Konstruieren die systematische Vorgehensweise der Konstruktionsmethodik realisiert. Dabei ist die Phase des Konstruierens ein Erkenntnisprozeß, in der die konstruktive Entwicklung wechselseitig als Entwerfen und Ausarbeiten im ganzheitlichen Konstruktionsprozeß erfolgt. Nachfolgend wird das Konstruieren weiter analysiert.

Jedes technische Gebilde erfüllt seine ihm zugedachte Funktion durch die Gesamtheit seiner Eigenschaften bzw. Wesensmerkmale. Diese werden erzeugt durch die stoffliche Zusammensetzung, die Abmessungen und die Form einschließlich der Oberflächenbeschaffenheit. Beim Konstruieren ist demzufolge nach Konstrukionsanforderungen eine anforderungsgerechte und funktionsorientierte Werkstoffauswahl, eine festigkeitsgerechte Dimensionierung der geometrischen Abmessungen und eine funktionsgerechte Gestaltung der Oberflächenbeschaffenheit durchzuführen, um gezielt beabsichtigte Eigenschaften und Wesensmerkmale dem zu konstruierenden technischen Gebilde zu verleihen [8.1].

Eine Vorrichtung erfüllt ihre Funktionen mit Hilfe ihrer Baugruppen und Vorrichtungselemente *(siehe dazu Kapitel 3)*. Jedes dieser Bauteile muß vom Konstrukteur ganz bewußt so konstruiert werden, daß die bestehenden Anforderungen unter technischen und wirtschaftlichen Aspekten optimal erfüllt werden. Dieses Konstruieren wurde zeitlich nach dem Arbeitsfortschritt als "Entwerfen" oder "Ausarbeiten" klassifiziert. Unter schöpferischen Gesichtspunkten besteht das Konstruieren eines technischen Gebildes aus drei Komponenten, die in gegenseitiger Bedingtheit bestehen.

Konstruieren bedeutet [8.1]:

   1. festigkeitsgerechtes Dimensionieren
   Berechnung und Festlegung der geometrischen Abmessungen und Form (Grobstruktur)
   2. funktionsgerechtes Gestalten
   Ausbildung der Oberflächenbeschaffenheit (Feinstruktur)
   3. anforderungsgerechte Werkstoffauswahl
   funktionsgerechte Werkstoffestlegung

8.1 Festigkeitsgerechte Dimensionierung

Unter festigkeitsgerechter Dimensionierung soll die Festlegung der Abmessungen, der Form und der Gestalt des zu konstruierenden Gebildes nach den funktionsbedingten Belastungen (Kräfte und Momente) verstanden werden [8.1].

Die Einleitung, Übertragung, Weiterleitung oder Umformung von Kräften und Momenten erfolgt über Bauteile, die dadurch mit Aktions- und Reaktionskräften belastet werden. Sie befinden sich zu jeder Zeit im Gleichgewichtszustand, d. h. der "Kraftfluß" muß die Energie in einem geschlossenen Kreislauf übertragen. Dabei erfahren die im Kraftfluß liegenden Bauteile die unterschiedlichsten Belastungen in Form von Zug-, Druck-, Biege-, Torsions-, und Schubbelastungen oder auch Abscherung, Knickung, Flächenpressung. Zeitlich differenziert entstehen statische und dynamische Belastungen unterschiedlicher Formen. Durch die Viel-

8.1 Festigkeitsgerechte Dimensionierung

zahl der im Kraftfluß liegenden Bauteile und ihre funktionsbedingt unterschiedliche Ausbildung wird der Kraftfluß unterschiedlich ausgeprägt. Es gibt Bereiche mit geringer Kraftflußdichte, diese sind festigkeitsmäßig unkritisch. An anderen Stellen des Kraftflusses kann es zu einem Sammeln der Kraftflußdichte kommen, d. h. eine Kräftekonzentration mit kritischer Bauteilbelastung. Diese muß vom Konstrukteur als besondere Schwachstelle erkannt und festigkeitsgerecht dimensioniert werden [8.2].

Dem Konstrukteur obliegt also die Aufgabe, eine günstige bzw. optimale Kraftflußleitung durch eine zweckentsprechende Formgebung der Bauteile und einen möglichst kurzen Kraftfluß zu sorgen, um bereits mit geringen tragenden Querschnitten den Anforderungen zu entsprechen und durch leichte Bauweise Materialkosten einzusparen. Dies erfordert ein systematisches Konstruieren nach den Prinzipien der festigkeitsgerechten Dimensionierung [8.2].

Prinzipien der festigkeitsgerechten Dimensionierung

1. Den Kraftfluß auf kurzem Wege mit möglichst wenigen Bauteilen schließen

- Der Werkstoff sollte nach einem möglichst großen Elastizitätsmodul E ausgewählt werden, ansonsten ist eine höhere Festigkeit nur über eine größere Bauteilsteifigkeit erreichbar. Diese Möglichkeit besteht z. B. bei Einsatz von Leichtmetallen bzw. Leichtbauweise.
- Biegebeanspruchungen sollten möglichst in Zug/Druck–Beanspruchungen umgesetzt werden. Sofern Biegebeanspruchungen unvermeidbar sind, sollten symmetrische Belastungen angestrebt werden und diese auch nur unter möglichst kleinen Wirkradien angreifen.
- Die Bauteile sollen möglichst gedrungen ausgebildet werden, da mit ihrer zunehmenden Schlankheit (Verhältnis L_0 / A_0 – Länge zu Querschnittsfläche im unbelasteten Zustand) die Formänderungen durch Zug/Druck stark anwachsen.

2. Die Kraftflußdichte über alle Bauteile im Kraftfluß möglichst konstant halten

Konstante Gestaltfestigkeit – keine Schwachstellen, keine Überdimensionierung. Möglichst nur geringe Schwankungen der Kraftflußdichte zulassen. Durch eine kraftflußgerechte Gestaltung der Bauteile sollen Kerbwirkungen mit Spannungskonzentrationen infolge Form- und Größenänderungen von Bauteilquerschnitten minimiert werden. In Abhängigkeit des Herstellungsverfahrens und des Werkstoffes sind vom Konstrukteur geeignete konstruktive, insbesondere gestalterische Maßnahmen durchzuführen, um die Kerbwirkungen zu minimieren [8.2].

- Eine optimale Werkstoffausnutzung wird erreicht, wenn die infolge der äußeren Belastung vorhandene Spannung σ_{vorh} gleich der vom Werkstoff vorgegebenen zulässigen Spannung σ_{zul} gesetzt wird. In diesem Fall ergibt sich über den gesamten Bauteilquerschnitt eine konstante Kraftflußdichte.
- An den Bauteilabschnitten mit den größten Querschnittsänderungen und den kleinsten Rundungsradien wird der Kraftfluß am stärksten eingeschnürt bzw. umgelenkt, die Änderung der Spannungsliniendichte und damit die Kerbwirkung sind deshalb dort am größten. Aus funktionalen Gründen sind größere Querschnittsänderungen oft unvermeidbar, in diesen Fällen – beispielsweise Wellenabsätzen – sollte durch Entlastungskerben eine allmähliche Umlenkung der Spannungslinien erreicht werden.

3. Die funktionsbedingten Belastungen durch Kräfte und Momente dürfen zu keinem Zeitpunkt die Funktionsfähigkeit des Bauteiles gefährden, d.h. keine kritische elastische oder plastische Formänderung.

Durch eine Konzentration des Werkstoffes in hochbeanspruchten Bauteilbereichen und eine werkstoffsparende Gestaltung in Zonen geringer Belastung wird eine große Steifigkeit und eine hohe Festigkeit erreicht. Auch bei Leichtbauweise kann durch richtige Werkstoffauswahl eine ausreichende Bauteilsteifigkeit erreicht werden [8.2].

- Zug- bzw. druckbeanspruchte Bauteile sollten möglichst gedrungen – mit geringer Schlankheit L_0 / A_0 – ausgebildet werden;
- bei Biegung sollte zur Erreichung einer geringen Durchbiegung f das Verhältnis $I_ä / A_0$ des äquatorialen Flächenträgheitsmomentes $I_ä$ zum tragenden Querschnitt A_0 möglichst groß gewählt werden;
- bei Torsionsbeanspruchung sollte unbedingt ein Bauteil mit einem geschlossenen Querschnitt und einem großen Verhältnis I_p / A_0^2 des polaren Flächenträgheitsmomentes I_p zum tragenden Querschnitt A_0 eingesetzt werden.

4. *Die elastischen Verformungen aller im Kraftfluß liegenden Bauteile müssen durch eine entsprechend große Steifigkeit jedes Bauteils aufeinander abgestimmt werden.*

Nur so kann die Funktionssicherheit und Zuverlässigkeit gewährleistet werden. Eine unzulässig große Verformung auch nur eines im Kraftfluß liegenden Bauteiles kann zum Versagen des gesamten Baugruppe führen. Dies betrifft auch unterschiedlich große elastische Verformungen als Folge asymmetrischer Konstruktionen bzw. Belastungen [8.2].

Das festigkeitsgerechte Dimensionieren von Vorrichtungen

Grundlage für die Dimensionierung der Spannelemente sowie der ganzen Vorrichtung bilden nach Abschnitt 5.5 die *Schnittkraft* F_S, die *Vorschubkraft* F_V sowie die *Passivkraft* F_P.
Diese drei Kräfte stellen die Komponenten der gesamten Zerspanungskraft bei einem Spanungsvorgang dar. Zur Berechnung dieser drei Kräfte gibt es verschiedene Berechnungsansätze nach Kronenberg [8.3], Hirschfeld [8.4], Victor/Spur [8.5/ 8.6] u. a.. Die Ansätze nach [8.5] und [8.6] haben sich sehr weit durchgesetzt und sind Bestandteil weiterer Literaturquellen u. a. [8.7], sie werden für die Vorrichtungsdimensionierung oft zur Grundlage genommen.

Die Schnittkraft F_S in N läßt sich berechnen

$$F_S = b \cdot k_{s1,1} \cdot h^{1-m} \tag{8.1}$$

analog dazu die Vorschubkraft F_V in N

$$F_V = b \cdot k_{v1,1} \cdot h^{1-x} \tag{8.2}$$

die Passivkraft F_P in N

$$F_P = b \cdot k_{p1,1} \cdot h^{1-y} \tag{8.3}$$

$k_{s1,1}$ *Hauptwert der spezifischen Schnittkraft* k_s *in N/mm²*
1-m   *Anstiegswert für die Schnittkkraft*
b   *Spanungsbreite in mm*
h   *Spanungsdicke in mm*
$k_{v1,1}$ *Hauptwert der spezifischen Passivkraft* k_v *in N/mm²*
1-x   *Anstiegswert für die Vorschubkraft*
$k_{p1,1}$ *Hauptwert der spezifischen Vorschubkraft* k_p *in N/mm²*
1-y   *Anstiegswert für die Passivkraft*

Richtwerte für häufig eingesetzte Werkstoffe sind in der ***Anlage zu 8.1, Tabelle 8.1.1*** enthalten. Für weitere Grundlagen wird auf die Fachliteratur verwiesen , z. B. [8.7] und [8.8].

8.2 Funktionsgerechte Gestaltung 151

Das *Dimensionieren* erfordert in jedem Fall die Festlegung der geometrischen Abmessungen und Form der Bestimmelemente und Spannelemente nach den einwirkenden Bearbeitungs- und Spannkräften. Darüber hinaus sind die den Kraftfluß übertragenden Vorrichtungselemente aller Baugruppen zu überprüfen und die kritischen Schwachstellen festigkeitsmäßig nachzuweisen. Unter den Gesichtspunkten der Qualitätssicherung, Genauigkeit und Zuverlässigkeit sind die Bestimm- und Spannflächen hinsichtlich Spannmarkenbildung bzw. Flächenpressung zu berechnen [8.9].

8.2 Funktionsgerechte Gestaltung

Durch die *funktionsgerechte Gestaltung* der zu konstruierenden Bauteile sollen die funktionellen Anforderungen, insbesondere also die Fertigung und der Einsatz dieser Bauteile gestaltungsseitig gewährleistet werden. Dazu muß die Oberflächenbeschaffenheit (Form, Gestalt, Zustand der Kontaktflächen) der Vorrichtungselemente durch gezielte gestalterische Konstruktionsmaßnahmen anforderungsgerecht verändert werden. Die *Fertigung* – d. h. *fertigungsgerechte Gestaltung* – erfordert in Abhängigkeit des jeweiligen Herstellungsverfahrens eine *bearbeitungsgerechte*, eine *werkstoffgerechte* und eine *montagegerechte Gestaltung*. Für den *Einsatz* der Bauteile ist eine *bedienungsgerechte Gestaltung* zu gewährleisten [8.1].

8.2.1 Bedienungsgerechte Gestaltung

Das *Bedienen* einer Vorrichtung umfaßt mehrere aufeinanderfolgende einzelne Tätigkeiten, die der Bediener der Vorrichtung im festgelegten Handlungsablauf verrichten muß. Wie dieser Handlungsablauf im konkreten Fall aussieht, hängt von der jeweiligen Bearbeitungsaufgabe und der dazugehörigen anforderungsgerechten Vorrichtungskonstruktion ab. Generell soll eine Vorrichtung "*bediensicher*" sein, d. h. sie soll einfach, leicht und unkompliziert zu bedienen sein. Die festgelegten notwendigen Handlungsschritte müssen folgerichtig, unverwechselbar und sicher ausgeführt werden können und Bedienungsfehler sowie Gefährdungen aller Art ausschließen [8.9/ 8.10].

Beim *Konstruieren* einer Vorrichtung ist auf die *bediengerechte* Ausführung der Konstruktionslösung zu achten. Die für das Handhaben der Vorrichtung im einzelnen erforderlichen Tätigkeiten müssen Bestandteil des Anforderungskataloges sein, der die Grundlage für die anforderungsgerechte Vorrichtungskonstruktion ist.

Um wirtschaftliche Lösungen zu finden, muß der Konstrukteur die einzelnen Handlungen bis zu den Bedienelementen durchdenken und seine Festlegungen unter dem Gesichtspunkt des geringsten Kraft- und Zeitaufwandes treffen. Er muß sich Klarheit über Bedienkräfte, Bedieneinrichtungen, Bedienzeiten und geeignete Bedienelemente verschaffen. Besonders das Einlegen und Herausnehmen der Werkstücke muß in diesem Zusammenhang sorgfältig beachtet werden.

1. Einlegen des Werkstückes

Das Einlegen des Werkstücks in die Vorrichtung muß leicht und sicher gewährleistet sein. Die Zeit für das Einlegen ist möglichst kurz zu halten, darf aber nicht auf Kosten der Arbeitssicherheit und der Bearbeitungsgenauigkeit verringert werden. Darüber hinaus sind beim Einlegen folgende Forderungen zu erfüllen [8.10]:

Geringe Ermüdung des Bedienenden
Die Beanspruchung des Bedienenden ist von der Größe der aufzuwendenden Kraft, von der Länge des Bedienweges, von der Häufigkeit der Betätigung, von der Zugänglichkeit, Form

und Oberflächenbeschaffenheit des Bedienelementes u. a. abhängig [8.4]. Das zu bewegende Werkstückgewicht und die manuell aufzubringende Spannkraft sind entscheidende Faktoren.

Konstruktionshinweise:
- Bei gelegentlichem Bedienen kann die zulässige Maximalkraft für kurze Zeit ausgeübt werden.
- Bei häufigem Bedienen sind die zulässigen Dauerbelastungen anzusetzen.
- Unter keinen Umständen dürfen die zulässigen Belastungen für den Bedienenden überschritten werden.
- Besteht die Gefahr einer Überlastung der Vorrichtung, so sind sicherheitstechnische Maßnahmen vorzusehen, die jede Gefährdung ausschließen.

Keine Verletzungsgefahr
Es soll genügend Bedienfreiheit vorhanden sein. Die Finger (bei kleinen Werkstücken) oder die Hände (bei größeren Werkstücken) müssen in der Vorrichtung genügend Handlungsfreiheit haben, d. h., die Vorrichtung darf nicht zu eng konstruiert werden.

Festlegung der wirtschaftlichsten Methode
Das Einlegen kann auf verschiedene Weise, beispielsweise mit der Hand, mit Hilfsmitteln oder automatisiert erfolgen. Dabei sind zu berücksichtigen

- Form, Größe und Masse des Werkstückes
- Schwerpunktlage des Werkstückes in Einlegestellung
- Schutz der bereits bearbeiteten Werkstückflächen
- Form, Größe und Masse der Vorrichtung
- Entfernung und räumliche Lage der Spanneinrichtung vom Standort des Bedienenden
- physische Bedingungen des Bedienenden
- zeitlicher Abstand, unter dem sich das Einlegen (bzw. Herausnehmen) wiederholt; zu fertigende Stückzahl

Das Einlegen ist einfach, wenn das Werkstück nur durch eine Ebene bestimmt wird. Schwierig kann das Einlegen bei formschlüssigen Bestimmelementen werden. Für ein bequemes Einlegen sind Einführungsflächen also Postionierhilfen vorzusehen, beispielsweise

- Einführungskegel an Bestimmbolzen oder Bestimmbohrungen *(Bild 8.1)*
- Vorführungsflächen bei formschlüssigen Aufnahmen *(Bild 8.2)*
- asynchrones Einführen von Paßteilen; (zeitliche Staffelung z. B. durch verschieden lange Bestimmbolzen *(Bild 8.3)*

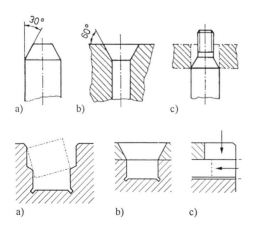

Bild 8.1
Einführungskegel [8.11]
a) Bestimmbolzen;
b) Bestimmbohrung;
c) Kegellagerübergang

Bild 8.2
Formschlüssige Werkstückaufnahme
[8.11]
a) mit Vorführungsflächen
b) mit offener Fläche
c) Einführrichtungen zu b)

8.2 Funktionsgerechte Gestaltung

Sicherung gegen falsches Einlegen der Werkstücke

Es gibt Werkstückformen, die sich in verschiedenen Lagen in die gleiche Aufnahme der Bestimmelemente einlegen lassen. In diesem Fall ist das Bestimmen nicht eindeutig, bei falscher Bestimmlage wird Ausschuß produziert. Eine Sicherung gegen falsches Einlegen muß dies verhindern.

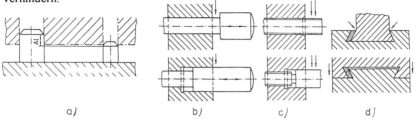

a) b) c) d)

Bild 8.3 *Asynchrones Einführen von Paßteilen [8.1]*
a) Asynchrones Einführen durch unterschiedliche Längen ΔL
b) Verhindern des Verschmutzens durch Doppelführung
c) Verhinderung des Verschmutzens durch Zylinderführung
d) Verhinderung des Verschmutzens durch richtige Anordnung der Führungen

Eine Möglichkeit ist die Veränderung der Bestimmelemente (Bild 8.4). Lassen die aufnehmenden Bestimmelemente eine Veränderung nicht zu, dann sind Hilfsmittel (z. B. Stifte, Bolzen) an anderen Vorrichtungselementen anzubringen (Bild 8.5).

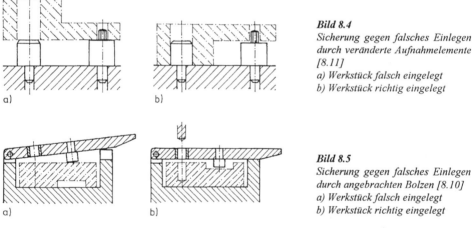

Bild 8.4
Sicherung gegen falsches Einlegen durch veränderte Aufnahmeelemente [8.11]
a) Werkstück falsch eingelegt
b) Werkstück richtig eingelegt

Bild 8.5
Sicherung gegen falsches Einlegen durch angebrachten Bolzen [8.10]
a) Werkstück falsch eingelegt
b) Werkstück richtig eingelegt

Bei symmetrischen Werkstückformen ist eine Sicherung gegen falsches Einlegen mit einfachen Mitteln oft nicht erreichbar. In solchen Fällen kann durch Veränderung der Bearbeitungsfolge oder durch Änderung der Werkstückform das richtige Einlegen erzwungen werden.

2. Herausnehmen des Werkstückes

Für das Herausnehmen der Werkstücke aus der Vorrichtung gelten prinzipiell die gleichen Forderungen wie für das Einlegen. Vor allem bei kleineren Werkstücken oder bei schwerer Zugänglichkeit kann das Herausnehmen schwieriger sein als das Einlegen. Unter Umständen sind dann Hilfsmittel für das Herausnehmen vorzusehen, z. B. Auswerfer, Hebel, Druckluft.

Konstruktionshinweise:

- Auswerfer können manuell (von Hand bzw. durch den Fuß) oder durch die Werkzeugmaschine betätigt werden. Die Auswerfkraft kann für kleinere Werkstücke in Schwerpunktrichtung angreifen, größere Werkstücke werden nur angekippt.
- Bei federkraftbetätigten Auswerfern muß beim Spannen des Werkstückes die Federkraft des Auswerfers überwunden werden. Der Federbolzen schiebt das Werkstück beim Entspannen (Zurückziehen des Backens) heraus oder hebt es an.
- Bei der Konstruktion eines Auswerfers sind zusätzlich die Veränderungen zu berücksichtigen, die sich im Bearbeitungsprozeß am Werkstück einstellen können (Gratbildung, Verzug durch Bearbeitungsspannungen, Verzug durch Wärmespannungen).
- Bei Fügevorrichtungen ist zu gewährleisten, daß das gefügte Werkstück aus der Vorrichtung auch wieder entnommen werden kann.

3. Bedienelemente

Bedienelemente sind Vorrichtungselemente zum Handhaben von Vorrichtungen. Die Form und Größe der Bedienelemente ist so zu wählen, daß der Bediener die notwendige Kraft ausüben kann, ohne die Vorrichtungselemente zu überlasten. Die richtige Wahl von Art und Größe eines Bedienelementes setzt beim Konstrukteur Erfahrung voraus. Griffdurchmesser werden oft zu klein, Grifflängen meist zu kurz gewählt. Darum sollte der Konstrukteur mit Bedienelementen eine praktische Erprobung durchführen.

Für die Bedienung von Hand steht eine große Anzahl von genormten Bedienelementen zur Verfügung, die vorzugsweise verwendet werden sollten. Bedienelemente sind so auszuwählen, daß sie gut greifbar sind, keinen Standortwechsel des Bedieners erfordern, ausreichend Abstand zu benachbarten Vorrichtungselementen haben, das Einlegen und Herausnehmen nicht behindern und außerhalb des Werkzeugbereichs liegen. Die Auswahl des geeigneten Bedienelementes erfolgt nach folgenden Gesichtspunkten [8.10]

- Anforderungen (Genauigkeit, Geschwindigkeit, Kraft)
- Funktion (Zweck, Bedeutung)
- Bedienungsmöglichkeit
- Hand- oder Fußbedienung
- kontinuierlich oder diskontinuierlich
- Sinnfälligkeit der Zuordnung
- Genauigkeit der Einstellung
- Platzverhältnisse
- Identifizierbarkeit der Elemente (Kennzeichnung der Bedienelemente)

Zur sicheren Identifizierung ist eine Kennzeichnung der Bedienelemente notwendig. Möglichkeiten zur Kennzeichnung sind Form, Oberflächenbearbeitung, Größe (echter Zusammenhang zum Tastraum), Farbe, Beschriftung, Gruppierung und eine textlose symbolische Kennzeichnung der Bedienelemente. Bei Verwendung einarmiger Bedienelemente ist ihre Einstellbarkeit zu beachten, um die richtige Spannstellung einrichten zu können.

4. Späneschutz, Spänebeseitigung

Späne beeinträchtigen die Genauigkeit (Wärmedehnung), Funktionssicherheit (Verschmutzung bewegter Teile) und Lebensdauer (Verschleißteile – mechanische. Beschädigungen) von Vorrichtungen. Die Vorrichtungskonstruktion muß durch Späneschutz (Abdeckungen) und Späneabfuhr (Öffnungen; schräge Flächen usw.) dem entgegenwirken. Außerdem sind Bestimmflächen erhöht auszuführen und mit Rillen, Nuten und Aussparungen zu versehen (Vertiefungen und "tote Winkel" vermeiden), *(siehe auch Bild 8.3).*

8.2.2 Fertigungsgerechte Gestaltung

Die *fertigungsgerechte Gestaltung* umfaßt die *bearbeitungsgerechte*, die *werkstoffgerechte* und die *montagegerechte Gestaltung*. Entsprechend den unterschiedlichen Herstellungsbedingungen – wie z. B. Gießen, Schmieden, Fließpressen, Löten, Schweißen, Blechverarbeitung, Kunststoffverarbeitung und Fügen durch Verstiften/Verschrauben – entstehen differenzierte Anforderungen für das konstruktive Gestalten hinsichtlich Bearbeitung, Werkstoffeinsatz und Montage [8.1].

Für *werkstoffgerechtes Gestalten* ist die richtige Werkstoffauswahl ebenso ausschlaggebend wie für das *festigkeitsgerechte Dimensionieren*, darüber hinaus sind dabei die Werkstoffkosten zu beachten. Deshalb werden alle diese Aspekte zusammenhängend im Abschnitt 8.3 *"Anforderungsgerechte Werkstoffauswahl"* behandelt. Für Vorrichtungsgrundkörper bzw. Basisbaugruppen werden im Abschnitt 3.2.4.3 "Fügeverfahren – Werkstoffauswahl" weitere Hinweise gegeben.

Die *bearbeitungsgerechte Gestaltung* wird vom Herstellungsverfahren mit seinen verfahrenstypischen Bewegungsabläufen und den eingesetzten Werkzeugen geprägt. Die Form, die Abmessungen und die Bewegungsbahn des Werkzeuges legen die herstellbare geometrische Werkstückform prinzipiell fest. Die Werkstoffe von Werkstück und Werkzeug sowie die Bearbeitungsbedingungen (z. B. Schnittwerte) bestimmen die Vorgehensweise und das erreichbare Fertigungsergebnis. Der Konstrukteur muß die Fertigungsverfahren und ihre Leistungsmöglichkeiten bzw. -grenzen kennen und diese bei der konstruktiven Formgebung der Bauteile zugrunde legen [8.2].

Häufig auftretende Erfordernisse einer *bearbeitungsgerechten Gestaltung* sind beispielsweise

– *Freistiche an geschliffenen Passungssitzen wellenförmiger Teile*
  Die Schleifscheibenkanten können infolge ihrer körnigen Struktur nicht scharfkantig sein; – auch nicht nach einem Abrichtvorgang – dies erfordert *bearbeitungsgerecht* einen Überlaufweg für die Schleifscheibe (Freistichbreite), um den Passungssitz über seine gesamte Länge schleifen zu können. Auch für das nachfolgende Montieren eines aufzusetzenden Teiles, z. B. Wälzlagers, wird der Freistich *montagegerecht* notwendig, damit das aufgeschobene Paßteil (Wälzlager) stirnseitig mit seiner Schulter (Innenring) am Wellenbund zur Anlage kommen kann. Im Bild 4.20 wird dies am Beispiel der konstruktiven Gestaltung eines Bestimmbolzens gezeigt. Das Schleifen der Paßfläche des Bestimmbolzens und die exakte Werkstückauflage auf dessen Bund sind die Konstruktionsanforderungen für die fertigungsgerechte Gestaltung *(siehe Anlage zu 8.2, Tabelle 8.2.3-Nr. 1)*.

– *Eingesenkte Formprofilelemente* (z. B. Vierkant, Sechskant, Keilwellenprofil, Scheiben- und Paßfedernuten u. a.) sind verfahrensgerecht auszubilden.
  Scharfkantige Flächenprofile können durch translatorische Schnittbewegungen (Hobeln, Stoßen, Räumen, Feilen) gefertigt werden, wenn ein Durchgangsprofil vorliegt und damit der Werkzeugaustritt gewährleistet werden kann.
  Durch Fräsen gefertigte *Senkprofile* weisen stets einen Auslaufradius um die Rotationsachse des Fräsers auf (z. B. Scheibenfedernuten durch Walzenfräsen, Paßfedernuten in Langlochform durch Stirnfräsen), scharfkantig nach allen Ebenen können nur Durchgangsformen erzeugt werden. Viele *Profilformen scharfkantig und mit definierter Senktiefe* (kein Durchbruch gefordert) können durch Umformvorgänge im Gesenk erzeugt werden.

– *Rotationssymmetrische Werkstücke* benötigen für das Einspannen in einer *Körnerspitze* (Reitstock beim Drehen, Schleifen, Prüfen usw.) *stirnseitig eine Zentrierbohrung* (genormt nach DIN). Sofern diese nicht ohnehin für axiale Bohrungen benötigt wird, muß sie als künstliche Fertigungsbasis unter zusätzlichem Fertigungsaufwand mit einem Zentrierbohrer eingebracht werden. Teilweise muß die Form des Werkstückrohteiles stirnseitig so verändert werden, das Zentrieröffnungen eingearbeitet werden können (z. B. keine Gußschrägen oder konische Planflächen als Werkstückstirnseiten).

- Für das **Bohren in konische Mantelflächen** oder *schräge ebene Werkstückflächen* müssen Flächen angearbeitet werden, damit der Bohrer nicht verläuft. Dazu können diese Flächen angefräst werden. Guß- oder Schmiedeteile sollten bereits im Rohzustand diese Flächen als künstliche Fertigungsbasis erhalten.

- *Werkstückbestimm- oder -spannflächen* für eine NC-Bearbeitung in Vorrichtungen sind unter Umständen ebenfalls *fertigungsgerecht (vorrichtungsgerecht)* zu gestalten. Für Mehrseiten- und Komplettbearbeitungen wird die notwendige große Flexibilität der Werkstückspanntechnik sehr günstig durch künstliche Fertigungsbasen gewährleistet. In den Abschnitten 4.4.1 Werkstückbestimmflächen und 10.4.1 Vorrichtungssysteme mit künstlichen Fertigungsbasen werden dazu Beispiele erläutert.

Weitere Beispiele für das *fertigungsgerechte (bearbeitungsgerechte* und *montagegerechte) Gestalten* werden als *Anlage zu 8.2, Tabelle 8.2.1, Tabelle 8.2.2* und *Tabelle 8.2.3* gezeigt.

8.3 Anforderungsgerechte Werkstoffauswahl

Mit der *Werkstoffauswahl* hat der Vorrichtungskonstrukteur eine sehr wichtige Entscheidung zu treffen. Durch die richtige Festlegung der Werkstoffe für alle Elemente und Baugruppen der Vorrichtung werden entscheidende Voraussetzungen für die Gewährleistung der künftigen Funktionsfähigkeit und Zuverlässigkeit der Vorrichtung geschaffen und die Kosten maßgeblich beeinflußt. Es gilt als oberstes Prinzip auch im Vorrichtungsbau eine ausreichende Funktionstüchtigkeit bei minimalen Kosten. Dabei sind die Werkstoffkosten und die Werkstoffmassen einander proportional.

Maßgebend für die Zuordnung der Werkstoffe zu den Vorrichtungselementen sind die funktionsbedingten Aufgaben, die sie in der Vorrichtung zu erfüllen haben. In erster Linie erfolgt die Werkstoffauswahl nach Werkstoffeigenschaften, beispielsweise zur Gewährleistung der Festigkeit und Steifigkeit der Vorrichtung. Die Belastungen durch Kräfte und Momente sowie die geforderte Genauigkeit (Toleranzen für Maß-, Form- und Lageabweichungen sowie die Oberflächengüte) des Werkstückes sind in diesem Fall ausschlaggebend für die Werkstoffauswahl. Darüber hinaus wird die Festlegung eines Werkstoffes beeinflußt durch die notwendigen Bearbeitungsverfahren und die erforderlichen funktionsbedingten Gestaltungsmaßnahmen. Diese Verändern die Werkstückoberfläche, um den funktionellen Erfordernissen bei der Fertigung, der Montage, dem Transport und dem künftigen Einsatz des Werkstücks zu entsprechen. Bei Normteilen und handelsüblichen Elementen wurden diese Entscheidungen bereits durch den Hersteller dieser Bauteile getroffen. Darüber hinaus muß die Werkstoffauswahl die Lebensdauer der Vorrichtung gewährleisten und wenn möglich die Leichtbauweise ermöglichen. In Stücklisten wird der Werkstoff angegeben. Weitere Gesichtspunkte sind:

- Durch eine richtige Auswahl der Werkstoffe muß die Funktion der Vorrichtung gesichert werden. Beispielsweise müssen viele Funktionsflächen verschleißfest sein, damit während der Benutzung der Vorrichtung werkstückseitig keine Veränderungen der vorgesehenen Toleranzen auftreten und Störungen in der Fertigung verhindert werden [8.2].
- Die Auswahl der Werkstoffe soll berücksichtigen, daß möglichst wenige Sorten auf Lager gehalten werden müssen, um die im Vorrichtungsbau notwendigen Kapitalbindungen niedrig zu halten. Standardteile, Halbzeuge und Profilmaterial, die gelagert werden sollen, sind

8.4 Vorrichtungsbaugruppen   157

in den Abmessungen nach Vorzugsgrößen zu stufen. Vom Vorrichtungskonstrukteur sind Fertigmaße für Durchmesser, Dicke, Breite und Länge anzustreben, die mit einer kleinstmöglichen Bearbeitungszugabe erreicht werden können.
- Die Entscheidung, ob für den Vorrichtungsgrundkörper und für andere Montageeinheiten die konstruktive Ausführung in Guß-, Schweiß- oder in verstifteter/verschraubter Plattenkonstruktion erfolgt, ist bei der Einzelfertigung von Vorrichtungen meist von betrieblichen Verhältnissen abhängig.
- Zur Vermeidung von Spannmarken am Werkstück können Druckstücke mit glasfaserverstärktem Polyester armiert werden. Die Verwendung von Elasten oder Plasten hat die Vorteile Masseneinsparung, Korrosionsunempfindlichkeit, und daß komplizierte Werkstückkonturen möglich werden. Von Nachteil sind höhere Materialkosten, höherer Wärmeausdehnungskoeffizient, geringere Steifigkeit. Die geringere Verschleißfestigkeit läßt sich durch Armieren mit Stahlteilen in normalen Grenzen halten (Buchsen, Füße. Kanten u. a.). Das Bohren von Kunststoffen ist schwierig, besonders die Feinbearbeitung; deshalb sollten keine Kegelstifte verwendet [8.10] werden.

In der *Anlage, Tabelle 8.3.1 bis Tabelle 8.3.8* werden Empfehlungen zur Werkstoffauswahl für Sonderanfertigungen von Vorrichtungselementen und Reibungskoeffizienten angegeben.

8.4 Vorrichtungsbaugruppen

Im Abschnitt 3.2 Struktureller Aufbau der Vorrichtungen wurden Begriffsbestimmungen vorgenommen. Danach kann ein *Vorrichtungselement (Oberbegriff)* ein *Vorrichtungseinzelteil* oder eine *Vorrichtungsbaugruppe* bestehend aus mehreren Einzelteilen oder Normteilen sein. Mit den Baugruppen werden die funktionellen Anforderungen der Vorrichtung erfüllt. Dies sind *Funktionsbaugruppen, Basisbaugruppen* und *Ergänzungsbaugruppen*. Nachfolgend werden zu diesen Baugruppen und den ihnen über die Vorrichtungsfunktionen zugehörigen Vorrichtungseinzelteilen Konstruktionsbeispiele vorgestellt und Konstruktionshinweise gegeben, um praktische Erfahrungen zur Konstruktion und Anwendung zu vermitteln.

8.4.1 Funktionsbaugruppen

8.4.1.1 Bestimmelemente

Zu den Bestimmelementen gehören Auflage- und Aufnahmebolzen, Absteckbolzen, Auf- und Anlageleisten, Auflagekörper, Aufnahmeprismen, Pendelauflagen, Ausgleichsteile, federnde Druckstücke, Fixierstifte, Zentrierbolzen, Positionsaufnehmer *(Positionssensoren)*. Einige Darstellungen verbunden mit Anwendungsbeispielen zeigt die *Anlage zu 8.4, Tabelle 8.4.1*.

8.4.1.2 Spann- und spannkraftübertragende Elemente

Hierzu gehören Spannschrauben, Druckschrauben, Kugeldruckschrauben, diverse Muttern, Muttern für T-Nuten, Sechskantmuttern mit Kugelpfanne, Druckstücke, Druckscheiben, Vorsteckscheiben, Vorlegescheiben, Schwenkscheiben, Gelenkteller, Kugelscheiben, Kegelpfannen, Mitnehmersteine, Nutensteine, Flachspanner, Ausgleichsspanner, Niederzugspanner, Aufsitzspanner, Höhenspanner, Exzenterspanner, Spiralexzenterspanner, Spannpratzen, Spannprismen, Spannbrücken, Spanneisen und Spannunterlagen verschiedener Ausführungsformen, feste und verstellbare Spannhebel und Klemmhebel, feste und drehbare Ballengriffe, Rastenspannhebel, Kegelgriffe, Knebelschrauben und -muttern, Zylindergriffe, Pilzgriffe, Konus- und Kugelknöpfe, Kreuzgriffe, Sterngriffe, Rändelschrauben und -muttern, diverse Griffstangen, gerade und gekröpfte Handkurbeln, Handräder voll oder mit Speichen, Kraftaufnehmer *(Kraftsensoren)*. Eine vollständige Aufzählung ist nicht möglich, die vorgenannten Elemente werden sehr oft eingesetzt. Die Hersteller von Vorrichtungsteilen und Normalien haben diese Elemente noch in vielen verschiedenen Ausführungen für die verschiedensten Einsatzfälle im Angebot. Darüber hinaus werden noch weitere Vorrichtungselemente zum Spannen von verschiedenen Herstellern produziert, darüber informieren deren Kataloge. Einige Anwendungsbeispiele werden in der *Anlage zu 8.4, Tabelle 8.4.2* dargestellt.

8.4.1.3 Werkzeugführungs- und Werkzeugeinstellelemente

Hierzu gehören alle Bohrbuchsen, Bohrplatten aller Ausführungsarten, Schnapper, Schnappverschlüsse, wie im Kapitel 6 Führen dargestellt. Anwendungsbeispiele zeigt die *Anlage zu 8.4, Tabelle 8.4.3*.

8.4.2 Basisbaugruppen

Basisbaugruppen haben die Aufgabe, alle Vorrichtungselemente in ihrer vorrichtungsbedingten relativen Lage zueinander aufzunehmen, diese unter allen Bearbeitungsbedingungen mit der geforderten Genauigkeit beizubehalten und die bearbeitungsbedingten Belastungen sicher auf den Werkstückträger der Fertigungseinrichtung zu übertragen. *Grundelemente* sind die Vorrichtungselemente, welche die Verbindung zwischen Maschinentisch und weiteren Vorrichtungselementen herstellen und den Kraftfluß auf den Werkstückträger der Fertigungseinrichtung übertragen. *Aufbauelemente* dienen zur Befestigung weiterer Vorrichtungselemente oder als Bindeglied zu Grundelementen.

Die *Aufnahme der Vorrichtung auf der Werkzeugmaschine* [8.10] erfolgt durch Positionieren *(Lagefixierung)* und durch Spannen der Vorrichtung auf der entsprechenden Baugruppe der Werkzeugmaschine – z. B. Spindelkopf bei Drehmaschinen, Tisch bei Fräsmaschinen, Frontplatte bei Räummaschinen, Tisch bei Karuselldrehmaschinen. Für die Verbindung der Vorrichtung mit der Werkzeugmaschine kommen folgende Anschlußmöglichkeiten in Frage:

Lagepositionierung der Vorrichtung
- Auflegen auf den Maschinentisch und erforderlichenfalls Anlegen an eine feste Leiste
- Einmitten in keglige Bohrungen
- Einmitten in zylindrische Bohrungen und Auflegen/Anlegen auf dem Maschinentisch

Spannen der Vorrichtung
- Festhalten mit Handkraft, eventuell gegen feste Anlage
- Spannen mit starren Spanneinrichtungen
- Spannen mit elastischen Spanneinrichtungen (z B. Magnetkraft)
- Spannen mit Reibschluß (starre oder elastische Spanneinrichtungen)

Aufnahme auf der Werkzeugmaschine je nach Anschlußmöglichkeit/Bauart
- Vorrichtungsfüße (beispielsweise Bohrvorrichtungen)
- Nutensteine (beispielsweise Fräsvorrichtungen)
- Aufnahmekegel (beispielsweise Drehvorrichtungen und Werkzeugspanner)
- zylindrische Aufnahmebolzen (beispielsweise Karuselldrehvorrichtungen)

1. Vorrichtungsfüße

Vorrichtungsfüße werden im allgemeinen an Vorrichtungen angebracht, die von Hand auf dem Maschinentisch bewegt werden. Auf den Füßen muß die Vorrichtung sicher stehen, deshalb sind zur Kompensierung von Kippmomenten stets vier Füße anzubringen. Die kleineren Auflageflächen der Füße verringern mögliche Auflagefehler infolge Verschmutzung durch Späne. Damit die Tische nicht beschädigt werden, sollten keine scharfkantigen Füße verwendet werden. Füße sollten verschleißfest ausgeführt werden (Oberflächenhärten).

8.4 Vorrichtungsbaugruppen

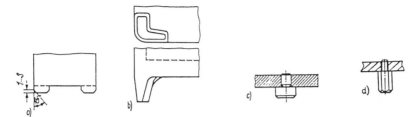

Bild 8.6 *Vorrichtungsfüße [8.10] a)eingehobelte Füße b) angegossene winkelförmige Füße c)eingepreßte Auflagezapfen d) eingeschraubter Fuß*

Für kleinere Vorrichtungen ist die Auflagefläche der Füße etwa 10 mm × 10 mm und für größere Vorrichtungen bis etwa 40 mm × 40 mm zu gestalten, aber immer so groß, daß die T-Nuten des Maschinentisches überbrückt werden. Vorrichtungen, die während der Bearbeitung mit Spindelwerkzeugen von Hand gehalten werden, sollten durch eine Anschlagleiste oder einen Anschlagstift gegen Herumschleudern bzw. Mitreißen gesichert werden.

2. Nutensteine

Nutensteine werden für das Positionieren und Befestigen der Vorrichtungen auf Maschinentischen oder Paletten mit T-Nuten verwendet. Man unterscheidet feste und lose Nutensteine.
Feste Nutensteine werden mit der Vorrichtung verschraubt. Sie müssen bei Tischnuten anderer Abmessungen ausgewechselt werden. Beim Aufsetzen der Vorrichtung auf den Maschinentisch besteht für die Nutensteine und den Maschinentisch eine Beschädigungsgefahr, die mit zunehmender Masse wahrscheinlicher wird. Auch beim Absetzen im Vorrichtungslager werden Absetzhilfen benötigt.

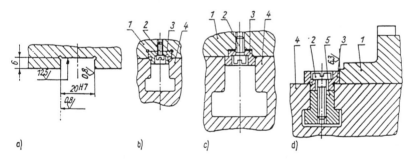

Bild 8.7 *Anwendungsbeispiele für Nutensteine [8.10]*
1 Vorrichtung; 2 Zylinderschraube; 3 fester Nutenstein; 4 Maschinentisch; 5 T-Nutenstein
a) Nut in der Vorrichtung für lose Nutensteine; *b) Feste Nutensteine von 6 bis 20 mm;*
c) Feste Nutensteine von 22 bis 56 mm; *d) für feste Nutensteine als Anschlag;*

Lose Nutensteine sind für eine bestimmte Werkzeugmaschine (z. B. Fräsmaschine, Radialbohrmaschine) jeweils vorgesehen. Eine Beschädigung beim Aufsetzen ist nicht möglich, das Aufbringen der Vorrichtung auf den Maschinentisch ist einfacher. Eine Vorrichtung mit ebener Grundfläche wird auf den Maschinentisch abgestellt, nach den Nuten ausgerichtet, und danach können die Nutensteine eingeschoben werden.

Teilweise werden Bohrbuchsen in den Vorrichtungsgrundkörper eingebracht und in diese ein Bolzen eingepaßt, der in der T-Nut mit einseitiger Anlage die Vorrichtung positioniert. Damit erzielt man größte Genauigkeit. Beim Aufbringen der Vorrichtung auf den Maschinentisch muß in diesem Fall wieder die Beschädigungsmöglichkeit von Bolzen und Nut berücksichtigt werden. Auf der Vorrichtungsseite lassen sich gehärtete Aufnahmebuchsen verwenden. Bei Neukonstruktionen sollten ausschließlich standardisierte lose Nutensteine vorgesehen werden.

Anzahl und Anordnung der Nutensteine
Für die eindeutige Lagepositionierung sind zwei Nutensteine anzuordnen. Es wird immer nur nach einer Tischnut bestimmt, auf keinen Fall nach zwei nebeneinanderliegenden Nuten. Mit größerem Abstand der Nutensteine voneinander nimmt die Positioniergenauigkeit zu. In den Grundplatten für Vorrichtungen unterscheidet man durchlaufende und begrenzte Nuten. Die Fertigungskosten für durchlaufende Nuten sind gewöhnlich niedriger, weil sie in einer Aufspannung mit der Grundfläche hergestellt (z. B. gehobelt) werden können, während begrenzte Nuten gefräst werden müssen. Vorrichtungen, die unter verschiedenen Winkeln aufzuspannen sind, müssen mit entsprechend vielen Nuten versehen werden.
Beim Positionieren mit zwei Nutensteinen entsteht ein *Verdrehwinkelfehler* f_α [8.10]

$$f_\alpha = \arcsin \frac{B_r \cdot (a_w + A_d) - (2 \cdot A_s - B_r) \cdot \sqrt{(a_w + A_d)^2 - 4 \cdot A_s \cdot (B_r - A_s)}}{(a_w + A_d)^2 + (B_r - 2 \cdot A_s)^2} \qquad (8.4)$$

B_r *Größtmaß der Nutensteinbreite*
A_s *Kleinstmaß der Nutensteinbreite*
A_d *Kleinstmaß der Nutensteinlänge*
a_w *Nutensteinabstand*

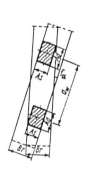

2 Nutensteine
Nutenbreite   12 mm
Nutensteinlänge   13 mm

a)

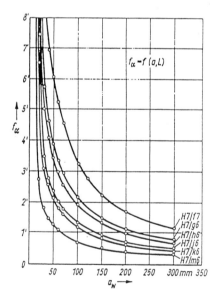

b)

Bild 8.8 Verdrehwinkelfehler als Funktion des Nutensteinabstandes und der Passungen [8.10]
a) Schema der Anordnung der Nutensteine   b) Funktionsverlauf des Verdrehwinkelfehlers

Den Fehlerverlauf in Abhängigkeit vom Nutensteinabstand und den Passungen zeigt Bild 8.8.

8.4 Vorrichtungsbaugruppen

Anordnung der Spannelemente

Nach dem Positionieren der Vorrichtung auf dem Maschinentisch erfolgt das Spannen. Für die Befestigungsschrauben sind an den Grundplatten bzw. am Vorrichtungsgrundkörper Langlochschlitze vorzusehen. In Langlochschlitze lassen sich Schrauben besser einführen als in Bohrungen. Für das Spannen werden Schrauben und T–Nut–Steine oder T–Nut–Schrauben und Muttern benutzt. Der Abstand der Schlitze ist vom Abstand der T-Nuten des Maschinentisches abhängig. Bei kleinen und mittleren Vorrichtungen liegen die zwei Schlitze in der Bestimmungsnut. Bei größeren Vorrichtungen lassen sich mehrere Schlitze anordnen. Wenn in besonderen Fällen keine Langlochschlitze am Vorrichtungsgrundkörper angebracht werden können, muß eine Befestigung mit Spanneisen oder anderen kraftschlüssigen Spannmitteln erfolgen, auch dazu sind konstruktiv geeignete Spannstellen vorzusehen. Die direkte Anordnung der Spannschrauben in Langlochschlitzen ist schwingungsunempfindlicher.

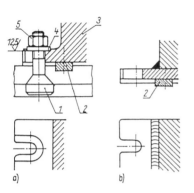

Bild 8.9
Langlochschlitze für Befestigungsschrauben [8.10]
a) gegossener Vorrichtungsgrundkörper;
b) geschweißter Vorrichtungsgrundkörper
1   T-Nuten-Schraube;
2   Nutenstein;
3   Vorrichtungsgrundkörper;
4   Scheibe;
5   Sechskantmutter;

3. Aufnahmekegel [8.10]

Aufnahmekegel dienen vorwiegend zur Aufnahme von Drehvorrichtungen und Werkstückspannern an Drehmaschinen. Die Aufnahme auf Hauptspindeln von Drehmaschinen kann in der Spindelkopfbohrung oder außen am Hauptspindelkopf erfolgen.

Aufnahme in der Spindelkopfbohrung

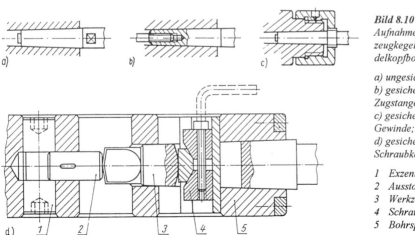

Bild 8.10
Aufnahme im Werkzeugkegel der Spindelkopfbohrung [8.10]

a) ungesichert
b) gesichert durch Zugstange;
c) gesichert durch Gewinde;
d) gesichert durch Schraubkeil;

1   Exzenterbolzen;
2   Ausstoßbolzen;
3   Werkzeug;
4   Schraubquerkeil;
5   Bohrspindel;

Die Spindelkopfbohrung trägt entweder einen Morsekegel oder einen metrischen Kegel. Die Aufnahmen können ungesichert oder gesichert sein. Zur Sicherung werden Zugstangen, Spannzangen, Überwurfmuttern, Gewinde oder Querkeile angewendet. Kleine Vorrichtungen haben bei dieser Aufnahme einen sehr guten Rundlauf.

Eine besondere Bedeutung hat der Steilkegel 7:24 erlangt. *Spindelköpfe mit Steilkegel* haben den großen Vorteil, daß ein automatischer Werkzeugwechsel realisiert werden kann; deshalb werden sie besonders für NC-Bearbeitungszentren eingesetzt. Mit der Steilkegelspannung lassen sich alle Möglichkeiten für manuellen und automatischen Werkzeugwechsel für Bohr- und Fräsmaschinen sowie Bearbeitungszentren verwirklichen. Diese Spindelköpfe sind international standardisiert; sie ermöglichen eine Aufnahme der Werkzeugschäfte mit Steilkegel durch Handspannung, elektromechanische Spannung über Gewinde und hydraulische Spannung über Spannklauen. Im Bild 8.11 werden dazu Beispiele gezeigt.

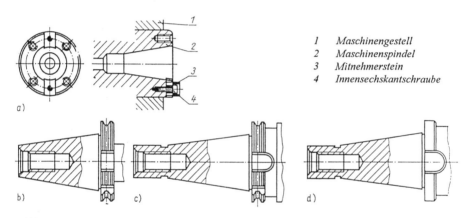

1 Maschinengestell
2 Maschinenspindel
3 Mitnehmerstein
4 Innensechskantschraube

Bild 8.11 *Beispiele für Spindelköpfe [8.10]*
a) Steilkegel 7:24 und Mitnehmerstein;
b) Kegelschaft mit Greifernut;
c) Kegelschaft mit Greifernut und Zapfen;
d) Kegelschaft ohne Greifernut mit zylindrischen Zapfen;

Aufnahme am **Hauptspindelkopf** *[8.10]*
Größere Vorrichtungen und Werkstückspanner werden am Hauptspindelkopf aufgenommen. Um den Anschluß herstellen zu können, müssen die Spindelkopfformen bekannt sein. Übliche Spindelkopfformen sind

– Spindelkopf mit Gewinde
– Spindelkopf mit Zentrierkegel und Flansch
– Spindelkopf mit Zentrierkegel, Flansch und Bajonettscheibenbefestigung

Der *Spindelkopf mit Gewinde* besteht aus einem langen Zylinder, Gewinde mit großer Steigung und einer kleinen Planfläche. Diese Konstruktion findet man an einfachen und langsamlaufenden Maschinen für häufigen Futterwechsel.
Beim *Spindelkopf mit Zentrierkegel* handelt es sich um einen Kurzkegel mit großer Planfläche. Das Bestimmen erfolgt durch den Kegel und die Planfläche; dies erfordert eine hohe Fertigungsgenauigkeit. Beide Spindelkopfausführungen mit Zentrierkegel unterscheiden sich nur in der Befestigungsart der Vorrichtungen. Die Befestigung am Spindelkopf erfolgt am Flansch durch Stiftschrauben oder Zylinderschrauben mit Innensechskant oder innerhalb des Zentrierkegels durch Zylinderkopfschrauben mit Innensechskant. Dieser Spindelkopf kommt für Drehmaschinen bei Serien- oder Massenfertigung zur Anwendung.

8.4 Vorrichtungsbaugruppen

Die Befestigung am Spindelkopf erfolgt mit *Bajonettscheibe*. Sie läßt ein schnelles Wechseln der Fertigungsmittel zu und wird deshalb vorwiegend für kleinere Serien verwendet. Um nun an diesen Spindelköpfen Vorrichtungen bzw. Werkstückspanner befestigen zu können, werden Vorrichtungszwischenflansche erforderlich. Sie überbrücken die verschiedenen Anschlußformen zwischen Vorrichtung und Spindelkopf; Anwendungen zeigt Bild 8.12.

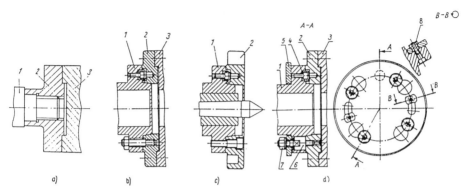

Bild 8.12 *Befestigung am Spindelkopf [8.10]*   (1 Spindelkopf; 2 Vorrichtungszwischenflansch; 3 Vorrichtung; 4 Mitnehmer; 5 Bajonettscheibe; 6 Stehbolzen; 7 Bundmutter; 8 Anschlagbuchse) a) mit Gewinde;   b) mit Stiftschrauben;   c) mit Innensechskantschrauben;   d) mit Bajonettscheibe

4. Zylindrische Aufnahmebolzen

Zylindrische Aufnahmebolzen dienen vorwiegend zur Aufnahme von Drehvorrichtungen auf Karusselldrehmaschinen. Die Planscheibe (Tisch) von Karusselldrehmaschinen hat im Mittelpunkt eine zylindrische Aufnahmebohrung zur Aufnahme eines zylindrischen Aufnahmebolzens. Dieser fixiert die Lage der Drehvorrichtung. Die Aufnahmebohrung mit der gehärteten Führungsbuchse befindet sich immer im Mittelpunkt des zu drehenden Durchmessers. Für exzentrisch versetzt zu drehende Durchmesser hat eine solche Drehvorrichtung mehrere Aufnahmemöglichkeiten. Der zylindrische Aufnahmebolzen verbleibt an der Maschine [8.10]. Darstellungen und Anwendungsbeispiele zu Basisbaugruppen zeigt die *Anlage, Tabelle 8.4.4*.

8.4.3 Ergänzungsbaugruppen

Sie vervollständigen die durch Funktions- und Basisbaugruppen aufgebauten Vorrichtungen und erhöhen das Leistungsvermögen, die Funktionssicherheit und die Zuverlässigkeit der Vorrichtungen. In Verbindung mit den Grundfunktionen zählen die nachgenannten Vorrichtungselemente zu den Funktionsbaugruppen, ansonsten bilden sie Ergänzungsbaugruppen.

8.4.3.1 Stützelemente

Stützelemente gewährleisten eine eindeutige und stabile Werkstückbestimmlage durch zusätzliche Vorrichtungskontaktflächen. Diese ermöglichen eine stabile Gleichgewichtslage des Werkstückes, oder sie erhöhen die Steifigkeit der im Kraftfluß liegenden Teile. Einige ausgewählte Beispiele dafür werden aufgeführt in der *Anlage zu 8.4, Tabelle 8.4.5*.

8.4.3.2 Indexierelemente

Sie fixieren die durch eine Teilbewegung herbeigeführten Lageveränderungen eines Werkstückträgers oder eines Werkstückes. Beispiele zeigt die *Anlage zu 8.4, Tabelle 8.4.6*.

8.4.3.3 Verschlußelemente

Verschlußelemente verriegeln andere bewegliche Vorrichtungselemente in einer vorgegebenen Lage formschlüssig ohne Kraftausübung und schnell lösbar. Beispiele hierfür enthält die *Anlage zu 8.4, Tabelle 8.4.7.*

8.5 Vorrichtungskonstruktionen

In den nachfolgenden Ausführungen werden typische Merkmale von häufig vorkommenden Vorrichtungsarten in Verbindung mit den Erfordernissen einer anforderungsgerechten Vorrichtungskonstruktion aufgezeigt. Damit soll das anwendungsbereite Konstruktionswissen erweitert werden. Eine Vollzähligkeit möglicher Anwendungsprobleme ist nicht beabsichtigt und nicht erreichbar.

8.5.1 Bohrvorrichtungen

Bohrvorrichtungen weisen stets *Werkzeugführungselemente* auf. Ein Beispiel für eine Bohrvorrichtung wird in Bild 6.9 gezeigt und im Text erläutert. Bei ihrer Konstruktion kommt es deshalb außer der Beachtung der in den vorhergehenden Abschnitten dargelegten Konstruktionshinweise darauf an,

- die Abstände zwischen den Vorrichtungsbestimmflächen und den Mittellinien der Bohrbuchsen durch Toleranzen so genau festzulegen, daß die mit der Vorrichtung erzielte Arbeitsgenauigkeit stets innerhalb der vorgeschriebenen Toleranzen liegt;
- das Einlegen und Herausnehmen der Werkstücke erforderlichenfalls durch konstruktive Maßnahmen zu erleichtern. Oft wird dies durch die Bohrbuchsenträger erschwert. Dieses Problem ist bei jeder Bohrvorrichtung konkret zu untersuchen und anforderungsgerecht zu lösen.

Beispiel 1

Das Bild 8.13 [8.1] zeigt eine Sonder-Bohrvorrichtung – als Kippvorrichtung für das Bohren in zwei Koordinatenrichtungen ausgebildet – mit einer klappbaren Bohrplatte. Mit dieser Vorrichtung können nur die Bohrarbeiten durchgeführt werden, für die eigens dafür die Bohrbuchsen vorgesehen wurden. Außerdem ist die Vorrichtung ganz speziell für das im Bild gezeigte prismatische Werkstück vorgesehen.

Das Bestimmen des Werkstückes erfolgt durch Aufschieben auf zwei Bestimmbolzen (16, 18), bis zur Anlage an drei Auflagebolzen (17). Der Bestimmbolzen (18) ist abgeflacht als Schwertbolzen. Die Spannkraft wird mit einer Knebelschraube (33) erzeugt. Mit einem Druckstück wird das Werkstück gegen die festen Auflagebolzen (17) der Auflagefläche gespannt. Zum Einlegen und Herausnehmen des Werkstückes wird die Bohrplatte (25) geöffnet durch Zurückdrücken des Schnappers (34). Die aufgeklappte Bohrplatte wird auf dem Anschlag (21) abgelegt. Beim Schließen verriegelt der Schnapper selbsttätig die Bohrklappe. Die Auflagefläche (27) wurde gehärtet, ebenso die Auflagebolzen (26), damit die Lagegenauigkeit der Bohrplatte lange Zeit erhalten bleibt. An zwei Auflageflächen der Vorrichtung sind jeweils vier Füße angebracht (gehärtet, geschliffen). Nach dem Bohren mit der Bohrplatte wird die gesamte Vorrichtung um 90° gekippt und auf den anderen 4 Füßen aufgesetzt. Damit wird das Bohren mit der Steckbohrbuchse ermöglicht. Nachteile dieser Konstruktionslösung sind u. a.: die Spannkraft beansprucht die Schrauben (20) auf Abscherung, besser wäre Zug/Druck; für besseres Aufschieben sollte der abgeflachte Bolzen (18) kürzer als Bolzen (16) sein; Radien an den Kippkanten der Füße wären günstig.

8.5 Vorrichtungskonstruktionen

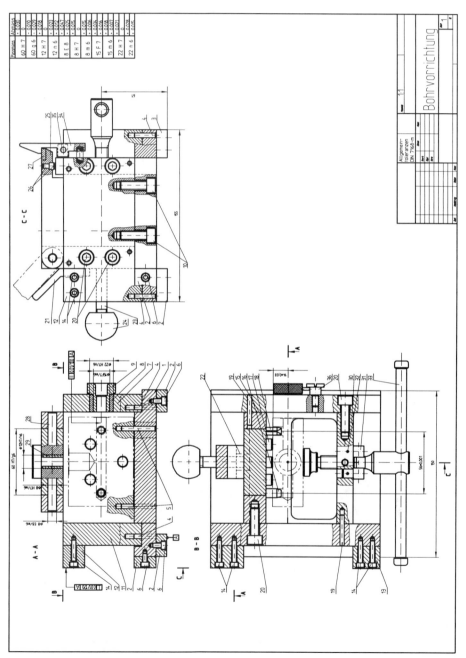

Bild 8.13 Sonder–Bohrvorrichtung (Kippvorrichtung zum Bohren)

166　　　　　　　　　　　　　　　　　　　　　　8 Dimensionieren und Gestalten

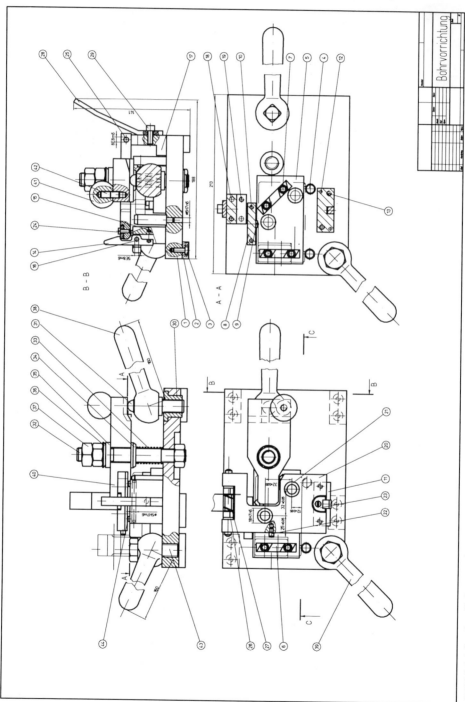

Bild 8.14 Sonder–Bohrvorrichtung

8.5 Vorrichtungskonstruktionen

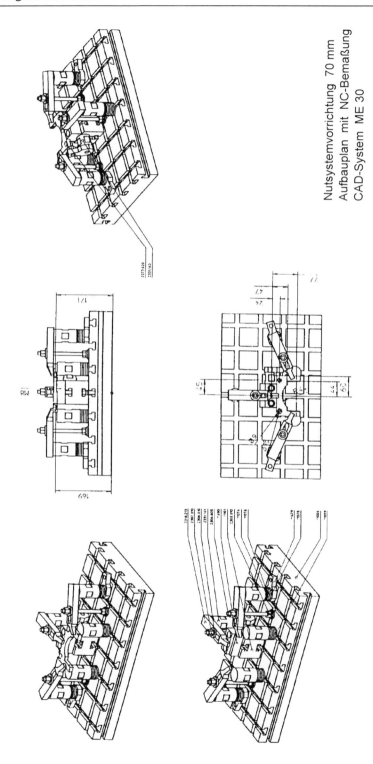

Bild 8.15 Baukastenvorrichtung zum Fräsen und Bohren (3-Seitenbearbeitung)

Beispiel 2

*Das **Bild 8.14** [8.1] zeigt eine **Sonder-Bohrvorrichtung** zum Fertigen von zwei Bohrungen mit den Bohrbuchsen (21) in der klappbaren Bohrklappe (20). Das Bestimmen erfolgt nach drei Ebenen. Das Werkstück (Lagerbock) erhält durch zwei Auflageleisten (7) eine Auflagefläche AF, welche drei Freiheitsgrade bindet. Zwei Bolzen (4) bilden eine Führungsfläche FF und fixieren weitere zwei Freiheitsgrade. Ein Federbolzen (9) dient als Bestimmhilfe und gewährleistet die Anlage des Werkstückes an den Bolzen (4). Am Auflagebolzen (22) liegt das Werkstück mit seinem Lagerauge an; diese Stützfläche kompensiert den sechsten Freiheitsgrad. Das Spannen erfolgt durch das Spanneisen (40).*

8.5.2 Fräsvorrichtungen

Beim Fräsen einer Fläche ergibt sich ein unterbrochener Verlauf der Schnittkraft. Der Fräserdurchmesser wird wesentlich größer als die Werkstückbreite gewählt; daraus folgt eine stoßartige Belastung durch den Anschnitt beim Eindringen und den Austritt der Schneidenzähne beim Verlassen des Werkstückes. Dadurch können erzwungene Schwingungen ausgelöst werden, die mit einer der Eigenfrequenzen des Systems Werkstück-Werkstückträger zur Resonanz führen können. Durch plötzliche Schnittkraftänderungen bei der Spanbildung können auch selbsterregte Schwingungen entstehen, die ebenfalls Resonanz verursachen können. Im Resonanzfall bewirken die großen Schwingungsamplituden ein "Rattern" während der Bearbeitung. Dieser instabile Bearbeitungszustand führt einerseits zu Bearbeitungsfehlern, insbesondere zu einer schlechten Oberflächengüte. Andererseits begründet er eine Gefahr für das gespannte Werkstück. Durch die richtige Auswahl des Spannmittels muß ein Lösen des gespannten Werkstückes als Folge unerwünschter Rattererscheinungen ausgeschlossen werden. Für das Spannen in Fräsvorrichtungen gilt deshalb [8.1]:

Für Fräsvorrichtungen stets selbsthemmende oder elastische Spannmittel einsetzen. In keinem Fall dürfen in Fräsvorrichtungen Spannexzenter zum Einsatz kommen!

Beispiel 3

*Im **Bild 8.15** [8.1] wird eine **Baukastenvorrichtung** vorgestellt, die das **Fräsen und Bohren** des Werkstückes (klammerförmiges Klemmstück) von drei Seiten ermöglicht. Damit wird eine Fertigbearbeitung in einer Aufspannung realisiert. Dazu wird das Werkstück mit der Vorrichtung auf einen Rundtisch aufgespannt. Das Werkstück wurde im fertigbearbeiteten Zustand abgebildet.*

8.5.3 Drehvorrichtungen

Bei Drehvorrichtungen sind eine Reihe von Besonderheiten zu beachten [8.10]:

– Der Vorrichtungsgrundkörper muß den erhöhten Belastungen durch Schnitt- und Fliehkräfte standhalten; deshalb sind weitestgehend geschweißte Grundkörper zu empfehlen. Zur Vermeidung des Verziehens ist vor der spanenden Bearbeitung der Vorrichtungsgrundkörper spannungsfrei zu glühen.
– Der Vorrichtungszwischenflansch verbindet den Vorrichtungsgrundkörper mit der Arbeitsspindel der Drehmaschine und bestimmt ihre Bezugsebenen zueinander. Hochfeste Stahlschrauben (Werkstoffe 8.8 und 10.9) übertragen das Drehmoment, halten umlaufende außermittige Massen und stellen eine feste Verbindung zur Maschinenspindel her.
– Außermittig gelagerte Massen stellen eine Unwucht dar; sie erzeugen besonders bei hohen Drehzahlen große Fliehkräfte, die zum Lösen der Teile von der Vorrichtung führen können und vorzeitigen Verschleiß der Maschine hervorrufen. Durch Ausgleichsmassen und Aus-

8.5 Vorrichtungskonstruktionen

wuchten der Vorrichtung mit dem Werkstück lassen sich Unwuchten beseitigen. Ausgleichmassen werden überschlägig berechnet, mit Langlöchern versehen und mit Auswuchtvorrichtungen ausgewuchtet.
- Verschweißte Teile bringen Schwierigkeiten bei der Feinbearbeitung, da sie stets erst nach dem Spannungsfreiglühen erfolgen darf. Die Werkstückaufnahme sollte nicht mit dem Vorrichtungsgrundkörper verschweißt werden. Besser ist eine gesonderte Bestimmung beider Teile mittels eines Zentrierringes in Zentrierbohrungen oder durch Verstiften.
- Bewegliche, miteinander verbundene Teile müssen den Ersatzkräften und den Fliehkräften standhalten. Ihre ungünstigste Konstellation ist mittels Kräfteplanes zu ermitteln; sie sind festigkeitsmäßig nachzuweisen.
- Aus der ungünstigsten Konstellation der Kräfte sind auch die Schweißnähte festigkeitsmäßig nachzuweisen.
- Das Bestimmen der Werkstücke in der Werkstückaufnahme erfolgt durch die Bestimmelemente. Vorher bearbeitete Flächen sollten immer zum Bestimmen benutzt werden. Vom ersten Arbeitsgang hängen meistens alle folgenden ab. Diese Vorgehensweise ist im Fertigungsplan zu berücksichtigen. Es treten dann nur Bestimmfehler 2. Ordnung auf.
- Als Spannelemente kommen nur selbsthemmende Spannelemente mit großen Spannkräften (Spannschrauben) zur Anwendung. Die Spannkräfte sind über einen Kräfteplan zu ermitteln. Eine Erhöhung der Spannkräfte ist durch Kombinationen zwischen Schraube und Keil oder Schraube und plastischen Druckmitteln möglich und üblich.
- Alle beweglichen Teile der Vorrichtung, deren Betätigung nur im Stillstand erfolgen darf, sind mit kleinstmöglicher Anzahl von Einzelheiten zu konstruieren. Ihre Bemessung erfolgt aus dem ungünstigsten Fall der wirkenden Kräfte.
- In der Werkstückaufnahme wird das Werkstück bestimmt, gespannt, und von ihr werden die äußeren Kräfte in die Maschine eingeleitet. Umlaufende, über die Werkstückaufnahme hinausragende Teile gefährden die Arbeiter. Abdeckbleche lassen sich so anordnen, daß sie über die Elektrik der Maschine verriegelbar sind. Die Maschine ist dann nicht einschaltbar, wenn das Abdeckblech nicht geschlossen ist. Die freie Zugänglichkeit aller Werkzeuge im Reitstock, Revolverkopf oder auf dem Support muß gewährleistet bleiben. Scharfe Kanten sind an Drehvorrichtungen zu vermeiden. Drehvorrichtungen müssen allen Sicherheitsvorschriften entsprechen.

8.5.4 Fügevorrichtungen

Fügevorrichtungen dienen zum Zusammenbau von Einzelteilen zu Montageeinheiten oder zum Zusammenbau von Montageeinheiten zu Anlagen durch Nieten, Kleben, Löten, Schweißen, Pressen und andere Fügeverfahren [8.10].

Die *Fügevorrichtungen* zum Schweißen spielen hierbei eine besondere Rolle. Durch Wärmeentwicklung, Gefügeumwandlung und unterschiedliche Abkühlungsgeschwindigkeiten im Erwärmungsbereich treten in den Bauteilen Schrumpfungen und Spannungen auf. Diese gefährden die Funktion der Vorrichtung oder des Bauteiles und können erheblich die Maßhaltigkeit beeinflussen. Aus diesen Gründen werden Fügevorrichtungen zum Schweißen weiter untergliedert in *Heftvorrichtungen, Schweißvorrichtungen und Heft-Schweiß-Vorrichtungen*.

- In den *Heftvorrichtungen* werden die Einzelteile oder Montageeinheiten in der Lage bestimmt und nur geheftet. In Sonderfällen besteht die Notwendigkeit, die spannungsgefährdeten Einzelteile durch entsprechend starke Spannelemente vorzuspannen, d. h. über die Streckgrenze hinaus – entgegen den beim Schweißen wirksam werdenden Spannungen – zu belasten, um ein Reißen der Schweißnähte unter Betriebslast zu verhindern. Die beim Heften auftretende Wärmeentwicklung ist örtlich begrenzt, so daß Schrumpfungen klein

und Schweißspannungen innerhalb der Heftvorrichtung bedeutungslos sind. Die Heftstellen müssen für das Schweißen frei zugänglich sein.
- Nach dem Heften werden die Montageeinheiten in der Schweißvorrichtung so gehalten, daß eine möglichst günstige Schweißnahtlage (Wannenlage) erreicht wird, damit der Erwärmungsbereich beim Schweißen durch eine geringe Anzahl von Schweißlagen klein bleibt. Der Einsatz automatischer Schweißverfahren wird ermöglicht, wenn die Schweißvorrichtung in mehreren Ebenen schwenkbar und der Vorschub automatisch regelbar ist. Solche Schweißvorrichtungen nennt man Manipulatoren. Sie sind teilweise handelsüblich und brauchen nicht selbst konstruiert und gebaut zu werden.
- Die zweite Aufgabe von Schweißvorrichtungen besteht bei Werkstoffen $\leq 0{,}2\ \%$ C in der schnellen Abführung der auftretenden Wärme bzw. in der Verhinderung von Wärmestauungen in Montageeinheit und Vorrichtung. In bestimmten Fällen wird die Luftkühlung deshalb nicht mehr ausreichen. Durch Einsetzen von Kupferplatten oder wassergekühlten Kupferschuhen an solchen Wärmestauungsbereichen der Vorrichtung lassen sich große Erwärmungsbereiche in der Montageeinheit vermeiden.
- Zu schweißende Werkstoffe $> 0.2\ \%$ C erfordern jedoch erwärmte Werkstoffe und eine langsame Abkühlungsgeschwindigkeit, damit sich in der Schweißnaht kein martensitisches Gefüge ausbilden kann. In diesen Fällen muß entweder die gesamte Montageeinheit oder ein Bereich in der Umgebung der Schweißnaht erwärmt werden. Die Erwärmungseinrichtung wird somit Teil der Schweißvorrichtung.
- Die zu schweißende Montageeinheit muß in der Schweißvorrichtung unbehindert und verzugsarm schrumpfen können. Diese Forderung wird durch die richtige Schweißfolge nach Schweißfolgeplan erfüllt. Der Konstrukteur für Schweißvorrichtungen muß bei komplizierten Bauteilen mit Schweißfachleuten zusammenarbeiten und auch selbst ausreichende Kenntnisse über die möglichen Schrumpfungen und Schweißspannungen besitzen.

Hierbei gelten die *Regeln* [8.10]:

- *Je kleiner die Schweißspannungen, desto größer sind die Schrumpfungen.*
- *Je kleiner die Schrumpfungen gehalten werden, desto größer sind die Schweißspannungen in der geschweißten Baugruppe.*

Die Belastung geschweißter Montageeinheiten wird durch Minderung der zulässigen Spannungen im wesentlichen berücksichtigt. Die Schrumpfungen sind mit der Vorbereitung der Einzelteile zum Schweißen und vorrichtungsseitig besonders zu berücksichtigen.

Im Bild 8.13 sind die Grundschrumpfungen an einem Kastenträger dargestellt. Die Schrumpfung A nennt man Längsschrumpfung. Sie ist abhängig vom Schweißverfahren und von der Schweißnahtlage, weil diese die Größe des Erwärmungsbereiches und die Abkühlungsgeschwindigkeit bestimmen. Die Größe des Erwärmungsbereichs und die Abkühlungsgeschwindigkeit können jedoch vorrichtungsseitig durch geeignete Kühlverfahren klein oder durch Erwärmungsverfahren groß gehalten werden. Die Größe der Schrumpfung A betrifft alle Teile des Kastenträgers; sie wird in mm/m Schweißnaht gemessen und ist in der Vorbereitung der Einzelteile zu berücksichtigen.

Die Schrumpfungen B1 und B2 sind Querschrumpfungen. Sie sind abhängig von der Anzahl der Nähte in der Projektionsebene.

Meßwerte aus einer Vielzahl von Einzelteilen ergaben eine Größe von 0,3 mm/Naht in der Projektionsebene (B1 = 2 × 0,3 mm = 0,6 mm; B2 = 2 x 0,3 mm = 0,6 mm). Auch die Querschrumpfungen sind bei der Vorbereitung der Einzelteile durch Aufmaße zu berücksichtigen, wenn die Montageeinheit maßhaltig sein soll.

8.5 Vorrichtungskonstruktionen

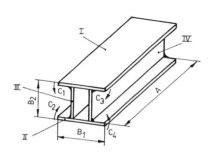

Die Schrumpfungen C1 bis C4 sind Winkelschrumpfungen. Sie sind von den gleichen Bedingungen abhängig wie die Längsschrumpfungen, jedoch nur nach dem Schweißen meßbar. Das Maß der Winkelschrumpfung läßt sich experimentell ermitteln. Durch elastisches oder plastisches Kröpfen (Vorspannen) in der entgegengesetzten Schrumpfrichtung wird die Winkelschrumpfung kompensiert.

Bild 8.16
Schweiß-Schrumpfungen an einem Kastenträger [8.10]
I; II   Flanschbleche
III; IV Stegbleche

Nach dem Schweißen läßt sich die Winkelschrumpfung nur durch Keilwärmen mit dem Schweißbrenner rückgängig machen, bei gleichzeitigem Auftreten der Nachteile weiterer Quer- und Längsschrumpfungen sowie des Verwerfens der Montageeinheit durch ungleichmäßigen Abbau der Wärmespannungen.

Alle Schrumpfungen an einer Montageeinheit vollziehen sich in Richtung des Schwerpunkts der Schweißnähte dieser Montageeinheit. Ist der Schwerpunkt der Schweißnähte nicht identisch mit dem Masseschwerpunkt bei gleicher Schweißnahtlage, dann besteht die Gefahr des Verwerfens. Verworfene Einzelteile oder Montageeinheiten können nach dem Schweißen durch zusätzliche örtliche Erwärmung gerichtet werden. Dem Verwerfen der Montageeinheiten kann man jedoch durch unterschiedliche Schweißnahtlagen, durch richtige Schweißfolgen oder Vorspannen der Einzelteile entgegenwirken. Alle Montageeinheiten müssen beim Schweißen frei in Richtung des Schweißnahtschwerpunktes schrumpfen können; deshalb erfolgt das Schweißen immer von diesem Schwerpunkt ausgehend nach außen. Nur beim Einhalten dieser Bedingungen erfolgt trotz vorhandenen Schrumpfbestrebens ein verzugsfreies bzw. -armes Schweißen.

Verwerfungen und Eigenspannungen lassen sich klein halten, wenn man von den Bedingungen ausgeht, zuerst Einzelteile zu Montageeinheiten und dann die Montageeinheiten zur Anlage durch Schweißen zu verbinden. Für jeden Arbeitsgang werden gesonderte Vorrichtungen zum Heften und Schweißen benötigt.

Es sollten die folgenden *Bedingungen* eingehalten werden [8.10]:

- *Die Starrheit der Montageeinheit und der Anlagen soll erst mit der letzten Schweißnaht erreicht werden.*

- *Je weniger Schweißnähte, desto geringer sind die Spannungen, Schrumpfungen und Verwerfungen.*

9 Rechnergestützte Vorrichtungskonstruktion

Computereinsatz und NC-Fertigung ermöglichten kompliziertere Werkstückgeometrien und damit eine größere Werkstückvielfalt, die zu kleineren Losgrößen führte. Diese Ursachen und verschärfter Wettbewerbsdruck bewirken kürzere Innovationszeiten und eine durchschnittlich geringere Produktlebensdauer. Der daraus resultierende größere Bedarf an Vorrichtungen wird vom Zwang nach kundenwunschabhängiger Fertigung bestimmt. Zugleich müssen alle Anforderungen mit kürzeren Lieferzeiten und sinkenden Fertigungskosten erfüllt werden.

Dieser Trend der Produktionstechnik zu wachsender Kompliziertheit der Werkstücke erfordert einen größeren Konstruktionsaufwand, der durch die Forderung nach größerer Flexibilität der Spanntechnik noch verstärkt wird. Neben einer kürzeren verfügbaren Bereitstellungszeit, ist eine Umverteilung der Kosten für spezielle Vorrichtungen auf eine immer kleinere Anzahl von Werkstücken zu erreichen [9.1].

9.1 Zielstellung

Mit fortschreitender Automatisierung wird die Konstruktions- und Entwicklungsphase, sowohl für die Fertigung als auch für betriebswirtschaftliche Abläufe immer mehr zum ausschlaggebenden und kostenbestimmenden Faktor. Daraus erwächst die Notwendigkeit, besonders im konstruktiven Bereich Zeitgewinn zu erzielen und kostensparend zu arbeiten [9.2].

Eine rechnergestützte Konstruktion, welche über den Einsatz von CAD-Systemen zur Darstellung und Detaillierung hinausreicht, ist effektiv nur durch eine Wissensverarbeitung in EDV-Systemen zu realisieren. Der systematischen computergeführten Gestaltung aller betrieblichen Abläufe müssen sich auch kleinere und mittlere Unternehmen stellen, wenn sie im zukünftigen Wettbewerb bestehen wollen. Dabei ist in jedem Fall eine Einordnung der Problemstellung in die Informationsstruktur des Unternehmens notwendig, da die Entwicklung von Insellösungen zur Bewältigung der zukünftigen Probleme nicht mehr ausreicht.

Der derzeit allgemein übliche Einsatz von CAD-Systemen zur Rationalisierung von speziellen Routinetätigkeiten im Konstruktionsprozeß ist nicht ausreichend, um den erforderlichen Zeitgewinn zu gewährleisten [9.3].

Beim Einsatz von vorgefertigten Vorrichtungsbaugruppen nach dem Baukastenprinzip ist das Ziel der rechnergestützten Vorrichtungskonstruktion die Erarbeitung eines zeit- sowie kostengünstigen Aufbauplanes der Vorrichtung.

Baukastenvorrichtungen sind für die rechnergestützte Planung und Konstruktion besonders geeignet, da die technischen Eigenschaften, wie beispielsweise Bauelementeabmessungen und Einbaulage der Vorrichtungselemente bereits definiert sind. Die mögliche Position und Ausrichtung der Elemente ist über die einheitlichen mechanischen Schnittstellen wie Nuten oder Lochraster weitestgehend vorgegeben [9.4/ 9.5/ 9.6].

Auf die Anfertigung eines Probewerkstückes zum manuellen Vorrichtungsaufbau kann dabei zumeist verzichtet werden. Auch die Kollisionskontrolle mit dem Werkzeug bzw. der Maschine kann am Computer simuliert werden. Beide Faktoren sind wesentliche Argumente für die CAD-Vorrichtungskonstruktion, da die Erprobungszeiten in der Fertigung, d. h. teure Maschinenlaufzeiten in bemannten Schichten entfallen können.

9.1 Zielstellung

Nach [9.7] besteht die Hauptaufgabe des Vorrichtungskonstrukteurs in der Entwicklung von Lösungen, die alle geforderten Funktionen bei minimalem Aufwand erfüllen, nicht aber in der exakten und maßstäblichen Darstellung der Konstruktionsdetails.

Die derzeit größten und zeitlich nur sehr schwer zu erfassenden Probleme innerhalb der Vorrichtungskonstruktion bilden die Konzipierungs- und die Gestaltungsphase. Es wird eingeschätzt, daß ein bedeutender Zeitgewinn in der Phase der eigentlichen Ideenfindung erzielt werden kann. Besondere Bedeutung im Prozeß der rechnergestützten Vorrichtungskonstruktion gewinnt das schnelle und sichere Finden von zweckmäßigen Lösungsansätzen. Zur Unterstützung des Konstrukteurs ist ein System zu schaffen, welches bei neuen Aufgabenstellungen ähnliche Problemfälle erkennt und bestehende Lösungsansätze zur weiteren Bearbeitung und Anpassung durch den Menschen zur Verfügung stellt [9.8].

Die Nutzung von bereits realisierten Konstruktionslösungen oder Teillösungen für eine Anpaßkonstruktion führt zu einer bedeutenden Zeiteinsparung gegenüber einer Neukonstruktion.

Die Wirtschaftlichkeit des CAD-Einsatzes in der Vorrichtungskonstruktion steigt wesentlich durch die wiederholte Verwendung von im CAD-System gespeicherten Daten.

Produktivitätssteigerungen durch CAD-Arbeitsplätze in der Konstruktion sind zur Zeit noch nicht genau qualifizierbar. Dies ist damit zu begründen, daß sich die Konstruktion mit EDV-Mitteln in deren Einbindung in betriebliche CIM-Konzepte in der Regel noch in der Aufbauphase befindet. Eine gesicherte Aussage dagegen ist, daß ohne CAD in der Zukunft kein Konstruktionsbereich mehr wettbewerbsfähig sein wird.

Ein bedeutender Rationalisierungseffekt ist zu verzeichnen, wenn auf bereits vorhandene Geometriedaten aus der Werkstückkonstruktion am CAD-System zurückgegriffen werden kann, bzw. die entstehenden Vorrichtungsdaten in nachgelagerten Bereichen zur Generierung von NC-Programmen für Bearbeitungsmaschinen weitergenutzt werden können.

Um der Forderung nach praxisorientierten und leicht an verschiedene Systeme anpaßbaren Programmen gerecht zu werden, sollten alle entwickelten Softwarebausteine generell folgende Eigenschaften aufweisen:

- Programmierung in einer geeigneten Programmiersprache
- Unabhängigkeit von Anwendersoftware, aber Möglichkeit der Einbindung über definierte Schnittstellen
- Nutzung eines geeigneten Datenverwaltungssystems
- Schaffung bzw. Nutzung einer graphischen Benutzeroberfläche

Mit dem Einsatz einer graphischen Benutzeroberfläche wird die Forderung nach geringem Einarbeitungsaufwand des Bedieners erfüllt. Ebenso soll eine nötige Konfiguration der Software zur Anpassung an den speziellen Anwendungsfall über ein Konfigurationsmenü erfolgen.

Der Konstrukteur muß Unterstützung bei der Entwicklung von Lösungen erhalten, welche den komplexen, oft gegenläufigen Anforderungen an Spannlösungen gerecht werden. Ein Weg ist die Entwicklung von wissensbasierten Systemen für die Konstruktion. Dazu muß der Konstruktionsprozeß in einer für die EDV geeigneten Form als informationstechnisches Modell im Rechner abgebildet werden. Das Wissen zur Lösungsfindung ist im Rechner abzuspeichern und so für eine breite Anwendung zur Verfügung zu stellen.

Der Wissensgewinnung und Wissensdarstellung muß bei der Entwicklung von wissensbasierten Systemen größte Aufmerksamkeit gewidmet werden. Die Leistungsfähigkeit eines Expertensystems wird primär von Qualität und Quantität des in der Wissensbasis gespeicherten Expertenwissens bestimmt [9.9 bis 9.15].

Es muß deshalb vor allem in der kreativen Phase des Konstruktionsprozesses das Leistungsvermögen moderner Rechentechnik dem Konstrukteur verfügbar aufbereitet werden. Es ist unstrittig, daß die Vielschichtigkeit der Vorrichtungskonstruktion im iterativen wechselseitigen Zusammenwirken von Recherchieren – Berechnen – Gestalten – Bewerten nur über die Nutzung wissensbasierter Systeme wirtschaftlich sinnvoll möglich ist [9.16].

9.2 Entwicklungsstand

Stand der Technik ist die rechnergestützte Konstruktion von Baukastenvorrichtungen bzw. modular aufgebauten Vorrichtungssystemen. Der Konstruktionsprozeß beschränkt sich gegenwärtig auf die Auswahl und Positionierung von bereits im CAD-System gespeicherten Vorrichtungselementen. Dabei kann eine schnelle Auswahl der Bauelemente über ein Sachmerkmalleistensystem vorgenommen werden. Eine Unterstützung des Konstrukteurs beim Finden eines geeigneten Aufbaukonzeptes ist nicht gegeben. Es besteht jedoch die Möglichkeit, durch einfaches Austauschen oder dynamische Bewegungs- und Dehnungsoperationen mit vertretbarem Zeitaufwand aus einer ähnlichen Problemlösung eine Anpaßkonstruktion zu erarbeiten [9.4].

Die für die Betriebspraxis verfügbaren CAD-Systeme sind vorteilhaft im Bereich der Detaillierung einzusetzen. Aufbauend auf die Grundfunktionen der CAD-Systeme verfügen industrielle Anwender über Softwarepakete, welche einen rationellen Aufbau von Vorrichtungen am graphischen Bildschirm ermöglichen. Die Handhabung von komplexeren Baugruppen und Lösungsbeispielen sowie die automatische Generierung von Konstruktionsstücklisten wird ebenfalls unterstützt [9.7].

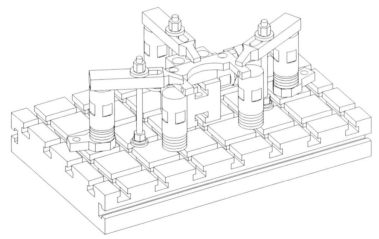

Bild 9.1 *Baukastenvorrichtung für Vierseitenbearbeitung [9.17]*
(CAD-System ME30 mit Vorrichtungsplanungssystem VPS der Firma ERWIN HALDER KG) [9.18]

Prinzipiell muß zwischen der Konstruktion einer Vorrichtung aus bereits vorhandenen Elementen und einem Konstruktionsentwurf der Vorrichtungselemente unterschieden werden. Für beide Aufgaben liegen Beispiele für Softwarelösungen vor.

Das **Expertensystem IDA** *(Intelligent Design Assistant)* [9.19] unterstützt den Konstrukteur bei der Konzeption von neuen Vorrichtungselementen. Das System erstellt dazu einen Konstruktionsvorschlag für das Vorrichtungselement, basierend auf der Methode der Morpholo-

9.2 Entwicklungsstand

gie. Vorrichtungselemente werden mit Hilfe der im System IDA gespeicherten Funktionsstruktur entworfen. Die Anforderungen an neue Vorrichtungselemente werden dem Expertensystem in interaktiver Arbeitsweise mitgeteilt. Ergebnisse des Auswahlprozesses werden graphisch dargestellt. Eine Übergabe der Konstruktionsvorschläge an das nachgelagerte CAD-System ist vorgesehen.

Zur Entwicklung von Vorrichtungen aus bereits bestehenden Elementen wurde das *Expertensystem FIXPERT (Fixture Expert)* [9.19] geschaffen. Nach Eingabe von Werkstück- und Bearbeitungsdaten verläuft der eigentliche Konstruktionsprozeß automatisch. Ausgangspunkt für den Entwurf einer Vorrichtung ist die Auswahl eines Vorrichtungsgrundprinzips. Daran schließt sich, nach dem Bestimmen der Auflageflächen, die Auswahl geeigneter Vorrichtungselemente und die Berechnung der Position der Objekte an. Eine räumliche Darstellung der Vorrichtung erfolgt durch das angekoppelte CAD-System. Neben diesen beiden wesentlichen Systemen existieren noch weitere Prototypsysteme.

Grundsätzlich können im Bereich der Vorrichtungskonstruktion bedeutende Kosten- und Zeiteinsparungen durch das Wiederverwenden oder durch geringes Ändern von vorhandenen Konstruktionslösungen erzielt werden. Dies führt neben einer beträchtlichen Verkürzung der Konstruktionsdauer auch dazu, daß bereits bewährte, konstruktiv und wirtschaftlich günstigere Lösungen als Ergebnis entstehen. Dazu muß der Konstrukteur auf Lösungsvorschläge bzw. -ansätze zurückgreifen können, welche von der Software automatisch ausgewählt oder zusammengestellt werden.

Die Entwicklung eines Softwarebausteines zur rechnergestützten Vorrichtungskonstruktion war das Ziel einer Arbeit [9.20]. Dieser Softwarebaustein ermöglicht eine Klassifizierung von Vorrichtungen und Spannlösungen und darauf aufbauend ein schnelles Auffinden von bereits vorhandenen ähnlichen Lösungen. Das Programm erlaubt außerdem eine systematische Verwaltung der Geometriedaten in einem relationalen Datenbanksystem.

Dieser *Programmbaustein REFERENZMODUL* [9.20] wird im Bild 9.2 als ein Baustein eines Softwarepaketes zur rechnergestützten Vorrichtungskonstruktion eingeordnet. Diese Phasen können dabei beliebig durchlaufen und wiederholt werden, wie es der Konstruktionsprozeß tatsächlich erfordert.

Das Referenzmodul ermöglicht eine Bezugnahme auf bereits existierende Konstruktionen, indem es das schnelle, gezielte und sichere Auffinden von alternativen Lösungsvorschlägen von bereits am CAD-System erarbeiteten Lösungen zu jedem Zeitpunkt des Konstruktionsprozesses zuläßt. Es erfolgt eine Recherche nach geeigneten Referenzlösungen in einem Lösungspool. Eine Übernahme und Integration von Teillösungen in Form von Baugruppen aus dem Lösungsangebot in die aktuelle Konstruktion wird unterstützt.

Das Programm *REFERENZMODUL [9.20]* ermöglicht eine Klassifizierung von Vorrichtungen und Baugruppen entsprechend geeigneten typischen, frei wählbaren Eigenschaften, welche zusammen mit den Geometriedaten abgespeichert werden. Die Eigenschaften können im Konstruktionsprozeß dazu benutzt werden, Vorrichtungen oder Baugruppen auszuwählen und für eine Anpaßkonstruktion zur Verfügung zu stellen. Besonders in der Phase der Ideenfindung erfährt der Konstrukteur Unterstützung, da er jederzeit auf bereits früher konstruierte Vorrichtungen und Baugruppen zurückgreifen und diese für die aktuelle Konstruktion nutzen kann. Der Nutzen des Programms steigt mit der Zahl der gespeicherten Konstruktionen. Der Konstruktionsprozeß kann erheblich beschleunigt werden, da in den meisten Fällen eine geeignete Basisvorrichtung gefunden und danach eine Anpaßkonstruktion vorgenommen werden kann.

Die Verwirklichung des Konstruktionsprozesses vom Planen über das Konzipieren zum Konstruieren – als iterativer Erkenntnisprozeß zwischen Entwerfen und Ausarbeiten– erfolgt in Übereinstimmung mit Kapitel 3 über diese vier CAD-Bausteine eines wissensbasierten Systems.

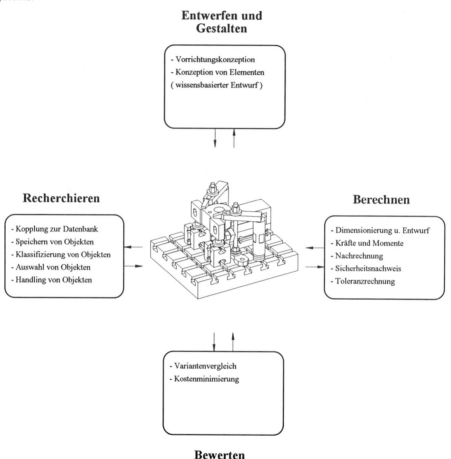

Bild 9.2 *Programmbausteine zur Vorrichtungskonstruktion [9.17/9.20]*

(Hardware: Workstation HP 9000/3xx, 4xx, 7xx, 8xx;
Software: Betriebssystem HP-UX 7.05; CAD-System ME 30 4.12; Datenbanksystem
INFORMIX ONLINE 4.00 [9.24]; Vorrichtungsplanungssystem VPS der Firma Erwin Halder KG) [9.18]

Mit der Wahl der Programmiersprache C und der Datenbankabfragesprache SQL [9.25/ 9.26] ergibt sich für diesen Softwarebaustein ein breites Anwendungsfeld.

Die nachfolgenden Bilder 9.3 und 9.4 [9.17] zeigen Baukastenvorrichtungen für eine Komplettbearbeitung, die ebenfalls mit dem VPS-Planungssystem der Firma Erwin Halder KG erarbeitet wurden. In beliebiger Weise können zwei- oder dreidimensionale Ansichten der jeweiligen Vorrichtung erzeugt werden. Dazu werden alle erforderlichen Referenzkoordinaten für die NC-Bearbeitung, die Hauptabmessungen der Vorrichtung und die Bauteilnummern

9.2 Entwicklungsstand

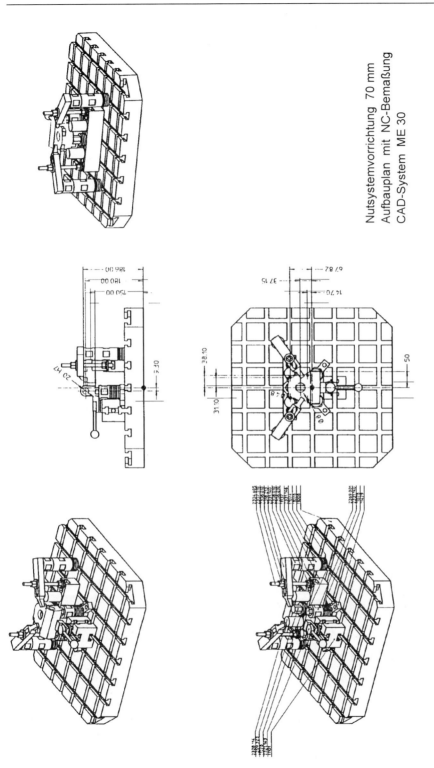

Bild 9.3 *Baukastenvorrichtung für Komplettbearbeitung [9.17]*

9 Rechnergestützte Vorrichtungskonstruktion

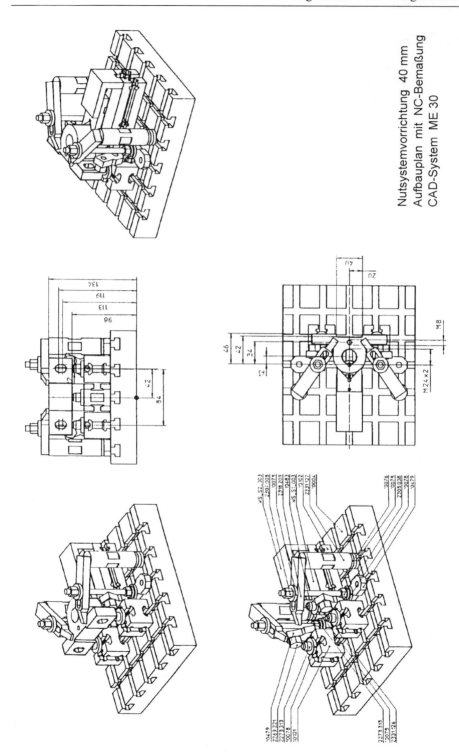

Bild 9.4 *Baukastenvorrichtung für Komplettbearbeitung [9.17]*

10 Flexible Werkstückspanntechnik

10.1 Entwicklungsstand

Während die Bearbeitungsmaschinen mit den Werkzeugen das Leistungsniveau in der Produktionstechnik im wesentlichen bestimmen, erfüllt die verfügbare Vorrichtungstechnik häufig nicht diese Leistungsanforderungen. Die einsetzbare Werkstückspanntechnik begrenzt zunehmend die Möglichkeiten der rationellen modernen Fertigungstechnik und stellt eine Schwachstelle in der Teilefertigung dar. Die volle Auslastung der flexiblen Fertigungssysteme erfordert den Einsatz einer ebenso flexiblen und leistungsfähigen Vorrichtungstechnik [10.1].

Der ständig zunehmende Leistungsdruck des Marktes als Folge der sich weltweit verschärfenden Wettbewerbsbedingungen hat zu einem hohen Leistungsniveau in der Fertigungstechnik geführt. In verstärktem Maße werden Fertigungseinrichtungen mit automatischem Werkstückwechsel eingesetzt, Mehrseitenbearbeitungen dominieren, Komplettbearbeitungen werden angestrebt und automatische Fertigungsabläufe in bedienerarmer oder bedienerloser Fertigung sind keine Seltenheit mehr [10.2].

Der Entwicklungsstand in der Fertigungstechnik führt zu immer komplizierteren Erzeugnissen mit höheren Genauigkeitsansprüchen. Dadurch entsteht eine größere Variantenvielfalt, die Losgrößen werden kleiner und auch die Produktlebensdauer nimmt ab. Gleichzeitig wird ein schnelles Reagieren auf veränderte Kundenwünsche, eine kostengünstige Produktion und eine kleine Fertigungszeit gefordert. Diese Verhältnisse können extrem – mit "Losgröße 1" und "Just in time" – Produktion charakterisiert werden [10.3].

Die Bedingungen des Marktes erfordern eine weitere Rationalisierung. Eine flexible Automatisierung wird unter Einsatz moderner Steuerungs-, Rechen- und Überwachungstechnik verwirklicht. Das Verhältnis von Entwicklungszeit zur Produktlebensdauer muß verbessert werden, die Vorrichtungskosten pro Werkstück müssen gesenkt werden und die kundenwunschabhängige Fertigung verlangt eine schnell verfügbare flexible Werkstückspanntechnik [10.4].

10.2 Anforderungsgerechte Flexibilität

Die Vorrichtungskonstruktion ist ein Bindeglied zwischen der Produktkonstruktion und der Fertigung. Die Vorrichtung muß einerseits die Einhaltung der geforderten technischen Bedingungen (Maß-, Form- und Lageabweichungen, Oberflächengüte) garantieren und andererseits an die fertigungstechnischen Voraussetzungen angepaßt sein.

Anforderungen an Vorrichtungssysteme für NC-Maschinen [10.5]

1. Die Anforderungen an Vorrichtungssysteme für NC-Maschinen – insbesondere bei der Fertigung kleiner und mittlerer Losgrößen – sind *prozeßbezogen* und stets nur *systemgerecht* zu realisieren.
2. Grundforderung ist eine *reproduzierbare Genauigkeit* der Werkstückspanntechnik, die der Genauigkeit der *NC-Fertigung* entspricht. Die Steifigkeit und die Bestimmgenauigkeit müssen danach anforderungsgerecht ausgebildet sein.

3. Es wird eine Werkstückspanntechnik gefordert, die eine Bearbeitung der Werkstücke mit möglichst *wenig Aufspannungen* ermöglicht. Angestrebt wird immer eine *Komplettbearbeitung*, die allerdings nur selten zu realisieren ist. Durch eine *geringe Umbauung* des Werkstückes durch die Vorrichtung sollte zumindest eine *Mehrseitenbearbeitung* – erforderlichenfalls auch eine *bedingte 5-Seiten-Bearbeitung* – möglich werden.
4. Die Bearbeitung in einer Aufspannung erhöht die erreichbare Genauigkeit wesentlich und trägt zur Kostenreduzierung durch Einsparung von Rüstzeiten bei. Dadurch wird ein *einfacher Werkstück- und Vorrichtungsfluß* erreicht, der *geringere Speicherkapazitäten* erfordert, *kleinere Transportwege* ermöglicht, leichter zu steuern und mit geringeren Investitionskosten zu realisieren ist.
5. Die *Flexibilität* einer Vorrichtung ist um so größer, je mehr *verschiedene Spannlagen* zu einem Werkstück oder zu verschiedenen Werkstücken mit derselben Spannvorrichtung realisiert werden können. Ein weiteres Kriterium ist dabei, wie schnell und kostengünstig durch *Einstellen* oder *Umrüsten* diese Flexibilität verfügbar wird.
6. Damit eine Vorrichtung für möglichst viele Werkstücke unterschiedlicher Beschaffenheit in der NC-Fertigung eingesetzt werden kann, müssen für ein möglichst großes *Werkstück-Teilespektrum gleiche Einsatzbedingungen* bzw. -voraussetzungen geschaffen werden. Dazu sollte die Werkstückspanntechnik zur Realisierung der Vorrichtungsfunktionen in möglichst geringem Umfang werkstückspezifische Wirkflächen nutzen. Je weniger typische Werkstückoberflächenelemente zur Erfüllung der Vorrichtungsfunktionen benötigt werden, um so größer ist die in einer Vorrichtung aufnehmbare Werkstückvielfalt.
7. Die günstigsten Voraussetzungen bestehen bei Nutzung *künstlicher Fertigungsbasen* für das Bestimmen und Spannen in der Vorrichtung. Für ein beliebig großes Werkstückspektrum mit großer Werkstückvielfalt existieren gleiche Einsatzmerkmale in Form der künstlichen Fertigungsbasen *als einheitliche Schnittstellen*.

Vorrichtungen sind stets werkstück- und fertigungsorientiert. Eine große Werkstückvielfalt, die spezifischen Bearbeitungsmöglichkeiten der Werkzeugmaschinen und die über Vorrichtungsanforderungen ausgedrückten unterschiedlichen Zielsetzungen des Vorrichtungseinsatzes begründen einen großen Bedarf an Vorrichtungen. Diese technischen Erfordernisse müssen zugleich unter konkreten wirtschaftlichen Bedingungen realisiert werden. Die Fertigungsbedingungen (Werkstücke, Maschinen, Betriebsmittel, Fertigungsverfahren) und der Leistungsdruck des Marktes (Kundenwünsche, Kosten, Lieferfristen) sind die Hauptursachen für die große Anzahl Vorrichtungen, die für eine rationelle Fertigung ständig kurzfristig bereitgestellt werden muß. Mit der zunehmenden Flexibilität in der Teilefertigung und dem verstärkten Ausbau von CIM-Strukturen durch moderne Fertigungssysteme wird sich in den kommenden Jahren die bereitzustellende Menge der verschiedenartigen Vorrichtungen noch weiter vergrößern.

Baukastenvorrichtungen zeichnen sich durch eine sehr hohe Flexibilität aus *(siehe dazu Kapitel 2)*. Der großen Flexibilität in Form der vielfältigen Anpassungsmöglichkeiten an beliebige Werkstücksortimente steht nachteilig der zu große Zeit- und Lohnkostenaufwand für den Aufbau, das Umrüsten oder die Demontage der Baukastenvorrichtungen für eine Wiederverwendung gegenüber. Dies führt dazu, daß Baukastenvorrichtungen entgegen ihrer Zweckbestimmung nach ihrem Einsatz nicht wieder demontiert werden. Obwohl die Anschaffungskosten für die Baukastenvorrichtungen beträchtlich sind, ist oftmals ihre Demontage noch weniger wirtschaftlich zu rechtfertigen. Damit wird deutlich, daß die große Flexibilität der Baukastenvorrichtungen gar nicht zum Tragen kommt, also ungenutzt bleibt, weil sie nicht anforderungsgerecht verfügbar ist. Damit sind auch die großen Kosten für die Baukastenvorrichtungen in Frage zu stellen.

10.2 Anforderungsgerechte Flexibilität

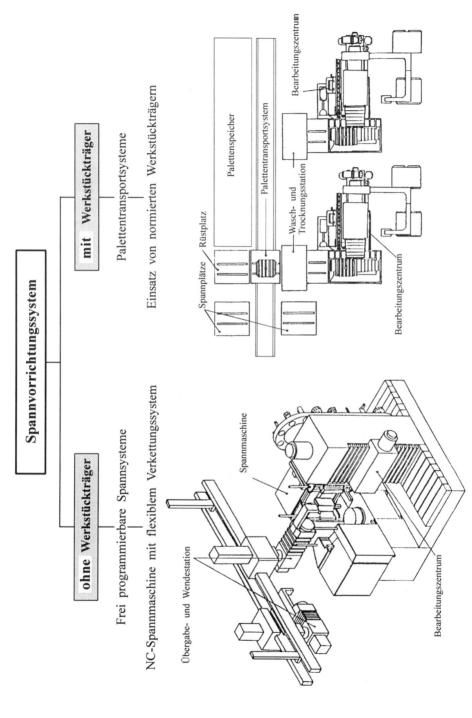

Bild 10.1 *Spannen von Werkstücken im Flexiblen Fertigungssystem (FFS)*

Palettenspannsysteme

Einheitliche Spannpaletten dienen unmittelbar als Träger der Werkstücke oder der Vorrichtungen, in denen die Werkstücke in vorbestimmter Lage gespannt werden. Mit den Spannpaletten erfolgt der gesamte innerbetriebliche Transport der Werkstücke, insbesondere der automatische Werkstückwechsel zwischen den verschiedenen Fertigungseinrichtungen.

Vorteile:

- Die einheitlichen mechanischen Schnittstellen zwischen Vorrichtung und Fertigungseinrichtung schaffen gleiche Voraussetzungen für das gesamte zu fertigende Werkstücksortiment (die Maschinenpaletten und Übergabemechanismen sind genormt, während die Transportpaletten und Übergabemechanismen noch nicht genormt sind; daraus können Probleme entstehen, weil die Erzeugnisse verschiedener Hersteller nicht in jedem Fall kompatibel sind).
- Eine Aufspannung der Werkstücke ist außerhalb der Maschine während der Hauptzeit möglich.
- Eine hohe Flexibilität nach der Werkstückvielfalt besteht.

Nachteile:

- Manuelle externe Spannplätze sind nicht in den automatischen Fertigungsablauf integrierbar.
- Die Flexibilität nach der Werkstückreihenfolge ist gering, die losweise Fertigung ist spanntechnisch orientiert.
- Der hohe Bedarf an Paletten erfordert einen großen Kapitalaufwand, insbesondere bei Mehrschichtarbeit.
- Hohe Lohnkosten für ständige Umrüstarbeiten werden erforderlich.

Die angeführten Nachteile sind für die Klein- und Mittelserienfertigung häufig nicht annehmbar.

Frei programmierbare Spannsysteme

Die NC-Spannmaschine wird nach dem jeweiligen Werkstück programmiert. Rechnergesteuert werden die werkstückabhängigen Positionier-, Bestimm-, Stütz- und Spannelemente automatisch an das Werkstück angelegt. Flexible Übergabe- und Wendestationen ermöglichen den automatischen Transport und die Handhabung in Verbindung mit Werkstückspeichern und Einrichtungen zur Werkstückerkennung.

Vorteile:

- höchste Flexibilität auch bei kurzen Fertigungszeiten;
- Ein automatischer Ablauf wird voll gewährleistet (personalunabhängig, geringe Lohnkosten).
- im bedienarmen Mehrschichtbetrieb besonders vorteilhaft und kostengünstig;
- kürzeste Verfügbarkeit und kurze Reaktionszeit; Wiederholbarkeit der Programme beliebig;
- Die Möglichkeit eines automatischen Einrichtens auf die Mittellage erübrigt eine Lagekorrektur.

Nachteile:

- hoher technischer und finanzieller Aufwand;
- bei Einschichtbetrieb unwirtschaftlich;
- Abmessungen der Werkstücke mit Kantenlängen von 140 mm bis 300 mm und Rohteilmassen über 40 kg können am Beschickungsroboter zu Problemen führen (reduzierte Verfahrgeschwindigkeiten werden erforderlich, wenn große Massebeschleunigungen auftreten. Eine besondere Wegeregelung kann erforderlich werden, weil die Genauigkeit sinkt).

Die großen Investkosten erlauben keinen wirtschaftlichen Einsatz von Spannmaschinen. Spanneinrichtungen mit wenigen NC-Achsen sind eine alternative Ergänzung zur Palettentechnik.

Tabelle 10.1 Spannsysteme im Vergleich [10.5]

Die ständig zunehmende Zahl erforderlicher Vorrichtungen kann durch manuelle Montage an Rüst- und Spannplätzen der flexiblen Fertigungssysteme nicht bereitgestellt werden. Die *Palettenspanntechnik* mit Paletten als Träger von Werkstücken und Vorrichtungen ermöglicht einen günstigen Transport zu den Bearbeitungseinheiten, ein Aufspannen der Werkstücke außerhalb des Arbeitsraumes der Maschinen und eine hohe Flexibilität hinsichtlich der Werkstückvielfalt. Als schwerwiegende Nachteile bleiben aber Bedienpersonal an manuellen Spann- und Rüstplätzen, hohe Lohnkosten, keine durchgängige Automatisierbarkeit und großer Kapitaleinsatz für eine große Zahl Paletten. Es ergibt sich eine losweise und spanntechnisch orientierte Fertigung, die hinsichtlich der Werkstückreihenfolge eine geringe Flexibilität aufweist. Auf Grund der aufgeführten Nachteile sind derartige Lösungen für die Klein- und Mittelserienfertigung häufig nicht annehmbar. Die Vor- und Nachteile zeigt Tabelle 10.1, siehe dazu auch Bild 10.1 [10.1].

Mit dem Ziel der Schaffung einer flexiblen automatischen Werkstückspanntechnik wurden *frei programmierbare Spannsysteme*, sogenannte NC-Spannmaschinen mit flexiblem Verkettungssystem entwickelt, gebaut und erprobt [10.6 bis 10.8]. Diese Lösungen sind für die Einzel- und Kleinserienfertigung konzipiert und ermöglichen ein werkstückträgerloses Werkstückflußsystem. Diese Spanntechnik gewährleistet automatische Abläufe und höchste Flexibilität, auch bei kurzen Fertigungszeiten. Der enorme technische und finanzielle Aufwand, insbesondere die großen Investkosten und der große Platzbedarf waren entscheidend dafür, daß kein wirtschaftlicher Einsatz dieser Spannmaschinen in der Produktionspraxis bisher möglich wurde. Die Vor- und Nachteile zeigt Tabelle 10.1 [10.5].

Im Bild 10.1 und in Tabelle 10.1 werden diese Spannsysteme im Vergleich gegenübergestellt. Danach gibt es derzeit keine Alternative zur *Palettenspanntechnik*. In diese Problemsituation sind die Forderungen nach einer leistungsfähigeren flexiblen automatischen Werkstückspanntechnik einzuordnen.

10.3 Entwicklungsperspektiven

Die vorstehend aus dem Entwicklungsstand und dem Entwicklungstrend abgeleiteten Erfordernisse begründen neue technische Leistungsanforderungen an die Werkstückspanntechnik, die ganz entscheidend von wirtschaftlichen Zwängen geprägt werden.

Die Rationalisierungserfordernisse betreffen deshalb alle Entwicklungsetappen der Werkstückspanntechnik, angefangen von ihrer Projektierung und Konstruktion, der Fertigung und Montage bis zu den Einsatzbedingungen beim Anwender. Rationalisierungsbestrebungen, die diesem Systemgedanken nicht Rechnung tragen, können nur Teilerfolge bringen.

Eine größere anforderungsgerechte Flexibilität der eingesetzten Vorrichtungen ist der Hauptweg, um diese ständig höheren Anforderungen zu erfüllen, d. h. wenn mit flexibleren Vorrichtungen größere Teilespektren gefertigt werden können. Eine weitere Möglichkeit besteht in einer rechnergestützten Vorrichtungskonstruktion, wo unter Einsatz wissensbasierter Systeme das Expertenwissen der Konstrukteure genutzt wird und rationell mit geringem Zeitaufwand kurzfristig die benötigten Vorrichtungen konstruiert werden können. Weitere Leistungsreserven werden nutzbar, wenn die modularen flexiblen Baukastenvorrichtungen bzw. Vorrichtungssysteme voll in automatische Arbeitsabläufe integriert werden können. Dies schließt eine automatische Vorrichtungsmontage durch Montageroboter ebenso ein wie den sensorgesteuerten automatischen Betrieb der Vorrichtungen durch Integration in die automatisierte Fertigung. Bild 10.2 [10.1] zeigt die Entwicklungsetappen und Lösungsansätze für eine leistungsfähigere Werkstückspanntechnik.

184   10 Flexible Werkstückspanntechnik

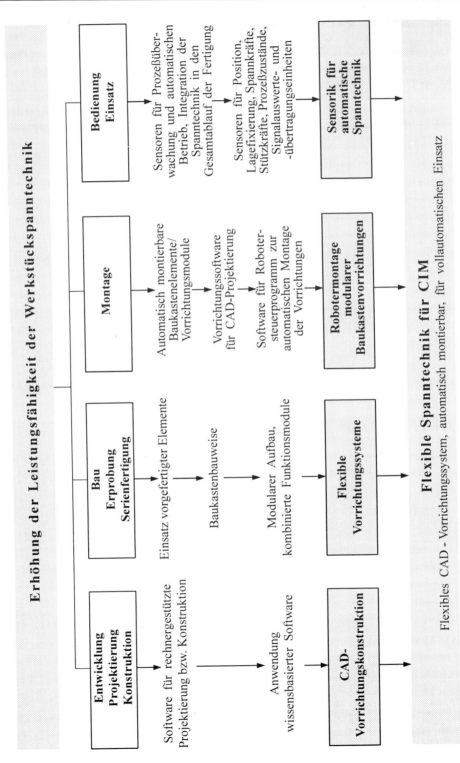

Bild 10.2 Perspektiven der Werkstückspanntechnik

10.3 Entwicklungsperspektiven

Danach zeichnen sich *vier Entwicklungsrichtungen* ab [10.1]:

1. **Entwicklung und Einsatz leistungsfähiger flexibler Vorrichtungssysteme**

   Verfügbarkeit und Flexibilität erfordern dabei eine modulare Baukastenbauweise. Die Anforderungen der Automatisierung und der Montage zwingen zu weniger Baukastenelementen durch kombinierte Funktionsbaugruppen, die automatisch umrüstbar bzw. verstellbar, zugleich mit Sensorik ausgerüstet und erforderlichenfalls für eine automatische Handhabung und Montage geeignet sind *(Kapitel 10)*.

2. **Entwicklung und Integration einer Sensorik für die automatische Werkstückspanntechnik**

   Die Sensorik muß den jeweiligen Einsatzbedingungen Rechnung tragen und durch Meßsignale die Prozeßzustände für den automatischen Funktionsablauf in der Vorrichtung und die Einordnung der Werkstückspanntechnik in den gesamten Fertigungsablauf überwachen *(siehe dazu Kapitel 11)*.

3. **Entwicklung und Einsatz einer automatisch montierbaren, einstellbaren und umrüstbaren Werkstückspanntechnik**

   Die Grundlage bildet ein flexibles modulares Vorrichtungssystem, welches baukastengerecht mit einheitlichen mechanischen Schnittstellen für eine automatische Handhabung ausgestattet wird. Eine leistungsfähige Sensorik hat auch das automatische Handhaben, Montieren, Einstellen bzw. Umrüsten der Vorrichtung erforderlichenfalls zu überwachen. In Abhängigkeit des in das Fertigungssystem integrierten Werkstücktransport- und Werkstückspannsystems sind die weiteren Handhabe- und Montageeinrichtungen, Speichereinrichtungen und die weitere Peripherie zu entwickeln, insbesondere auch die erforderliche Steuerungstechnik mit der notwendigen Rechner-Software *(siehe dazu Kapitel 10, Abschnitt 10.5)*.

4. **Die Entwicklung der systemgerechten Software für die CAD-Vorrichtungskonstruktion**

   Dabei sollten wissensbasierte Systeme einbezogen werden, um optimale Lösungsansätze für den Vorrichtungsaufbau und deren Konstruktion zu ermöglichen. Bei automatischer Vorrichtungsmontage sind auch die Montagesteuerprogramme rechnergeführt zu bestimmen *(siehe dazu Kapitel 9)*.

Es wurde sichtbar, daß die vier genannten Entwicklungsschwerpunkte sich gegenseitig bedingen und durchdringen, ihre aufgeführte Reihenfolge also keine Wertigkeit darstellt. In jedem dieser Entwicklungsschwerpunkte werden Fortschritte in der Elektronik, Rechentechnik, Sensorik, Steuerungstechnik und Robotertechnik zur Triebkraft der Entwicklung, dies gilt auch für neue Werkstoffe und Herstellungsverfahren für Vorrichtungselemente.

Es ist stets anzustreben, daß die in einem Unternehmen eingesetzte Werkstückspanntechnik erforderlichenfalls auch an höhere Automatisierungserfordernisse angepaßt werden kann. Dieser Gesichtspunkt muß aber bereits bei der Entwicklung der Werkstückspanntechnik berücksichtigt werden. Ohne Kostenmehraufwand gegenüber konventionellen Baukastenvorrichtungen können z. B. an den Vorrichtungselementen die mechanischen Schnittstellen für die Befestigung von Sensoren oder für das automatische Handhaben durch Robotergreifer von vornherein mit eingearbeitet werden. Durch eine derartige Vorgehensweise kann stufenweise eine weitere Automatisierung in Abhängigkeit der Unternehmenslage realisiert und die bereits vorhandene Spanntechnik voll genutzt werden. Die Gewährleistung der Kompatibilität der Lösungen untereinander ist dabei ein wichtiger wirtschaftlicher Gesichtspunkt [10.1].

10.4 Alternative Problemlösungen

Im voranstehenden Abschnitt 10.3 wurden grundsätzliche Wege und Möglichkeiten für neue alternative Lösungsansätze zur Schaffung einer leistungsfähigeren Werkstückspanntechnik aufgezeigt. Die Schwerpunkte der Entwicklungsrichtungen wurden im Bild 10.2 in ihrem Systemzusammenhang dargestellt. Aus den analytischen Betrachtungen zu den Baukastenvorrichtungen in Verbindung mit der Palettenspanntechnik wurde erkannt, daß neue Systemlösungen für die Werkstückspanntechnik in flexiblen Fertigungssystemen bzw. für die NC-Fertigung in weitestgehend automatischen Produktionsabläufen zwingend erforderlich sind. Dabei ist nur die Flexibilität der Vorrichtung maßgebend, die anforderungsgerecht bereitgestellt wird und tatsächlich kurzfristig verfügbar ist. Eine zwar große, aber nicht nutzbringend wirksame Flexibilität, verursacht lediglich unnütze Kosten. Teuere Baukastenelemente mit flexiblen Einsatzmöglichkeiten aber zu großem Zeit- und Kostenaufwand für die Montage sind dafür ein Beispiel.

Im Kapitel 9 "Rechnergestützte Vorrichtungskonstruktion" wurden neue Denkansätze vorgestellt, die gemäß Bild 10.2 in der Entwicklungsphase zu Produktivitätssteigerungen führen können. Die CAD-Vorrichtungskonstruktion muß für das kreative Schaffen des Konstrukteurs durch Entwicklung und Nutzung wissensbasierter Systeme erschlossen werden, um neue technische Lösungen zu ermöglichen und weitere entscheidende Zeit- und Kosteneinsparungen zu erzielen. Unter diesen Aspekten sind *(entsprechend Bild 10.2)* auch die Ausführungen zum Computereinsatz bei der automatischen Vorrichtungsmontage im Abschnitt 10.5 bezüglich der Einheit von CAD-Vorrichtungskonstruktion und rechnergeführtem Montageroboter zu sehen. Dabei bietet eine automatische Vorrichtungsmontage nach Abschnitt 10.5 alle Voraussetzungen für einen durchgängig automatischen Produktionsablauf.

Zur weiteren Erhöhung der Leistungsfähigkeit der Werkstückspanntechnik trägt nach Bild 10.2 auch die Sensorik entscheidend bei. Im Kapitel 11 Sensorik für Vorrichtungen werden dazu neue Lösungen aufgezeigt.

Einen entscheidenden Durchbruch zu einer neuen Qualität der Werkstückspanntechnik müssen leistungsfähigere Vorrichtungssysteme erbringen. Nach Bild 10.2 sollte diese Entwicklung über Vorrichtungssysteme erfolgen, die in baukastenbauweise modular strukturiert sind und aus komplexeren Funktionseinheiten bestehen. Dadurch werden die Vorzüge vorgefertigter Vorrichtungsbaugruppen voll genutzt und zugleich der Projektierungs- und Montageaufwand minimiert.

10.4.1 Vorrichtungssysteme mit künstlichen Fertigungsbasen

Im Abschnitt 4.4.1 Werkstückbestimmflächen wurde die Notwendigkeit möglichst weniger Werkstückaufspannungen in der NC-Fertigung mit der Forderung nach einer großen verfügbaren Flexibilität der Vorrichtungen verbunden. Die Fertigungseinrichtungen müssen flexibler den unterschiedlichen Werkstücken anpaßbar sein, indem umfangreichere Werkstückspektren mit einer Vorrichtung bearbeitet werden können. Als günstige Alternative erweisen sich *künstliche Fertigungsbasen*, die als einheitliche Schnittstellen an allen Werkstücken gleichermaßen vorgesehen werden können. Somit liegen für alle Werkstücke einheitliche Fertigungsbedingungen bezüglich des Bestimmens und Spannens mittels Vorrichtungen vor [10.2]. Als ein Nachteil ist der zusätzliche Fertigungsaufwand für das Einbringen der künstlichen Fertigungsbasen anzusehen, entscheidend ist jedoch das Verhältnis zum erreichbaren Nutzen. Die Vorteile hinsichtlich Bereitstellungszeit, Verfügbarkeit, anforderungsgerechter Flexibilität, paralleler Arbeitsmöglichkeit (simultaneous engineering) und viele andere eröffnen mit künstlichen Fertigungsbasen gute Entwicklungschancen für Vorrichtungssysteme.

10.4.1.1 Vorrichtungssystem mit Bestimm- und Spanntaschen

Zur Bearbeitung eines größeren Werkstücksortimentes in flexiblen Fertigungseinrichtungen für Werkstücke mit vorwiegend prismatischer Grundform und Kantenlängen bis 600 mm wurde ein Vorrichtungssystem mit Bestimm- und Spanntaschen entwickelt [10.2]. Die Bestimm- und Spanntaschen sind künstliche Basen, die in jedes Werkstück des Teilespektrums mit einem Sonderwerkzeug in die Seitenflächen der Werkstücke eingefräst werden. Zuvor werden in der gleichen Erstaufspannung eine ebene Aufsetzfläche als Bezugsebene und zwei parallele Seitenflächen in Eingriffshöhe der Bestimm- und Spanntaschen plangefräst.

Die Form der Bestimm- und Spanntaschen zeigt Bild 10.3. In die Bestimm- und Spanntaschen werden beim Bestimmen und Spannen des Werkstückes invers geformte Spannzungen eingeführt, die an den Spannbacken der Vorrichtungen dazu angebracht wurden. Infolge ihrer konischen Keilfläche erzeugen die Spannzungen über die Bestimm- und Spanntaschen eine Niederzugwirkung zum Spannen. Die Bestimm- und Spanntaschen können auch für das gesamte Werkstückhandling genutzt werden.

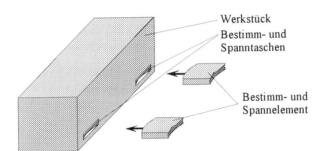

Bild 10.3
Bestimm- und Spanntaschen im Werkstück, Spannzungen als Vorrichtungselemente [10.5]

Mit den einheitlichen Wirkstellen in Form der Bestimm- und Spanntaschen können flexible Gruppenvorrichtungen oder modulare Vorrichtungen auf Paletten aufgebaut werden. Im Bild 10.4 werden zwei Gruppenvorrichtungen vorgestellt, die über jeweils zwei Spannbrücken verfügen. Diese ermöglichen durch elektromotorische Spannantriebe und Gewindespindeln mit Rechts/Links – Gewinde ein zentrisches bzw. symmetrisches Spannen [10.2].

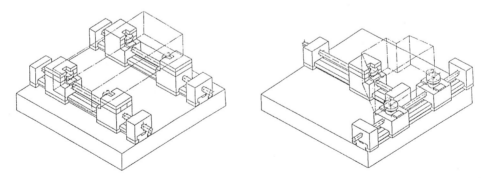

Bild 10.4 Gruppenvorrichtungen mit Bestimm- und Spanntaschen (4- bzw. 3-Punkt-Spannung) [10.2]

Die vorgestellte Lösung mit Bestimm- und Spanntaschen hat einige Nachteile, die den Einsatz erheblich einschränken. Bevor in einer zweiten Aufspannung die Vorzüge der Spanntaschen genutzt werden können, müssen in der ersten Aufspannung mindestens drei Seiten bearbeitet und noch zusätzlich von mindestens zwei Seiten die Formelemente eingearbeitet werden. Dieser Aufwand ist häufig nicht vertretbar. Die Lösung erscheint nur für größere Bauteilabmessungen wirtschaftlich realisierbar. Kostenaufwendig sind außerdem die Sonderwerkzeuge zum Einbringen der Formelemente.

10.4.1.2 Vorrichtungssystem in Kugelspanntechnik

Zielstellung war die Entwicklung eines flexiblen Vorrichtungssystems, welches die vorgenannten Anforderungen nach Abschnitt 10.2 weitestgehend erfüllt, vorzugsweise für die Einzel-, Kleinserien- und Mittelserienfertigung geeignet, nicht auf ein bestimmtes Werkstücksortiment eingeschränkt und insbesondere gut automatisierbar ist [10.1].

Wirkprinzip der Kugelspanntechnik

Bei Anwendung konventioneller Vorrichtungstechnik werden zur Lagefixierung durch Positionieren und Bestimmen sowie zum nachfolgenden Spannen, ausgewählte Teile der Werkstückoberfläche benutzt. Je nachdrücklicher eine Mehrseiten – oder sogar eine Komplettbearbeitung gefordert wird, um so weniger kann mit den noch verfügbaren restlichen Teilen der Werkstückoberfläche eine vollständige Lagebestimmung und das Spannen realisiert werden. Analytische Untersuchungen bestätigten, daß künstliche Basen, die zusätzlich in die Werkstückoberfläche eingebracht werden, eine günstige Problemlösung ermöglichen. Vorauszusetzen ist, daß die nicht in der Vorrichtung zu bearbeitenden Teile der Werkstückoberfläche hinreichend Möglichkeiten zum Einbringen der künstlichen Basen bieten. Von Nachteil ist, daß damit ein zusätzlicher Fertigungsaufwand begründet wird. Diesem Nachteil stehen jedoch außerordentlich viele Vorteile gegenüber.

Bei der Kugelspanntechnik werden die künstlichen Basen in Form konischer Zentrierbohrungen als einheitliche mechanische Schnittstellen zwischen Vorrichtung und Werkstück eingebracht. Sie ermöglichen ein vorrichtungsgerechtes Binden der erforderlichen Freiheitsgrade für eine exakte Lagebestimmung des Werkstückes in der Vorrichtung und zugleich das Sichern dieser Lage durch Spannkräfte [10.10/ 10.11].

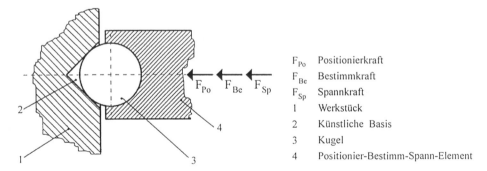

Bild 10.5 Wirkprinzip der Kugelspanntechnik [10.10/ 10.11]

Aufbau des Vorrichtungssystems in Kugelspanntechnik

Je nach der Anzahl der zu fixierenden Freiheitsgrade sind am Werkstück eine oder mehrere Zentrierbohrungen eingebracht, denen vorrichtungsseitig jeweils die Kugel eines Positionier-Bestimm-Spann-Elementes (PBSE) zugeordnet ist. Bild 10.6 zeigt ein derartiges Element integriert in eine modulare Funktionsbaugruppe des flexiblen Vorrichtungssystems [10.12].

10.4 Alternative Problemlösungen

Konventionelle Vorrichtungstechnik	Kugelspanntechnik
Bestimmen	
• *Zuerst Bestimmen* (Lagefixierung des Werkstückes), *danach Spannen* (Lagesicherung) →Dieser Folgeablauf führt unvermeidbar zu Bestimmfehlern infolge elastischer Verformungen.	• Die *Verfahrensschritte* beginnen zeitversetzt (Positionieren → Bestimmen→ Spannen), *enden* jedoch *zeitgleich* → synchroner Ablauf, keine Verfälschung der Bestimmlage durch das Spannen.
• *Überbestimmen* unbedingt *vermeiden*, z. B. bei zwei Bestimmbolzen ist einer davon als Schwertbolzen auszubilden. Eine Berechnung der Paßflächen ist erforderlich.	• Bereits bei zwei Kugeln (PBSE-Module) ist *Überbestimmung unvermeidbar*, die elastische Verformung in der Wirkpaarung Kugel - Zentrierbohrung kompensiert die Überbestimmung.
• Die Konstruktionsbasis definiert die *Bezugsebenen*, die *zur* Fertigungsbasis in Gestalt der *Bestimmebenen* werkstückgerecht ausgebildet werden müssen. Häufig ist dies nicht realisierbar, z. B. bei Mehrseitenbearbeitung → höhere Fertigungsgenauigkeiten im Ergebnis der notwendigen Maßkettenberechnungen.	• Die Konstruktionsbasen sind zugleich Fertigungsbasen, damit sind die *Bezugsebenen zugleich Bestimmebenen*. Maßkettenberechnungen entfallen, auch bei Mehrseitenbearbeitung keine Umrechnung der Maße notwendig, damit ergeben sich auch keine kleineren Fertigungstoleranzen.
Spannen	
• Die Spannkraft soll das *Werkstück in die Bestimmlage* drücken. Diese Forderung kann *häufig nicht erfüllt* werden, z. B. bei Mehrseitenbearbeitung.	• Die Positionierkräfte und die Spannkräfte sind stets gleichgerichtet; sie drücken die *Werkstücke immer in die Bestimmlage* (axiales Eindrücken der Kugeln in die Zentrierbohrungen).
• Die Spannkraft nur so groß wählen, wie sie zur Lagesicherung unbedingt notwendig ist. Da meist keine Kraftmessung in der Vorrichtung möglich ist, werden *Verspannungen erzeugt*, die Maß-, Form- und Lagefehler am Werkstück verursachen.	• *Spannkraftoptimierung* über Sensor - Kraftmessung *ermöglicht* Präzisionsspanntechnik ohne Verspannungen und reduziert nachfolgende Fertigungsfehler.
• Zur Vermeidung von Spannmarken werden die *Spannflächen nach der zulässigen Pressung dimensioniert*.	• *Eine große Pressung* längs der Kontaktlinie in der Wirkpaarung Kugel - Zentrierbohrung ist *nachteilig*, aber unvermeidbar.

Tabelle 10.2 Vergleich der Systembedingungen und Wirkfaktoren [10.5/10.10]

Im Positionier- und Spannmodul befindet sich ein elektromotorischer Antrieb zur Erzeugung der Positionier-, Bestimm- und Spannbewegung für das Eindringen der Kugel in die Zentrierbohrung. Nicht in jedem Fall erforderlich – aber im Bild 10.6 gezeigt – ist die zusätzliche Integration eines Positions- und Kraftsensors [4], welcher eine Messung der Spannkraft erlaubt bzw. über einen einstellbaren Schwellwert eine vorgegebene Spannkraft mit nachfolgender Abschaltung des elektrischen Schrittmotors realisiert.

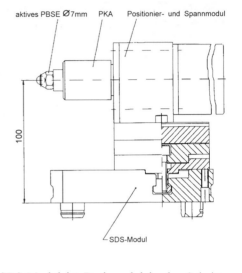

Bild 10.6
Positionier-und Spannmodul [10.1/ 10.12]
(PBSE Positionier-Bestimm-Spann-Element;
PKA Positions-und Kraftaufnehmer)

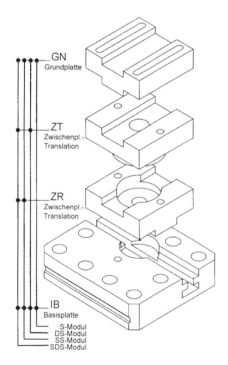

Der SDS-Modul ist Basismodul in der Schnittstelle zur Vorrichtungspalette, im vorliegenden Fall mit Positionierung über einen vollen und einen abgeflachten Bolzen sowie automatisch handhabbar über eine Greifernut. Die aufgesetzten Zwischenplatten ermöglichen zwei translatorische Verschiebungen bzw. eine Drehung des Positionier- und Spannmoduls zur erforderlichen Voreinstellung entsprechend der jeweiligen Werkstückgeometrie. Diese Kombinationsmöglichkeiten zur Voreinstellung der Module werden in Bild 10.7 veranschaulicht. Die Kombinationen SDS-Modul (IB - ZR - ZT - GN), SS-Modul (IB - ZR - GN), DS-Modul (IB - ZT - GN), oder S-Modul (IB - GN) erlauben alle notwendigen Einstellbewegungen in Abhängigkeit der Werkstückgeometrie, dem Nennabstand der Zentrieröffnungen und dem Rastermaß der Spannpalette. Der erforderliche Freiraum zum Einlegen des Werkstückes wird als Spannweg mit dem elektromotorischen Antrieb des PBS-Elementes überbrückt.

Bild 10.7
Modularer Aufbau des Vorrichtungssystems [10.1/ 10.12]

***Vorteile der Kugelspanntechnik** [10.1/ 10.5/ 10.10/ 10.11]*

1. Die Kräfte für das Positionieren, Bestimmen und Spannen haben alle die gleiche Wirkrichtung und greifen zeitlich nacheinander an. Mit dem Erreichen der Maximalspannkraft werden alle Vorrichtungsfunktionen zeitgleich beendet.

– Das Werkstück wird in jedem Fall von der Spannkraft in die Bestimmlage gedrückt.

10.4 Alternative Problemlösungen

- Die Bestimmelemente werden nachträglich nicht mehr durch Spannkräfte verformt, die ursprüngliche Bestimmlage kann nicht verfälscht werden.
- Alle Vorrichtungsfunktionen werden mit einem einheitlichen Vorrichtungsmodul realisiert, wodurch ein einfacher kostengünstiger Aufbau, eine hohe Flexibilität, eine schnelle Verfügbarkeit und vor allem eine gute Automatisierbarkeit ermöglicht werden.
- Durch die spielfreie Selbstzentrierung der Kugeln in den Zentrierbohrungen und die durch Spannkräfte nicht verfälschbare Bestimmlage wird eine sehr große Positioniergenauigkeit und eine sehr gute Wiederholgenauigkeit erreicht, wie sie für eine NC-Fertigung erforderlich ist.

2. Die Wirkpaarungen Kugel – Zentrierbohrung fixieren jedes Werkstück eindeutig in einem Koordinatensystem, welches für die rechnergestützte Konstruktion des Werkstückes bis zur NC-Fertigung durchgängig verwendet werden kann.

- Keine aufwendigen Toleranzrechnungen und Umbemaßungen bzw. höhere Fertigungsgenauigkeiten werden notwendig, da in jedem Fall die Bezugsebenen der Konstruktion mit den Bestimmebenen der Fertigung übereinstimmen.
- Bei Rohteilen können die Aufmaße gleichmäßig auf die Bearbeitungsflächen aufgeteilt werden.
- Kostenersparnisse werden erzielt, da Programmierarbeiten eingespart werden.

3. Die anforderungsgerechte Flexibilität des Vorrichtungssystems ermöglicht durch Einstellen bzw. Umrüsten eine große Teilevielfalt von Werkstücken beliebigen geometrischen und fertigungstechnischen Zustandes aufzunehmen. Die geringe Umbauung des Werkstückes durch Vorrichtungselemente ermöglicht eine Mehrseitenbearbeitung.

4. Die Realisierung des Vorrichtungssystems ist kostengünstig möglich.

- Zum Einbringen der konischen Zentrierbohrungen sind nur billige Spindelwerkzeuge, z. B. Spiralbohrer, erforderlich. Außerdem können einfache Vorrichtungen, insbesondere Handhabeeinrichtungen bzw. Robotergreifer für eine Erstaufspannung genutzt werden.
- Die Verfügbarkeit dieser Vorrichtungen ist groß.
- Die große Flexibilität erfordert nur einen geringen Vorrichtungsbedarf für das gesamte Teilespektrum.
- Eine gute Anpassung bei Erweiterung der Fertigungsautomatisierung wird möglich durch Integration von Antrieben, Sensoren und die Kombination mit konventioneller Vorrichtungstechnik.

5. Weitere Vorzüge der Kugelspanntechnik sind:

- Das Problem einer immer erforderlichen Erstaufspannung der Werkstücke wird auf die Einarbeitung der konischen Zentrierbohrungen als künstliche Basen reduziert, die infolge ihrer Beschaffenheit **nur geringe Schnittkräfte und Spindelwerkzeuge zu ihrer Herstellung** benötigen, wodurch die Handhabe-Transport-Einrichtung der Werkstücke, vorzugsweise die **Roboterbeschickung, als Erstaufspannung** genutzt werden kann.
- Unter Anwendung der Kugelspanntechnik können **Gruppenvorrichtungen** oder Baukastenvorrichtungen mit den gleichen wenigen Wirkbaugruppen realisiert werden.
- Die Werkstücke können auf vertikal angeordneten Kugel-Elementen abrollen, wodurch eine **Integration in eine Transportbewegung** möglich wird und die Selbstzentrierung in den konischen Zentrierbohrungen genutzt werden kann.
- Durch beweglich gelagerte Kugeln kann eine **selbstschmierende Wirkung** erreicht werden, wodurch zugleich das Verschleißverhalten günstiger und insgesamt die Zuverlässigkeit des Vorrichtungssystems erhöht wird.

– Durch die Wahl des Öffnungswinkels der Zentrierbohrungen kann die Kraftwirkung und die Positioniergenauigkeit verändert und dem Teilespektrum angepaßt werden. Während für massive Werkstücke eine *große Positioniergenauigkeit* mit einem *Kegelwinkel von 60°* erreicht werden kann, sollten dünnwandige Leichtmetall-Werkstücke mit einem *Kegelwinkel von 120°* gespannt werden, um eine *günstigere Einleitung der Kräfte* zu erreichen.
– Eine Kombination mit konventionellen Baukastenelementen ist ebenfalls möglich, insbesondere der Einsatz von *Stützelementen*, die vorzugsweise *mittels Sensoren* angesteuert werden.

In Bild 10.8 werden Beispiele für die Anordnung mehrerer Positionier- und Spannmodule zum Vorrichtungsaufbau auf Paßbohrungspaletten gezeigt.

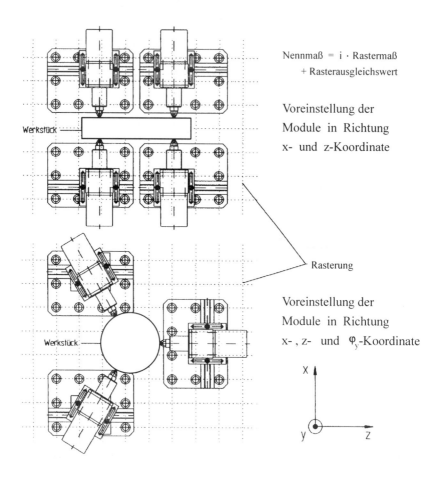

Bild 10.8 Vorrichtungssystem mittels Kugelspanntechnik [10.1/ 10.12]

Aus diesen Darlegungen wird ersichtlich, daß das vorgestellte flexible Vorrichtungssystem in Kugelspanntechnik und modularer Baukastenbauweise auf Grund der enormen Vorteile im Verhältnis zu den relativ wenigen Nachteilen für eine automatische Werkstückspanntechnik unter den Bedingungen der NC-Fertigung geeignet ist, insbesondere unter CIM-Aspekten.

10.4.2 Vorrichtungsgrundkörper aus Mineralguß

Fortschritte im Vorrichtungsbau können auch durch neue Werkstoffe und neue Fertigungsverfahren für Vorrichtungskörper erzielt werden. So wurden Möglichkeiten der Grundkörpergestaltung aus Mineralguß erforscht und erprobt [10.13].

Der Werkstoff Mineralguß wird auch als Polymerbeton oder Reaktionsharzbeton bezeichnet. Das Material besteht aus Quarz oder Granit als Füllstoff, der mittels Epoxidharz gebunden wird und innerhalb relativ kurzer Zeit kalt aushärtet. Dieser Werkstoff /1/ läßt sich sehr gut und vorteilhaft zur Gestaltung von Grundkörpern für Werkstückspanner vorrangig für Mehrzweck- und Universalvorrichtungen anwenden. Dabei werden drei Verarbeitungsvarianten erprobt:
- Anwendung von Spezialformen
- Benutzung von Modulformen
- Verwendung von Baukastenteilen

Besondere Vorteile entstehen durch die montagefähige Baukasten-Variante. In den Fällen, in denen die Baukastenlösung nicht sinnvoll ist, kann mit massiven bzw. mit Mineralguß-Metall-Verbundkonstruktionen gearbeitet werden. Die metallischen Teile werden in der Form fixiert und verbinden sich beim Abgießen intensiv mit dem Mineralguß. Zur Material- und Gewichtseinsparung wird die Vorrichtung mit einem verlorenen Kern aus Polystyrolschaum versehen. Ein speziell entwickeltes Baukastensystem aus Mineralgußelementen, die anschließend durch Kleben zum Grundkörper komplettiert werden, hat sich als technologisch und ökonomisch besonders vorteilhaft erwiesen. Besonders Vorrichtungen zum Fräsen, Bohren und Schleifen werden als geeignete Anwendungsfälle gesehen.

Als Vorteile werden hervorgehoben:
- Verbesserungen von Oberflächenqualitäten, die insbesondere auf die hohe Werkstoffdämpfung zurückzuführen sind. Damit werden Produktivitätssteigerungen möglich(erhebliche Verbesserungen der Werkstückoberflächen, kleinere R_a-Werte).
- erhebliche Verkürzung der Bereitstellungszeiten, die bei der Baukastenlösung in Mineralguß in die Größenordnung metallischer Baukastenvorrichtungen reichen;
- Die vergleichsweise geringen Werkstoffkosten von Mineralguß lassen Preisvorteile bei der Baukastenlösung erwarten.
- Die Gewichtsreduzierung, die infolge des kleineren spezifischen Gewichts von Mineralguß gegenüber Metallen entsteht, führt insbesondere bei Großvorrichtungen zu Vorteilen beim Handling und zur Schonung der benutzten Werkzeugmaschinen [10.13/ 10.14].

10.5 Automatische Vorrichtungsmontage

Automatische Fertigungseinrichtungen – beispielsweise die flexiblen Fertigungssysteme – erfordern einen leistungsfähigen *automatischen Werkstückwechsel*. Dieser hat zu gewährleisten, daß zuverlässig und schnell die vom Rechnerprogramm bestimmten Werkstücke im Arbeitsraum der Fertigungseinrichtung in einer mit vorgegebener Genauigkeit definierten und durch Spannkräfte gesicherten Lage bereitgestellt werden. Dieses Positionieren, Bestimmen und Spannen der Werkstücke wird meistens hauptzeitparallel außerhalb des Maschinenraumes vorgenommen. *Palettentransportsysteme* ermöglichen den automatischen Werkstückwechsel im flexiblen Fertigungssystem, bringen aber zugleich einige Probleme, die bislang nicht bzw. nur unbefriedigend gelöst wurden [10.1/ 10.6/ 10.7].

Auf *Rüst- und Spannplätzen* werden die Werkstücke *manuell* auf Paletten mittels Vorrichtungen fixiert und befestigt und so für einen automatischen Palettenwechsel bereitgestellt. Die manuellen externen Rüst- bzw. Spannplätze sind nicht in einen automatischen Fertigungsablauf integrierbar, die Lohnkosten für ständige Umrüstarbeiten sind hoch, die in der bemannten Schicht vorzubereitenden Paletten für die bedienerarme Fertigung erfordern eine große Palettenzahl, dies bedeuten hohen Kapitalaufwand, große Kapitalbindung und andere Nachteile.

Automatisch montierbare flexible Vorrichtungen ermöglichen einen Einsatz automatischer Montagesysteme für den Zusammenbau dieser Vorrichtungen. In Verbindung mit einem automatisierten Werkstück- und Spannpalettenfluß läßt sich die vorhandene Automatisierungslücke im Produktionsprozeß schließen. Die *Robotermontage von modularen Baukastenvorrichtungen* bietet hierzu alternative Lösungen [10.15 bis 10.18].

10.5.1 Ziele und Voraussetzungen

Moderne Fertigungsprozesse haben einen hohen Grad der Automatisierung erreicht. Die Montage dagegen wird aufgrund der großen Aufgabenvielfalt weitgehend manuell durchgeführt. Der Montageprozeß – der als Endbearbeitungsprozeß einen sehr hohen Wertschöpfungsanteil an der gesamten Herstellung eines Erzeugnisses hat – ist wegen der Komplexität der Aufgaben nur in geringem Maße automatisiert. Somit ist die Montage vielfach der teuerste Prozeß der Produktion. Mit einer automatischen Montage sind deshalb wirtschaftliche Zielstellungen zu erfüllen.

Die *Anforderungen an flexible Montagesysteme* werden zunehmend komplexer. Erforderlich ist eine hohe Flexibilität des gesamten Montagesystems, vom Montageroboter bis zu seinen peripheren Komponenten, ebenso der Einsatz einer durchgängigen Informationsverarbeitung von der Konstruktion bis zur Montage. Wie bei den anderen Fertigungsverfahren wird eine bedienarme oder bedienerlose Fertigung angestrebt. Dazu gehört auch, daß der Montageprozeß in die CIM-Struktur integriert wird und mit den anderen Elementen dieser (CAD, CAQ, PPS) zusammenarbeitet. Der Mensch wird dabei nur noch Kontroll- und Wartungsaufgaben erfüllen.

Mit einer automatischen Montage wird auch das Ziel verfolgt, – unabhängig von subjektiven Einflüssen – eine gute *Qualität* und vor allem eine gleichbleibend hohe *Wiederholgenauigkeit* der montierten Produkte zu gewährleisten. Andererseits kann die Anwendung einer automatischen Montage auch ergonomische *Ziele* haben. Es kann eine Ablösung von monotoner Arbeit (Taktzwang, Kleinteilbestückung) oder körperlich schwerer Arbeit (Überkopfarbeit, Montage scharfkantiger oder schwerer Bauteile) erfolgen [10.4/ 10.10/ 10.20].

Ein großes Problem beim automatischen Montieren stellt die *montagegerechte Produktgestaltung* dar. Sie ist erforderlich, um zu hohe Anforderungen an die Montageeinrichtungen zu vermeiden und eine automatische Montage überhaupt zu ermöglichen. Ein Problem ist der Ausgleich der *Fertigungstoleranzen* bei der Montage. Diese summieren sich bei den einzelnen Fertigungsschritten zumeist. Dies erfordert den Einsatz einer *Greiftechnik mit definierter Nachgiebigkeit* und einer Sensorik, um die bei manueller Montage vorhandenen feinmotorischen Fähigkeiten des Menschen nachzuempfinden. Bereits beim Entwickeln und Konstruieren der Werkstücke bzw. Produkte müssen die Kriterien für eine montagegerechte Konstruktion und Gestaltung beachtet werden. Je eher diese Forderungen in die Konstruktion einbezogen werden, um so weniger Probleme gibt es bei der weiteren Planung des Fertigungsablaufes. *Kriterien für montagegerechtes Konstruieren* sind beispielsweise:

- einheitliche mechanische Schnittstellen zum Handhaben (Greifbasen)
- vereinheitlichte Fügerichtungen
- fügegerechte Gestaltung (Einführschrägen, Passungsauswahl)
- Reduzierung der Bauelementezahl

10.5 Automatische Vorrichtungsmontage

Begriffsbestimmungen:

- *Montage:* Nach *DIN 8593* erfolgt die Einordnung des Begriffes. *"Montieren"* wird zwar stets unter Anwendung von Fügeverfahren durchgeführt, es schließt jedoch zusätzlich auch alle Handhabungs- und Hilfsvorgänge einschließlich des Messens und Prüfens mit ein. Andererseits gehören zum Fügen auch Fertigungsverfahren, die nicht im Zusammenhang mit dem Montieren angewendet werden [10.21 bis 10.23]. Zur Montage zählen auch alle Montagevorbereitungsarbeiten, Fügevorgänge und Justiertätigkeiten ebenso wie die Demontagearbeiten. Dabei werden aus Systemen niederer Komplexität Systeme höherer Komplexität aufgebaut [10.24].

- *Fügen*: *Fügen* ist das auf Dauer angelegte *Verbinden* oder sonstige *Zusammenbringen* von zwei oder mehr Werkstücken geometrisch bestimmter Form oder von ebensolchen Werkstücken mit formlosem Stoff. Dabei wird jeweils der Zusammenhalt örtlich geschaffen und im ganzen vermehrt.

- *Zusammensetzen*: Zusammensetzen ist *Fügen*, bei dem der Zusammenhalt der Fügeteile durch Schwerkraft (Reibung), Formschluß, Federkraft oder eine Kombination davon bewirkt wird.

- *An- und Einpressen*: ist eine Sammelbenennung für die Verfahren, bei denen beim Fügen die Fügeteile sowie etwaige Hilfsfügeteile im wesentlichen nur elastisch verformt werden und ungewolltes Lösen durch Kraftschluß verhindert wird.

Problemkatalog zur Realisierung einer automatischen Vorrichtungsmontage [10.5/ 10.25]

1. *Klarheit über das zu bearbeitende Werkstückspektrum und die Einsatzbedingungen der Bearbeitung:* Festlegen der erforderlichen Werkstückanzahl, der jeweiligen Losgröße, der Art der Bearbeitung, der Anzahl der zu bearbeiteten Seiten, der Anzahl der notwendigen Umspannungen je Werkstück, sowie der zu erreichenden Genauigkeiten.

2. *Entwicklung, Bau und Erprobung eines automatisch montierbaren Vorrichtungsbaukasten:* Die eingesetzten Vorrichtungselemente müssen einheitliche Schnittstellen aufweisen, sowohl zum Greifen als auch zum Bestimmen und Positionieren. Sie müssen weiterhin definiert gespeichert werden; es ist ein Kreislauf der Modulspeicher erforderlich. Es ist auch erforderlich, den Aufbau der Vorrichtung gut zu dokumentieren. Deshalb müssen die Programme zum Aufbau mit CAD-Systemen erstellt werden, da man durch das Ablegen der Daten in Datenbanken ständig auf die aktuellen Daten zurückgreifen kann.

3. *Speicherung und Bereitstellung der Vorrichtungsbaukastenelemente:* Die Vorrichtungen müssen nach Gebrauch demontiert und die Module in die Speicher abgelegt werden. Bei der Planung eines Systems ist der nachfolgende Abbau der Vorrichtung zu berücksichtigen. Die demontierten Elemente müssen gereinigt, neu eingestellt, nachgearbeitet und/oder konserviert und anschließend wieder in den Kreislauf eingebunden werden.

4. *Montageroboter und die dazugehörige Steuerung* auswählen: Dieser Roboter muß eine den Montagebewegungen entsprechende Anzahl steuerbarer Achsen besitzen und in der Lage sein, mit entsprechender statischer und dynamischer Steife die Werkstücke und Module zu handhaben. Der Roboter sollte aus Kostenerwägungen jedoch nicht mehr "können", als für die Aufgaben notwendig ist.

5. Mit der Roboterauswahl ist die *Festlegung der benötigten Greifer* und *Schraubeinheiten* verbunden. Es gibt verschiedene Konfigurationsmöglichkeiten. Die Kompliziertheit der Greifer ist auf die Anzahl der steuerbaren Achsen des Roboters abzustimmen.

6. Je nach Montageaufwand werden *Meßsysteme und Sensorik* erforderlich. Diese gewährleisten bei komplizierten Operationen die entsprechende "Feinfühligkeit" der Montageeinrichtung, die bei automatischer Montage unbedingt erforderlich ist.

7. *Optimierte Anordnung von Montageplatz, Montageeinrichtung*, Elementespeicher, Werkstückspeicher, Greiferspeicher und weiterer Systemkomponenten im Hinblick auf die Beschickung der Bearbeitungsstation. Dabei muß zwischen einer dezentralen Montage an der Bearbeitungsstation oder einer zentralen Montage in speziellen Montageräumen unterschieden werden.

8. *Palettentransfereinrichtungen, Spannpalettenkreislauf:* Zur Anbindung an automatische Fertigungslinien ist der Einsatz standardisierter Spannpaletten als Aufbaubasis der Vorrichtung zwingend. Die aufgebauten Vorrichtungen bedürfen einer separaten Verwaltung, die jedoch abhängig ist von der Struktur des Vorrichtungsmontagesystems.

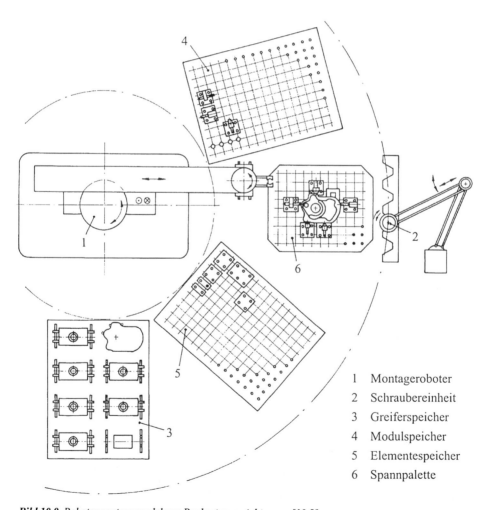

1 Montageroboter
2 Schraubereinheit
3 Greiferspeicher
4 Modulspeicher
5 Elementespeicher
6 Spannpalette

Bild 10.9 *Robotermontage modularer Baukastenvorrichtungen [10.5]*

10.5 Automatische Vorrichtungsmontage

10.5.2 Entwicklungsstand

Der erreichte Entwicklungsstand der automatischen Vorrichtungsmontage und die damit verbundenen generellen Problemstellungen sollen nachfolgend an einigen realisierten und teilweise auch praktisch erprobten Projekten erörtert werden.

1. Pilotlösung zur Robotermontage modularer Baukastenvorrichtungen an der Technischen Universität Chemnitz, Inst. Werkzeugmaschinen [10.1/ 10.25 bis 10.28]

Im Bild 10.9 wird die Anordnung der Systemkomponenten für die Robotermontage modularer Baukastenvorrichtungen aufgezeigt. Das Bild 10.10 zeigt eine nach der Systemkonfiguration von Bild 10.9 mit dem Montageroboter automatisch montierte Baukastenvorrichtung auf einer Palette im Paßbohrungssystem. In die fertig montierte Vorrichtung wird mit dem Montageroboter das Werkstück mit einem Zangengreifer eingelegt und nach einem Greiferwechsel automatisch positioniert, gespannt und eine Stütze ausgefahren.

Im Arbeitsbereich des Montageroboters ist die mit einer Vorrichtung zu bestückende Palette so angeordnet, daß ein automatischer Palettenwechsel ermöglicht werden kann. Komplettiert wird der Montageroboter durch eine Schraubereinheit, welche die erforderlichen Drehmomente und Werkzeuge für alle Schrauboperationen bereitstellt und vom Roboter mit einem speziellen Greifer bedient wird. Zum Handhaben aller Vorrichtungselemente und zum Ausführen aller Montageoperationen werden verschiedene Greifer benutzt, die für einen automatischen Greiferwechsel im Greiferspeicher verfügbar sind.

Bild 10.10 Einlegen des Werkstückes in eine robotermontierte modulare Baukastenvorrichtung [10.25]

Das Kernstück bildet der für die automatische Montage geeignete modulare Vorrichtungsbaukasten. Die zum Aufbau der Vorrichtungen erforderlichen Basismodule, Verbindungselemente und Funktionsmodule werden auf Speicherplätzen bereitgestellt.

Diese Modulspeicher werden werkstückbezogen mit Basismodulen, voreingestellten Funktionsmodulen und Verbindungselementen bzw. den anderen benötigten Vorrichtungselementen bestückt und für jedes Werkstück in den Arbeitsbereich des Roboters neu eingewechselt. Mit einem Zangengreifer können alle Basismodule und Funktionsmodule in einer Nut erfaßt werden. Diese ist als einheitliche mechanische Schnittstelle an allen Modulen angebracht.

Die unterschiedlichsten Basismodule stehen zur Verfügung, um die Positionierung auf der Palette sowie einen vertikalen Höhenausgleich zu ermöglichen und zugleich die Funktionsmodule aufzunehmen. Zur genauen Positionierung aller Module untereinander und zur Palette dienen zwei Paßbolzen. Zur Vermeidung einer Überbestimmung ist jeweils einer der Bolzen abgeflacht als Schwertbolzen.

Mit einem Vakuumgreifer werden alle benötigten Verbindungselemente aus der kommissionierten Ablage aus einem Modulspeicher entnommen und in die zur Befestigung vorgesehenen Paßbohrungen auf der Palette eingelegt. Mit Verbindungselementen in Form von Innensechskantschrauben werden alle Basis- und Funktionsmodule untereinander und schließlich auch mit der Vorrichtungspalette direkt verschraubt. Das Verschrauben der eingelegten Innensechskantschrauben erfolgt mit einem elektromechanischen Spannantrieb, der mit Schraubwerkzeugen zu einer Schraubeinheit verbunden ist.

Die Vorteile der vorgeschlagenen Lösung liegen in der steifen und kompakten Ausführung, wie sie für genaue Bearbeitungen unerläßlich ist. Die Gestaltung einer einheitlichen Schnittstelle zum Handhaben reduziert die Anzahl der benötigten Greifer. Das Bestimmen der Elemente kann als unproblematisch eingeschätzt werden, durch das Bohrungsraster erfolgt stets eine reproduzierbare Positionierung. Der eingesetzte Roboter muß nur Positioniervorgänge in senkrechter Fügerichtung ausführen; er wird auch nicht durch Einschraubmomente belastet.

Dafür ist der Aufwand für die zusätzliche Schraubereinheit mit der erforderlichen Steuerung relativ hoch. Als nachteilig wird die erforderliche Handhabung der Schrauben angesehen, die zusätzliche Zeiten erfordert.

Auf Paletten im Paßbohrungssystem können in analoger Weise auch die in den Bildern 10.3, 10.4 und 10.5 gezeigten Module und Baugruppen der Kugelspanntechnik aufgesetzt werden. Die automatische Handhabung aller Elemente ist gleichermaßen gewährleistet. Die im Kapitel 11 vorgestellten Sensoren sind gleichermaßen integrationsfähig.

2. *Robotermontierte Baukastenvorrichtungen an der Universität Stuttgart, Institut für Produktionstechnik und Automatisierung [10.29/ 10.30]*

Am IPA in Stuttgart wurde eine automatisch montierte robotonome Baukastenvorrichtung vorgestellt. Hauptbestandteil in diesem System ist ein Knickarmroboter, der die verschiedenen Vorrichtungselemente und das Schraubwerkzeug handhabt.

Der Vorrichtungsaufbau erfolgt auf einer Basisplatte. Die Positionierung der Baukastenelemente erfolgt im T-Nuten-System mittels T-Nuten-Steinen und Zentrierbuchsen. Das Herstellen der Verbindung zur Basisplatte und zwischen den Aufbau- und Funktionseinheiten erfolgt über die T-Nuten-Steine, die beim Verspannen über verliersichere Schrauben an die T-Nuten anschlagen und dann kraftschlüssig mit diesen in Verbindung gebracht werden.

Als Funktionselemente wurden spezielle Module konstruiert, die eine hohe Funktionsintegration aufweisen. Der Spannschlitten dieser Baukastenelemente ist horizontal und vertikal in ei-

10.5 Automatische Vorrichtungsmontage

nem bestimmten Rahmen über eine bidirektionale Verfahreinheit stufenlos verstellbar. Diese Module können je nach gewünschtem Einsatz die Funktionen Auflegen, Anschlagen, Spannen oder Verstellen erfüllen. Die mechanische Schnittstelle zum Einstellen der Elemente ist konstruktiv mit der Schnittstelle zum Befestigen identisch. Zum Ausgleich kleinerer Abweichungen an den Werkstücken werden elastische Auflagewerkstoffe oder Pendelauflagen eingesetzt.

Beim Vorrichtungsaufbau werden zum Überbrücken des Rastermaßes Aufbauelemente eingesetzt, die auch gleichzeitig die erforderliche Höhe der Funktionseinheiten gewährleisten. Kombiniert werden kann das System noch mit Abstütz- und Indexeinheiten. Die Einsatzmöglichkeiten des Systems werden mit automatischem oder manuellem Aufbau angegeben.

Dieses System besitzt eine sehr hohe Flexibilität durch die entwickelten Bauteile. Aufgrund der geringen Elementeanzahl ist der Aufbau in kurzer Zeit möglich. Es wird weiterhin ein geringer Umbauungsgrad und eine große Bewegungsfreiheit zur Grundplatte erreicht. Als nachteilig hingegen erscheint die offensichtlich geringe Steife des Gesamtaufbaus. Das Einführen der Elemente in die T-Nuten erfordert einen großen Aufwand auf Roboterseite. Dadurch wird der wiederholgenaue Aufbau nach rechnererstellten Zeichnungen durch schwierige Referenzpunktfindung erschwert.

3. Montage von Baukastenvorrichtungen durch Industrieroboter an der Rheinisch-Westfälischen Technischen Hochschule Aachen, WZL [10.18/ 10.31/ 10.32]

Vorgestellt wird eine praktisch erprobte Vorrichtungsmontage am WZL der RWTH Aachen. Kernstück ist ein Montageroboter, der über einen Multifunktionsgreifer verfügt und damit die palettierten Vorrichtungselemente handhabt und verschraubt.

Der Aufbau erfolgt auf einer Vorrichtungsgrundplatte. Die Positionierung der Elemente erfolgt im koaxialen Bohrungsrastersystem über Paßschrauben. Zum Ausgleich der Abweichungen wurde der Gewindedurchmesser um 2 mm gegenüber dem Paßbohrungsdurchmesser verringert. Zum Angleichen der Vorrichtungselemente an die Werkstückkontur und zum Ausgleich des Bohrungsrasters werden Zwischenelemente eingesetzt. Die Verbindung zwischen den Elementen und der Grundplatte wird ebenfalls über verliersichere Paßschrauben hergestellt. Durch die Führung der Paßfläche wird beim Verschrauben ein Verkanten im Gewinde vermieden.

Als Vorrichtungselemente wurden neue Module entwickelt. Die strikte Trennung von "Befestigen" eines Elementes und "Verschieben" des Funktionsträgers gewährleisten stets eine definierte Lage der Fügepartner. Als einheitliche Schnittstelle zum Greifer enthalten die Module Bohrungen zur Greiferzentrierung.

Beim Vorrichtungsaufbau werden die einzelnen Elemente mit dem Greifer gehandhabt und positioniert. Am gleichen Greifer befinden sich auch zwei getrennte Schraubspindeln zum Einschrauben der Paßschrauben (30 bis 60 Nm) bzw. zum Einstellen der Elemente (1 Nm). Bei der Erprobung des Systems wird auf die Robustheit und geringe Fehleranfälligkeit verwiesen und eine praktische Einsatztauglichkeit erklärt. Vorteile des Systems sind eine steife robotergerechte Gestaltung über vereinheitlichte Schnittstellen und Fügerichtungen und die verliersicheren und somit vom Roboter nicht zu handhabenden Schrauben. Durch die Zwangspositionierung im Bohrungsrastersystem ist eine gute Referenzpunktaufnahme und damit Reproduzierbarkeit gewährleistet.

Ein Nachteil besteht darin, daß durch den Einsatz mehrerer Paßschrauben an jedem Element eine Überbestimmung erfolgt. Dies könnte zu Schwierigkeiten bei der automatischen Montage führen, insbesondere nach längerer Einsatzzeit. Auch muß zum Herstellen der Module ein relativ hoher Aufwand investiert werden. Als problematisch erscheint auch die Tatsache, daß der Roboter das Reaktionsmoment des Einschraubvorgangs voll aufnehmen muß.

4. Automatische Montage modularer Vorrichtungen am Institut of Mechanical Technology Pisa [10.33]

In diesem Beispiel wird die Robotermontage modularer Vorrichtungen für den Einsatz in einem 5-Achsen NC-Bearbeitungszentrum beschrieben. Sie bildet die Grundlage für die automatische Montage in einer Prototyp-Anlage.

Das Kernstück des Systems bildet ein Montageroboter, der auch gleichzeitig die Werkstücke handhabt. Dieser ist ausgerüstet mit einem Sensorgreifer und einer pneumatischen Schraubeinheit. Im Arbeitsbereich befinden sich die Magazine für Baukastenelemente und Module sowie für die verschiedenen Greifer, ebenso die Palette mit den Roh- bzw. Fertigteilen. Der Aufbau der Vorrichtung erfolgt auf einer Basisplatte, die wiederum direkt auf der Maschinenpalette befestigt ist. Die Positionierung der Elemente erfolgt im koaxialen Bohrungsrastersystem. Durch stark angefaste Einführschrägen wird die Montage beim Positioniervorgang erleichtert.

Die Verbindung der Elemente mit der Basisplatte erfolgt in denselben Paßbohrungen mittels verliersicherer Zylinderschrauben, die somit nicht gehandhabt werden müssen. Als Verdrehsicherung beim Aufbringen des Einschraubmomentes wurde ein aus elastischem Material gefertigtes "Anti-Schlupf-Element" eingesetzt. Als Aufbaumodule wurden spezielle Vorrichtungselemente in zwei Arten entwickelt:

- zylindrische Elemente für die Verbindung zum Bohrungsraster der Basisplatte
- prismatische Elemente für die Anpassung der Vorrichtung an das Werkstück durch Überbrückung des Bohrungsrasters

Eine Besonderheit beim Aufbau der Vorrichtung besteht darin, daß nach dem Aufbau der Vorrichtung erst das Werkstück auf die Bestimmelemente eingelegt wird und anschließend erst die drehbaren Spanner in ihre Spannstellung gedreht werden und das Spannen der Werkstücke erfolgt. Die auftretenden Stabilitätsprobleme wurden dabei mit zusätzlichen federnden Elementen gelöst.

Zur Anwendung der Montageeinrichtung werden zwei wesentliche Möglichkeiten genannt. Zum einen kann sich der Montageplatz direkt am Bearbeitungszentrum befinden. Hier ergibt sich der Vorteil einer geringen Palettenanzahl, da die einmal erstellte Vorrichtung stets am Arbeitsplatz wieder mit dem Werkstück bestückt wird. Vorteilhaft ist hierbei auch die Beschränkung auf bestimmte Vorrichtungsmodule entsprechend der Teilekategorie der Werkstücke. Nachteilig ist jedoch die Notwendigkeit eines Montageroboters an jedem Bearbeitungszentrum, nur für das Ein- und Auslegen der Werkstücke würde meist auch eine einfache Einlegeeinrichtung ausreichen. Die andere Möglichkeit ist der Einsatz eines separaten Montageraumes für alle in der Fabrik benötigten Baukastenvorrichtungen. Dabei ist jedoch ein spezieller Kreislauf für die Werkstückpaletten erforderlich, und durch die große Anzahl der Paletten erfolgt eine hohe Kapitalbindung.

Als nachteilig erscheint die Handhabung der Modulelemente ohne einheitliche Schnittstelle zum Greifer (unterschiedliche Greifer erforderlich). Da die Übertragung der Spann- und Bearbeitungskräfte nur über jeweils ein Element (Paßbohrung) erfolgt, wird die Gesamtsteifigkeit als nicht sehr hoch eingeschätzt. Das Ausrichten der drehbaren Spanner nach dem Einlegen der Werkstücke ist ebenfalls keine günstige Lösung. Die Orientierung der Bestimmelemente dürfte durch die drehbare Lagerung mit einem hohen Aufwand verbunden sein.

10.5 Automatische Vorrichtungsmontage

Vorteilhaft dagegen ist die Beschränkung auf nur eine Montagerichtung (von oben), auch die Befestigungs- und Spannschrauben liegen in einer Richtung. Der geringe Umbauungsgrad der Vorrichtung und die nicht zu handhabenden Befestigungsschrauben sind ebenfalls günstig für den Vorrichtungsaufbau.

10.5.3 Entwicklungsanforderungen

Aus dem Entwicklungsstand, insbesondere den vorgestellten Lösungen zur automatischen Montage von Baukastenvorrichtungen, können einige allgemeingültige Erkenntnisse gewonnen werden:

Schlußfolgerungen:

- Die bereits existierenden Pilotlösungen bzw. Demonstrationsobjekte robotermontierter Baukastenvorrichtungen beweisen die *technische Lösbarkeit* dieser Problemstellung. Eine Einschätzung aus wirtschaftlicher Sicht erfordert die genaue Kenntnis der konkreten Einsatzbedingungen; ein allgemeiner Nachweis der wirtschaftlichen Überlegenheit ist nicht möglich.

- Da eine automatische Montage und Demontage von Baukastenvorrichtungen auch in bedienerarmen Zeiten und im Mehrschichtbetrieb erfolgen kann, wird durch die Einsparung von Palettenkosten und der hohen Lohnkosten eine *Verbesserung der Kostenstruktur* erreicht. Dennoch kann erst eine exakte Kostenrechnung den Nachweis der Wirtschaftlichkeit erbringen. Unter bestimmten Fertigungsbedingungen kann die Robotermontage von modularen Baukastenvorrichtungen eine Alternative darstellen.

- Eine automatische oder automatisierte Montage von Vorrichtungselementen oder kompletten Vorrichtungen erfordert größere Investitionen für Montageeinrichtungen als eine manuelle Montage. Dieser *Investitionsaufwand* muß durch große Stückzahlen, lange Einsatzdauer und gute Auslastungszeiten amortisiert werden. Derartige Automatisierungslösungen sind deshalb generell nur als *Systemkomponente eines automatischen Fertigungsablaufes* zu rechtfertigen. Hauptsächlich um die *Automatisierungslücke zu schließen*, die durch manuelle Rüst- und Spannplätze erzeugt wird und einen vollständigen automatischen Werkstückwechsel in Palettentransportsystemen verhindert. Generell steigen die Gesamtkosten mit zunehmender Automatisierung sehr stark an, deshalb ist jede automatisierte Lösung nur unter ganz konkreten Bedingungen und Restriktionen optimal und wirtschaftlich vertretbar.

- Für einen vollautomatischen Arbeitsablauf ist eine automatische Vorrichtungsmontage zwingend, damit wird aber zugleich auch eine *automatische Generierung der Robotersteuerprogramme* für den automatischen Vorrichtungsaufbau notwendig. Anderenfalls würde nur eine Verlagerung der Arbeitsplätze vom manuellen Rüstplatz zum Programmierarbeitsplatz erfolgen.

- Zur rechnergestützten Erarbeitung der Robotersteuerprogramme ist ein *CAD-System* anzuwenden.

- Die *Vorrichtungskonstruktion* sollte ebenfalls rechnergestützt unter *Anwendung wissensbasierter CAD-Software* erfolgen. Eine durchgängige Lösung von der Werkstückkonstruktion, zur Vorrichtungskonstruktion mit Kollisionskontrolle bis zur Robotermontage der Vorrichtung ist sinnvoll und wirtschaftlich notwendig, erfordert jedoch eine geeignete leistungsfähige Software.

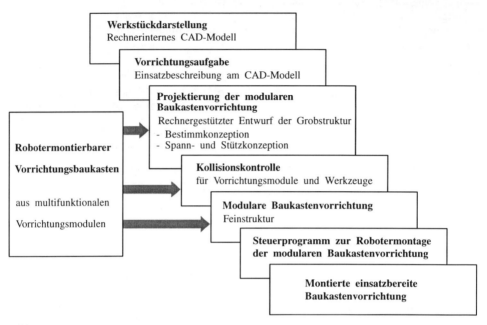

Bild 10.11 *CAD-Bausteine der Projektierung und Robotermontage modularer Baukastenvorrichtungen [10.1/ 10.5/ 10.25]*

Im Bild 10.11 werden die Systemzusammenhänge und die erforderlichen CAD-Software-Programme als Bausteine eines durchgängigen rechnergeführten Projektierungs-und Montageprozesses veranschaulicht.

Alle Bausteine bilden gemeinsam die notwendige Software-Basis für eine automatische Bereitstellung einsatzbereiter Baukastenvorrichtungen. Dabei wurden die Prozeßabläufe vereinfacht dargestellt, um die Gesamtübersicht zu wahren. Tatsächlich erfordert jeder im Bild 10.11 ausgewiesene Baustein wiederum eine eigene CAD-Programmstruktur, beispielsweise die CAD-Beschreibung des robotermontierbaren Vorrichtungsbaukastens (Module, Elemente, Schnittstellen oder die Voreinstellung, Kommissionierung bzw. Bereitstellung der werkstückgerechten voreingestellten Funktionsmodule).

Es sollte angestrebt werden, daß die in einem Unternehmen genutzte Computertechnik durchgängig kompatibel ist, damit die für eine NC-Fertigung bereits im Computer verarbeiteten Daten der Werkstücke, Maschinen und Verfahren redundanzfrei genutzt werden können.

Es ist abzuwägen, ob sich der große Aufwand des Robotereinsatzes bei komplexen Fügevorgängen mit hohem Arbeitsaufwand lohnt. Der Robotereinsatz ist insgesamt auch nur dann sinnvoll, wenn seine hohe Flexibilität in Verbindung mit den peripheren Komponenten genutzt wird. Zu großen Schwierigkeiten bei der automatischen Montage führen die gegenwärtig noch vorhandenen hohen Kosten für entsprechende Rechner und Netzwerke, die den Investitionsrahmen vieler Firmen übersteigen. Generell muß man die automatische Montage bei kleinen Losgrößen als unrentabel ansehen, da sie sich dort nicht amortisieren kann [10.4/ 10.19/ 10.20].

11 Sensorik für Vorrichtungen

Die zunehmende Automatisierung der Fertigungsabläufe – insbesondere die Schaffung von CIM-Strukturen – erfordert eine automatisierbare Vorrichtungs- und Werkstückspanntechnik, die in den Prozeßablauf der Teilefertigung voll integrationsfähig ist [11.1]. Sinkende Losgrößen infolge wachsender Teilevielfalt durch kompliziertere Werkstückformen, kürzere Innovationszeiten, eine kürzere Produktlebensdauer und ein schnelleres Reagieren auf Anforderungen des Marktes zwingen zu einer größeren Flexibilität der eingesetzten Vorrichtungs- und Spanntechnik [11.2], die insbesondere durch automatisierte Funktionsabläufe unter Einsatz von Sensoren zu erreichen ist. Damit wird eine Prozeßüberwachung und Prozeßsteuerung unter Einbeziehung der Werkstückspanntechnik in flexiblen Fertigungseinrichtungen ermöglicht [11.3].

11.1 Anforderungen und Entwicklungsstand

Bei konventioneller Vorrichtungstechnik ohne Sensorik liegt die Sicherheit der exakten Erfüllung aller Vorrichtungsfunktionen allein beim Facharbeiter. Von ihm wird Sachkenntnis, größte Sorgfalt und Einfühlungsvermögen am Rüstplatz verlangt. Für das ordnungsgemäße Einlegen, Bestimmen, Spannen und Stützen eines Werkstückes gibt es in der Vorrichtung keine Kontrollmöglichkeiten und keinen objektiven Bewertungsmaßstab für die Ausführung dieser Aufgaben durch den Facharbeiter. Sauberkeit, Genauigkeit, die Spannkraft oder die Bedienzeit sind beispielsweise Probleme subjektiver Art und häufig nur in weiten Grenzen zu beherrschen, so daß Produktivitätsverluste entstehen. Eine Sensorik kann objektive Verhältnisse schaffen und die geforderte Qualität und Zuverlässigkeit gewährleisten [11.4].

Begriffsbestimmung "Sensor" – "Sensorik"

Unter einem *Sensor* wird ein *Meßwertaufnehmer* in Verbindung mit einer *Auswerteeinheit* verstanden. Der Meßwertaufnehmer identifiziert eine physikalische Zustandsgröße – beispielsweise den Abstand zweier Körper, eine Krafteinwirkung oder auch nur eine Anwesenheit eines anderen Körpers – und erzeugt daraus ein reproduzierbares Meßsignal. Dieses wird in der *Auswerteeinheit* in eine auswertbare und allgemein vergleichbare Form umgewandelt und erforderlichenfalls als Steuersignal für eine aktive Beeinflussung des Prozeßablaufes bereitgestellt. Bevorzugt werden elektrische Meßwerte und Steuersignale, um eine weitestgehende Kompatibilität aller Systemkomponenten zu gewährleisten.

Unter dem Begriff "*Sensorik*" soll die Gesamtheit aller Einrichtungen verstanden werden, die für die Meßwertgewinnung, Verstärkung, Weiterleitung, Umformung und Auswertung benötigt werden [11.5].

Die außerordentlich hohen Anforderungen und die harten Einsatzbedingungen sind Hauptursachen dafür, daß bisher wenig Sensoren in der Vorrichtungstechnik zum Einsatz kamen bzw. keine leistungsfähige Sensorik verfügbar war. In Vorrichtungen mit hydraulischen oder pneumatischen Energieträgern wurden Sensoren eingesetzt, die aus Staudruckmessungen ein Meßsignal gewinnen. Derartige Lösungen ermöglichen lediglich eine Anwesenheits- und Spannkraftkontrolle, sie erfüllen nicht die vielfältigen Sensoranforderungen in Vorrichtungen.

Außerordentlich positive Erfahrungen wurden mit kapazitiven Gebern gemacht. Ihr Vorteil gegenüber den resistiven Sensoren liegt u. a. in der sehr viel kleineren Temperaturabhängigkeit des Meßsignals. Im Vergleich zu den für Kraftmessungen oft genutzten piezoelektrischen Sensoren garantieren kapazitive Sensoren ein statisches Meßsignal, das während des gesamten Zeitraumes der Krafteinwirkung verfügbar ist. Andere physikalische Wirkprinzipien, wie induktiv, magnetoelastisch, optisch, akustisch erfordern vielfach hohen Aufwand bei der Signalauswertung oder weisen ein zu großes Bauvolumen auf [11.4].

11.2 Kapazitive Vorrichtungssensorik

Die *kapazitive Vorrichtungssensorik* ist für einen Einsatz in Vorrichtungen oder Werkstückspanneinrichtungen vorgesehen. Auch für eine Prozeßüberwachung oder Prozeßsteuerung in flexiblen Fertigungseinrichtungen ist eine Anwendung möglich, um beispielsweise Positionsveränderungen von Bauteilen oder Krafteinwirkungen auf diese zu überwachen.

Für flexible Werkstückspanneinrichtungen in CIM-Fertigungsstrukturen ist eine Vorrichtungssensorik notwendige Voraussetzung. Mit der kapazitiven Vorrichtungssensorik können beispielsweise folgende Funktionen einer Vorrichtung überwacht werden [11.3/ 11.4/ 11.6]:

1. Kontrolle der Positionierbewegung des Werkstückes in eine vorgegebene Bestimmlage und Überwachung der Beibehaltung dieser Werkstücklage,
2. Kontrolle des Spannzustandes (gespannt/ entspannt); Bemessung und Überwachung der Spannkraft nach der erforderlichen oder zulässigen Größe (Minimum – Maximum),
3. Kontrolle des Stützzustandes (Stützstößel eingefahren/ ausgefahren); Bemessung und Überwachung der Stützkraft nach der erforderlichen oder zulässigen Größe.

11.2.1 Wirkungsweise

Beim *kapazitiven Wirkprinzip* werden die zu identifizierenden physikalischen Zustandsgrößen durch die Meßwertaufnehmer auf eine Kapazitätsmessung zurückgeführt. Zustandsveränderungen werden als Kapazitätsänderung in ein Auswertesignal umgeformt [11.4].

Die *kapazitiven Meßwertaufnehmer* ermöglichen an der mit einem Werkstück beschickten Vorrichtung Abstands- und Kraftmessungen. Diese Meßinformationen charakterisieren den Zustand des Werkstückes in der Vorrichtung hinsichtlich Bestimmlage und Spannzustand.

Die *Bestimmlage* eines Werkstückes in der Vorrichtung kann pro Koordinatenrichtung oder in jedem Wirkflächenpaar auf eine kapazitive Spaltmessung zwischen Werkstück- und Vorrichtungsbestimmfläche zurückgeführt werden. Als Vergleichswert dient die meßbare Kapazität bei idealem Kontakt der Werkstückbestimmfläche mit dem Vorrichtungsbestimmelement. Bei inniger Berührung dieser Bestimmflächen gibt es keinen Meßspalt mehr, es liegt ein elektrischer Kurzschluß vor. Die in der kapazitiven Vorrichtungssensorik eingesetzte Meßschaltung reagiert bei galvanischem Kurzschluß mit einem konduktiven Meßwert. Dieser repräsentiert die fehlerfreie ideale Sollposition des Werkstückes im jeweiligen Bestimmpunkt. Aus den Lageabweichungen in allen Bestimmpunkten kann die tatsächliche räumliche Werkstücklage erkannt und Fertigungsfehlern vorgebeugt werden. Insbesondere durch Spannkräfte könnten Veränderungen der Bestimmlage nachträglich hervorgerufen werden, die unerkannt zu Maß-, Form- und Lagefehlern am bearbeiteten Werkstück führen.

Die *Spannkraft* wird beim kapazitiven Meßwertaufnehmer auf einen definierten Verformungskörper geleitet. Der Verformungsweg ändert den Plattenabstand eines Kondensators

11.2 Kapazitive Vorrichtungssensorik

und damit dessen Kapazität. Die Meßergebnisse werden unmittelbar am Kondensator durch eine Elektronik verarbeitet, um Störeffekte zu vermeiden. Durch eine Bewertung dieser Signale in einer *Auswerteeinheit* wird eine Kontrolle bzw. Überwachung bestimmter Funktionen des Werkstückhandlings realisiert oder aber durch Verwendung als Steuersignal ein automatischer Arbeitsablauf mit der flexiblen Vorrichtung als Bestandteil flexibler Fertigungseinrichtungen ermöglicht.

11.2.2 Meßelektronik

Die Elektronik der kapazitiven Meßwertaufnehmer basiert auf dem Impulslade – Impulsentladeverfahren. Dabei wird die Meßkapazität, die aus den geometrischen Meßgrößen gewandelt wurde, periodisch aufgeladen und entladen. Aus den im MHz-Bereich stattfindenden Lade- und Entladevorgängen wird ein tastverhältnismoduliertes Meßsignal gewonnen, welches in einem direkten Zusammenhang mit der nichtelektrischen Eingangsgröße steht. Auf der Grundlage des Impulsladeverfahrens wurden Auswerteschaltungen mit diskretem und analogem Ausgangssignal und unterschiedlichen Abmessungen realisiert, die unmittelbar in den als Differentialanordnung gestalteten Primärwandler eingeordnet und damit gut gegen elektrische Störfelder abgeschirmt werden können.

Interner Bestandteil jeder der verfügbaren Meßwertaufnehmer ist ein Elektronik-Baustein, der als integrierter monolithischer Schaltkreis industriell gefertigt wird. Untersuchungen zum Temperaturverhalten des Schaltkreises belegen, daß über einen Bereich von 0° C bis 70° C weniger als 0,2 % Änderungen des Ausgangssignales zu erwarten sind.

Der **Schaltkreis** besitzt folgende *technische Daten* [11.4 bis 11.6]:

- Betriebsspannung U_B: + 3 V ... + 18 V
- Stromaufnahme: < 2,8 mA (bei maximaler Schwingfrequenz)
- Nullpunktkonstanz: 20 ppmK^{-1}
- anschließbare Sensorkapazität: 0,1 pF ... 0,1 µF
- Meßsignalauflösung: 10^{-3} (etwa 10^{-15} F)
- Bauform: IC im Gehäuse DIL 8 oder SMD S 08

Grenzwerte für Eingangs- und Ausgangsparameter nach internationaler JEDEC-B-Norm.

11.2.3 Aufbau

Die *kapazitive Vorrichtungssensorik* besteht aus einem/mehreren *Meßwertaufnehmern*, der/die über einen Verteiler mit einer Auswerteeinheit verbunden sind. Die Meßwertaufnehmer werden mit einem Gewindebolzen in der Vorrichtung befestigt. Die von den Meßwertaufnehmern über die Auswerteeinheit bereitgestellten Signale können zugleich als Steuersignale für eine Folgesteuerung zum automatischen Betrieb der Vorrichtung und deren Integration den automatischen Fertigungsprozeß dienen.

Die *Auswerteeinheit* ist außerhalb des Arbeitsraumes der Fertigungseinrichtung anzuordnen. Als Schnittstelle zu den Meßwertaufnehmern wird ein Verteiler vorgesehen. Dieser sollte an einer vor Spänen und Kühlschmiermittel möglichst geschützten Stelle befestigt werden. Der Verteiler verfügt die erforderliche Anzahl von Anschlüssen für die Meßkabel der Aufnehmer und einen Anschluß für das Verbindungskabel zur Auswerteeinheit. Dieser Anschluß kann erforderlichenfalls nach dem Spannen eines Werkstückes abgezogen werden, sofern während der Bearbeitung keine Überwachung der Vorrichtung notwendig ist und die Vorrichtung ortsveränderlich zu bewegen ist. Die Anschlußbuchse sollte in diesem Fall wasserdicht verschlossen werden.

In Abhängigkeit der zu kontrollierenden/überwachenden Funktion der Vorrichtung (Positionieren, Bestimmen, Spannen, Stützen) und den konkreten Einsatzbedingungen in der Vorrichtung (Werkstückbeschaffenheit, Genauigkeit, Einbaulage, Fluideinsatz) erfolgt die Auswahl des geeigneten Meßwertaufnehmers.

Anwendungsgebiete der Meßwertaufnehmer:

- *Positionsaufnehmer (PA)* taktil-kapazitiv für rauhe Werkstückoberflächen [11.7]
- *Positionsaufnehmer (HPA)* konduktiv-kapazitiv für bearbeitete Werkstückoberflächen [11.8]
- *Positions- und Kraftaufnehmer (PKA)* Anwesenheit, Position und Spannkraft [11.9]
- *kapazitiv/konduktiver Positionsaufnehmer mit Störungsüberwachung* [11.10]

Vorzugsweise sind alle Positionsaufnehmer als vorrichtungstypischer Bestimmbolzen ausgebildet. Im Bild 11.1 sind die Meßwertaufnehmer PA, HPA und PKA abgebildet.

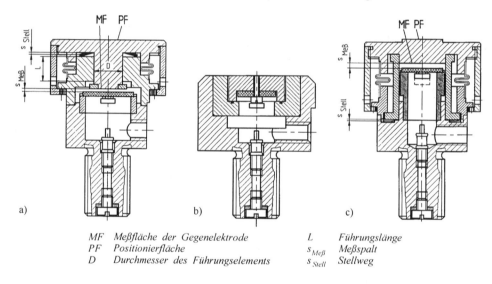

MF	Meßfläche der Gegenelektrode	L	Führungslänge
PF	Positionierfläche	$s_{Meß}$	Meßspalt
D	Durchmesser des Führungselements	s_{Stell}	Stellweg

Bild 11.1 *Kapazitive Meßwertaufnehmer* a) *Positionsaufnehmer (PA) taktil-kapazitiv [11.7]*
b)*Positionsaufnehmer (HPA) konduktiv/kapazitiv [11.8]* c) *Positions- und Kraftaufnehmer (PKA) [11.9]*

Der *Positionsaufnehmer (PA)* [11.7] ermöglicht eine Kontrolle des Positionierens in eine vorgegebene Werkstücklage und eine Überwachung der Beibehaltung dieser Bestimmlage über eine unbegrenzte Zeitdauer. Die Werkstückpositionierflächen können unbearbeitet sein; Rohteile, Gußteile, Schmiedeteile sind möglich.

Das Werkstück drückt infolge einer Positionierkraft oder durch sein Eigengewicht auf die gehärtete Kappe des Positionsaufnehmers und bewirkt die Spaltänderung des Plattenkondensators, der aus einer starren Meßelektrode im Grundkörper und einer abgefederten Gegenelektrode besteht. Die Abstandsmessung ist sehr genau im Mikrometerbereich möglich, deshalb kann problemlos eine Wegauflösung von ± 0,01 mm gewährleistet werden.

Der *Positionsaufnehmer (HPA)* [11.8] ermöglicht für höchste Genauigkeitsansprüche (Mikrometerbereich) die Überwachung von Positioniervorgängen. Das exakte Einnehmen der Bestimmlage des Werkstückes oder deren Beibehaltung kann ständig kontrolliert/ überwacht

11.2 Kapazitive Vorrichtungssensorik

werden. Mehrere dieser Positionsaufnehmer in einer Ebene können nach der Montage gemeinsam überschliffen werden. Die Werkstückpositionierflächen müssen bearbeitet sein.

Der zur Abstandsmessung genutzte Plattenkondensator wird durch eine in den Grundkörper isoliert eingebaute Elektrode und die Werkstückpositionierfläche gebildet. Bei Annäherung des Werkstückes an die Stirnfläche dieser Meßelektrode erfolgt im Bereich eines Spaltes von ca. 0,1 mm eine Kapazitätsänderung. Diese wird mit Hilfe des unmittelbar im Aufnehmer untergebrachten Schaltkreises in eine veränderliche Gleichspannung gewandelt und zur Auswertung genutzt, z. B. zur Ansteuerung einer LED-Zeile in einer Auswerteeinheit.

Ein zusätzliches Signal entsteht bei exakter Auflage des Werkstückes, indem der bei elektrisch leitenden Werkstücken zwischen der Elektrode und dem Aufnehmergehäuse auftretende Masseschluß genutzt wird. Dadurch ist mit sehr hoher Genauigkeit die Werkstückposition erfaßbar. Die Erzeugung dieses konduktiven Kurzschlußsignales wird nur bei sehr guter Qualität der Werkstückpositionierfläche erreicht.

Verunreinigungen – z. B. Metallspäne – die an der Positionierfläche zwischen Positionierelektrode und Werkstück auftreten können, werden mit den vorgenannten Sensoren nicht erkannt und können eine fehlerhafte Positionierung des Werkstückes und unter Umständen auch eine Zerstörung des Positionsaufnehmers verursachen.

Deshalb wurde ein *kapazitiv/konduktiver Positionsaufnehmer mit Störungsüberwachung* [11.10] entwickelt. Bei diesem repräsentiert die konduktive Erfassung des galvanischen Kontaktes zwischen Werkstück und Positionierfläche PF des Positionsaufnehmers die Soll-Lage (Sollposition) des Werkstückes. In allen anderen Fällen entspricht die kapazitive Erfassung eines auftretenden Spaltes zwischen Werkstück und Positionierfläche des Positionsaufnehmers einer Lageabweichung des Werkstückes von seiner Sollposition. Mit diesem *Positionsaufnehmer mit Störungsüberwachung* können elektrisch leitende und auch nichtleitende Fremdkörper, welche die Positionierfläche verunreinigen, als Störung erkannt werden. Durch dieses Alarmsignal besteht die Möglichkeit einer automatischen Prozeßbeeinflussung, so kann z. B. das Aufbringen der Spannkraft verhindert und/oder die Maschine stillgesetzt werden.

Im *Positions- und Kraftaufnehmer (PKA)* [11.9] befinden sich zwei in Kraftrichtung hintereinander angeordnete elastische Elemente, die entsprechend der konstruktiv vorgegebenen Federrate jedes Federelementes eine Kennlinie mit zwei Abschnitten ergeben. Der steile Anstieg der Federkennlinie wird zur Beurteilung der Anwesenheit eines Werkstückes durch Auswertung von Positionierkräften (Gewichtskräften) genutzt, während der zweite Abschnitt der Kennlinie zum Nachweis der Spannkraft dient.

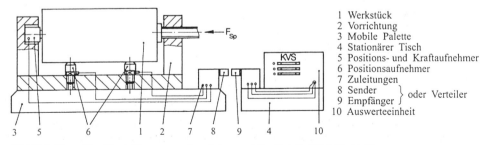

Bild 11.2 Kapazitive Vorrichtungssensorik auf einer mobilen Palette [11.3 bis 11.5]

In beiden Fällen wird die infolge der Krafteinwirkung hervorgerufene elastische Verformung der Federelemente als Abstandsänderung der Platten eines Plattenkondensators abgebildet und durch den unmittelbar im Meßwertaufnehmer untergebrachten Schaltkreis in ein der Kapazitätsänderung entsprechendes elektrisches Signal gewandelt, welches für Aufgaben der Kontrolle/Überwachung oder Steuerung zur Verfügung steht. Durch eine konstruktive Änderung der elastischen Elemente (Federn, Stauchkörper) ist eine Realisierung anderer Spannkraftbereiche möglich.

Die Meßwertaufnehmer nach Bild 11.1 werden aus Edelstahl gefertigt. Nach Justierung der Elektronik werden alle äußeren Fügestellen mittels Elektronenstrahl verschweißt, somit wird Wasserdichtheit gewährleistet.

Die *Zuleitungen* zwischen den Meßwertaufnehmern und der Auswerteeinheit sind über Verlängerungskabel anpaßbar.

Vorrichtungen auf *mobilen Paletten* sollten über eine berührungslose Signalübertragung zur Auswerteeinheit verfügen, bei in-process-Überwachung wird dies unumgänglich.

Die berührungslose *Signalübertragungseinheit* besteht aus einem Senderbaustein und einem Empfängerbaustein. Die von den Meßwertaufnehmern bereitgestellten Signale werden vom Sender zum Empfänger kapazitiv übertragen. Für diesen Einsatzfall wird vom Elektronik-Baustein der Meßwertaufnehmer das alternativ verfügbare diskrete Ausgangssignal genutzt.

Der *Senderbaustein* ist auf dem mobilen Teil (Palette) befestigt und enthält Batterien zur Stromversorgung der angeschlossenen Meßwertaufnehmer. Auf Grund des geringen Strombedarfs der Meßwertaufnehmer und der geringen Spannungsabhängigkeit des genutzten Übertragungsverfahrens sind längere Betriebszeiten ohne Nachladen der Batterien möglich.

Der *Empfängerbaustein* ist im stationären Teil der Fertigungseinrichtung angeordnet. Für eine ordnungsgemäße Signalübertragung ist zwischen Sender und Empfänger der zulässige Maximalabstand (Millimeterbereich) der kapazitiven Übertragungsstelle nicht zu überschreiten. Im Empfängerbaustein wird die kapazitiv übertragene Information so verarbeitet, daß ein dem analogen Meßwertaufnehmer-Signal äquivalentes Gleichspannungssignal bereitgestellt wird. Dadurch wird gewährleistet, daß auch bei Anwendung einer berührungslosen Signalübertragungseinheit die sonst vorgesehenen Auswerteeinheiten Anwendung finden können.

Die aus einem Verteiler oder dem Empfängerbaustein einer berührungslosen Signalübertragungseinheit ankommenden Meßsignale werden in einer *Auswerteeinheit* erfaßt und bewertet und für eine weitere Meßwertverarbeitung aufbereitet. Im einfachsten Fall kann eine visuelle Auswertung erfolgen. Dazu enthält die Auswerteeinheit für jeden Meßwertaufnehmer einen zugeordneten Auswertebaustein mit Bargraf-Anzeige. Jeder dieser Bausteine enthält in seinem Eingangskreis Elemente zur zusätzlichen Glättung des Meßsignales, zur Pegelanpassung sowie zum Überlastschutz. Der Arbeitspunkt jedes Auswertebausteines kann in Abhängigkeit vom angeschlossenen Meßwertaufnehmer bei Bedarf justiert werden. Die Auswerteeinheit enthält außerdem die *Stromversorgung* für die Meßwertaufnehmer bzw. für den Empfängerbaustein der berührungslosen Meßwertübertragung.

Anmerkung:
Die kapazitive Vorrichtungssensorik wurde an der Technischen Universität Chemnitz, Institut für Werkzeugmaschinen in enger Zusammenarbeit mit der Firma Präzisionsmeßtechnik BAEWERT GmbH, 08393 Meerane entwickelt; diese Firma produziert diese Vorrichtungssensorik.

12 Handhaben der Werkstücke und Vorrichtungen

Die notwendige Flexibilität bei der Fertigung von Einzelteilen erfordert ein systemgerechtes Gestalten aller am Prozeß beteiligten Flüsse. Ausgangspunkt dabei ist das Werkstückflußsystem und davon abgeleitet das Vorrichtungsflußsystem. Analoges wäre zum Werkzeugfluß nötig. Diese Flußstrukturen muß man bei der Planung flexibler Fertigungssysteme kennen und analysieren.

12.1 Systemtheoretische Grundlagen

12.1.1 Werkstückflußsysteme

Jedes Fertigungssystem besteht aus folgenden Flußsystemen:
1. Stoffflußsystem
2. Energieflußsystem
3. Informationsflußsystem *(siehe Bild 12.1)*

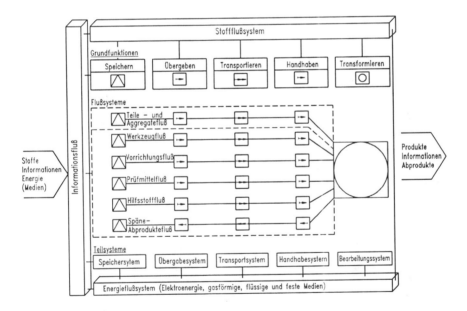

Bild 12.1 Flußsysteme und Grundfunktionen [12.1]

Die Grundfunktionen jedes Flußsystems sind:
- Speichern
- Übergeben
- Transportieren
- Handhaben
- Transformieren

Die Realisierung dieser Grundfunktionen erfolgt mit Einrichtungen, z. B. Transporteinrichtungen. Zur Rationalisierung der Fertigung sind die Werkstückbewegungsvorgänge zu untersuchen, d. h. im Ablauf darzustellen und zu prüfen. Für eine solche Darstellung eigenen sich am besten *Symbole*, die zu Blockschaltbildern zusammengefügt werden.

Die Symbole für die Werkstückbewegungsfunktionen sind nach DIN 5570 *(Tabelle 12.1)* festgelegt.

Symbol	Bedeutung	Beispiel	Symbol	Bedeutung	Beispiel
	Speichern			Positionieren	
	Bunkern				
	Stapeln			Schwenken	
	Magazinieren			Drehen	
	Fördern				
	Zuteilen			Wenden	
				Lagesichern	
	Eingeben			Bestimmen	
				Spannen	
	Ausgeben	Luft		Entspannen	
				Prüfen	
	Weitergeben			Anwesenheit prüfen	
	Abzweigen			Lage prüfen	
	Zusammenführen			Identität prüfen	
	Ordnen				

Tabelle 12.1 Symbole für Werkstückbewegungsfunktionen [12.2]

Beim Werkstückflußsystem wird unterschieden in

a) Werkstückfluß für Losfertigung,
   hierbei fließen die Werkstücke in Losen durch die Fertigung.
b) Werkstückfluß für kontinuierliche Fertigung,
   d. h. für Großserien und Massenbearbeitung.
c) Werkstückfluß in Fertigungssystemen mit Paletten,
   hierbei fließen die Werkstücke gemeinsam mit den Vorrichtungen auf Maschinenpaletten.

12.1 Systemtheoretische Grundlagen

d) Werkstückfluß in Fertigungssystemen ohne Paletten,
 d. h. hierbei kommen NC-Spannmaschinen zum Einsatz.
Die Gliederung des Vorganges des Werkstückhandhabens zeigt Bild 12.2.

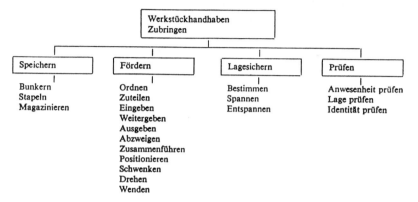

Bild 12.2 Gliederung des Vorgangs Werkstückhandhaben

12.1.2 Vorrichtungsflußsystem

Das Vorrichtungsflußsystem hat die Aufgabe des Absicherns der wahlfreien, orts-, zeit- und lagegerechten Verfügbarkeit aller erforderlichen Vorrichtungen an den Fertigungsplätzen. Das Vorrichtungsflußsystem umfaßt alle Aktivitäten von der Planung und Beschaffung bis zur Instandhaltung für den Flußgegenstand Vorrichtungen. Die Flußstruktur zeigt Bild 12.3. Sie umfaßt Prozeßstufen und in Untersetzung Prozeßfunktionen.

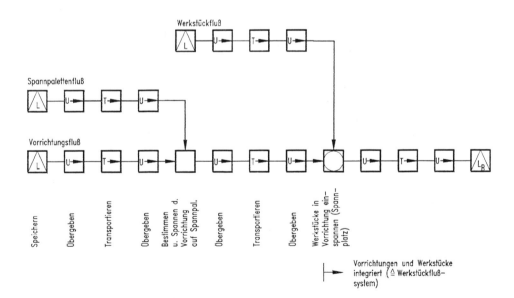

Bild 12.3 Funktionsketten für den Vorrichtungsfluß (1. und 2. OE) [12.3]

In diesem Bild sind alle möglichen Varianten für Hin- und Rückführung der Vorrichtungen unter Beachtung der Lager in den Ordungsebenen (z. B. L2 - Lager der 2. OE) sowie deren Integrationsmöglichkeiten enthalten. Die hiervon abgeleiteten Strukturen und Verbindungen in Abhängigkeit von den Ordnungsebenen zeigt Tabelle 12.2. Für jede Ordnungsebene sind das Schema, die Strukturgrafik, die Verbindungsmatrix, die Struktur sowie Verschmelzungsmöglichkeiten dargestellt.

Grundsätzlich kann festgestellt werden, daß für solche Flußsysteme *gerichtete nicht zyklische Punktstrukturen* vorliegen.

Ordnungsebene	Schema	Strukturgrafik	Verbindungsmatrix	Struktur	Verschmelzg.
1. Ordnungsebene / Fertigungsplatz	BP FP	BP → FP → BP	BP, FP, BP / FP	gerichtete nicht zyklische Produktstruktur L ≙ 0J	./.
2. Ordnungsebene / Fertigungsplatzgruppe	L2 / FP1 FP2 ... FPi / BP1 BP2 BPi	BP1→FP1→BP1 / L2→BP2→FP2→BP2→L2 / BP→FPj→BP	L2, BP, BP1, BP2, ..., BPi, L2	gerichtete nicht zyklische Produktstruktur L ≙ TJ	./.
3. Ordnungsebene / Fertigungsabschnitt	L2 L3 / FP1 FP2 ... FPj / BP1 BP2 BP3 / SP	1. Variante: L3-L2-L3 / 2. Variante: Wst.+Vorrichtungen / L3-SP-SP-L3	L3, L2, L3 / L2 / L3, SP, L3 / SP	gerichtete nicht zyklische Produktstruktur L ≙ TJ	L2 mit L3 / ./.
4. Ordnungsebene / Fertigungsbereich	L2 L3₁ L4 / L3₂ / SP-L3ᵢ / SP	L3₁ / L4→L3₂→L4 / L3ᵢ	L4, L31, L32, ..., L3i, L4 / L31 / L32 / L3i / L4	gerichtete nicht zyklische Produktstruktur L ≙ TJ	L2, L3 mit L4 / L3 mit L4

Tabelle 12.2 Strukturen und Verbindungen für den Vorrichtungsfluß

Die Funktionskette 2 bezieht sich auf integrierte Einzelbearbeitung. Auf einem definierten Platz wird die Spezialvorrichtung mit der Spannpalette verbunden und zum Spannplatz bewegt. Grundsätzlich gibt es folgende Integrationen:

- vertikal, d. h. ein Vereinen oder Verschmelzen von Komponenten verschiedener Ordnungsebenen eines Flußsystems;
- horizontal, d. h. ein Vereinen oder Verschmelzen von Komponenten verschiedener Flußsysteme in einer Ordnungsebene;
- kombiniert, d. h. es kommen sowohl vertikale als auch horizontale Integrationen zum Einsatz.

Die Lager der Ordnungsebenen 2 bis 4 lassen sich wie folgt vereinen

- untereinander   (vertikale Integration)
- mit den Werkzeugen und Prüfmitteln   (horizontale Integration)
- mit den Werkstücken   (horizontale Integration)

12.2 Funktionen des Vorrichtungsflußsystems

12.2.1 Vorrichtungsbedarf (Bedarfsplanung)

Der Vorrichtungsfluß richtet sich global nach der Arbeitsganganzahl z_{AGV}, die eine Vorrichtung benötigt, nach der Werkstückanzahl z_{Wst} und Bearbeitungskombinationen.

Für konventionelle Fertigung gilt

$$z_V = z_{AVG} \quad \text{Stück} \tag{12.1}$$

Für Bearbeitungszentren muß unterschieden werden in folgende Bearbeitungskombinationen:
- in 1 Seiten / 5 Seiten – Bearbeitung $\quad f_{Verf} = 2$
- in 1/2 Seiten / 3 Seiten – Bearbeitung $\quad f_{Verf} = 3$
- in 1 / 2 / 2 / 1 Seiten – Bearbeitung $\quad f_{Verf} = 4$

Für ein Fertigungssystem oder einen Fertigungsabschnitt ergibt sich:

$$z_V = z_{Wst} \cdot f_{Verf} + z_{Wst} \cdot f_{Vers} \quad \text{Stück} \tag{12.2}$$

z_{Wst} *Zahl der unterschiedlichen Werkstücke, die im System bearbeitet werden*
f_{Verf} *Faktor für erforderliche Vorrichtungen*
f_{Vers} *Faktor für Ersatzvorrichtungen pro Werkstück*

Beispiel

Ermittlung des Vorrichtungsbedarfes, wenn folgende Bedingungen bekannt sind:
Gegeben: 32 Werkstücktypen (400 x 400 x 400) mm 1 Seiten / 5 Seiten – Bearbeitung
Lösung: Nach Gleichung (12.2) ergibt sich $z_V = z_{Wst} \cdot f_{Verf} + z_{Wst} \cdot f_{Vers}$

$$z_{V_{ges}} = 2 \cdot 32 = 64 \text{ Vorrichtungstypen}$$

Ermittlung des Bauelementenbedarfes für Baukastenvorrichtungen

Beim Einsatz von Baukastenvorrichtungen ist grundsätzlich ein spezifischer Bauelementenbedarf erforderlich. Die auf das Werkstücksortiment zugeschnittenen Bauelemente lassen sich wie folgt ermitteln:

1. Nutzung von Standardsortimenten, die zum gleichzeitigen Bau von mehreren Vorrichtungen die Stücklisten zu Systemteilen und Normteilen enthalten. Diese Standardsortimente beruhen auf Erfahrungswerten. Hersteller von Vorrichtungsbaukästen bieten solche Standardsortimente an.
2. Nutzung von CAD-Programmen. Diese liefern Stücklisten, die verdichtet die Sortimente ergeben. Daraus lassen sich dann die Gesamtsortimente für einen betrachteten Zeitraum bestimmen.
3. Zusammenbau einzelner Vorrichtungen mit anschließender Verallgemeinerung und Hochrechnung. Dabei kommen Ähnlichkeitsbetrachtungen der Werkstücke, Typisierungen der technologischen Prozesse und Gruppenbildung der Werkstücke zur Anwendung!

12.2.2 Vorbereitung

Die Einsatzvorbereitung der Vorrichtungen umfaßt folgende Prozeßfunktionen:
- den Vorrichtungsaufbau (FV1)
- das Kommissionieren *(siehe Abschnitt 12.2.2.2)* (FV2)

Im Folgenden werden die Funktionen, Aufgaben und Einrichtungen behandelt.

12.2.2.1 Vorrichtungsaufbau

Der Aufbau umfaßt die Montage der Baukastenvorrichtung sowie deren Justierung.
Man unterscheidet:
- manuelle Montage
- automatische bzw. automatisierte Montage

Die *manuelle Montage* erfolgt nach einem Musterwerkstück oder nach einer Zeichnung mit Stückliste. Die Zeichnungsdokumentation kann manuell entstehen oder über Computer mit CAD-Programmen und gespeichert werden. Im Wiederholungsfall erfolgt der Aufbau nach einem Montageplan oder nach einem Foto *(siehe dazu auch Kapitel 3)*. Der Aufbau erfolgt an typischen Arbeitsplätzen. Der manuelle Arbeitsplatz umfaßt das Bauteilelager sowie eine Anreißplatte.

Die *automatische Montage* erfolgt auf einem Industrieroboterarbeitsplatz über NC – Programme. Nach Rücklieferung der nicht mehr benötigten Vorrichtungen werden diese demontiert, die Einzelteile gereinigt und in die Regale einsortiert. Einen automatischen Arbeitsplatz einer integrierten Fertigung zeigt Schema Bild 12.4. Diese Lösung kommt nur bei einer hohen Automatisierungsstufe der gesamten Fertigung zum Einsatz *(siehe dazu auch Kapitel 10)*.

Der *Einsatz von Vorrichtungsbaukästen* bringt folgende *Vorteile*:

- Senkung des Vorrichtungsbestandes
- Senkung der Herstellkosten
- Erhöhung des Anwenderumfanges

Nachteile von Vorrichtungsbaukästen:

- größere Vorrichtungsmassen
- größere Vorrichtungsvolumina

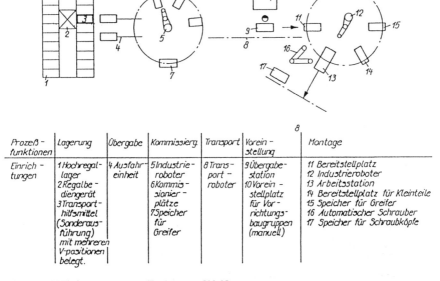

Bild 12.4 V-Fluß in integrierten Fertigungen [12.3]

12.2 Funktionen des Vorrichtungsflußsystems

12.2.2.2 Kommissionierung

Die Kommissionierung wird zur handhabungsgerechten Bereitstellung der Vorrichtungselemente notwendig. Man versteht unter Kommissionierung das Zusammenstellen von bestimmten Teilmengen aus einer bereitgestellten Gesamtmenge nach Bedarfsinformationen sowie die Umformung von einem lagerspezifischen in einen verbrauchsspezifischen Zustand als auch die Schnittstelle zwischen einer Lagerung und einem Auftrag.

"Kommissionierung ist eine Zustandsänderung des Kommissioniergutes (Vorrichtungen, Vorrichtungsbauelemente) nach den Bestimmungsgrößen Menge, Sorte, Art und Zeit. Sie umfaßt alle Operationen, die diesbezüglich für die Realisierung der nachfolgenden Stufe des Fertigungsprozesses erforderlich sind" [12.4]. Für die Gestaltung der Kommissionierung gibt es räumliche, zeitliche, wirtschaftliche, funktionelle und gesetzliche Randbedingungen.

Die Kommissionierung für Vorrichtungen umfaßt:
1. das Zusammenstellen von Bauelementen, Baugruppen, Modulen von Baukastenvorrichtungen,
2. das Zusammenstellen von Vorrichtungen (kann auch mit Werkzeugsätzen und Prüfmitteln integriert sein) auf der Basis von Anforderungen (Drucklisten, Arbeitspläne, Kommissionieraufträgen usw.) in Form von Transporteinheiten unter Verwendung von Einlegehilfsmitteln und Transporthilfsmitteln. Alle diese Mittel (Elemente) müssen verfügbar sein.

12.2.3 Bereitstellung

Unter der Vorrichtungsbereitstellung werden die Aktivitäten von der Kommissionierung bis zur Übergabe an das jeweilige Transportsystem verstanden. Diese Tätigkeiten schließen sich an die Kommissionierung entweder direkt an oder erfolgen nach einer Pufferlagerung. Die Vorrichtungsbereitstellung steht im Zusammenhang mit einem Lager einer entsprechenden Ordnungsebene, d. h. Zentrallager, Zentrum oder ein dem Fertigungssystem zugeordnetes Lager.

Die Vorrichtungs- und Spannmittelbereitstellung erfolgt nur werkstück- oder arbeitsgangbezogen, während die Bereitstellung für Werkstücke losweise oder kontinuierlich erfolgen kann.

Grundlage für die Dimensionierung sind die Vorrichtungs-Bereitstellkapazitäten, wie Anzahl, Massen, Volumina, die immer von der Maschinenbelegung für einen definierten Zeitraum abhängen.

Bereitstellhäufigkeit pro Schicht und Maschine n_B entspricht der Anzahl der Fertigungsaufträge, die pro Schicht bearbeitet werden. [12.11]

$$n_B = \frac{480 \cdot \eta_A}{T_{AG}} \qquad \text{Stück/Schicht, Maschine} \qquad (12.3)$$

η_A *Auslastungsgrad der Maschine*
T_{AG} *durchschnittliche Arbeitsgang – Bearbeitungszeit pro Los in min*

Für ein Fertigungssystem mit mehreren Maschinen z_M ergibt sich die Bereitstellhäufigkeit n_{BS} pro Schicht und Fertigungssystem:

$$n_{BS} = n_B \cdot z_M \qquad \text{Stück/Schicht, System} \qquad (12.4)$$

Die Bereitstellhäufigkeiten sind Grundlage für die Bestimmung der Transportintensitäten, die unter anderem die Transportmittel dimensionieren.
Nach dieser Kennzahl wird das Bereitstellsystem konfiguriert.

12.2.4 Lagern, Übergeben, Handhaben, Transportieren

12.2.4.1 Lagern, Speichern

Unter *Speichern* wird das zeitweilige Aufbewahren (absoluter Ruhezustand) von Flußgegenständen, z. B. Vorrichtungen an Fertigungseinrichtungen verstanden. Geordnetes Speichern von Werkstücken, Vorrichtungen oder Werkzeugen usw. heißt *"Magazinieren"*.

Sehr entscheidend ist die Flexibilität des *Speichersystems*. Eine wesentliche Kenngröße dieser Speicher ist die *Speicherkapazität*, die den Umfang der automatisch durchführbaren Bearbeitungsaufgaben begrenzt. Sie sollte nach [12.5] je nach Maschinenart und Arbeitsaufgabe möglichst groß sein. Etwa 90 % bis 95 % der Vorrichtungen, gemessen an den auf der Maschine zu lösenden Bearbeitungsaufgaben, müssen für einen freien Zugriff maschinenseitig zur Verfügung stehen. Das Speichern kann störungsbedingt und/oder prozeßbedingt sein, wobei die prozeßbedingte Speicherung dominiert. Das Lagern oder Speichern von Vorrichtungen kann auf verschiedenen Ordnungsebenen erfolgen, was auf bestimmte Fertigungsstrukturen zurückzuführen ist.

12.2.4.2 Übergeben

Das Übergeben ist an allen Schnittstellen technischer Einrichtungen erforderlich und hat Kopplungsfunktion. Es gibt für das Übergeben 2 Bewegungsketten:

1. für *Kommissionen*: Entlasten (Überwechseln $ü_w$) - Bewegen (Transportieren t_v) -
   Belasten (Überwechseln $ü_v$)   oder in umgekehrter Richtung

   Belasten – Bewegen – Entlasten

2. für einzelne *Werkzeuge* oder *Vorrichtungsmodule* von Palette in Speicher:

   $t_{üb} - ü_{wh} - ü_{vh} - t_v - ü_{vh} - ü_{wh} - L$ (siehe Handhaben)

Schnittstellen können sein:
- Transportsystem – Reservespeicher
- Speicher – Transportsystem

Das Übergeben kann manuell, mechanisiert oder automatisch erfolgen. Dieses Automatisierungsniveau richtet sich nach den anschließenden Systemen. Zur Realisierung dieser Funktionen kommen Einrichtungen *(siehe Abschnitt 12.3)* zum Einsatz.

12.2.4.3 Handhaben

Das Handhaben erfolgt in der 1. Ordnungsebene zwischen den Speichern und zwischen Speicher und Maschinentisch einzeln (ohne Hilfsmittel). Die Handhabeeinrichtungen erfüllen dabei folgende Funktionskette:

$t_{üb} - ü_{wh} - ü_{vh} - t_v - ü_{vh} - ü_{wh} - L$

$t_{üb}$	*Transport zur Übergabe an Bereitstellplatz*
$ü_{wh}$	*Überwechseln zur Handhabeeinrichtung (Entlasten)*
$ü_{vh}$	*Belasten der Handhabeeinrichtung*
t_v	*Transport durch Handhabeeinrichtung*
L	*Speichereinrichtung*

Allgemein haben Handhabesysteme die Aufgaben des Ein- und Ausgebens und des Wechsels von Werkstücken, Werkzeugen, Meßzeugen, Spannzeugen und Hilfszeugen in den bzw. aus dem Arbeitsraum der Bearbeitungseinrichtung.

12.2.4.4 Transportieren

Der Transport ist nach [12.6] ein wesentliches Element der Flußsysteme und für den Vorrichtungsfluß ab 2. Ordnungsebene bedeutsam und hat die Funktion der Weitergabe (auch Fördern genannt).

Kenngrößen für das Transportieren sind:

- Transportintensitäten
- Massen und Höhenmaße der Transporteinheit
- maximaler Durchsatz

Der maximale Durchsatz (für unstetig arbeitende Transportmittel) [12.17]:

$$q_{max} = \frac{z_{TM} \cdot z_{TE,TM}}{t_c} \cdot 3600 \qquad \text{TE/h} \qquad (12.5)$$

z_{TM} Anzahl der Transportmittel im automatisierten Transportsystem (ATS); berücksichtigt darüberhinaus den Transportmittelnutzungsgrad η_Q

$z_{TE,TM}$ Anzahl der Transporteinheiten auf dem Transportmittel

t_c Zykluszeit in s für Hin- und Rückfahrt

$$t_c = 2 \cdot \left(t_a + \frac{s_N}{v_N} + t_b \right) + t_{\ddot{u}} \qquad s \qquad (12.6)$$

t_a Beschleunigungszeit in s
s_N Weglänge Normalfahrt in m
v_N Geschwindigkeit Normalfahrt in m/s
t_b Bremszeit in s
$t_{\ddot{u}}$ Übergabezeit in s (einschließlich Datenübertragungszeit t_D)

oder bei Nutzung eines transportmittelspezifischen, konstanten Zeitanteils

$$t_{ko} = 2 \cdot (t_a + t_b) + t_{\ddot{u}}, \quad t_e = t_{ko} + \frac{2 \cdot s_N}{v_N} \qquad (12.7)$$

12.2.5 Nachbehandeln

Das Nachbereiten oder Nachbehandeln von Vorrichtungen umfaßt

- das Demontieren
- das Dekommissionieren
- das Waschen bzw. Reinigen

Das Demontieren hat die Aufgabe des Zerlegens der Baukastenvorrichtungen in alle Einzelteile. Dem schließt sich eine Rückkommissionierung an, so daß ein sortimentsgerechtes Rücklagern erfolgen kann.

Die Einordnung des Waschplatzes in den Ablauf zeigt Bild 12.5. Werkzeuge können nach dem Waschen zum Meßgerät oder zur Demontage gebracht werden. Vorrichtungen fließen zur Kontrolle oder zur Demontage. Danach erfolgt das Waschen der Einzelteile und das Bereitstellen zum Einlagern unter Beachtung des Zubuchens der Einzelteile in die entsprechende Lagerdatei.

Die Funktionen des Nachbereitens bilden einen Kreislauf.

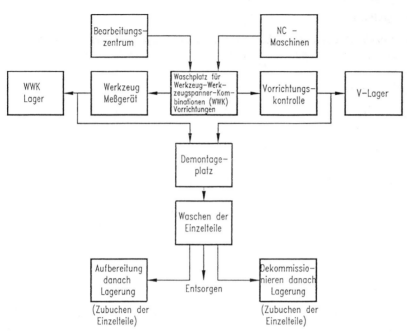

Bild 12.5 Schema für die Nachbehandlung

12.2.6 Instandhalten

Die Instandhaltung für Vorrichtungen hat die Aufgabe, die Vorrichtungen optimal der Fertigung zur Verfügung zu stellen, d. h. Unterhalt und Instandsetzung. Die *Aufgaben* sind:

– Pflege
– Wartung
– zyklische Überwachung
– Auslösen der Bestellungen
– Führen von Karteien
– Erarbeiten von Verbrauchsstandards

Die Instandhaltung für Vorrichtungen kann relativ losgelöst von den anderen Teilsystemen des Vorrichtungsflusses betrachtet werden, ist aber sinnvoll in den Gesamtbetrieb einzuordnen. Für die Instandhaltung von Vorrichtungen in integrierten Fertigungen bieten sich folgende Varianten an:

1. Instandhaltung der Vorrichtungen in einem Lager (dezentral, oder 2., oder 3. Ordnungsebene)
2. Instandhaltung der Vorrichtungen in einer zentralen Instandhaltungsabteilung (zentral) des Betriebes ($\geq$ 4. Ordnungsebene).

Die Variante 1 bedingt den Aufbau eines Vorrichtungs-, Werkzeugs-, Prüfmittel-Zentrums (VWP-Zentrum). Die Anwendung ist nur sinnvoll, wenn es sich um eine Fertigung handelt, bei der eine relativ große Anzahl Vorrichtungen, Werkzeuge und Prüfmittel im Umlauf ist. Bei der Variante 2 werden sämtliche Instandhaltungs- und Reparaturarbeiten an den benötigten VWP in der zentralen Instandhaltungsabteilung ausgeführt.

Vorteile:

- Vereinfachung des materiellen und informationellen Vorrichtungsflusses
- mögliche Spezialisierung der Abteilung
- Verkürzung der Reparaturzeiten
- Verringung des Transportaufwandes

Nachteile:

- zusätzlicher Aufbau einer dezentralen Instandhaltungsabteilung
- Erhöhung der relativen Reparaturkosten

12.3 Einrichtungen der Flußsysteme

Die im Abschnitt 12.2 dargestellten Funktionen werden durch entsprechende Einrichtungen realisiert. Im folgenden werden auserwählte Einrichtungen für Werkstücke und Vorrichtungen dargestellt.

12.3.1 Lager- und Speichereinrichtungen

12.3.1.1 Lager- und Speichereinrichtungen für Werkstücke

Der Werkstückspeicher (Werkstück–Speichersystem für integrierte Fertigung) hat die Aufgabe, Werkstücke vor, zwischen zwei Bearbeitungseinrichtungen der Fertigungskette oder auch nach Beendigung der einzelnen Bearbeitungsschritte für eine bestimmte Zeit aufzubewahren. Werkstückspeicher werden nur bei loser Verkettung angewendet.

Nach dem *Verwendungszweck* unterscheidet man:

Beschickungsspeicher, Vorratsspeicher: Sie ermöglichen die automatische Beschickung einer Werkzeugmaschine bzw. einer Fertigungskette über einen gewissen Zeitraum. Der Zusammenhang von Kapazität eines Werkstück–Vorratsspeichers und der mittleren Belegungszeit der Fertigungssysteme in integrierten Fertigungen für maximale zeitliche Ausnutzung der Fertigungssysteme und 3–Schicht–Betrieb läßt sich wie folgt definieren:

Anzahl der Speicherplätze eines Vorratsspeichers Q_{V_s} [12.9/ 12.10]

$$Q_{V_s} = \frac{t_B}{t_{AF_v}} \cdot Z_s \qquad \text{Stück} \qquad (12.8)$$

t_B *Belegungszeit in min*
t_{AF_v} *mittlere Belegungszeit in min*
Z_s *Anzahl der dem Werkstück-Vorratsspeicher zugeordneten Fertigungssysteme*

Störungsspeicher: Sie erfüllen die Aufgabe, größere Zeitausfälle (Störungen, notwendige Wartung, Werkzeugwechsel usw.) durch Aufnahme bzw. Abgabe von Werkstücken zu überbrücken (Störungspuffer).

Sie dienen zur Ansammlung von Werkstücken bei zeitlich versetzt arbeitenden Einrichtungen. Die Speicherkapazität ist eine Funktion der Ausfallrate. Die Speicherkapazität läßt sich wie folgt berechnen:

$$Q_{S_s} = \frac{2 \cdot t_{aus}}{t_T} \qquad \text{Stück} \qquad (12.9)$$

t_{aus} *Ausfallzeit in min*
t_T *Taktzeit der vor- oder nachgeschalteten Maschine in min*

Nach der Art des *Durchlaufs* der Werkstücke unterscheidet man:

Hauptschlußspeicher: Dieser Speicher wird von jedem Werkstück durchlaufen. Eine direkte Übergabe von einem Förderer zum anderen erfolgt nicht. Die Erzeugnisreihenfolge bleibt dabei erhalten (First in – first out).

Nebenschlußspeicher: Dieser Speicher ist dem Werkstückfluß parallelgeschaltet. Er nimmt bei Stillstand der nachfolgenden Maschine Werkstücke auf und gibt diese bei Stillstand der vorangehenden Maschine ab. Die Werkstücke haben dabei gegenläufige Bewegungsrichtung. Da eine direkte Übergabe zwischen den Förderern möglich ist, müssen nicht alle Werkstücke den Speicher durchlaufen. Ebenso werden Ungleichheiten in den Operativzeiten ausgeglichen. Der Nutzen besteht in einer Reduzierung von Störungsauswirkungen und den damit verbundenen Stillstandskosten.

12.3.1.2 Lager- und Speichereinrichtungen für Vorrichtungen

Technische und organisatorische *Kriterien für Lagersysteme*

– Art der Lagereinheit
– Art der Lastaufnahme auf einem Umschlaggerät
– Verfahrbarkeit des Regalbediengerätes
– Wirkungsweise des Umschlaggerätes
– Art des Zugriffes
– Speicherart
– Verfahrgeschwindigkeit des Regalbediengerätes
– Fahrspielzeiten
– Art und Anbindung der Bereitstelleinrichtungen

Grundlage der Betrachtungen zu Lager- und Speichereinrichtungen für Flußsysteme sind die Flußgegenstände und die Speicherart. Spezial- und Standardvorrichtungen werden als ganze Einheit gelagert. Baukastenelemente werden nach spezifischen Ordnungsgesichtspunkten gelagert. Die Lager können in unterschiedlichen Ordnungsebenen angeordnet sein. Eine Klassifizierung von Speicher/Lagereinrichtungen für Flußsysteme 2. Ordnung zeigt Bild 12.6. Für Systeme der 3. und 4. Ordnung zeigt Bild 12.7 die Klassifizierung sowie die Auswahlschrittfolge.

Hiermit läßt sich nach einer optimalen Speicherstrategie die Auswahl der Lagereinrichtungen vornehmen. Die Minimierung der Stellplätze und damit der ganzen Einrichtung sowie die speziellen Funktionen, die durch Vorrichtungselemente, -module, ganze Vorrichtungen sowie Werkzeuge und Sonderwerkzeuge zu erfüllen sind, sollen dabei Beachtung finden.
Grundlage für eine Klassifizierung und Auswahl der Speicherlösungen sind letztlich die Lager-/Speichereinrichtungen selbst.

12.3 Einrichtungen der Flußsysteme

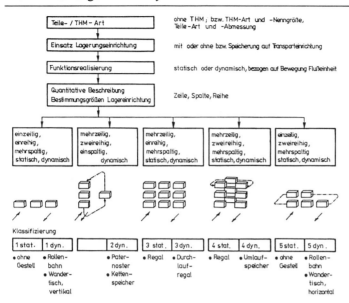

Bild 12.6 *Klassifizierung Speicher/Lagerungseinrichtungen für Flußsysteme 2. Ordnung [12.7]*

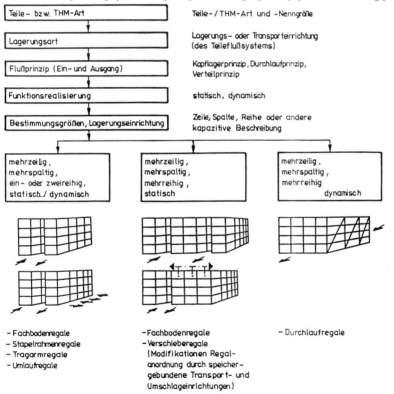

Bild 12.7 *Klassifizierung Speicher/Lagerungseinrichtungen für Flußsysteme 3. Ordnung und 4. Ordnung [12.7]*

Die Auswahlparameter für solche Lager zeigt Tabelle 12.3.

Art der Lagerungs-einrichtung	Merkmale / Parameter Flußgegenstand							Anzahl unterschiedlicher Flußeinheiten		Stückzahl je Flußeinheit		Lagerungszeit	
	Einzelteil - klein	Einzelteil - groß	tafelförmig	Langgut (> 1 200 mm)	kleine THM	große THM	Spannpaletten	klein	groß	klein	groß	klein	groß
Stapelrahmenregal	x			x				x	x			x	
Fachbodenregal		x	x			x		x	x	x	x	x	
Durchlaufregal				x		x				x	x		
Tragarmregal													
Verschieberegal		x	x					x	x				x
Umlaufregal	x	x		x			x		x	x			x

Die engen Verknüpfungen zwischen Integration und Strukturierung haben auch für die Bestimmung von Transporteinrichtungen für den V-Fluß entscheidenden Charakter.

*Tabelle 12.3
Auswahlparameter für Lagerungseinrichtungen in Flußsystemen 3. und 4. Ordnung
[12.7]*

Grundsätzlich werden unterschieden:
– getrennter Werkstück- und Vorrichtungsfluß zu den Fertigungsplätzen
– integrierter Werkstück- und Vorrichtungsfluß, d. h. Werkstücke im gespannten Zustand
– kombinierte Form, d h. teilweise integrierter Werkstück- und Vorrichtungsfluß

Das ausgewählte Lager muß über die erforderliche Anzahl der Transporthilfsmittel z_{THM} dimensioniert werden. Damit ergibt sich die Zahl der Regalfächer z_{RF} zu

$$z_{RF} = \frac{\sum z_{THM}}{\sum z_{THM/RF}} \quad \text{Stück} \quad (12.10)$$

4. Ordnungsebene für Werkzeuge, Vorrichtungen, Ersatzteile, Transporthilfsmittel:

$$z_{RF} = \frac{z_{TM}}{z_{THM/RF}} \quad (12.11)$$

Als Bewertungskennzahl kann die Speicherdichte l_s benutzt werden, die sich aus dem Verhältnis der Gesamtspeicherung Q_s zu der Produktionsgrundfläche A_G ergibt.

$$l_s = \frac{Q_s}{A_G} \quad \text{Stück/m}^2 \quad (12.12)$$

Speicherplätze für Vorrichtungen:

Für die Gestaltung des Vorrichtungslagers sollte mit dem Höchstvorrat gerechnet werden. Eine sortenweise Trennung ist erforderlich. Die Lagergestaltung richtet sich nach der Masse und dem Hüllvolumen der Vorrichtungen. Nach dem Höchstvorrat lassen sich die Paletten- oder Behälteranzahl berechnen,

für *Vorrichtungsbedarf*:

$$z_{LV} = n_{Verf} \cdot 0,4 \quad (12.13)$$

12.3 Einrichtungen der Flußsysteme

für *Ersatzbedarf*:
$$z_{LE} = n_{Verf} \cdot f_{vers} \tag{12.14}$$

Anzahl der Lagerfächer für Vorrichtungen:
$$z_L = \overline{f}_B \cdot \sum_{i,j,k}^{u,x,y} \left(z_{LV_i} + z_{Le_j} + z_{BKV_k} \right) \tag{12.15}$$

Der *durchschnittliche Belegungsfaktor* $\overline{f}_B$ beträgt:
- $\overline{f}_B = 1$ für jede Position ein Lagerfach
- $\overline{f}_B = 0{,}5$ für zwei Positionen ein Lagerfach

12.3.2 Kommissioniereinrichtungen

Kommissioniersysteme:
mechanisierte Kommissionierlager   Prinzip "Mann zur Ware"
automatisiertes Kommissionierlager   Prinzip "Ware zum Mann"

In Abhängigkeit vom Kapazitätsbedarf, der Kommissionierleistung und der Organisationsform kann der *Kommissionierplatz* sein:
- Wechselplatz
- Kommissionier-Übergabeplatz
- Kommissionierplätze mit Verschiebewagen
- Kommissionier-Übergabesystem mit zwischengeschaltetem Umlaufförderer

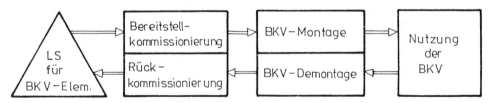

Bild 12.8 Vereinfachte Darstellung des BKV-Zyklus

Ausgehend von der vereinfachten Darstellung eines Baukastenvorrichtungs-Zyklus *(Bild 12.8)* entsteht die Struktur des Kommissioniersystems *(Bild 12.9)*.

In Bild 12.9 sind zunächst zwei Kommissionierzonen für unterschiedliche Aufgaben dargestellt. Für größere Bereiche lassen sich weitere Zonen installieren. Jede Zone besteht aus dem Übergabesystem ÜS und übernimmt Bauteile oder Baugruppen (B1, B2 ...) vom Regalbediengerät (RBG) in den Kommissionierbereich I. Danach erfolgt im Kommissionierbereich II eine Zuordnung zu den speziellen Vorrichtungsaufträgen (A1 ...). Weitere typische Kommissionierplätze zeigt auszugsweise Tabelle 12.4.

Diese Prinziplösungen zeigen verschiedene Stufen der Integration von Transport und Transformation und lassen sich relativ schnell in der Industrie realisieren. Bei typischen Kommissionierlagern können mehrere, auch unterschiedlich automatisierte Kommissionierplätze installiert werden.

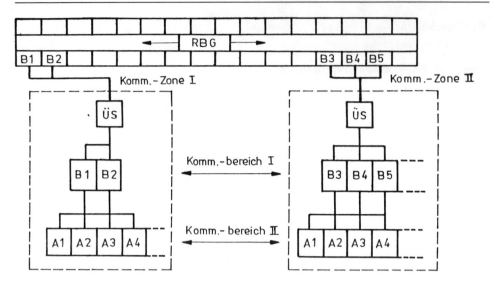

Bild 12.9 Struktur des Kommissioniersystems

Ordn.-Nr.	Schema	Erläuterungen	Bemerkungen
1		1 Hochregal 2 Waagerecht-Übergabeeinheit 3 THM 4 Arbeitskraft	– Integration aller Ein- und Ausgangsspeicher – Integration der TE und der Transformationsstelle
2		1 Handlager WZ-Schränke 2 Arbeitskraft 3 Übergabestation mit THM (Anschluß an Transportsystem)	– Integration von Transport und Transformation
3		1 Hochregal 2 Waagerecht-Übergabeeinheit 3 THM 4 Arbeitskraft 5 Übergabestation (Anschluß an Transportsystem)	– Integration von Transport- und Transformation

Tabelle 12.4 Typische Kommissionierplätze (1. Ordnung) für Werkzeuge [12.4]

12.3 Einrichtungen der Flußsysteme

Damit ist das Kommissionieren immer an ein Lager gebunden. Einen Pickzettel, auch Absortierliste oder Entnahmeliste genannt, zeigt Bild 12.10.

12.3.3 Übergabeeinrichtungen

Übergabeeinrichtungen sind an allen Schnittstellen technischer Einrichtungen erforderlich und haben Kopplungsfunktion.

Komm.-auftrag	Bauelemente				
	B1	B2	B3	B4	B5
A1	3	4	1	–	2
A2	7	2	–	4	–
A3	5	3	6	2	4
A4	–	2	2	4	

Bild 12.10
Entnahmeliste (auch Absortierliste, Pickzettel)

Zur Realisierung des Übergebens nach Abschnitt 12.2.4.2 kommen folgende Einrichtungen zum Einsatz:
1. für *Kommissionen*
   - Rollenbahn
   - Ausfahrwagen
   - Drehtisch
   - Waagerechtübergabeeinheit
   - Senkrechtübergabeeinheit
   - Palettenwechsler
2. für *einzelne Bauteile* von einer Palette auf eine andere Palette
   - Industrieroboter in Gelenkausführung

Prinzip	Bezeichnung	Prinzip	Bezeichnung
	Schiebetisch	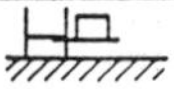	Ausziehfach
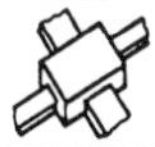	Kreuzschiebetisch	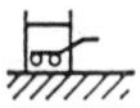	Tischwagen, Gabelhubwagen, Ausfahrwagen
	Hubtisch	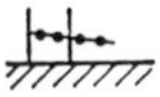	Rollenbahnelement starr, beweglich
	Ausfahrtisch, elektromagnetisch	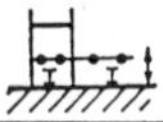	Rollentisch, Rollenbahn
	Regalbediengerät		Gabel-Hochhubwagen, Kleinststapler
	Palettenwechsler	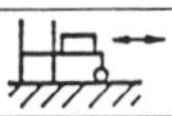	Ausfahrwagen, Teleskopisch
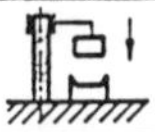	Senkrecht-Übergabeeinheit	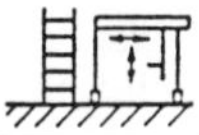	Bockkran, Stapelkran, Hängeförderer
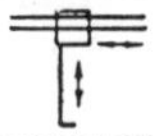	Stapelsäule	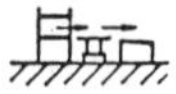	Übergabewagen, Elektrogabelstapler, Luftkissentr.g. Telesk.g. auf W.
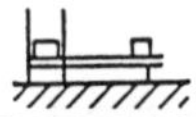	Ausfahrtisch, Schwenkwagen, Schwingentisch	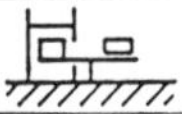	Drehtisch (horizontal)
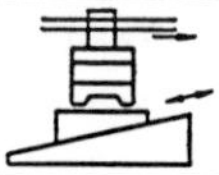	Übergaberoboter	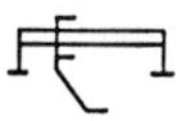	Brückenkran, -Parallelogrammgabel -Scherengabel -Hubwerk -Industrieroboter

Tabelle 12.5 Übergabeeinrichtungen (Beispiele) [12.3]

Übergabeeinrichtungen sind in der Tabelle 12.5 enthalten. Sie richten sich nach der Gestaltung der Schnittstelle, wie

- Größe der Transporthilfsmittel
- Abmessungen der Transporthilfsmittel
- Übergabehöhe
- Entfernungen zwischen Quelle und Senke
- Automatisierungsgrad des vor- bzw. nachgelagerten Speicher- bzw. Transportsystems
- Übergabehäufigkeiten

12.3.4 Transportmittel

Transportmittel können für Werkstücke, aber auch für Vorrichtungen benutzt werden. Die einsetzbaren Transportmittel sowie die Auswahl der Transportmittelvarianten zeigt Bild 12.11 [12.6].

Transportmittelvariante	Bezeichnung	Automatisierungsstufe				
		mech.	1	2	3	4
TM 1	- Regalbediengerät					
	· manuell	x				
	· lochkartengesteuert		x			
	· rechnergesteuert		x	x	x	x
TM 2	Transportmittel des innerbetrieblichen Transports	x	x			
TM 3	Schlepper mit Hänger bzw. Plattformwagen	x				
TM 4	- manuell bewegter Transportwagen mit baukastenartigen Trageelementen	x	x	x		
	- Niederhubwagen, handverfahrbar	x	x	x		
TM 5	- Gabelstapler	x	x			
	- Elektrohubwagen	x				
TM 6	Rollenbahn		x	x	x	x
	Hängeförderer			x	x	x
	Kransysteme				x	x
	induktiv geführte Systeme (Transportroboter)			x	x	x

Bild 12.11 Auswahl der Transportmittelvarianten [12.3]

Die Transportmittel sind eine Funktion von Maßen, Volumen, Massen, Transportwegen, Häufigkeiten und der Automatisierungsstufe.
Die Auswahl der Transportmittel erfolgt über die Automatisierungsstufe 1 bis 4 des Fertigungssystems und nach dem schon vorhandenen Transportmittel für das Werkstückflußsystem.

Automatisierungsstufen
Automatisierungsstufe **1**: Automatisierung von einzelnen Elementarfunktionen

Automatisierungsstufe **2**: Automatisierung von einzelnen Grundfunktionen
Automatisierungsstufe **3**: Automatisierung von zusammenhängenden Grundfunktionen
Automatisierungsstufe **4**: Automatisierung von ganzen Flußsystemen

12.3.5 Transporthilfsmittel

Transporthilfsmittel haben die Funktion, die Vorrichtungen und/oder die Baukastenelemente mit oder ohne Positionierung aufzunehmen. Transporthilfsmittel kommen für Systeme ab 2. Ordnungsebene zum Einsatz. Eine Übersicht der THM zeigt Tabelle 12.6.

Bei der *Auswahl und konstruktiven Gestaltung dieser THM* soll von folgenden *Kriterien* ausgegangen werden:

- gute Einordnung in betriebliche Transportsysteme
- einfache und wartungsfreie Konstruktion
- Stapelbarkeit
- hohe Aufwandsbreite (Lagerung und Transport) mit geringem Aufwand

Dimensionierung der Transporthilfsmittel

Ausgangspunkt ist der Bedarf an Vorrichtungen und Werkzeugen. Der Bedarf kann deterministisch, stochastisch oder durch Schätzung bestimmt werden. Der Vorrichtungsbedarf als auch der Spannpalettenbedarf läßt sich aus der im System zu bearbeitenden Werkstückanzahl und einem Verfahrensfaktor bestimmen.

Berechnung der Transporthilfmittel

1.) **Transportbehälter der Größen 0 bis 4**

Volumen: (Das zulässige Transportbehältervolumen $V_{TB_{zul}}$ ist in Tabelle 12.9 enthalten.)

$$V_{TB} = V_{TB_{zul}} - V_{EHM} \qquad cm^3 \qquad (12.13)$$

Masse: (Die zulässige Transportbehältermasse $m_{TB_{zul}}$ ist in der Tabelle 12.9 enthalten.)

$$m_{TB} = m_{TB_{zul}} - m_{EHM} \qquad kg \qquad (12.14)$$

Die *Anzahl der TB* wird über Volumen und Masse bestimmt.

$$z_{TB_V} = \frac{V_V}{V_{TB}} \qquad und \qquad z_{TB_m} = \frac{m_V}{m_{TB}} \qquad (12.15)$$

Über die Entscheidung

$$z_{TB_V} \geq z_{TB_m} \qquad wird \qquad z^*_{TB} = z_{TB_V} \qquad und\ bei$$

$$z_{TB_V} < z_{TB_m} \qquad wird \qquad z^*_{TB} = z_{TB_m}$$

Nach dem Runden ergibt sich ein ganzzahliger Wert

$$z_{TB} \geq z^*_{TB} \qquad Stück$$

Die Zahl der Transportbehälter ist dann Projektierungskenngröße und gibt Orientierung für das gesamte Projekt.

Transportbehälter nach DIN 15142 zeigt Tabelle 12.7.

Größe	Tragfähigkeit kg	Außenabmessung in mm			Nutzvolumen dm³
		l	b	h	
0	1000	1240	1240	570	317
1 (I)	450	840	840	570	145
2 (II)	60	570	570	200	35,6
3 (III)	50	580	580	200	17,5
4 (IV)	20	285	285	130	5,2

Tabelle 12.6 Transportbehälter nach DIN 15142

Hieraus ergeben sich der *Auslastungsgrad*

$$\eta_{TB} = \frac{z^*_{TB}}{z_{TB}} \cdot 100 \quad \% \tag{12.16}$$

2.) *Anzahl der transportierten Paletten* z_p

$$z_{p,d} \geq \frac{z_{Sch} \cdot z_{FP} \cdot t_{Sch}}{t_{FA} \cdot z_{F,W}} \quad \text{Stück/d} \tag{12.17}$$

3.) *Anzahl der transportierten Paletten in einer Bedienschicht*

$$z_{Pa} \geq \frac{1}{z_{Bed.}} \cdot z_{p,d} \tag{12.18}$$

Es gibt zwei Anwendungsvarianten von *Spezialpaletten*

1. Einsatz von vorhandenen Spezialpaletten
2. Einsatz von neu zu entwickelnden Spezialpaletten

Für *Fall 1.* ergibt sich die *Anzahl für eine Bereitstellung* z_p (das Ergebnis z_p ist aufzurunden)

$$z_p = \frac{z_{Verf}}{z_{AP} \cdot \eta_{ü}} \quad \text{Stück} \tag{12.19}$$

Spezialpaletten haben eine begrenzte Aufnahmemöglichkeit z_{AP}. Der Überdeckungsgrad $\eta_ü$ wird aus praktischen Versuchen entlehnt.
Im *Fall 2.* wird als erstes die Vorrichtungs- bzw. VBE-Anordnung überprüft und die Anordnung der Aufnahmen festgelegt. Damit ergibt sich z_p (das Ergebnis ist aufzurunden).

$$z_p = \frac{z_{Verf}}{Q_S} \quad \text{Stück} \tag{12.20}$$

Eine unifizierte Sonderpalette mit flexiblem, stapelbaren Einlegehilfsmittel zeigt Bild 12.12 in den Ausführungen für stehende und liegende Werkzeuge.

Auswahlkriterien der Transportpaletten

1.) Gesamtbetriebliche Transport-, Umschlag- und Lagerkonzeption
2.) Integrationsnotwendigkeiten verschiedener Flüsse z. B. Produktfluß – Vorrichtungsfluß
3.) Speicherstrategie für Vorrichtungsteile, Baugruppen, komplette Vorrichtungen
4.) Automatisierungsgrad der Vorrichtungsteile-Kommissionierung
5.) Automatisierungsgrad der Vorrichtungsmontage, Demontage

12.3 Einrichtungen der Flußsysteme

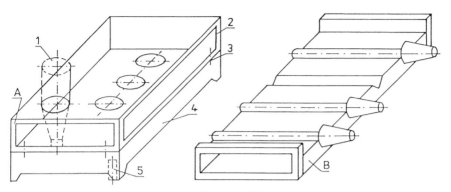

Bild 12.12 Aufbau einer Sonderpalette für Werkzeuge [12.3]
A: Einlegehilfsmittel, stapelbar, für Werkzeuge mit Adapter - senkrecht -
B: Einlegehilfsmittel, stapelbar, für Bohrstangen - waagerecht, auch als Zusatzspeicher geeignet
1 Werkzeug; 2 Einlegehilfsmittel; 3 Bestimmung; 4 Sonderpalette

THM-Nr.	THM-Bezeichnung	Vorrichtungen	Werkzeuge	Bemerkungen
1	Transportbehälter TBO ... TBIV	x	x	V,W V - W Lagesicherung erforderlich, Einbauten möglich
2	Flachpalette	x $L_V>1200$, $B_V>800$, $H_V>360$ mm	x feste Speicher-plätze	
3	Werkzeugträger und Lagegestelle	-	x	
4	Spannpalette (Vorrichtungsbaukasten)	x mit Positionierung	-	gemeinsamer V-We-Fluß ab Spannplatz
5	Spezial- oder Sonderpalette (systemabhängig)	x	x mit Positionierung	Einlegehilfsmittel für Werkzeuge erforderlich
6	Kassetten	-	x	nur wenn der Arbeitsspeicher ein Kassettenspeicher ist
7	Hilfen für Lagesicherung	x	x	

Tabelle 12.7 THM für Vorrichtungen und Werkzeuge [12.3]

Zur besseren Steuerung des Vorrichtungsflusses ist es notwendig, Identifizierungen an den Vorrichtungen oder an den Transportpaletten anzubringen. Prinzipien der Vorrichtungsidentifizierung sind im wesentlichen:

- *Schrauben oder Bohrungen* sowie *feste oder flexible Kämme*, die nach dem Dualprinzip aufgebaut sind,
- *Barcode*, die aufgeklebt werden,
- *Identschaltungen*, die wahlfrei beschriftet werden können und für eine hohe Automatisierungsstufe zum Einsatz kommen sollten.

Diese Systeme bringen einen synchronen Material- und Informationsfluß und deshalb *sichere* Steuerbefehle.

12.3.6 Handhabeeinrichtungen

Die Funktionen Übergeben und Handhaben haben die Aufgaben des Ein- und Ausgebens, des Wechselns und des Speicherns von Werkstücken, Werkzeugen, Meßzeugen, Spannzeugen und Hilfszeugen in den bzw. aus dem Arbeitsraum der Maschine, des Zentrums oder einer Fertigungszelle oder einem Speicher. Die hierzu möglichen Einrichtungen reichen von einfachen Einlegegeräten bis zu in mehreren Achsen frei programmierbaren Industrierobotern. Einfachste Bauformen sind die Einlegegeräte.

Nr.	Typ, Wirkprinzip		Charakteristik
1		Schwenkarm	
2		Schieber	für 1 Wechsel sind 2 Zyklen erforderlich
3		Werkzeugwechselgeräte	
4		Schwenkwechsler	
5		Wechselarm	
6		Wechseltraverse	
7		Werkzeugbediengerät	(kleines RBG)
8		Gelenkroboter	in Verbindung mit Autocarrier einsetzbar

Tabelle 12.8
Handhabeeinrichtungen
[12.3]

Einlegegeräte sind mechanische Einrichtungen, die vorgegebene Bewegungsabläufe nach einem festen Programm abfahren und meist mit Greifern oder Werkzeugen und Erkennungssystemen ausgerüstete automatische Einrichtungen, für den industriellen Einsatz konzipiert sind [12.16].
Danach werden die Roboter in Generationen wie folgt eingeteilt [12.12]:
1. Roboter mit Programmen
2. Roboter mit speziell entwickelten Sensoren bzw. Erkennungssystemen

Tabelle 12.8 zeigt im Schema einige Handhabeeinrichtungen.

12.4 Planung von Vorrichtungsflußsystemen

Die Erreichung höchstmöglicher Effekte integrierter Fertigungen setzt einen auf den Hauptprozeß gut abgestimmten VWP-Fluß voraus. Der Projektant dieses Flusses hat deshalb die Aufgabe, optimale Gestaltungslösungen zu konzipieren und sie in die Gesamtlösung des Fertigungssystems zu integrieren [12.1].
Tabelle 12.9 zeigt die zu lösenden Aufgaben bei der Projektierung von Vorrichtungen- und Werkzeugflußsystemen für die am Fluß beteiligten Einrichtungen in Abhängigkeit von Projektierungsschritten.

Einrichtungen Projektierungsschritte	Lager (2 bis 4.OE)	Kommissionier-	Transport-	Übergabe-	Speicher- (1. OE)	Bemerkungen
Aufgabenstellung	V-, W-, Flußsystem für vorgegebenes Bearbeitungsflußsystem, Automatisierungsgrad, Ordnungsgrad des Fertigungssystems					für gesamtes Flußsystem
Leistungsprogrammbestimmung	Sortimentsangaben, Massen, Maße, Hüllvolumina pro Werkstück und Arbeitsplatz					für gesamtes Flußsystem
Funktionsbestimmung	Lagerungsfall, Lagerungsform, Automatisierungsgrad, Stapelordnung	Kommissioniervariante, Automatisierungsgrad	Transportvariante, Transportmittelvo., THM-Variante, Automatisierungsgrad	Bewegungsfunktionen, Häufigkeiten	Anordnung Speicherhierarchien	für jedes Teilsystem
Dimensionierung	Speicherplatz, Regalfachanzahl, Speicherdichte	Anzahl der Kommissionierplätze	Anzahl der TM Anzahl der THM	Anzahl der Übergabestellen, Lastaufnahme	Anzahl der Speicherplätze für Reservespeicher und Zusatzspeicher, Anzahl der Speicher	für jedes Teilsystem und für das gesamte Flußsystem
	Auslastungsgrade, Flächen, Arbeitskräfte und Kosten für das Flußsystem					
Strukturierung	Strukturtyp, Intensitäten, Intensitätsgrade					für gesamtes Flußsystem
Gestaltung	Anordnung, Aufbau	Anordnung	Transportwegführung	Anordnung, Aufbau	Anordnung	für jedes Teilsystem und für das gesamte Flußsystem
			Layout des V- und W-Flußsystems ¹⁾			

Tabelle 12.9 Matrix der Abhängigkeit von Einrichtungen und Projektierungsschritten [12.3/ 12.12]

12.4.1 Leistungsprogrammbestimmung

Als Vorarbeit sind mit der Aufgabenstellung folgende Eingangsparameter zu klären:
- Teileklassen der Werkstücke, Abmessungen und Stückzahlen
- Anzahl der aufzubauenden Fertigungssysteme
- Organisationsgrad der Fertigungssysteme
- projektierte Gesamtfläche
- Anzahl der Arbeitskräfte im Fertigungssystem
- Anzahl der Maschinen
- Anzahl der sich ersetzenden Maschinen
- Anzahl der Lagerflächen für Vorrichtungen, Werkzeuge, Prüfmittel im Werkstückhochregallager
- Speicherzentralisierung
- Welche Transporthilfsmittel sind für den Werkstückfluß im Einsatz?
- Automatisierungsstufe der Steuerung des Werkstückflusses

Leistungsprogrammbestimmung für Vorrichtungsfluß:

Die *Leistungsprogrammbestimmung* für den Vorrichtungsfluß umfaßt folgende Aktivitäten:
1. Werkstückklassifikation und Zusatzparametererfassung
2. Werkstückgruppenbildung
3. Auswahl der Werkstückgruppenvertreter
4. Vorauswahl der Vorrichtungsart für Gruppenvertreter
5. Bestimmung des Vorrichtungstyps, der Vorrichtungskonstruktion mit Aufwandsermittlung
6. Übertragung der Erkenntnisse aus Betrachtungen am Gruppenvertreter auf Werkstückgruppen
7. Simulation des Vorrichtungseinsatzes in der Bearbeitungseinheit mit der Bestimmung der Einsatzhäufigkeiten und -zeiten sowie Vorrichtungsflußintensitäten
8. Ökonomische Bewertung der Variante mit Bestimmung der Vorzugsvariante

12.4.2 Funktionsbestimmung

Die Funktionsbestimmung geht vom Grundkonzept des jeweiligen Flußsystems aus. Durch eine weitere Elementarisierung der Grundfunktionskette kommt man zu den Einzelfunktionen. Daran schließt sich die Funktionsintegration an, und man erhält so das zu realisierende Flußsystem mit seinen Einrichtungen. Es sind alle am Prozeß beteiligten Einrichtungen zu bestimmen, und zwar einzeln und danach zu koordinieren und evtl. anzupassen.

12.4.3 Dimensionierung

Mit der Dimensionierung werden alle beschreibenden Kennzahlen für die am Prozeß beteiligten Einrichtungen bestimmt. Es handelt sich dabei um Anzahlen, Plätze, Dichten, Massen, Auslastungsgrade usw. Wesentliche Kenngrößen sind die Flächen, die Arbeitskräfte und die Kosten.

Flächenberechnung:

Die VWP-Fläche gehört neben weiteren Flächen zur Hilfsfläche. ROCKSTROH [12.17] und WOITHE [12.18] berechnen die Arbeitsplatzfläche aus der Objektgrundfläche über Faktoren. Diese Flächenberechnung ist für ein VWP – Flußsystem noch zu grob. Deshalb wurden weitere Untersuchungen zu der wichtigen Kenngröße Flächen angestellt. Die erforderliche VWP-Fläche setzt sich aus Teilflächen zusammen.

12.4 Planung von Vorrichtungsflußsystemen

$$A_{VWP} = A_{VWP_L} + A_{VWP_V} + A_{VWP_I} + A_{VWP_B} + A_{VWP_{BM}} + A_{VWP_T} \qquad (12.21)$$

A_{VWP_L} *Lagerfläche in m²*
A_{VWP_V} *Vorbereitungsfläche in m²*
A_{VWP_I} *Instandhaltungsfläche in m²*
A_{VWP_B} *Bereitstellungsfläche in m²*
$A_{VWP_{BM}}$ *Bereitstellungsfläche an der Maschine in m²*
A_{VWP_T} *Transportfläche in m²*

Sie läßt sich über einen Faktor aus der projektierten Fläche berechnen.

$$A_{VWP} = f_{AA} \cdot A_P \qquad (12.22)$$

f_{AA} *Faktor für VWP-Gesamtfläche*
A_P *projektierte Gesamtfläche in m²*

Die Faktoren ergeben sich aus Untersuchungen im Werkzeugmaschinen- und Textilmaschinenbau wie folgt:

$$f_{AA} = 0{,}11$$

Dieser Faktor läßt sich auch aus Teilfaktoren berechnen.

$$f_{AA} = f_{AL} + f_{AV} + f_{AI} + f_{AB} \ldots + f_{ABM} + f_{AT} \qquad (12.23)$$

$f_{AL}\ = 0{,}03$
$f_{AV}\ = 0{,}02$
$f_{AI}\ = 0{,}01$
$f_{AB}\ = 0{,}04$
$f_{ABM} = 0{,}01$
$f_{AT}\ = f(T)$

T	1	2	3	4
f_{AT}	0	0	0	0,16

(Index-Erläuterung siehe Gleichung 12.23)

Arbeitskräftebestimmung:

Die für das VWP-Flußsystem erforderlichen Arbeitskräfte lassen sich nach Gleichung 12.24 berechnen und über Faktoren auf die Teilbereiche aufteilen.

$$z_{AK_{VWP}} = f_{z_{AK}} \cdot z_{AK_{FA}} \qquad (12.24)$$

$f_{z_{AK}}$ *Faktor für Arbeitskräfte*
$z_{AK_{FA}}$ *Anzahl der Arbeitskräfte im Fertigungsabschnitt*

Aus Untersuchungen ist der Faktor $f_{z_{AK}} = 0{,}12$ bekannt.

Die Anzahl der benötigten VWP-Disponenten wird über den Steuerungszeitaufwand bestimmt.

$$z_{AKD} = \frac{t_{DD_{VWP_S}} \cdot x_S}{T_{V_{AK}}} \qquad (12.25)$$

$t_{DD_{VWP_S}}$ *Dispositionszeit für VWP pro Schicht in min*
x_S *Störfaktor in %*
$T_{V_{AK}}$ *verfügbarer Zeitfond pro AK und Schicht in min*

Kostenberechnung: (siehe auch Kapitel 13)

Als letzte Projektierungskenngrößen folgen die konstanten und variablen Kosten.

Gesamtkosten: (in DM)

$$K_{VWP_{ges}} = K_k + K_v \qquad (12.26)$$

Konstante Kosten: (in DM)

$$K_k = K_{VWP} + K_L + K_{TM} \qquad (12.27)$$

Variable Kosten: (in DM/a)

$$K_v = z_{AK_{VWP}} \cdot f_L + A_{VWP} \cdot f_A + (K_L + K_{TM}) \cdot f_{Ab} + K_{VWP} \cdot f_I + K_k \cdot f_{sonst} \qquad (12.28)$$

K_L	*Kosten für VWP-Lager in DM*
K_{TM}	*Kosten des VWP-Transportsystems in DM*
$z_{AK_{VWP}}$	*Anzahl der Arbeitskräfte für VWP*
f_L	*Lohnfaktor in DM*
A_{VWP}	*VWP-Gesamtfläche in m²*
f_A	*Flächenkostenfaktor in DM/m²*
K_{VWP}	*VWP-Kosten in DM*
f_I	*Instandhaltungsfaktor in 1/a*
f_{sonst}	*Faktor für Energie und sonstige Anteile in 1/a*

12.4.4 Strukturierung

Die wesentlichen Etappen der Strukturierung der Teilefertigungssysteme sind [12.13]:
- die Bestimmung der räumlichen Grobstruktur
- die Bestimmung des räumlichen Strukturtyps
- die Bestimmung der räumlichen Feinstruktur

Mit der Festlegung des Bearbeitungsflußsystems erfolgt die räumliche Grobstrukturierung, so daß für den V-Fluß als peripheres System nur relevant sind:
- die Bestimmung des räumlichen Strukturtyps
- die Bestimmung der räumlichen Feinstruktur

12.4.5 Gestaltung

Die Gestaltung umfaßt die Layoutkonstruktion des Vorrichtungsflußsystems und dessen komplette Einbindung in das Gesamtlayout des flexiblen Fertigungssystems, des Fertigungsabschnittes oder der Werkstatt.

Sie beinhaltet die Anordnung und den Aufbau von Lager-, Speicher-, Kommissionier- und Übergabeeinrichtungen sowie die Transportwegführung des Transportsystems [12.14].

12.5 Gestaltungslösungen

12.5.1 Gestaltungsregeln

1. Eindeutige Festlegung der Flußgegenstände und der Bereitstellstrategien
2. Analyse des Fertigungssystems, seines Werkstückflusses sowie dessen Steuerung
3. Gestaltung des Vorrichtungsflusses und Integration mit dem Werkstückfluß

4. Gestaltung des Werkzeugflusses nach Analyse der 1. Ordnungsebene (Speicherstrukturen) sowie Verdichtung des Werkzeugsortimentes und Integration mit dem Vorrichtungs- und Prüfmittelfluß
5. Gestaltung eines einheitlichen Flußablaufes
6. Entwicklung vereinheitlichter Zusatzspeicher
7. Gestaltung einer einheitlichen stapelbaren Transportpalette für Werkzeuge
8. Aufbau einer hierarchisch strukturierten Steuerung den Ordnungsebenen des Systems angepaßt
9. Anbringung von einheitlichen Erkennungssystemen für Vorrichtungen und für Werkzeuge (intelligenter Flußgegenstand)
10. Für eine hohe Automatisierungsstufe ist eine automatisierte Datenübertragung der Voreinstellwerte erforderlich.
11. Alle Maßnahmen materieller und informationeller Art sind auf einen künftigen rechnerintegrierten Betrieb zu orientieren.

12.5.2 Gestaltungsbeispiele

Beispiel 1:

Es ist eine Flußstruktur für ein Vorrichtungsflußsystem bei Anwendung von Baukastenvorrichtungen zu entwickeln.

Lösung: Die Lösung als Grundkonzept zeigt Bild 12.12. Danach sind zu entwickeln:
- das Lagersystem
- der Bauelementefluß
- der Palettenfluß
- das Kommissioniersystem
- das Montagesystem
- das Transportsystem bis an den Spannplatz
- der Spannplatz

Das Lager sollte nach Vorrichtungsbauelementen, -modulen, ganzen Vorrichtungen, Paletten, Flach- oder Spezialpaletten und Einlegehilfsmitteln strukturiert werden. Dadurch lassen sich deutliche Flüsse bis zur Vorrichtungsmontage und weiter bis zum Spannplatz der Werkstücke realisieren.

Die Kommissionierung erfolgt nach dem Prinzip "Ware zum Mann" und kann manuell, aber auch automatisch – z. B. mit Roboter, der evtl. auch noch auf Schienen fahren kann – möglich sein. Bei der Vorrichtungsmontage verhält es sich ähnlich, wobei die automatische Variante sehr teuer ist. Der Spannplatz sollte mindestens teilautomatisiert ablaufen.

Als Transporthilfsmittel werden 3 Arten eingesetzt:
1. THM1 als Flachpalette für 4 Bauelementearten eines Vorrichtungsbaukastens
2. THM2 als Spezialpalette für mehrere Bauelementearten
3. THM3 als reine Flachpalette!

Die weiter in Entwicklung befindlichen rechnergestützten Arbeitsmittel (Expertensystem zur Auswahl, Bewertung und Kopplung von TUL – Einrichtungen) gestatten jedoch in umgekehrter Richtung Aussagen zu ausrüstungsspezifischen Einsatzbedingungen spezifischer Einrichtungen und diesbezügliche Schlußfolgerungen für den Projektbearbeiter.

Im spezifischen Einzelfall des FMS 500 bleiben jedoch die externen Transporteinrichtungen ohne Einfluß auf das interne Gestaltungskonzept des Fertigungssystems.

12 Handhaben der Werkstücke und Vorrichtungen

Partielle Lösungen für Transporthilfsmittel (THM) zeigt das Bild 12.12.

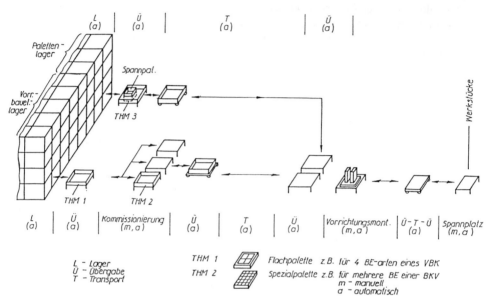

Bild 12.12 Vorrichtungsfluß bis Spannplatz

Beispiel 2

Gestaltungslösung unter besonderer Berücksichtigung der Restriktionen des TUL-Systems

Lösung: Bei diesen Konstruktionen ist von systemcharakteristischen Konstruktionspunkten auszugehen. Dazu zählen

- die charakteristischen Fertigungseinrichtungen mit besonderen Affinitäten zur räumlichen Substanz,
- die maßliche und funktionelle Beziehung dieser Fertigungseinrichtungen FS (1) zur Transporteinrichtung FS (2),
- flußbezogene Anschlußpunkte und Beziehungen der Ein- und Ausgangsspeicher des FS (2) zu Transporteinrichtungen eines FS (3) bzw. FS (4).

Ver- und Entsorgungskriterien, Bedienung, Wartung u. a. bedingen Standort und lineare Anordnung der CW 500. Der Teleskopübergabeweg der schienengeführten Transporteinrichtung bestimmt deren maßliche Zuordnung.

Damit sind gleichzeitig die maßlichen Bedingungen für die gegenüber der CW 500 anzuordnenden Bereitstellplätze (Spannplatz, Naßentspanstation, Rüstplatz) und für den zweizeiligen stationären Zentralspeicher fixiert. Ein weiterer Fixpunkt für die Layoutkonstruktion ist der Ein- und Ausgabebereich des Spannplatzes, da der Werkstückfluß wesentlich die Quell- und Zielbedingungen (z. B. Einlagerungsart der THM im Lager eines FS (3) vorgibt und diesbezüglich auch die Auswahl der Transporteinrichtung beeinflußt. Beschickung und Grundkonzeption des Umlaufspeichers sind sowohl bei Quer- als auch bei Längsanlieferung der THM ausrüstungsseitig abgesichert, wirken dann selbstverständlich auf die vom Fixpunkt der Teleskopübergabeeinrichtung zu entwickelnde Maßkette.

12.5 Gestaltungslösungen

Naßentspanstation und Rüstplatz besitzen entsprechend der Strukturanalyse eine unmittelbare gegenseitige Beziehung. Im Bild 12.11 wurde einem stationären Speicher für THM Nenngröße 0 der Vorzug gegeben. Über diesen wickeln sich die externen V-Fluß-Beziehungen des Systems ab. Durch den Einsatz eines flexiblen batteriegetriebenen Hochhubwagens ergeben sich keine besonderen geometrischen Fixpunkte zur Transporteinrichtung des FS (3) z. B. einem Leitlinientransportroboter (LTR). Diese Beziehungen wurden bei der Layoutgestaltung für die vorliegende Konfiguration eines FMS 500 berücksichtigt *(Bild 12.13)*.

Legende zu Bild 12.13

1 Waagerecht - Übergabeeinheit
2 Paternosterspeicher
3 Übergabeeinheit Spannplatz
4 Maschinenpaletten - Spannplatz
5 Horizontalspeicher - Spannplatz
6 Zentralspeicher zweiteilig
7 C/A - Speicher für CW 500
8 Bearbeitungszentrum CW 500
9 C/A Speicher Naßentspanstation
10 Naßentspanstation

11 Schienen - Transportroboter
12 Leitlinien - Transportroboter
13 Balancer für Rüstplatz
14 Speicher - Rüstplatz statisch
15 C/A-Speicher Rüstplatz für Maschinenpaletten
16 stabiler Rüstplatz
17 Instandhaltungs- u. Wartungsfläche STR
18 Hochhubwagen für Rüstplatz

19 Freifläche Werkzeugvoreinstellg. Kontrolle/ Prüfstation
20 Leitstand
(u.U. auch mit zweiter Ebene)
21 Fertigungshilfsstoffver- und entsorgung
22 Terminal (Datenein- und -ausgabe)
23 Bereitstellung v. Spezialvorrichtungen (Tischwagen)

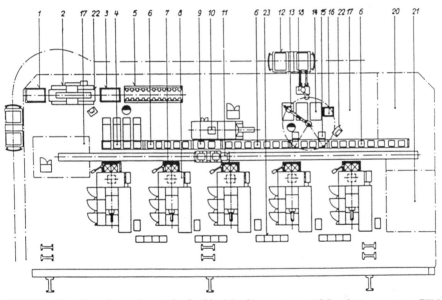

Bild 12.13 Gestaltungslösung Layout für flexibles Maschinensystem mit 5 Bearbeitungszentren CW 500

Beim Einsatz eines horizontal umlaufenden Platten- oder Kettenspeichers für den Rüstplatz ist die direkte geometrische Beziehung zwischen Aufgabeplatz im Speicher und Transporteinrichtung FS (3) zu berücksichtigen. Eine weitere maßliche Beziehung am Rüstplatz zwischen Bereitstellung der MP und Speicherplätze ist durch den Schwenkbereich des für schwere Teile (Grundplatten und Spezialvorrichtungen) einzusetzenden Hebezeuges gegeben. Es kann jedoch davon ausgegangen werden, daß nicht alle Plätze im Schwenkbereich des Hebezeuges liegen müssen. Die Herstellung dieser maßlichen Beziehung setzt analog der Auswahl von Transport- und Übergabeeinrichtungen die umfangreiche Speicherung und Aktualisierung ausrüstungsspezifischer Daten voraus.

12.5.3 VWP – Zentrum

Grundkonzeption

Das VWP – Zentrum kann für ein oder mehrere Fertigungssysteme (2. bis 4. Ordnungsebene) oder für einen Betrieb (4. bis 5. Ordnungsebene.) projektiert werden. Es kann aus folgenden Projektbausteinen (P_B) zusammengesetzt sein:

- Lager für alle VWP P_{BL}
- Voreinstellplätze für Werkzeuge P_{BWZVo}
- Baukastenvorrichtungs-Montage P_{BBVMo}
- Justieren der Prüfmittel P_{BPM}
- Kommissionierbereich P_{BKo}
- Übergabestationen $P_{BÜG}$
- Dispatcherplätze P_{BDis}

Damit ergibt sich folgende Beziehung:

$$P_{BZ} = P_{BL} + P_{BWZVo} + P_{BBVMo} + P_{BPM} + P_{BKo} + P_{BÜG} + P_{BDis} \qquad (12.29)$$

Das Bild eines VWP-Zentrum zeigt Bild 12.14.

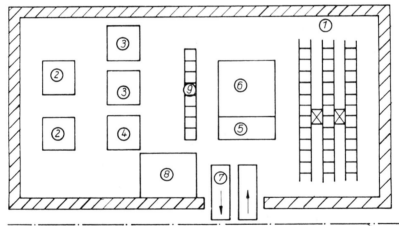

① – Lager
② – Voreinstellplätze
③ – Arbeitsplätze für Vorrichtungsaufbau
④ – Arbeitsplatz für Prüfmitteljustierung
⑤ – Bereitstellplatz
⑥ – Kommissionierplatz
⑦ – Übergabestation
⑧ – Dispatcherplatz
⑨ – Zwischenlager

Bild 12.14 VWP – Zentrum (Schema)

Beispiel 3

Gestaltungslösung einer integrierten Fertigung mit einem VWP – Zentrum. Alle Funktionen sind über Rechnernetz zu verbinden.

12.5 Gestaltungslösungen

Lösung: Die schematische Darstellung einer Lösung zeigt Bild 12.15. Beim Aufbau der Baukastenvorrichtung ist eine enge Zusammenarbeit zwischen dem Technologen und dem Arbeiter nötig, welcher die Vorrichtungen aufbaut. Diese Tätigkeit erfordert vom Arbeiter gute Fachkenntnisse und viel Erfahrung.

Die *Montagezeit* t_{Mo} für betriebseigene *BKV zum Bohren* läßt sich nach [12.3] wie folgt bestimmen:

$$t_{Mo} = 2,815 + 0,004 \cdot b + 0,023 \cdot W_{Bo_1} \qquad h/Los \cdot V \qquad (12.30)$$

Die *Anzahl der Hauptanteile* n_{Ht} für betriebseigene *BKV zum Bohren*

$$n_{Ht} = 4,381 + 0,036 \cdot h + 0,718 \cdot d_{Bo_{max}} \qquad Stück/V \qquad (12.31)$$

Die *Montagezeit* t_{Mo} für betriebseigene *BKV zum Fräsen*

$$t_{Mo} = 3,117 + 0,002 \cdot b \qquad h \qquad (12.32)$$

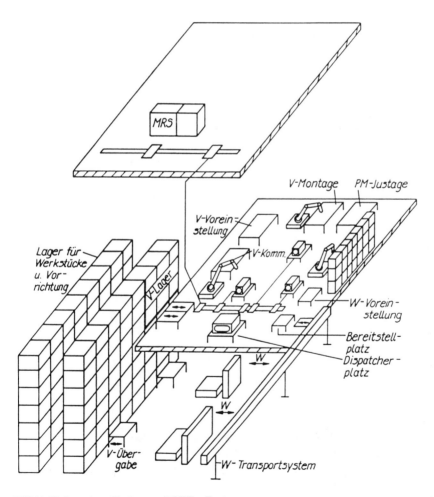

Bild 12.15 Integrierte Fertigung mit VWP – Zentrum

Die *Anzahl der Hauptanteile* n_{Ht} für betriebseigene *BKV zum Fräsen*

$$n_{Ht} = 10{,}360 + 0{,}022 \cdot l + 0{,}046 \cdot b \tag{12.33}$$

Die erstmalig fertig aufgebauten Vorrichtungen werden fotografiert und die Fotos in der Kartei aufbewahrt oder in Dateien abgespeichert. Dies erleichert die Arbeit beim Wiederaufbau der gleichen Vorrichtung.

Nach Rücklieferung der nicht mehr benötigten Vorrichtungen werden diese demontiert, die Einzelteile gereinigt und in die Regale einsortiert (Dekommissionierung). Die Information, daß eine Baukastenvorrichtung benötigt wird, sollte unter Beachtung der Bereitstellzeit vor dem spätesten Bereitstellungszeitpunkt gegeben werden [12.19].

Verstärkter Einsatz von Vorrichtungs-Baukastensystemen bringt
- Senkung des Vorrichtungsbestandes,
- Senkung der Herstellkosten,
- Erhöhung des Anwenderumfanges,
- Verbesserung der Effektivität durch rasche Verfügbarkeit und Entlastung des betrieblichen Fertigungsmittelbaues. Ein Neubau einer mittleren Spezialvorrichtung dauert 100 bis 200 Stunden, der Aufbau einer Baukastenvorrichtung 1 bis 4 Stunden.

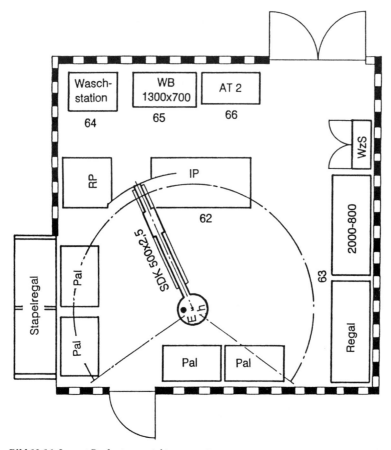

Bild 12.16 Layout Baukastenvorrichtungsmontage

13 Wirtschaftlichkeitsbetrachtungen

13.1 Vorrichtungskosten

13.1.1 Kosten einer Spezialvorrichtung

Grundsätzlich lassen sich die Herstellungskosten für eine Spezialvorrichtung aus Konstruktionskosten, Technologiekosten, Kosten für Bau und Funktionsprüfung und den Materialkosten bestimmen (Gleichung 13.1).

$$K_{HV} = K_{VK} + K_{VT} + K_{VB} + K_{VM} \quad \text{DM} \qquad (13.1)$$

Diese Kosten steigen mit dem Schwierigkeitsgrad und mit der Anzahl der Bauteile. Aus schon gefertigten Vorrichtungen sollte eine Datenaufbereitung wie folgt durchgeführt werden:

Für maximal 7 Schwierigkeitsgruppen sind die Kostenfaktoren f_H bezogen auf die herzustellenden Einzelteile zu berechnen und in Dateien anzulegen (Gleichung 13.2).

$$f_H = \frac{K_{HV}}{z_{ET}} \quad \text{DM/ET} \qquad (13.2)$$

Für neu zu entwickelnde Vorrichtungen lassen sich dann die Kosten leicht in der Planungsphase nach Gleichung 13.3 bestimmen.

$$K_{HV} = z_{ET} \cdot f_H \quad \text{DM} \qquad (13.3)$$

Die Faktoren f_H können ständig oder jährlich einmal aktualisiert werden.

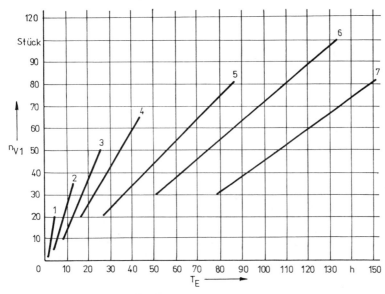

Bild 13.1 Entwicklungszeiten [13.1]

Arbeitsgänge	Schwierigkeits-gruppen	Vorrichtungs-teile n_{V1}	Anteil der zu fertigenden Einzelteile n_{V2}	Wert für Typ und Gesamtfunktion der Vorrichtung f_a	Wert für Anzahl und Funktion der Vorrichtung f_b	Wert für Geschicklichkeit und Arbeitsintensität der Zeichner f_c	Qualifikation und Zuverlässigkeit der Konstrukteure und Zeichner f_d
nur geringe Anforderungen	1	2 ... 20	< 5	1,50[1]	0,15	1,0	0,1
Bearbeitung einfacher Werkstücke in einem Arbeitsgang	2	5 ... 35	3 ... 15	1,50[2]	2 × 0,15	1,0	0,2
in einer Ebene in mehreren Arbeitsgängen	3	10 ... 50	7 ... 20	1,50[3]	3 × 0,15	1,0	0,3
in mehreren Ebenen nacheinander	4	20 ... 65	15 ... 35	1,50[4]	4 × 0,15	0,8	0,4
Bearbeitung von Werkstücken schwieriger Formgebung	5	20 ... 80	35 ... 55	1,35[5]	5 × 0,2	0,7	0,5
mehrere mechanisierte Arbeitsgänge	6	30 ... 100	> 50	1,35[6]	6 × 0,2	0,6	0,4
mehrere automatisierte Arbeitsgänge	7	30 ... >100	> 50	1,35[7]	7 × 0,2	0,5	0,3

Tabelle 13.1 Berechnungsfaktoren in Abhängigkeit von den Schwierigkeitsgruppen [13.1]

13.1 Vorrichtungskosten

Konstruktionskosten:

Gliedert man die Konstruktionskosten weiter auf, so ergeben sie sich aus der Summe von Entwicklungskosten K_{VKE}, Zeichnungskosten K_{VKZ} und Kontrollkosten K_{VKK}:

$$K_{VK} = K_{VKE} + K_{VKZ} + K_{VKK} \qquad (13.4)$$

Die Entwicklungskosten können ermittelt werden aus der Entwicklungszeit T_E in h, dem Gehaltsfaktor für Konstrukteure G_K in DM/h und dem Gehaltsfaktor für Zeichner G_K in DM/h – nach dem Durchschnittsgehalt errechenbar – und dem Gemeinkostensatz des Vorrichtungskonstruktionsbüros k_{GK} in %:

$$K_{VKE} = T_{EGK} \cdot (1 + k_{GK}) = T_E \cdot G_K \cdot (1 + k_{GK}) \qquad (13.5)$$

Analog ergeben sich die anderen Kostenelemente. Die Entwicklungszeiten ergeben sich aus Bild 13.1 [13.1].
Durch Zusammenfassung ergibt sich

$$K_{VK} = (1 + k_{GK}) \cdot \left[(f_a + f_{bn} \cdot n_{vl}) \cdot (G_K + f_c \cdot G_Z + f_d \cdot G_Z) \right]. \qquad (13.6)$$

Die Faktoren lassen sich aus Tabelle 13.1 entnehmen.
In der Tabelle 13.2 kann man Durchschnittswerte zur Ermittlung von Konstruktions- und Zeichnungsstunden für Vorrichtungen entnehmen.

Vorrichtung	(ET)	$(h_{Kon} + h_{Zei})$ in h	Σ h/ET
Leicht	5	5	0,48
	30	12	
Mittel	3	5	0,79
	35	25	
Schwer	3	10	
	12	17	1,3 (1,5 - 1)
	35	36	

Tabelle 13.2 Durchschnittswerte von $(h_{Kon} + h_{Zei})$

Technologiekosten:

Diese Kosten sind im Gemeinstundensatz des Vorrichtungsbaus enthalten und werden deshalb nicht weiter betrachtet.

Kosten für Bau und Funktionsprüfung:

Diese Kosten lassen sich ähnlich wie die Konstruktionskosten bestimmen. Auch im Vorrichtungsbau gibt es einen Gemeinstundensatz. Dieser Satz liegt in der Abteilung bei $G_B = 64,15$ DM/h. Die Kosten hierfür lassen sich mit nachfolgender Gleichung bestimmen:

$$K_{VB} = h_{Bau} \cdot G_B \cdot (1 + k_{GB}) \qquad \text{DM/h} \qquad (13.7)$$

h_{Bau} *Fertigungsstunden in h*
G_B *Stundensatz im Vorrichtungsbau in DM/h*
k_{GB} *Gemeinkostensatz für den Vorrichtungsbau in %*

In der Tabelle 13.3 sind Werte zusammengefaßt, mit welchen Stunden man bei der Herstellung von Vorrichtungen und Vorrichtungsteilen rechnen sollte.

Vorrichtung	(ET)	h_{Bau} in h	h_{Bau}/ET
Leicht	28	ca. 20	0,8 (0,8)
Mittel	1 20 172	ca. 7 ca. 22 ca. 145	0,88 (0,9 ... 1,1)
Kompliziert	10 35	ca. 25 ca. 75	2,2 (2 ... 2,2)

Tabelle 13.3 Durchschnittswerte von h_{Bau}

Materialkosten:

Diese Kosten werden in Abhängigkeit von den Baukosten bestimmt. Untersuchungen ergaben *(Tabelle 13.4):*

Anzahl der Bauteile	Materialkosten
1 ... 5 Stück	ca. 10 ... 15% der Baukosten
5 ... 25 Stück	ca. 15 ... 25 % der Baukosten
25 ... 100 Stück	ca. 25 ... 50 % der Baukosten
über 100 Stück	ca. 50 ... 60 % der Baukosten

Tabelle 13.4 Materialkosten in Abhängigkeit der Bauteile

Beispiel 1

Ermittlung der Anschaffungskosten für eine mittlere Vorrichtung mit 30 Einzelteilen [13.2].

Lösung:

Konstruktionskosten:
$$K_{VK} = K_{K_n} \cdot (h_{Kon} + h_{zei})$$
$$K_{VK} = 42,00 \cdot 30 \cdot 0,79 = 995,40 \text{ DM}$$

Baukosten:
$$K_{VB} = K_{B_n} \cdot h_{Bau}$$
$$K_{VB} = 1,0 \cdot 30 \cdot 64,15 = 1924,50 \text{ DM}$$

Materialkosten:
$$K_{VM} = 50\% \text{ von} = 0,5 \cdot 1924,50 = 962,03 \text{ DM}$$

Die *Anschaffungskosten* ergeben sich aus den Einzelkosten: $K_{HV} = 3881,93$ DM

13.1.2 Kosten von Mehrzweckvorrichtungen je Bearbeitungsaufgabe

13.1.2.1 Ohne Umrüstung

Die Kosten von Mehrzweckvorrichtungen je Bearbeitungsaufgabe *ohne* Umrüstung ergeben sich nach Gleichung (13.8)

$$K_{Me} = \frac{K_{an}}{n_w} \qquad \text{DM/Stück} \qquad (13.8)$$

K_{Me} *Kosten der Mehrzweckvorrichtung für eine Bearbeitungsaufgabe in DM/Stück*
K_{an} *Anschaffungskosten der Mehrzweckvorrichtung in DM*
n_w *Anzahl der Werkstücke für diese Vorrichtung in zeitlicher Aufeinanderfolge in Stück*

13.1.2.2 Mit Umrüstung

Die Kosten für Mehrzweckvorrichtungen je Bearbeitungsaufgabe *mit* Umrüstung ergeben sich aus Gleichung (13.9)

$$K_{Me} = \frac{K_{an}}{n_w} + K_u \qquad \text{DM/Stück} \qquad (13.9)$$

K_u *werkstückbezogene Vorrichtungsumrüstkosten bezüglich der Gesamtfertigungsdauer in DM/Stück*

Erfordert das Umrüsten einen konstruktiven Aufwand, dann erfolgt die Berechnung nach Gleichung (13.10)

$$K_{Me} = \frac{K_{an}}{n_w} + K'_{HK} + K'_{HB} + K'_{HM} + K_u \qquad (13.10)$$

K'_{HK} *Konstruktionskosten für werkstückgebundene Zusatzelemente*
K'_{HB} *Fertigungskosten für werkstückgebundene Zusatzelemente*
K'_{HM} *Materialkosten für werkstückgebundene Zusatzelemente*

13.1.3 Kosten für Baukastenvorrichtungen

Die Berechnung der Kosten erfolgt nach folgender Gleichung:

$$K_{BKV} = K_M + K_{ABE} + K_J + K_L + K_{M_{Wst}} \qquad \text{DM} \qquad (13.11)$$

K_M *Montagekosten in DM*
K_{ABE} *Anteilige Kosten des Bauelementesortimentes in DM*
K_J *Reparatur- und Instandhaltungskosten in DM*
K_L *Lagerkosten in DM*
$K_{M_{Wst}}$ *Mehrkosten der Werkstückherstellung in DM*

Montagekosten:

$$K_M = N_M \cdot K_{Mo} \qquad \text{DM} \qquad (13.12)$$

N_M *Anzahl der Vorrichtungsmontagen in Stück*
K_{Mo} *Montagekosten einer Vorrichtung in DM*

Anzahl der Wiederholmontagen:

$$N_W = X \cdot N$$

$$N_M = N + N_W = N \cdot (1 + X)$$

X   *relative Anzahl der Wiederholmontagen in Stück*
N   *Anzahl benötigter unterschiedlicher Vorrichtungen in Stück*

Anteilige Kosten des Bauelementesortimentes:

$$K_{ABE} = K_{BE_e} \cdot N_P \cdot \left(\frac{1}{T} + \frac{Z}{2} \right) \cdot T_N \qquad \text{DM} \qquad (13.13)$$

K_{BE_e} *Anschaffungspreis des Bauelementesortimentes für eine Vorrichtung in DM*
N_P *Anzahl parallel eingesetzter Vorrichtungen in Stück*
T   *Abschreibungszeitraum (10 Jahre) in Jahre*
Z   *Kalkulatorischer Zinssatz in %*
T_N *Zeitraum für die Kostenbetrachtung in Jahre*

$$N_P = (N + N_W) \cdot \frac{t_D}{T_N}$$

t_D Einsatzdauer in Std/Jahr

Reparatur- und Instandhaltungskosten

$$K_J = K_{BE_a} \cdot 0{,}05 \cdot t_d = K_{BE_e} \cdot N_P \cdot 0{,}05 \cdot T_N \quad \text{DM} \tag{13.14}$$

K_{BE_a} Anschaffungspreis des Bauelementesortimentes für alle Vorrichtungen

Damit ergibt sich: (*in DM*)

$$K_{BKV} = N \cdot (1+x) \cdot \left[K_M + K_{ABE} \cdot t_D \cdot \left(\frac{1}{T} + \frac{Z}{2} + 0{,}5 \right) \right] + K_L \cdot T_N + K_{M_{Wstck}} \tag{13.15}$$

Beispiel 2

Für eine Baukastenvorrichtung sind folgende Werte gegeben:

Montage für eine Vorrichtung	3 h = 150,00 DM/Montage
Anzahl benötigter unterschiedlicher Vorrichtungen	20 Stück/Jahr
Anzahl Wiederholmontagen	4 x pro Jahr
Anschaffungspreis der Bauelemente für eine Vorrichtung	5.350,00 DM
Einsatzdauer	10 min je Stück
Zeitraum für eine Kostenbetrachtung	1 Jahr
Abschreibungszeitraum	10 Jahre
Losgröße	500 Stück
kalkulatorischer Zinssatz	9 %
Instandhaltungskosten	1 h = 50,00 DM/Jahr
Lagerkosten für 1 Vorrichtung	200 DM/Jahr

Lösung:

Nach Gleichung (13.12) lassen sich die *Montagekosten* pro Jahr berechnen.

$$K_M = N \cdot (1+x) \cdot K_{Mo} \qquad K_M = 20 \cdot (1+4) \cdot 150{,}00 = 15.000{,}00 \text{ DM}$$

Die anteiligen *Kosten des Bauelementesortimentes* werden nach Gleichung (13.13) bestimmt.

$$K_{ABE} = K_{BE_e} \cdot N_P \cdot \left(\frac{1}{T} + \frac{Z}{2} \right) \cdot T_N \quad \Rightarrow \quad K_{ABE} = 5350{,}00 \cdot 12 \cdot \left(\frac{1}{10} + \frac{0{,}09}{2} \right) \cdot 1$$

$$K_{ABE} = 5350{,}00 \cdot 12 \cdot \left(\frac{1}{10} + \frac{0{,}09}{2} \right) \cdot 1 \quad \Rightarrow \quad K_{ABE} = 9309{,}00 \text{ DM/Jahr}$$

$$N_P = (N + N_W) \cdot \frac{t_D}{T_N} = (20 + 80) \cdot \frac{83}{5000} = 1{,}66 \text{ Stück/Jahr} \qquad \text{(gerundet 2 Stück/Jahr)}$$

$t_D = 10 \min \cdot 500 \text{ Stück} = 5000 \min/\text{Jahr} = 83 \text{ Std/Jahr}$

Die *Reparatur- und Instandhaltungskosten* ergeben sich nach Gleichung (13.14)

$$K_J = K_{BE_e} \cdot N_P \cdot 0{,}05 \cdot T_N = 5300 \cdot 2 \cdot 0{,}05 \cdot 1 = 3535{,}00 \text{ DM/Jahr}$$

Die Lagerkosten für 20 Vorrichtungen ergeben sich zu

$$K_L = 20 \cdot 200{,}00 = \underline{4000{,}00 \text{ DM/Jahr}}$$

Daraus lassen sich die Kosten für Baukastenvorrichtungen nach Gleichung (13.11) berechnen.

$$K_{BKV} = K_M + K_{ABE} + K_J + K_L + K_{MWst} \quad \text{DM/Jahr}$$

$$K_{BKV} = 15000{,}00 + 9309{,}00 + 535{,}00 + 4000{,}00 = 28.844{,}00 \text{ DM/Jahr}$$

13.2 Variantenvergleiche

13.2.1 Maximale Vorrichtungskosten

Der Verkaufspreis setzt sich nach folgendem Grundschema der Kostenkalkulation nach REFA zusammen: [13.5/ 13.6]

1		Materialeinzelkosten
2	+	Materialgemeinkosten
3	=	Materialkosten
4		Fertigungslohnkosten
5		+ Fertigungsgemeinkosten
6	+	Fertigungskosten (Positionen 4 +5)
7	+	Sondereinzelkosten der Fertigung
8	=	Herstellkosten
9	+	Entwicklungs- und Konstruktionseinzelkosten
10	+	Verwaltungs- und Vertriebsgemeinkosten
11	+	Sondereinzelkosten, Vertrieb
12	=	Selbstkosten
13	+	Selbstkostensenkung
14	+	Gewinn
15	=	Verkaufspreis

Gleiche Bedingungen bestehen, wenn bei einer Fertigung eine vorhandene Vorrichtung durch eine technologisch günstigere Vorrichtung ersetzt werden soll. Bezeichnet man die Produktionsselbstkosten ohne Vorrichtung mit K_{SK_1} und die Produktionsselbstkosten mit Vorrichtung mit K_{SK_2}, so ist die Einsparung

$$E = K_{SK_1} - K_{SK_2} \quad \text{DM/Stück} \quad (13.16)$$

Die Fertigung eines Werkstücks ohne Vorrichtung und die Fertigung des gleichen Werkstückes mit Vorrichtung werden im folgenden als Variante 1 und Variante 2 bezeichnet.
In Variante 1 sind die Vorrichtungskosten $K_V = 0$, es wird also:

$$K_{SK_1} = K_{L_1} + K_{G_1} \quad (13.17)$$

Bei Variante 2 sind die Vorrichtungskosten K_V besonders zu berücksichtigen, es wird

$$K_{SK_2} = K_{L_2} + K_{G_2} + K_V \quad (13.18)$$

Aus Gleichung (13.18) wird

$$E = K_{SK_1} - K_{SK_2} = K_{L_1} + K_{G_1} - \left(K_{L_2} + K_{G_2} + K_V\right) \quad (13.19)$$

Die Entscheidung ob eine Vorrichtung eingesetzt wird, erfolgt über die Einsparung!

13.2.2 Grenzstückzahlen für Vorrichtungen

Der Vergleich zwischen Spezialvorrichtungen und Baukastenvorrichtungen läßt sich wie folgt durchführen.

Die Anzahl der Vorrichtungen z_V bis zum Wirtschaftlichkeitspunkt ergibt sich nach Gleichung (13.20)

$$z_V = \frac{K_{BKV}}{K_V - (K_{M_1} + K_{M_2})} \quad \text{Stück} \qquad (13.20)$$

z_V *Zahl der Vorrichtungen in Stück*
K_{BKV} *Anschaffungskosten für Vorrichtungsbaukästen in DM*
K_V *Anschaffungskosten konventioneller Vorrichtungen (durchschnittliche Kosten) in DM/Stück*
K_{M_1} *Anteilige Montagekosten für Erstaufbau und Dokumentation in DM/Stück*
K_{M_2} *Anteilige Montagekosten für Wiederaufbau nach Dokumentation in DM/Stück*

Beispiel 3

Bestimmung der Grenzvorrichtungszahl, wenn gegeben sind:

Durchschnittliche Vorrichtungskosten für konventionelle Vorrichtungen   2.500,- DM
Anschaffungskosten für den Vorrichtungsbaukasten   20.000,- DM
Durchschnittliche anteilige Montagekosten für Erstaufbau und Dokumentation 180,-DM
Durchschnittliche anteilige Montagekosten für Wiederaufbau nach Dokumentation
bei vorraussichtlich 10 maligem Montieren   240,- DM

Lösung:
Nach Gleichung (13.20) ergibt sich

$$z_V = \frac{20000}{2500 - (180 + 240)} = 9{,}6 \text{ Vorrichtungen, d.h. ab 9,6 konventionellen Vorrichtungen}$$

wird mit einem Vorrichtungsbaukasten Gewinn erzeugt.

13.2.3 Faktoren für Vorrichtungskostenanteile an den Selbstkosten

Diese Faktoren können pro Werkstück aber auch pro Arbeitsgang ermittelt werden.

Auf den *jeweiligen* Arbeitsgang bezogen ergibt sich nach Gleichung (13.21)

$$f'_{VAg} = \frac{K_V / Ag}{K_S / Ag} \cdot 100 \qquad \% \qquad (13.21)$$

Auf ein Werkstück bezogen wird

$$f'_V = \frac{K_V}{K_S} \cdot 100 \qquad \% \qquad (13.22)$$

Für jedes Unternehmen ist eine Kennzahl f_{VAg} als Grenzwert festzulegen.

Durch Vergleich entsteht die Entscheidung.

13.2 Variantenvergleiche

13.2.4 Grenzstückzahlen für Werkstücke

Die Grenzstückzahlen für zwei Vergleichsfälle untereinander wird nach Gleichung (13.23) berechnet

$$G_{ST1,2} = \frac{K_{V1} - K_{V2}}{K_{F2} - K_{F1}} = \frac{\text{Differenz der Vorrichtungskosten}}{\text{Differenz der Fertigungskosten je Stück}} \quad \text{Stück} \quad (13.23)$$

$G_{ST1,2}$ *Grenzstückzahl für Vergleichsfälle 1 und 2 in Stück*
K_{V1} *Kosten des ersten Verfahrens bzw. Vorrichtung in DM*
K_{V2} *Kosten der Vorrichtung in DM*
K_{F1} *Fertigungskosten je Werkstück zu K_{V1} in DM*
K_{F2} *Fertigungskosten je Werkstück zu K_{V2} in DM*

13.2.5 Vorrichtungsanteilfaktor

Eine präzise Bestimmung kann durch folgende Betrachtung über die *Arbeitsgänge* erfolgen:

$$f_{AV} = \frac{\sum \text{aller Arbeitsgänge mit Vorrichtungen}}{\sum \text{aller Arbeitsgänge}} \quad (13.24)$$

Für überschlägige Betrachtungen läßt sich die Summe aller Arbeitsgänge aus der Zahl der Teilepositionen multipliziert mit der durchschnittlichen Zahl der Arbeitsgänge pro Teile bestimmen.

13.2.6 Kostenvergleich

Aus Abschnitt 13.2.3 sind die für den prozentualen Kostenvergleich notwendigen Parameter (Kompliziertheitsgrad, Bearbeitungsverfahren, Anzahl der Lose/a) bekannt. In den Bildern 13.2. und 13.3. sind Kostenvergleiche dargestellt.

Bei dieser Vorausbestimmung der zu verwendenden Vorrichtungsart ist es nicht möglich, alle Faktoren zu erfassen. Deshalb wird angenommen, daß beim möglichen Einsatz aller Vorrichtungsarten die Bedien-, Spann-, und Bearbeitungszeiten gleichbleiben. Eventuelle Mehrstückspannungen bleiben unberücksichtigt.

Prozentualer Kostenvergleich
Der prozentuale Kostenvergleich erfolgt einerseits in Gegenüberstellung der Kosten einer Mehrzweckvorrichtung zu denen einer Spezialvorrichtung (Bild 13.2., Diagramme 1 bis 4) und andererseits in Gegenüberstellung einer Baukastenvorrichtung zur Spezialvorrichtung (Bild 13.3., Diagramme 5 bis 12).

Der Kompliziertheitsgrad K_G setzt sich aus folgenden Kennwerten zusammen:

$$K_G = a_1 + a_2 + a_3 + a_4 + a_5 + a_6 + a_7 \quad (13.25)$$

Die Kennwerte berücksichtigen im Einzelnen:

a_1 Werkstückgröße,
a_2 Form, Lage und Beschaffenheit der Werkstückauflagefläche,
a_3 Lagebestimmung des Werkstücks in 2. und 3. Ebene,
a_4 Bearbeitung- bzw. Spannlagen des Werkstückes,
a_5 Werkstückspannung
a_6 Werkzeugführungen, Werkzeugbezugs- bzw. Meßflächen und
a_7 Werkstücktoleranzen

Diagramm 1

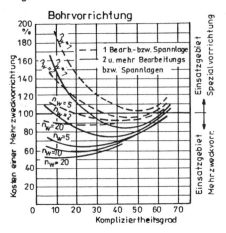

n_W Anzahl der Werkstücke oder Bearbeitungsfälle, für die die Mehrzweckvorrichtung (Grundgerät) eingerichtet werden kann.

Diagramm 2

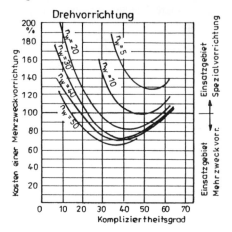

n_W Anzahl der Werkstücke oder Bearbeitungsfälle, für die die Mehrzweckvorrichtung (Grundgerät) eingerichtet werden kann.

Diagramm 3

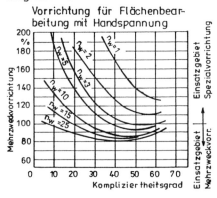

n_W Anzahl der Werkstücke oder Bearbeitungsfälle, für die die Mehrzweckvorrichtung (Grundgerät) eingerichtet werden kann.

Diagramm 4

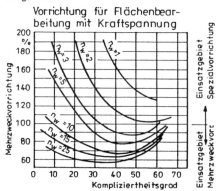

n_W Anzahl der Werkstücke oder Bearbeitungsfälle, für die die Mehrzweckvorrichtung (Grundgerät) eingerichtet werden kann.

Bild 13.2. *Kostenvergleich zwischen Mehrzweckvorrichtung und Sondervorrichtung [13.1]*

Zur Ermittlung des Kompliziertheitsgrades liegen auch Rechnerprogramme vor [13.9].

Hinweis:
*Die Diagramme 1 bis 12 sind nur anwendbar, wenn zur Bearbeitungsaufgabe **eine** Vorrichtung benötigt wird.*

Müssen mehrere gleiche Vorrichtungen benutzt werden (z. B. bei gleichzeitiger Bearbeitung auf mehreren Maschinen), so ist der Vergleich rechnerisch auf der Basis des exakten Kostenvergleichs durchzuführen.

13.1 Vorrichtungskosten 245

13.2 Variantenvergleiche

Über den nach Gleichung (13.25) vorbestimmten Kompliziertheitsgrad und über die Einsatz- und Nutzungsdauer in Tagen lassen sich die anteiligen Kosten einer Baukastenvorrichtung bei ein- bis viermaliger Nutzung ablesen.

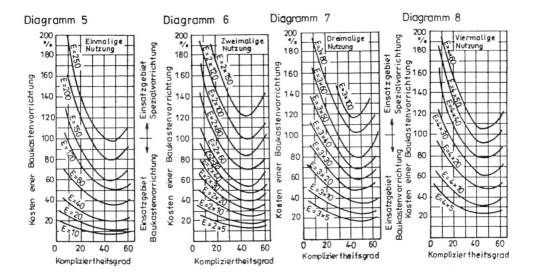

E = Einsatz- bzw. Nutzungsdauer in Tagen

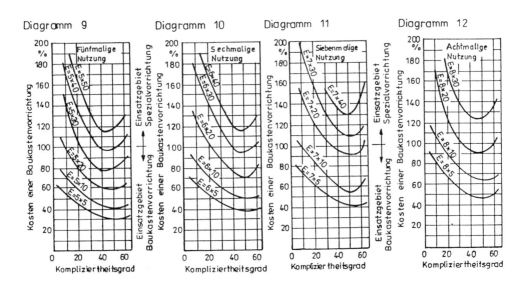

E = Einsatz- bzw. Nutzungsdauer in Tagen

Bild 13.3. *Kostenvergleich zwischen Baukastenvorrichtung und Sondervorrichtung [13.1]*

Eine Gegenüberstellung der Kosten für verschiedene Vorrichtungsysteme zeigt Bild 13.4.

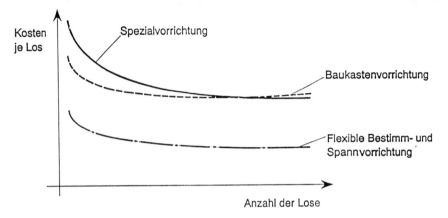

Bild 13.4 Kosten je Los in Abhängigkeit von der Anzahl der Lose für unterschiedliche Vorrichtungssysteme [13.8]

13.3 Kosten für Vorrichtungsflußsysteme

Die Vorrichtungszusammenstellung für Vorrichtungsflußsysteme zeigt Tabelle 13.5 [13.9]. Im Folgenden werden die anteiligen Kosten definiert.

Einzelkosten	fixe Kosten	variable Kosten	gesamte Kosten
Anschaffung	$K_{f_V} = K_{Ab_V} + K_{z_V}$	$K_{v_V} = K_{J_V}$	$K_{G_V} = K_{f_V} + K_{v_V}$
Steuerung	$K_{f_S} = K_{Ab_S} + K_{z_S}$	$K_{v_S} = K_{Pro}$	$K_{G_S} = K_{f_S} + K_{v_S}$
Lagerung	$K_{f_L} = K_{Ab_L} + K_{z_L} + K_{F_L}$	$K_{v_L} = K_{K_L} + K_L \cdot k_L$	$K_{G_L} = K_{f_L} + K_{v_L}$
Montage/Demontage	$K_{f_M} = K_{Ab_M} + K_{Z_M} + K_{F_M}$	$K_{v_M} = K_{v_{M1}} + K_{v_{M2}}$	$K_{G_M} = K_{f_M} + K_{v_M}$
Vorbereitung	$K_{f_{Vo}} = K_{AB_{Vo}} + K_{z_{Vo}} + K_{F_T}$	$K_{v_{Vo}} = K_L \sum_{i=1} (t_{Vi} \cdot Z_{Vi})$	$K_{G_{Vo}} = K_{f_V} + K_{v_V}$
Transport	$K_{f_T} = K_{Ab_T} + K_{z_T} + K_{F_T}$	$K_{v_T} = K_{v_T}$	$K_{G_T} = K_{f_T} + K_{v_T}$

Gesamt: $K_G = \sum_{i=1}^{6} K_{G_i}$ DM/a $K_G = K_{G_V} + K_{G_S} + K_{G_L} + K_{G_M} + K_{G_{Vo}} + K_{G_T}$ DM/a

Tabelle 13.5 Kostenstruktur für Vorrichtungsflußsystem

13.3 Kosten für Vorrichtungsflußsysteme 253

Legende zu Tabelle 13.5:

K_{Ab_V}	*Abschreibungskosten für Anschaffung der Vorrichtung*
K_{z_V}	*kalkulatorische Zinskosten*
K_{I_V}	*Instandhaltungskosten*
K_{Ab_S}	*Abschreibungkosten für Anschaffung der Steuerungsausrüstungen*
K_{z_S}	*kalkulatorische Zinskosten (Steuerung)*
K_{Pro}	*Kosten für Programmierung*
K_{Ab_L}	*Abschreibungskosten für Anschaffung der Lagerausrüstungen*
K_{z_L}	*kalkulatorische Zinsen (Lagerung)*
K_{F_L}	*Flächenkosten*
K_L	*Lohnsatz*
k_L	*Auslastungsfaktor*
K_{Ab_M}	*Abschreibungskosten für Anschaffung der Montage und Demontageausrüstungen*
K_{z_M}	*kalkulatorische Zinsen (Montage)*
K_{F_M}	*Flächenkosten*
$K_{v_{M1}}$	*Montagekosten*
$K_{v_{M2}}$	*Demontagekosten*
$K_{Ab_{Vo}}$	*Abschreibungskosten für Anschaffung der Bereitstelleinrichtungen*
$K_{z_{Vo}}$	*kalkulatorische Zinsen (Bereitstellung)*
$K_{F_{Vo}}$	*Flächenkosten*
K_L	*Lohnsatz*
t_V	*Bereitstellzeit*
Z_V	*Zahl der Bereitstellungen*
K_{Ab_T}	*Abschreibungskosten für Anschaffung der Transporteinrichtungen*
K_{z_T}	*kalkulatorische Zinsen (Transport)*
K_{F_T}	*Flächenkosten*
K_{v_T}	*Transportkosten*

Literatur

Kapitel 1

[1.1]   *Matuszewski, H.:* Handbuch Vorrichtungen, Konstruktion und Einsatz. Friedr. Vieweg & Sohn Verlagsgesellschaft mbH, Braunschweig/Wiesbaden, 1986

Kapitel 2

[2.1]   *Weck, M.:* Werkzeugmaschinen-Fertigungssysteme. Band 1, VDI-Verlag, Düsseldorf, 4. Aufl., 1991
[2.2]   *Trummer, A.:* Vorrichtungskonstruktion. Skripten zur Vorlesung, TU Chemnitz, Institut für Werkzeugmaschinen, 1993
[2.3]   *DIN-Taschenbuch Nr. 151:* DIN 6300, Vorrichtungen. Spannzeuge 2, Werkstückspanner und Vorrichtungen. Beuth-Verlag, Berlin 1987
[2.4]   *Buchholz, T.:* Flexibel bis zur Aufspannung....NC-Fertigung Heft 4-Juni' 88

Kapitel 3

[3.1]   *Trummer, A.:* Vorrichtungskonstruktion. Skripten zur Vorlesung, TU Chemnitz, Institut für Werkzeugmaschinen, 1993
[3.2]   *Pieperhoff, J.:* Rechnergestützte Konstruktion von Vorrichtungen. Diss. (1979), RWTH Aachen, Fakultät für Maschinenwesen
[3.3]   *Matek, W./ Muhs, D./ Wittel, H./ Becker, M.:* Roloff/Matek–Maschinenelemente. Friedr. Vieweg & Sohn Verlagsgesellschaft mbH, Braunschweig/ Wiesbaden, 1992
[3.4]   *Hintzen, H./ Laufenberg, H./ Matek, W./ Muhs, D./ Wittel, H.:* Konstruieren und Gestalten. Friedr. Vieweg & Sohn Verl. mbH., Braunschweig/Wiesbaden, 1989

Kapitel 4

[4.1]   *Trummer, A.:* Vorrichtungskonstruktion. Skripten zur Vorlesung, TU Chemnitz, Institut für Werkzeugmaschinen, 1993
[4.2]   *Autorenkollektiv*: Vorrichtungen-Gestalten, Bemessen, Bewerten. 10. Auflage, Verlag Technik, Berlin, 1988
[4.3]   *Weck, M.:* Werkzeugmaschinen-Fertigungssysteme. Band 1, VDI-Verlag, Düsseldorf, 4. Aufl., 1991
[4.4]   *Matuszewski, H.:* Handbuch Vorrichtungen, Konstruktion und Einsatz. Friedr. Vieweg & Sohn Verlagsgesellschaft mbH, Braunschweig/Wiesbaden, 1986

Kapitel 5

[5.1]   *Trummer, A.:* Vorrichtungskonstruktion. Skripten zur Vorlesung, TU Chemnitz, Institut für Werkzeugmaschinen, 1993
[5.2]   *Autorenkollektiv*: Vorrichtungen-Gestalten, Bemessen, Bewerten. 10. Auflage, Verlag Technik, Berlin, 1988
[5.3]   *Degner, W./ Lutze, H./ Smejkal, E.:* Spanende Formung - Theorie, Berechnung, Richtwerte. Carl Hanser Verlag, München, 1993
[5.4]   *Kronenberg, M.:* Grundzüge der Zerspanungslehre, Band II. Springer-Verlag, Berlin, Heidelberg, New York, 1964

Literatur 255

[5.5] *Hirschfeld, M.:* Beitrag zur Entwicklung eines werkstoffbezogenen Grundgesetzes sowie verfahrensabhängiger Gleichungen zur Bestimmung der Hauptschnittkraft bei spanenden Bearbeitungsvorgängen. Diss. (1953), TU Berlin
[5.6] *Victor, H.:* Beitrag zur Kenntnis der Schnittkräfte beim Drehen, Hobeln und Bohren. Diss. (1956), TH Hannover
[5.7] *Spur, G.:* Beitrag zur Schnittkraftmessung beim Bohren mit Spiralbohrern unter Berücksichtigung der Radialkräfte. Diss. (1961), TH Braunschweig
[5.8] *Degner, W./ Lutze, H./ Smejkal, E.:* Spanende Formung - Theorie, Berechnung, Richtwerte. Carl Hanser Verlag, München, 1993
[5.9] *Abendroth, A.:* Vorrichtungen im Maschinenbau. Fachbuchverlag Leipzig; 1958
[5.10] *Matuszewski, H.:* Handbuch Vorrichtungen, Konstruktion und Einsatz. Friedr. Vieweg & Sohn Verlagsgesellschaft mbH, Braunschweig/Wiesbaden, 1986
[5.11] *Fa. GÜHRING:* Quadratpoltechnik-Technomagnete. Druckschriften Fa. Hermann Gühring Spanntechnik, Kornwestheim
[5.12] *Fa ENERPAC:* Spannsysteme für flexible Fertigung. Prospekt Fa. ENERPAC, Applied Power GmbH, Düsseldorf
[5.13] *Hennig, W.; Schmidt, A.:* Konstruktion von Betriebsmitteln. Lehrbrief für das Ingenieur-Fernstudium, Institut für Fachschulwesen; 1966

Kapitel 6

[6.1] *Trummer, A.:* Vorrichtungskonstruktion. Skripten zur Vorlesung, TU Chemnitz, Institut für Werkzeugmaschinen, 1993
[6.2] *Autorenkollektiv*: Vorrichtungen-Gestalten, Bemessen, Bewerten. 10. Auflage, Verlag Technik, Berlin, 1988
[6.3] *DIN-Taschenbuch Nr. 151:* Bohrbuchsen (DIN 172, DIN 173, DIN 179) Spannzeuge 2, Werkstückspanner und Vorrichtungen. Beuth-Verlag, Berlin 1987

Kapitel 7

[7.1] *Trummer, A.:* Vorrichtungskonstruktion. Skripten zur Vorlesung, TU Chemnitz, Institut für Werkzeugmaschinen, 1993
[7.2] *Autorenkollektiv*: Vorrichtungen-Gestalten, Bemessen, Bewerten. 10. Auflage, Verlag Technik, Berlin, 1988
[7.3] *Schreyer, K.:* Werkstückspanner (Vorrichtungen). Springer-Verlag, Berlin, Göttingen, Heidelberg; 1949

Kapitel 8

[8.1] *Trummer, A.:* Vorrichtungskonstruktion. Skripten zur Vorlesung, TU Chemnitz, Institut für Werkzeugmaschinen, 1993
[8.2] *Hintzen, H./ Laufenberg, H./ Matek, W./ Muhs, D./ Wittel, H.:* Konstruieren und Gestalten. Friedr. Vieweg & Sohn Verl. mbH., Braunschweig/Wiesbaden, 1989
[8.3] *Kronenberg, M.:* Grundzüge der Zerspanungslehre, Band II. Springer-Verlag, Berlin, Heidelberg, New York, 1964
[8.4] *Hirschfeld, M.:* Beitrag zur Entwicklung eines werkstoffbezogenen Grundgesetzes sowie verfahrensabhängiger Gleichungen zur Bestimmung der Hauptschnittkraft bei spanenden Bearbeitungsvorgängen. Diss. (1953), TU Berlin
[8.5] *Victor, H.:* Beitrag zur Kenntnis der Schnittkräfte beim Drehen, Hobeln und Bohren. Diss. (1956), TH Hannover

[8.6] *Spur, G.:* Beitrag zur Schnittkraftmessung beim Bohren mit Spiralbohrern unter Berücksichtigung der Radialkräfte. Diss. (1961), TH Braunschweig
[8.7] *Degner, W./ Lutze, H./ Smejkal, E.:* Spanende Formung - Theorie, Berechnung, Richtwerte. Carl Hanser Verlag, München, 1993
[8.8] *Spur, G./ Stöferle, T.:* Handbuch der Fertigungstechnik, Band 3: Spanen. Carl Hanser Verlag, München, Wien, 1979
[8.9] *Matuszewski, H.:* Handbuch Vorrichtungen, Konstruktion und Einsatz. Friedr. Vieweg & Sohn Verlagsgesellschaft mbH, Braunschweig/Wiesbaden, 1986
[8.10] *Autorenkollektiv*: Vorrichtungen-Gestalten, Bemessen, Bewerten. 10. Auflage, Verlag Technik, Berlin, 1988
[8.11] *Schreyer, K.:* Werkstückspanner (Vorrichtungen). Springer-Verlag, Berlin, Göttingen, Heidelberg; 1949

Kapitel 9

[9.1] *Schwolgin, R.:* Rasterspannsystem: Durchgängiger Datentransfer von CAD bis zum geprüften NC-Maschinenprogramm. dima die maschine 11/91, S. 31-36
[9.2] *Pfeifer, T./ Eversheim, W./ König, W./ Weck, M.:* Der Konstruktionsarbeitsplatz der Zukunft-Vom Entwurf zur NC-Programmierung. Wettbewerbsfaktor Produktionstechnik-Aachener Perspektiven, AWK-Aachener Werkzeugmaschinenkolloquium' 93, VDI-Verlag, Düsseldorf
[9.3] *Günther, W./ Saße, J.:* Unterstützung konstruktiver Entwicklungsprozesse durch Methoden der Wissensverarbeitung. Konstruktion 43 (1991) S. 207-213, Springer-Verlag, Berlin, Heidelberg, 1991
[9.4] *Schindewolf, S./ Buchberger, D.:* Rechnergestützte Planungshilfen für Baukastenvorrichtungen. Werkstatt und Betrieb 1988/1, Carl Hanser Verlag, München, 1988
[9.5] *Große, P./ Keil, G. u. a.:* CAD-System für die Entwicklung modularer, flexibler automatischer Werkstückspanneinrichtungen-Ergebnisse zu relevanten Problemstellungen. Maschinenbautechnik, Berlin 37 (1988) 8, S.355-359
[9.6] *Mengemann, D.:* Vorrichtungssystem zum verzugsfreien Spannen in CAD-Datei. wt-Z. ind. Fertig.75 (1985) 575-577, Springer-Verlag, Frankfurt am Main
[9.7] *Autorenkollektiv:* Vorrichtungen-Rationelle Planung und Konstruktion. VDI-Gesellschaft Produktionstechnik (ADB), VDI-Verlag, Düsseldorf 1992
[9.8] *Spur, G.:* Rechnerunterstützung für kreatives und effizientes Konstruieren. Leitartikel Sonderteil in "CAD-CAM-CIM", Carl Hanser Verlag, München, 1991
[9.9] *Puppe, F.:* Einführung in Expertensysteme. Springer-Verlg., Berlin, Heidelbg., 1991
[9.10] *Koller, R.:* Expertensysteme in der Konstruktion. Konstruktion 43 (1991) S. 339-343, Springer-Verlag, Berlin, Heidelberg, 1991
[9.11] *Hartmann, D./ Lehner, K.:* Technische Expertensysteme. Springer-Verlag, Berlin, Heidelberg, 1990
[9.12] *VDI* (Hrsg.): Expertensysteme in Entwicklung und Konstruktion, Bestandsaufnahme und Entwicklungsrichtungen. VDI-Bericht Nr. 775, VDI-Verlag, Düsseldorf, 1989
[9.13] *Warnecke, G.* (Hrsg.): Expertensysteme in CIM. Verlag TÜV Rheinland GmbH, Köln, 1991
[9.14] *Biethahn, J./ Hoppe, U.* (Hrsg.): Entwicklung von Expertensystemen. Gabler Verlag, Wiesbaden, 1991
[9.15] *Hartmann, D/.Lehner, K.:* Technische Expertensysteme. Springer-Verlag, Berlin, Heidelberg, 1990

[9.16]   *Trummer, A.:* Flexible Werkstückspanntechnik für die metallverarbeitende Industrie. Veranstaltungsdokumentation 1. Chemnitzer Konstrukteurstage 1993, (22.09.-24.09.93), 16 S.
[9.17]   *Trummer, A.:* Vorrichtungskonstruktion. Skripten zur Vorlesung, TU Chemnitz, Institut für Werkzeugmaschinen, 1993
[9.18]   *Erwin Halder KG*: Katalog Vorrichtungs-Systeme. Erwin Halder KG, Achstetten-Bronnen, 1991
[9.19]   *Neitzel, R.:* Fortschritte der CAD-Technik 2, Entwicklung wissensbasierter Systeme für die Vorrichtungkonstruktion. Friedr. Vieweg & Sohn Verlagsgesellschaft mbH, Braunschweig/ Wiesbaden, 1990
[9.20]   *Kadletz, S.:* Software für rechnergestützte Vorrichtungskonstruktion. DA (1993), TU Chemnitz, Institut für Werkzeugmaschinen
[9.21]   *Trautloft, R./ Lindner, U.:* Datenbanken - Entwurf und Anwendung. Verlag Technik, Berlin, 1991
[9.22]   *Neumaier, H.:* Relationale Datenbanken. Verlag Oldenbourg, 1989
[9.23]   *Gillenson, M.:* Datenbank – Konzepte, Datenbanken-Netzwerke-Expertensysteme. Sysbex-Verlag GmbH, Düsseldorf, 1990
[9.24]   *Petkovic, D.:* Das relationale Datenbanksystem INFORMIX. Addison-Wesley Verlag, Bonn, 1991
[9.25]   *Moos, A./ Daues, G.:* SQL-Datenbanken. Friedr. Vieweg & Sohn, Verlagsgesellschaft mbH, Braunschweig/ Wiesbaden, 1991
[9.26]   *Kähler, W. M.:* SQL-Bearbeitung relationaler Datenbanken. Friedr. Vieweg & Sohn, Verlagsgesellschaft mbH, Braunschweig/ Wiesbaden, 1990

Kapitel 10

[10.1]   *Trummer, A.:* Flexible Werkstückspanntechnik für die metallverarbeitende Industrie. Veranstaltungsdokumentation 1.Chemnitzer Konstrukteurstage 1993, (22.09.-24.09.93),16 S., 9 Abb., 9 Lit.
[10.2]   *Gottmann, R.:* Flexible automatische Werkstückspanntechnik. Diss.(1991), TU Chemnitz, Fakultät für Maschinenbau
[10.3]   *Schwolgin, R.:* Rasterspannsystem: Durchgängiger Datentransfer von CAD bis zum geprüften NC-Maschinenprogramm. dima die maschine 11/91, S. 31-36
[10.4]   *Pfeifer, T./ Eversheim, W./ König, W./ Weck, M.:* Der Konstruktionsarbeitsplatz der Zukunft-Vom Entwurf zur NC-Programmierung. Wettbewerbsfaktor Produktionstechnik-Aachener Perspektiven, AWK-Aachener Werkzeugmaschinenkolloquium' 93, VDI-Verlag, Düsseldorf
[10.5]   *Trummer, A.:* Vorrichtungskonstruktion. Skripten zur Vorlesung, TU Chemnitz, Institut für Werkzeugmaschinen, 1993
[10.6]   *Reibenwein, V. L.:* Numerisch gesteuertes Werkstückspannen. Diss.(1986), Universität Stuttgart, Institut für Werkzeugmaschinen
[10.7]   *Oevenscheidt, W. F.:* Palettenlose Werkstückbeschickung in flexiblen Fertigungssystemen. Diss.(1986), Universität Stuttgart, Institut für Werkzeugmaschinen
[10.8]   *Meerkamm, H.:* Frei programmierbares Werkstückspannen – Chancen für den Einsatz in flexiblen Fertigungssystemen. tz für Metallbearbeitung, 78 (1987) 2, S. 33-40
[10.9]   *Michel, W.:* Aspekte zum Einsatz automatischer Spannvorrichtungen in der flexibel automatisierten Fertigung. Diss. (1990), Universität Dortmund, Fachbereich Maschinenbau

[10.10] *Trummer, A./ Otto, K.-H.:* Flexibles Vorrichtungssystem in modularer Baukastenbauweise. Offenlegungsschrift DE 42 02 989 A1 (Anm. 03.02.92, Off. 05.08.93)
[10.11] *Trummer, A./ Otto, K.-H.:* Flexibles Vorrichtungssystem in modularer Baukastenbauweise. Gebrauchsmuster G 92 01 281.7 (Anm. 03.02.92, Ert. 26.03.92)
[10.12] *Weise, H.:* Untersuchungen zur Kugelspanntechnik im flexiblen Vorrichtungssystem. DA (1993), TU Chemnitz, Institut für Werkzeugmaschinen
[10.13] *Wiele, H./ Gropp, H.:* Vorrichtungsgrundkörper aus Mineralguß. dima 6/7 -93, die maschine, S.51-53, AGT Verlag Thum GmbH, Ludwigsburg
[10.14] *Fa. RÖMHELD:* Vorrichtungskörper aus Mineralguß. Firmenprospekt Römheld informiert, Ausgabe 10-93, Friedrichshütte/Laubach
[10.15] *Weck, M./ Ophey, L./ Fürbaß, J. P.:* Flexible Fertigung mit spanenden Werkzeugmaschinen. wt Werkstattstechnik 77 (1987) 543-548
[10.16] *Lang, C. M./ Thiel, W.:* Automatisch aufbaubare, flexible Spannvorrichtungen. tz für Metallbearbeitung, 82 (1988) 1-2, S.11-18, Leinfelden
[10.17] *Buchholz, T.:* Flexibel bis zur Aufspannung....NC-Fertigung Heft 4-Juni' 88
[10.18] *Etscheidt, K.:* Ein wichtiger Schritt-Montage von Baukastenvorrichtungen durch Industrieroboter. Industrie-Anzeiger 3/4/1991, S. 32-33
[10.19] *Spur, G./ Stöferle, T.:* Handbuch der Fertigungstechnik, Band 5: Fügen, Handhaben, Montieren. Carl Hanser Verlag, München, Wien 1986
[10.20] *VDI-Gemeinschaftsausschuß CIM:* Rechnerintegrierte Konstruktion und Produktion, Band 8: Flexible Montage. VDI-Verlag GmbH, Düsseldorf 1992
[10.21] *DIN 8593:* Teil 0: Fertigungsverfahren Fügen. Einordnung, Unterteilung, Begriffe. Beuth-Verlag GmbH, Berlin, 1985
[10.22] *DIN 8593:* Teil 1: Fertigungsverfahren Fügen - Zusammensetzen. Einordnung, Unterteilung, Begriffe. Beuth-Verlag GmbH, Berlin, 1985
[10.23] *DIN 8593:* Teil 3: Fertigungsverfahren Fügen - Anpressen, Einpressen. Einordnung, Unterteilung, Begriffe. Beuth-Verlag GmbH, Berlin, 1985
[10.24] *Heusler, H.-J.:* Rechnerunterstützte Planung flexibler Montagesysteme. Forschungsbericht IWP, TU München, Springer-Verlag, Berlin, Heidelberg 1989
[10.25] *Trummer, A./ Flemming, G.:* Automatische Montage modularer Baukastenvorrichtungen durch Roboter. Videofilm (1993), TU Chemnitz, Institut für Werkzeugmaschinen
[10.26] *Heiland, D./ Neubert, S./ Herfurth, G.:* Flexible Montagezelle zum automatischen Auf-, Ab- und Umrüsten der Baukastenvorrichtung. Wirtschaftspatent DDWP 276 248 A1
[10.27] *Heiland, D./ Neubert, S.:* Automatisch montierbare Höhenverkettung für flexible Baukastenvorrichtungen. Wirtschaftspatent DDWP 276 249 A1
[10.28] *Heiland, D./ Neubert, S./ Herfurth, G.:* Flexible Spanntechnik. Bericht des Forschungszentrums des Werkzeugmaschinenbaues im Werkzeugmaschinenkombinat "Fritz Heckert", Chemnitz 1989
[10.29] *Leisner/ Schmaus, T.* (Hrsg.): Bericht über das EUREKA-FAMOS-Projekt MOCIM. Kernforschungszentrum Karlsruhe GmbH
[10.30] *Willy, A./ Schmaus, T.:* Umrüststillstand wird kürzer. Maschinenmarkt 97 (1991) 13, Würzburg, 1991
[10.31] *Weck, M.:* Automatisierte Fertigung bei Losgröße 1. VDI nachrichten Nr. 8/1991
[10.32] *Weck, M./ Weeks, J.:* Montage modularer Spannvorrichtungen durch Industrieroboter – Programmierung in der Werkstatt. Schweizer Maschinenmarkt Heft 38/1992, Goldach 1992

[10.33] *Giusti, F./ Santochi, M./ Dini, G.:* Robotized Assembly of Modular Fixtures. Annals of the CIRP, Vol. 40/1/1991

Kapitel 11

[11.1] *Pfeifer, T./ Eversheim, W./ König, W./ Weck, M.:* Der Konstruktionsarbeitsplatz der Zukunft-Vom Entwurf zur NC-Programmierung. Wettbewerbsfaktor Produktionstechnik-Aachener Perspektiven, AWK-Aachener Werkzeugmaschinenkolloquium' 93, VDI-Verlag, Düsseldorf
[11.2] *Schwolgin, R.:* Rasterspannsystem: Durchgängiger Datentransfer von CAD bis zum geprüften NC-Maschinenprogramm. dima die maschine 11/91, S. 31-36
[11.3] *Trummer, A./ Schuricht, K.:* Kapazitive Vorrichtungssensorik. TU Chemnitz, Messeprospekt "Sensor '91", Nürnberg, 1991
[11.4] *Trummer, A./ Schuricht, K./ Wätzig, R.:* Eine neue Sensorik für Vorrichtungen. Fertigungstechnik und Betrieb, Berlin 42 (1992) 5, S. 218-219, 2 Abb.
[11.5] *Trummer, A.:* Vorrichtungskonstruktion. Skripten zur Vorlesung, TU Chemnitz, Institut für Werkzeugmaschinen, 1993
[11.6] *BAEWERT GmbH:* Kapazitive Vorrichtungssensorik. Firmenprospekt Präzisionsmeßtechnik BAEWERT GmbH, Meerane, 1993
[11.7] *Trummer, A./ Schuricht, K./ Präzisionsmeßtechnik BAEWERT GmbH:* Taktiler Positionsaufnehmer für Vorrichtungen bzw. Werkstückspanneinrichtungen. Gebrauchsmuster G 92 09 318.3, (Anm. 11.07.92, Eintr. 26.11.92)
[11.8] *Trummer, A./ Schuricht, K./ Präzisionsmeßtechnik BAEWERT GmbH:* Kapazitiv/konduktiver Positionsaufnehmer, vorzugsweise eingesetzt in Bestimmelementen von Vorrichtungen bzw. Werkstückspanneinrichtungen. Gebrauchsmuster G 92 09 319.1, (Anm. 11.07.92, Eintr. 26.11.92)
[11.9] *Trummer, A./ Schuricht, K./ Adam, G.:* Einrichtung zur Überwachung automatisierter Werkstückvorrichtungen. Patentschrift DDWP 276 642 A1, (1988)
[11.10] *Trummer, A./ Schuricht, K./ Präzisionsmeßtechnik BAEWERT GmbH:* Kapazitiv/konduktiver Positionsaufnehmer vorzugsweise für Werkstückspanneinrichtungen. Patentschrift DE 42 22 841 C1, (Anm. 11.07.92, Veröff./Ert. 24.3.94)

Kapitel 12

[12.1] *Gottschalk, E./Wirth, S.:* Bausteine der rechnerintegrierten Produktion. Verlag Technik, Berlin, 1989
[12.2] *Autorenkollektiv:* Vorrichtungen-Gestalten, Bemessen, Bewerten. 10. Auflage, Verlag Technik, Berlin, 1988
[12.3] *Wiebach, H.:* Projektierung des Vorrichtungs- und Werkzeugflusses in integrierten Fertigungen; Diss. B (1989), TU Chemnitz, Fakultät für Maschineningenieurwesen
[12.4] *Klemm, W.:* Projektierung von Kommissionierprozessen und -systemen in flexiblen automatisierten integrierten Fertigungen. Diss. (1985), TH Chemnitz ; Fakultät für Maschineningenieurwesen
[12.5] *Tauber, H.; Keller, K.; Krahnert, G.; Graupner, G.:* Rationelle Technologien und hochproduktive Werkzeugmaschinen für die Fräs- und Bohrbearbeitung. Internationaler Kongreß Metallbearbeitung, Leipzig, 1978
[12.6] *Koch, W.:* Lagern und Transportieren von Werkzeugen zu NC-Maschinen. tz für Metallbearbeitung; 127 (1983) 1, Stuttgart
[12.7] *Wirth, S. u. a.:* Flexible Fertigungssysteme. Verlag Technik GmbH, Berlin, 1989

[12.8] *Groh, W.:* Das Ordnen von Massenteilen und ihre selbsttätige Zuführung in die Werkzeugmaschine. Werkstattechnik und Maschinenbau 47 (1957) 8, S. 402

[12.9] *Ulrich, P.:* Rechnerintegrierter automatisierter Betrieb. Verlag Technik GmbH, Berlin, 1990

[12.10] *Autorenkollektiv:* Automatisierung im Maschinenbau. Verlag Technik, Berlin, 1970

[12.11] *Hesse, S./ Zapf, H.:* Verkettungseinrichtungen in der Fertigungstechnik. Verlag Technik, Berlin, 1971

[12.12] *Rudolph, H.-J./ Wiebach, H.:* Planung und Steuerung von Betriebsmittelflußstrukturen. Fertigungstechnik und Betrieb, Berlin 42 (1992) 2, S. 66-69

[12.13] *Förster, A.:* Räumliche Struktur und räumliche Strukturierung von Teileflußsystemen der Teilefertigung im Maschinenbaubetrieben mit Klein- und Mittelserienfertigung. Diss. B (1983), TH Chemnitz, Fakultät für Maschineningenieurwesen

[12.14] *Wiebach, H. u. a.:* Planung von V-Flußstukturen für CIM-orientierte Unternehmen. Ergebnisbericht TU Chemnitz, Fachbereich Maschinenbau II, 1991

[12.15] *Cronjäger, L.:* Bausteine für die Fabrik der Zukunft. Springer-Verlag, Berlin, 1990

[12.16] *Volmer, J.:* Industrieroboter. Verlag Technik, Berlin, 1981

[12.17] *Rockstroh, W.:* Die technologische Betriebsprojektierung, Band 2: Projektierung von Fertigungswerkstätten. Verlag Technik, Berlin, 1978

[12.18] *Woithe, G.:* Projektierung von Betriebsanlagen des Maschinenbaubetriebes. Lehrbriefe für das Hochschulfernstudium 1 bis 6; TH Magdeburg, 1970

[12.19] *Wiebach, H:* Steuerungslösungen für VWP-Flußsysteme. WZ der TU Chemnitz 23 (1989) Heft 6

Kapitel 13

[13.1] *Autorenkollektiv:* Vorrichtungen-Gestalten, Bemessen, Bewerten. 10. Auflage, Verlag Technik, Berlin, 1988

[13.2] *Wiebach, H.:* Kostenbetrachtungen zu Betriebsmitteln/ Vorrichtungen, Werkzeuge, Prüfmittel. Hochschule für Technik und Wirtschaft Mitttweida (FH), Fachbereich Maschinenbau/Feinwerktechnik, 1993

[13.3] *Rudolph, H.-J.; Wiebach, H.:* Zur Planung der Werkzeugbereitstellung für Blechumformsysteme. Blech, Rohre, Profile 39 (1992) 10, S. 827-831

[13.4] *Riedel, A.:* Kostenstruktur für Vorrichtungen; Belegarbeit, TU Chemnitz, Fachbereich Maschinenbau II, 1992

[13.5] *Warnecke, J./ Bullinger, H.-J. / Hichert, R./ Voegele, A.:* Wirtschaftlichkeitsrechnung für Ingenieure. Carl Hanser Verlag, München, Wien, 2. Auflage, 1990

[13.6] *Warnecke, J./ Bullinger, H.-J. / Hichert, R./ Voegele, A.:* Kostenrechnung für Ingenieure. Carl Hanser Verlag, München, Wien, 3. Auflage, 1990

[13.7] *Förster, H.:* Erarbeitung von Varianten zur Realisierung eines effektiven Vorrichtungseinsatzes. DA (1992), TU Chemnitz, Fachbereich Maschinenbau II

[13.8] *Mengemann, D.:* Wirtschaftliche Spannzeuge. wt-Z. ind.Fertig.76 (1986) 669-671, Springer-Verlag, Frankfurt am Main

[13.9] *Autorenkollektiv:* Anwendungsrichtlinien für Vorrichtungen. Druckschrift der Fa. Hohenstein Vorrichtungsbau und Spannsysteme GmbH, Hohenstein-Ernstthal

Anlagen

Anlagenverzeichnis

Anlage zu 8.1, Berechnung der Bearbeitungskräfte

Tabelle 8.1.1 Anstiegswerte und Hauptwerte der spezifischen Schnitt-, Vorschub- und Passivkräfte für ausgewählte Werkstoffe

Anlage zu 8.2, Beispiele für fertigungsgerechtes Gestalten

Tabelle 8.2.1 Fertigungsgerechtes Gestalten von Vorrichtungselementen durch Gießen
Tabelle 8.2.2 Fertigungsgerechtes Gestalten von Vorrichtungselementen durch Schweißen
Tabelle 8.2.3 Fertigungsgerechtes Gestalten von Vorrichtungselementen durch Verschrauben

Anlage zu 8.3, Werkstoffauswahl für Vorrichtungselemente

Tabelle 8.3.1 Werkstoffe für Bestimmelemente
Tabelle 8.3.2 Werkstoffe für Teileinrichtungen
Tabelle 8.3.3 Werkstoffe für Werkzeugführungen und Werkzeugeinstellelemente
Tabelle 8.3.4 Werkstoffe für Spannelemente und den Kraftfluß übertragende Elemente
Tabelle 8.3.5 Werkstoffe für Bedienelemente
Tabelle 8.3.6 Werkstoffe für Vorrichtungsgrundkörper
Tabelle 8.3.7 Richtwerte für den Gleitreibungskoeffizienten μ
Tabelle 8.3.8 Richtwerte für den Haftreibungskoeffizienten μ_0

Anlage zu 8.4, Vorrichtungselemente

Tabelle 8.4.1 Bestimmelemente
Tabelle 8.4.2 Spann- und spannkraftübertragende Elemente
Tabelle 8.4.3 Werkzeugführungs- und Werkzeugeinstellelemente
Tabelle 8.4.4 Grund- und Aufbauelemente
Tabelle 8.4.5 Stützelemente
Tabelle 8.4.6 Indexierelemente
Tabelle 8.4.7 Verschlußelemente

Anlage zu Kapitel 2 bis 13:

Training zur Wissensaneignung – Testfragen zur Selbstkontrolle

Anlage zu 8.1, Berechnung der Bearbeitungskräfte

Werkstoffe	m	$k_{s1,1}$ N/mm²	1 − x	$k_{v1,1}$ N/mm²	1 − y	$k_{p1,1}$ N/mm²
St 50	0,26	1990	0,2987	351	0,5089	274
St 70	0,30	2260	0,3835	364	0,5067	311
C 15	0,22	1820	0,1993	333	0,4648	260
Ck 45	0,14	2220	0,3248	343	0,5244	263
Ck 60	0,18	2130	0,2877	347	0,5870	250
15CrMo5	0,17	2290	0,2488	290	0,4430	232
16MnCr5	0,26	2100	0,3024	391	0,5410	324
18CrNi6	0,30	2260	0,275	326	0,5352	247
20MnCr5	0,25	2140	0,3190	337	0,4778	246
30CrNiMo8	0,20	2600	0,3844	355	0,5657	255
34CrMo4	0,21	2240	0,3190	337	0,3715	237
37MnSi5	0,20	2260	0,3622	259	0,7432	277
42CrMo4	0,26	2500	0,3295	334	0,5239	271
50CrV4	0,26	2220	0,2345	317	0,6106	315
GGL-20	0,25	1020	0,3010	240	0,5400	178
GGL-25	0,26	1160	0,3020	251	0,5410	190
GGG-60	0,17	1480	0,2400	290	0,5657	240

Tabelle 8.1.1 Anstiegswerte und Hauptwerte der spezifischen Schnitt-, Vorschub- und Passivkräfte für ausgewählte Werkstoffe [8.7]

Anlage zu 8.2 Beispiele für fertigungsgerechtes Gestalten

Nr.	Merkmale	Anwendungsbeispiel
1	Unterschiedliche Wanddicken vermeiden	
2	keine Materialanhäufungen	
3	keine schroffen Übergänge	
4	gleiche Wanddicken; Verstärkung durch Verrippung	
5	Aushebeschrägen beachten	
6	Auflageflächen erhöhen	

Nr.	Merkmale	Anwendungsbeispiel
7	lange Bohrungen aussparen	
8	Kegel mit zylindrischen Flächen versehen	
9	Anbringen von künstlichen Positionierbasen - zylindrische Basen	
10	zusätzlich angegossene Zylinderflächen	
11	künstliche Hilfszapfen	
12	künstliche unterere Ansätze	

*Tabelle 8.2.1 Fertigungsgerechtes Gestalten von Vorrichtungselementen durch **Gießen** [8.9]*

Anlage zu 8.2 Beispiele für fertigungsgerechtes Gestalten

Nr.	Merkmale	Anwendungsbeispiel
1	Stumpfstöße (I-Naht, Y-Naht)	
2	Stumpfstoß bei ungleichen Blechstärken	
3	Wandverstärkung	
4	eingeschweißter Zapfen	
5	Eckengestaltung	
6	normale Versteifungsrippe	
7	hochbeanspruchte Versteifungsrippe	
8	eingesetzte Büchse mit Bund	

*Tabelle 8.2.2 Fertigungsgerechtes Gestalten von Vorrichtungselementen durch **Schweißen** [8.9]*

Anlage zu 8.2 Beispiele für fertigungsgerechtes Gestalten

Nr.	Kriterien	Anwendungsbeispiel
1	Schleifen von zylindrischen Zapfen mit Stirnanlage	
2	Verschrauben und Verstiften mehrerer Platten	
3	diagonale Anordnung der Zylinderstifte	
4	Stiftbohrungen durchgehend gestalten	
5	Nutgestaltung	
6	Anbauteile einlassen	

Tabelle 8.2.3 Fertigungsgerechtes Gestalten von Vorrichtungselementen durch Verschrauben [8.9]

Anlage zu 8.3, Werkstoffauswahl für Vorrichtungselemente

Funktionsbaugruppen

Bestimmelement	Werkstoff für normale Beanspruchung	Werkstoff für hohe Beanspruchung	Hinweise
Auflageleisten	C 15	16 Mn Cr 5	
Auflagebolzen	C 15	16 Mn Cr 5	
Stützen	C 15	16 Mn Cr 5	
Aufnahmebolzen	St 60-2	100 Cr 6	über 6 mm ⌀
Aufnahmebolzen	50 CrV 4	115 CrV 3	unter 6 mm ⌀
Aufnahmeprismen	C 45	41 Cr 4	
Zentrierspitzen	C 60	115 CrV 3	
Führungsleisten	C 60	34 CrMo 4	

Tabelle 8.3.1 Werkstoffe für Bestimmelemente

Teileinrichtungs-element	Werkstoff für normale Beanspruchung	Werkstoff für hohe Beanspruchung	Hinweise
Rastenteilscheiben	St 70-2	16 MnCr 5	
Rastbuchsen	C 15	C 15	einsetzen, härten
Buchsen, ungehärtet	St 60-2	16 MnCr 5	
Indexbolzen	C 15	16 MnCr 5	einsetzen, härten
Ausheber	C 15	16 Mn Cr 5	einsetzen, härten

Tabelle 8.3.2 Werkstoffe für Teileinrichtungen

Werkzeugführungs-element	Werkstoff für normale Beanspruchung	Werkstoff für hohe Beanspruchung	Hinweise
Bohrbuchsen	10 S 20	C 15	bis 36 mm ⌀ einsatzhärten
Bohrbuchsen	C 15	C 45	über 36 mm ⌀
Bohrstangen	St 60-2	C 45	
Bohrplatten	St 37-3	20 Cr 3	nur für bewegliche
Bohrplatten	St 37-3	20 Cr 3	geschweißte, feste
Einstellelemente	17 Cr 3	115 Cr V3	

Tabelle 8.3.3 Werkstoffe für Werkzeugführungen und Werkzeugeinstellelemente

Spannelement, spannkraftübertragende Elemente	Werkstoff für normale Beanspruchung	Werkstoff für hohe Beanspruchung	Hinweise
Spannkeile	17 Cr 3	41 Cr 4	
Spannschrauben	St 50-2	8.8; 10.9	
Gewindespindeln	St 50-2	St 60-2	
Augenschrauben	5.8; 4.8	6.8; 8.8	
Spannmuttern	10 S 20	8.8; 10.9	
Kreuzgriffe, Knebelgriffe	GTW-35-04	GTW-45-07	
Spannexzenter	C 15; C 60	C 45; 34 CrMo 6	einsetzen, härten
Spannspiralen	C 15	C 45	einsetzen, härten
Spannhaken	16 MnCr 5	36 MnSi 5	einsetzen, härten
Spannzangen, Spreizhülsen	16 MnSi 5	17 CrNiMo 6	
Spannbacken	C 60	C 60	
Spannkolben	St 50, St 60-2	17 Cr 3	
Kugelscheiben, Kegelpfannen	C 15	C 15	einsetzen, härten
Druckstücke	C 15	C 15	einsetzen, härten
Druckscheiben	C 15	C 15	einsetzen, härten
Spanneisen	C 15	St 60-2	
Ausgleichteil	St 60-2	St 60-2	
Winkelhebel	GTW-35-04	GTW-45-07	
Federn	50 CrMo 4	36 CrNiMo 4	

Tabelle 8.3.4 Werkstoffe für Spannelemente und den Kraftfluß übertragende Elemente

Ergänzungsbaugruppen

Bedienelemente	Werkstoff für normale Beanspruchung	Werkstoff für hohe Beanspruchung	Hinweise
Bedienteile	GTW-35-0,4	St 33	
Spindeln, Wellen	St 50-2 und St 60-2	St 70-2	
Führungsbuchsen	GG-20	St 50-2	
Verkleidungsbleche	St 33	St 52-3	

Tabelle 8.3.5 Werkstoffe für Bedienelemente

Anlage zu 8.3, Werkstoffauswahl für Vorrichtungselemente

Basisbaugruppen

Vorrichtungs-grundkörper	Werkstoff *für normale Beanspruchung*	Werkstoff *für hohe Beanspruchung*	Hinweise
Grundkörper	GG-20	GG-35	und St 33 schweißbar
Grundplatten	GG-20	GS-45	und St 33 schweißbar
Gehäuse	GG-20	GG-25	
Halbzeuge und Profile	GG-20	RSt 37-2	und St 38 u-2 schweißbar
Hydraulikgehäuse	GG-20	GG-25	
Zylinder	St 33	St 52-3	
Druckluftzylinder	G-AlSi 12	G-AlMg 5 Si	
Verschlußschrauben	10 S 20	10 S 20	

Tabelle 8.3.6 Werkstoffe für Vorrichtungsgrundkörper

Reibwert μ

μ	Zustand der Kontaktflächen	Kühl-und Schmierzustand
0,1	Stahl auf Stahl, Flächen bearbeitet	feucht, Kühlflüssigkeit
0,15	Stahl auf Stahl, eine Fläche mit Oxidhaut	feucht, Kühlflüssigkeit
0,2	Stahl auf Stahl, eine Fläche besonders aufgerauht	feucht, Kühlflüssigkeit
0,15	Stahl auf GG, Flächen bearbeitet	trocken
0,3	Stahl auf GG, eine Fläche mit Oxidhaut	trocken
0,25	glasfaserverstärktes Polyester auf Bestimmbolzen	feucht
0,35	glasfaserverstärktes Polyester auf Bestimmbolzen	trocken
0,2	Bremsbelag auf bearbeiteten Stahl	feucht
0,6	Bremsbelag auf GG	trocken

Tabelle 8.3.7 Richtwerte für Reibungskoeffizienten μ (Gleitreibung)

Reibwert μ_0

Material Reibungspartner	Haftreibungswert μ_0	
	trocken	*geschmiert*
Guß auf Guß	0,3	0,19
Guß auf Stahl	0,19	0,10
Stahl auf Stahl	0,15	0,12

Tabelle 8.3.8 Richtwerte für Haftreibungskoeffizienten μ_0

Anlage zu 8.4 Vorrichtungselemente (Auswahl)

Bestimmelemente

Nr.	vereinfachte Darstellung	Benennung/Beschreibung	Anwendung
1		**Auflageleisten** geeignet für Werkstücke mit ebener und bearbeiteter Auflagefläche; Lieferzustand: Oberfläche aufgekohlt	
2		**Aufnahmeprismen** geeignet für zylindrische Werkstücke oder Werkstücke mit zylindrischer Anlagefläche	
3		**Füße**, mit Gewindezapfen, geeignet zur Auflage von Werkstücken und als Füße für kleinere Bohrvorrichtungen	
4		**Auflagebolzen** geeignet als gehärtete Vorrichtungsfüße, zur Auf- oder Anlage von Werkstücken, Bezugsbasis zur Fräsereinstellung	
5		**Auflagebolzen** mit und ohne Hartmetalleinsatz zur Auf- und Anlage von Werkstücken	
6		**Aufnahmebolzen**, zylindrisch zum Bestimmen von Werkstücken nach einer Bohrung	
7		**Aufnahmebolzen** abgeflacht zum Ausgleich von Abstandstoleranzen	
8		**Pendelauflagen** Kugel abgeflacht, plan oder gerifflet, mit Außen- oder Innengewinde	

Anlage zu 8.4, Vorrichtungselemente

Nr.	vereinfachte Darstellung	Benennung/Beschreibung	Anwendung
9		**Gewindestifte**, mit Federbolzen, Hilfsmittel zur Lagebestimmung von Werkstücken geringer Masse	
10		**Federnde Druckstücke** mit Kugel und Feder zur Lagebestimmung von Werkstücken oder Indexierung	
11		**Auflagekörper**, zylindrisch, Auflage von Werkstücken auf Werkstückträgern mit T-Nuten	
12		**Auf- und Anlageleisten**, Auf- und Anlage von Werkstücken auf Werkstückträgern mit T-Nuten	
13		**Anschlagstücke** als Anschlag für Werkstücke auf Werkstückträgern mit T-Nuten, Gegenstück zu Flachspannern	
14		**Lagebestimmkörper** Form A zur Anlage, Form B zur Auf- und Anlage von Werkstücken auf Werkstückträgern mit T-Nuten	
15		**Anlagekörper**, Anlage (3 Anlageflächen) von Werkstücken auf Werkstückträgern mit T-Nuten	
16		**Auf- und Anlagekörper**, ohne Anlageschulter, Auf- und Anlage von Werkstücken auf Werkstückträgern mit T-Nuten	
17		**Auf- und Anlagekörper**, mit Anlageschulter, Auf- und Anlage von Werkstücken auf Werkstückträgern mit T-Nuten	

Tabelle 8.4.1 Darstellung, Beschreibung und Anwendung für Bestimmelemente

Anlage zu 8.4 Vorrichtungselemente (Auswahl)

Spann- und spannkraftübertragende Elemente

Nr.	vereinfachte Darstellung	Benennung/Beschreibung	Anwendung
1		**Spannschrauben**, mit Druckzapfen; A: Spannkrafterzeugung in Verbindung m. Spanneisen, B: nach Komplettierung mit Druckstücken	
2		**Spannschrauben** mit Kugel oder abgeflachter Kugel	
3		**Wirbelschrauben** Spannen mit geringen Kräften	
4		**Schwenkhebel** direktes Spannen oder Spannkrafterzeugung in Verbindung mit Spanneisen	
5		**Verstellbarer Klemmhebel** Hebel nach oben oder nach unten ausrastbar	
6		**Schwerer Spannhebel** zum Ratschen	
7		**Kegelgriffschrauben** geeignet zum Spannen von Werkstücken mit geraden oder schrägen Flächen	
8		**Knebelschrauben** Spannkrafterzeugung in Verbindung mit Spanneisen oder zum direkten Spannen	

Anlage zu 8.4, Vorrichtungselemente

Nr.	vereinfachte Darstellung	Benennung/Beschreibung	Anwendung
9		**Spannspiralformstahl** Herstellung von Spannspiralhebeln unterschiedlicher Ausführungen;	
10		**Spannspiralhebel** Spannen in Verbindung mit Spanneisen	
11		**Kreuzgriffe** Spannen in Verbindung mit entsprechenden Übertragungselementen	
12		**Ballengriffe** fest und drehbar	
13		**Sechskantmuttern** Spannen, wenn auf Grund der Werkstücktoleranzen eine Schräglage des Spanneisens bis maximal 5° eintreten kann	
14		**Sechskantmuttern**, mit Bund, Spannen in Verbindung mit Spanneisen	
15		**Wirbelmuttern** Spannen mit geringen Kräften	
16		**Knebelmuttern** Spannen in Verbindung mit Spanneisen	
17		**Spannwinden** Spannkrafterzeugung in Verbindung mit Spanneisen oder zum direkten Spannen des Werkstückes	

Nr.	vereinfachte Darstellung	Benennung/Beschreibung	Anwendung
18		**Spannhaken**, mit Buchse, direktes Spannen von Werkstücken; geringer Platzbedarf gegenüber anderen Spanneisen	
19		**Spannprismen** direktes Spannen von rotationssymmetrischen Werkstücken oder Werkstücken mit derartigen Spannflächen	
20		**Spannbrücken**, mit Spannklappe, Spannen von vorzugsweise flachen Werkst.; ausschwenkbare Spannklappe gestattet ungeh. Werkst.-wechsel	
21		**Schnellspannelemente**, handbetätigt, in Verbindung mit spannkraftübertragenden Elementen für das Spannen mit Zug- und Druckprinzip	
22		**Flachspanner**, mit Spannschraube, einsetzbar auf Werkstückträgern mit T-Nuten zum Spannen von größeren Werkstücken	
23		**Flachspanner**, mit Spannklaue, einsetzbar auf Werkstückträgern m T-Nuten; Niederzugwirkung in Richtung Auflagefläche des Spannelem.	
24		**Flachspanner**, in T-Nuten einschiebbar, einsetzbar auf Werkstückträgern mit T-Nuten	
25		**Niederzugspanner**, mit Spannschraube, einsetzbar auf Werkstückträgern mit T-Nuten	
26		**Niederzugspanner**, mit Spannspirale, Spannen mit Niederzugwirkung für Spezialvorrichtungen und Werkstückträger mit T-Nuten	

Anlage zu 8.4, Vorrichtungselemente

Nr.	vereinfachte Darstellung	Benennung/Beschreibung	Anwendung
27		**Spannpratzen**, mit Zylinderschraube, einsetzbar auf Werkstückträgern mit T-Nuten	
28		**Spannpratzen**, mit Sechskantmutter, einsetzbar auf Werkstückträgern mit T-Nuten	
29		**Spanngruppen**, mit höhenverstellbarem Spanneisen, mit Zwischenstücken einsetzbar	
30		**Kniehebelspanner** geeignet zum Spannen von Werkstücken bei Schweiß- und Montagearbeiten	
31		**Hubböcke**, pneumatisch, geeignet zur Spannkrafterzeugung in Verbindung mit Spanneisen oder zum direkten Spannen des Werkstückes	
32		**Spannböcke**, pneumatisch, geeignet zum Spannen von Werkstücken mittels angebauten Spanneisens	
33		**Senkrechtspanner**, hydraulisch, geeignet zum Spannen von Werkstücken; relativ große Spannkräfte ermöglichen hohe Zerspanungsleistungen	
34		**Spannzylinder**, hydraulisch, einfachwirkend, geeignet zur Spannkrafterzeugung in Verbindung mit Spanneisen	
35		**Spannzylinder**, hydraulisch, doppeltwirkend, geeignet zur Spannkrafterzeugung in Verbindung mit Spanneisen	

Nr.	vereinfachte Darstellung	Benennung/Beschreibung	Anwendung
36		**Druckstücke**, einschraubbar, geeignet zur Spannkraftübertragung, z. B. in der Kombination hydraulischer Spannzylinder/Spanneisen	
37		**Druckstücke** geeignet zur Spannkraftübertragung mit Ausgleichwirkung	
38		**Druckscheiben** geeignet zur Spannkraftübertragung mit Ausgleichwirkung	
39		**Gelenkteller** in Verbindung mit Schrauben	
40		**Gelenkstücke** geeignet zur Spannkraftübertragung, z. B. in der Kombination hydraulischer Spannzylinder/Spanneisen	
41		**Gabelstücke** vorwiegend geeignet als Lager für spannkraftübertragende Elemente	
42		**Ausgleichteile** geeignet zur Spannkraftübertragung mit Ausgleichwirkung	
43		**Winkelhebel** geeignet zur Spannkraftübertragung bei gleichzeitiger Änderung der Spannrichtung um 90°	
44		**Spannhaken** geeignet zur Spannkraftübertragung, vorwiegend in Verbindung mit Sechskantmuttern mit Bund anwendbar	

Anlage zu 8.4, Vorrichtungselemente

Nr.	vereinfachte Darstellung	Benennung/Beschreibung	Anwendung
45		**Spannschrauben**, mit Kugelkopf, vorwiegend geeignet zur Spannkraftübertragung in Verbindung mit Spanneisen	
46		**Kugelscheiben, Kegelpfannen** geeignet zur Spannkraftübertrag. in Verb. mit Spanneisen, wobei Schräglage des Spanneisens bis max. 5° möglich ist	
47		**Vorsteckscheiben** geeignet zur Spannkraftübertragung; für Werkstücke mit durchgehender Bohrung	
48		**Schwenkscheiben** geeignet zur Spannkraftübertragung; für Werkstücke mit durchgehender Bohrung	
49		**Spanneisen**, schmal, geeignet zur Spannkraftübertragung, in Verbindung mit einer großen Anzahl standardisierter Spannelemente anwendbar	
50		**Spanneisen**, breit, geeignet zur Spannkraftübertragung, in Verbindung mit Anzahl standardisierter Spannelemente	
51		**Spanneisen**, U-förmig, geeignet zur Spannkraftübertragung, in Verbindung mit standard. Spannelementen u. höhenverstellbaren Stützelementen	
52		**Spanneisen**, gekröpft, geeignet zur Spannkraftübertragung, in Verbindung mit Sechskantmuttern mit Bund	

Tabelle 8.4.2 Darstellung, Beschreibung und Anwendung für Spann- und spannkraftübertragende Elemente

Anlage zu 8.4 Vorrichtungselemente (Auswahl)

Werkzeugführungs- und Werkzeugeinstellelemente

Nr.	vereinfachte Darstellung	Benennung/Beschreibung	Anwendung
1		**Bohrbuchsen**, ohne Bund, geeignet zur Führung von Werkzeugen zum Bohren u. Senken	
2		**Bohrbuchsen**, mit Bund, geeignet zur Führung von Werkzeugen zum Bohren und Senken	
3		**Steckbohrbuchsen** geeign. zur Führung von Werkzeugen zum Bohren u. Senken, wenn für die Herstellung einer Bohrung mehr. Werkzeuge erfordl. sind	
4		**Auflageplatte**, für Endmaße, geeignet zur Einstellung der Lage des Werkzeuges; Hilfsmittel: Parallelendmaße	

Tabelle 8.4.3 Darstellung, Beschreibung und Anwendung für Werkzeugführungs- und Werkzeugeinstellelemente

Anlage zu 8.4 Vorrichtungselemente (Auswahl)

Basisbaugruppen

Nr.	vereinfachte Darstellung	Benennung/Beschreibung	Anwendung
1		**L-Profile** vorwiegend geeignet als Aufbauelement	
2		**T-Profile**, ohne Rippen, vorwiegend geeignet als Aufbauelement	

Anlage zu 8.4, Vorrichtungselemente

Nr.	vereinfachte Darstellung	Benennung/Beschreibung	Anwendung
3		**U-Profile** vorwiegend geeignet als Aufbauelement	
4		**Hohlprofile**, rechteckig, vorwiegend geeignet als Aufbauelement	
5		**Platten**, rechteckig, geeignet als Grund-, Bohr- oder Wandplatte	
6		**Platten**, rund, geeignet als Grundplatte für umlaufende Spannvorrichtungen, für Teil- und Schwenkvorrichtungen oder als Bohrplatte	
7		**Grundplatten**, Gußeisen, geeignet als Grundelement für Vorrichtungen, die direkt auf Werkstückträgern mit T-Nuten befestigt werden	
8		**Aufspannwinkel** vorwiegend geeignet als Aufbauelement	
9		**Aufspannwinkel** geeignet als Grundkörper für den Aufbau einer Vorrichtung	

Tabelle 8.4.4 Darstellung, Beschreibung und Anwendung für Basisbaugruppen

Anlage zu 8.4 Vorrichtungselemente (Auswahl)

Stützelemente

Nr.	vereinfachte Darstellung	Benennung/Beschreibung	Anwendung
1		**Stützschrauben** geeignet zur Abstützung von Werkstücken bei Stützhöhen von 25 bis 80 mm; höhenverstellbar, mit Mutter feststellbar	
2		**Stützbolzen** geeignet zur Abstützung von Werkstücken mit gering. Masse; nach Einlegen des Werkstückbolzens mittels Sechskantschraube klemmen	
3		**Schraubstützen** geeignet zur Abstützung von Werkstücken ; für hohe Belastungen; höhenverstellbar ,	
4		**Spannunterlagen,** verstellbar, geeignet zur Abstützung von Spanneisen;	
5		**Spannunterlagen,** treppenförmig, geeignet zur Abstützung von Spanneisen	
6		**Auflagebolzen,** mit Gewinde, Auflagemuttern, Einsatz der Elemente einzeln oder kombiniert	

Tabelle 8.4.5 Darstellung, Beschreibung und Anwendung für Stützelemente

Anlage zu 8.4 Vorrichtungselemente (Auswahl)

Indexierelemente

Nr.	vereinfachte Darstellung	Benennung/Beschreibung	Anwendung
1		**Bolzenindex** mit Kegel oder Zylinder und Kugelgriff	
2		**Bolzenindex** mit Kegel oder Zylinder und Sterngriff	
3		**Rastbolzen** gehärtet und geschliffen, zum Indexieren von Vorrichtungselementen	

Tabelle 8.4.6 Darstellung, Beschreibung und Anwendung für Indexierelemente

Anlage zu 8.4 Vorrichtungselemente (Auswahl)

Verschlußelemente

Nr.	vereinfachte Darstellung	Benennung/Beschreibung	Anwendung
1		**Schnapper** vorwiegend geeignet zur Verriegelung von Bohrdeckeln oder -klappen; Lagerung des Elementes am Vorrichtungskörper	
2		**Schnappverschlüsse** vorwiegend geeignet zur Verriegelung von Bohrdeckeln oder -klappen	
3		**Türriegel** geeignet zur Verriegelung von Deckeln und Klappen	

Tabelle 8.4.7 Darstellung, Beschreibung und Anwendung für Verschlußelemente

Anlage zu Kapitel 2 bis 13:

Testfragen zur Selbstkontrolle

Zu Kapitel 2 – Aufgaben-Grundbegriffe, Einteilung, Nutzen

1. Was sind Fertigungsmittel?
2. Was sind Betriebsmittel, welche Aufgabe haben sie?
3. Was sind Vorrichtungen, welche Aufgaben haben sie?
4. Welchen Bedeutungsunterschied gibt es zwischen Vorrichtungen und Werkstückspannern?
5. Welche Vorteile bringt der Einsatz von Vorrichtungen? Welchen Nutzen kann dieser erbringen?
6. Welche Einteilungsmerkmale sind für Vorrichtungen üblich? Welche Bauarten von Vorrichtungen werden unterschieden, welche Einsatzmerkmale kennzeichnen diese?
7. Einsatzgebiete und Merkmale von Spezial- und Sondervorrichtungen
8. Einsatzgebiete und Merkmale von Gruppen-, Standard- oder Sondervorrichtungen
9. Einsatzgebiete und Merkmale von Baukastenvorrichtungen
10. Einsatzgebiete und Merkmale von modularen Vorrichtungssystemen

Zu Kapitel 3 – Konstruieren einer Vorrichtung

1. Welche Wirkbeziehungen binden Vorrichtungen in den Fertigungsprozeß ein?
2. Welche Schnittstellen begründen Vorrichtungen im Fertigungsprozeß?
3. Welcher Zusammenhang besteht zwischen Schnittstellen, Wirkstellen und Wirkflächenpaaren?
4. Was ist unter einer "Funktion" der Vorrichtung zu verstehen?
5. Welche Grundfunktionen hat eine Vorrichtung zu erfüllen? Was sind Ergänzungsfunktionen?
6. Welche Aufgaben erfüllt das Stützen? Welche Aufgaben erfüllt das Verschließen?
7. Welchen Grundaufbau hat eine Vorrichtung? Welche grundsätzliche Aufgabe obliegt diesen Baugruppen?
8. Welche Aufgabe haben Funktionsbaugruppen zu erfüllen?
9. Welche Aufgabe haben Basisbaugruppen zu erfüllen?
10. Welche Fertigungsverfahren für Vorrichtungsgrundkörper sind möglich? Unter welchen Voraussetzungen erfolgt ihre Anwendung? (Vor- und Nachteile, Bedingungen)
11. Die Vorteile der einzelnen Grundkörperherstellungen sind ihren Nachteilen gegenüberzustellen!
12. In welchen Fällen werden gegossene Grundkörper verwendet? Wann kommen geschweißte und wann verstiftete und verschraubte Grundkörper zum Einsatz?
13. Für Grundkörper aus Grauguß und Stahl (sowohl geschweißte als auch lösbar verbundene) sind besondere Konstruktionsrichtlinien auszuarbeiten!
14. Welche Aufgabe haben Ergänzungsbaugruppen zu erfüllen?
15. Welche prinzipiellen Konstruktionsanforderungen sind zu erfüllen?
16. Was ist unter Konstruktionsmethode zu verstehen?
17. Wie ist der Konstruktionsprozeß strukturiert? Wie wird der konstruktive Entwicklungsprozeß für Vorrichtungen eingeteilt?
18. Welche Aufgaben werden in der Planungsphase der Vorrichtungen erfüllt?

19. Welche Aufgaben sind in der Konzipierungsphase für Vorrichtungen durchzuführen?
20. Welche Teilaufgaben sind in der Konstruktionsphase wahrzunehmen?
21. Was versteht man unter Vorrichtungsauftrag, Fertigungsplanung, Anforderungskatalog?
22. Welche grundsätzliche Vorgehensweise beinhaltet die Konzipierungsphase?
23. Wie wird ein Variantenvergleich durchgeführt?
24. Was ist unter technischer und wirtschaftlicher Wertigkeit einer Lösung zu verstehen?
25. Welche Arbeitsschritte sind am Konstruktionsentwurf für Vorrichtungen zu realisieren?
26. Welche Arbeitsschritte beinhaltet die Ausarbeitungsphase?

Zu Kapitel 4 – Positionieren und Bestimmen

1. Was versteht man unter Bestimmen?
2. Welche Aufgabe erfüllt das "Bestimmen" eines Werkstückes in einer Vorrichtung?"
3. Welche Vorgehensweise ist grundsätzlich für das "Bestimmen" anzuwenden?
4. Was ist eine Konstruktionsbasis, was versteht man unter Fertigungsbasis?
5. Welche Anforderungen sind an Bestimmelemente grundsätzlich zu stellen? Welche Konstruktionsanforderungen sind zu erfüllen?
6. Wie erfolgt die Auswahl und die Anordnung von Bestimmelementen?
7. Wann liegt eine "Überbestimmung" eines Werkstückes in der Vorrichtung vor?
8. Welche Auswirkungen hat ein Wechsel der Fertigungsbasis, d. h. wenn nicht die Bezugsebenen als Fertigungsbasis gewählt werden?
9. Wodurch unterscheiden sich die Bezugsebenen von den Bestimmebenen?
10. Was sind Bestimmflächen?
11. Warum kann ein Werkstück höchstens nach drei Bestimmebenen bestimmt werden?
12. Was ist beim Bestimmen zu beachten, wenn das Werkstück wenig steif ist?
13. Wie ist ein zylindrisches Werkstück zu bestimmen, wenn die Bezugsebenen in der Mittelachse liegen?
14. Welche Flächen des Werkstücks werden zum Bestimmen genutzt?
15. Wodurch werden Bestimmfehler 1. bzw. 2. Ordnung verursacht?

Zu Kapitel 5 – Spannen

1. Was versteht man unter Spannen?
2. Welche Aufgabe hat das "Spannen" eines Werkstückes in einer Vorrichtung zu erfüllen?
3. Welche Vorgehensweise ist zur Ermittlung der Spannkraft anzuwenden?
4. Welche grundsätzlichen Konstruktionsanforderungen müssen Spanneinrichtungen erfüllen?
5. Wodurch wird der Abfall der Vorspannkraft beim Spannen verursacht?
6. Wie wird eine Spannkraftgleichung aufgestellt?
7. Wie erfolgt die Auswahl und die Anordnung der Spannelemente?
8. Was sind "starre" und was "elastische" Spannmittel? Welche Vor- und Nachteile haben Sie?
9. Welche Aufgaben haben "Stützen" beim Spannen von Werkstücken zu erfüllen?

10. Mit welcher Größe werden Schnittkräfte bei der Berechnung von Spannkräften berücksichtigt?
11. Welche Richtung müssen die Spannkräfte haben?
12. Weshalb soll bei den indirekten Keilspannern der Steigungswinkel größer als 6° gehalten werden?
13. Welche Zapfenformen treten bei Spannschrauben auf und wie gehen die Zapfenreibungsverluste in die Spannkraftberechnung ein?
14. Unter welchen Bedingungen können welche Handkräfte eingesetzt werden?
15. Warum sollen Spannexzenter nur im Bereich $\varphi = 60° ... 120°$ angewendet werden?
16. Warum ist der Einsatz einer Spannspirale vorteilhafter als die Verwendung eines Spannexzenters?
17. Welche Vorteile haben Kniehebelspanner gegenüber den anderen mechanischen Spannelementen?
18. Was ist die Folge von Leckverlusten bei Vorrichtungen mit plastischen Medien ohne Druckausgleich?
19. Wodurch kann man die schädlichen Folgen der Leckverluste verhindern?
20. Was ist beim Einfüllen der plastischen Medien zu beachten?
21. Welche Vorteile haben Vorrichtungen mit plastischen Medien gegenüber Vorrichtungen mit Ölhydraulik oder Druckluft?
22. Welche Rundlaufgenauigkeit erreicht man mit Dehndornen?
23. In welchen Fällen ist Ölhydraulik für Vorrichtungen vorteilhaft einsetzbar
24. Welche Vor- und Nachteile haben Vorrichtungen mit Druckluft?
25. Welche Vor- und Nachteile haben luftgelagerte Platten für Bohrvorrichtungen?
26. Weshalb werden an Spanneisen Kugelscheibe und Kegelpfanne angeordnet?
27. Welche Querschnittformen kann man mit Spannzangen spannen?
28. Wie groß sind der Spannbereich und die Rundlaufgenauigkeit von Spannzangen?

Zu Kapitel 6 – Führen

1. Welche Aufgabe bezweckt in Vorrichtungen das "Führen" von Werkzeugen ? Wann ist es notwendig?
2. Welche grundsätzlichen Anforderungen sind an Führungselemente zu stellen?
3. Was versteht man unter lagebestimmenden bzw. lage- und richtungsbestimmenden Werkzeugführungen?
4. Was sind Funktionsmaße an einer Vorrichtung?
5. Welche Genauigkeitsforderungen gelten für Vorrichtungen? Wie sind die Toleranzen für eine Vorrichtung festzulegen?
6. Welche Abstände müssen zwischen Bohrbuchsen und Werkstückoberflächen berücksichtigt werden?
7. Welche Grundsätze gelten für den Einbau von Bohrbuchsen? Welche Arten gibt es? Wofür werden sie eingesetzt?
8. In welchen Fällen werden feste bzw. bewegliche Bohrplatten angewendet?
9. Welche Möglichkeiten zur Bewegung der Bohrplatten gibt es (Einsatzmöglichkeiten)?
10. Wie wirken sich bei beweglichen Bohrplatten die Spiele auf die Herstellung genauer Bohrungen aus?

Zu Kapitel 7 – Teilen

1. Was ist unter "Teilen" in einer Vorrichtung zu verstehen? Wann wird es erforderlich?

Training zur Wissensaneignung - Testfragen zur Selbstkontrolle

2. Welche Arten des Teilens gibt es bei Vorrichtungen, welche Merkmale kennzeichnen diese?
3. Welche konstruktiven Möglichkeiten bestehen für das Längs- und Kreisteilen (Beispiele)?
4. Welchen Handlungsablauf erfordert das Arbeiten mit einer Teileinrichtung? Erläutern Sie die einzelnen Vorgänge!
5. Welche Teilmaßverkörperungen kommen zum Einsatz? Welche Eigenschaften haben diese?
6. Was ist Indexieren und Arretieren?
7. Welche Indexierelemente kommen zur Anwendung? Welche Vor- und Nachteile haben diese?
8. Wie wird arretiert? Welche Fehler entstehen, wenn die Indexierrichtung und die Arretierrichtung nicht übereinstimmen?

Zu Kapitel 8 – Dimensionieren und Gestalten

1. Was ist unter "Konstruieren" zu verstehen?
2. Welche Aufgaben hat festigkeitsgerechtes Dimensionieren (Beispiele)?
3. Welche Aufgaben hat die funktionsgerechte Gestaltung einer Konstruktion (Beispiele)?
4. Was versteht man unter fertigungsgerechter Gestaltung (Beispiele)?
5. Was versteht man unter Bedienen einer Vorrichtung? Was sind Bedienteile?
6. Welche Gesichtspunkte muß der Vorrichtungskonstrukteur bezüglich des Einlegens und Herausnehmens der Werkstücke beachten?
7. Welchen Zweck erfüllen Aufnahmen von Vorrichtungen auf Werkzeugmaschinen? Welche Arten von Aufnahmen gibt es?
8. Worin bestehen die Vor- und Nachteile der Nutensteine?
9. Was hat der Vorrichtungskonstrukteur bei der Aufnahme einer Fräsvorrichtung auf einer Fräsmaschine zu beachten?
10. Welche Unterschiede weisen Aufnahmekegel an Drehmaschinen auf?
11. Was ist unter anforderungsgerechter Werkstoffauswahl zu verstehen (Beispiele)?

Zu Kapitel 9 – Rechnergestützte Vorrichtungskonstruktion

1. Welche Anforderungen stehen und welcher Entwicklungsstand der CAD-Vorrichtungskonstruktion wurde erreicht?
2. Warum ist eine rechnergestützte Vorrichtungskonstruktion notwendig? Welche Voraussetzungen sind erforderlich?
3. Inwiefern bieten Baukastenvorrichtungen günstige Voraussetzungen für eine CAD-Konstruktion?
4. Warum werden wissensbasierte Systeme für die Vorrichtungskonstruktion notwendig?

Zu Kapitel 10 – Flexible Werkstückspanntechnik

1. Was versteht man unter flexibler Vorrichtungs- bzw. Werkstückspanntechnik?
2. Welche Anforderungen sind an Vorrichtungssysteme für NC-Maschinen zu stellen?
3. Inwiefern benötigt eine rationelle Fertigung die flexible Werkstückspanntechnik?
4. Welche Vor- und Nachteile hat die Palettenspanntechnik für die Klein- und Mittelserienfertigung?
5. Was sind frei programmierbare Spannsysteme? Welche Vor- und Nachteile haben sie?

6. Was versteht man unter künstlichen Fertigungsbasen? Inwiefern sind sie eine Alternative für flexible modulare Vorrichtungssysteme?
7. Welche Lösungsansätze gibt es für eine automatische Montage von Vorrichtungen? Welche Bedingungen sind vorauszusetzen?

Zu Kapitel 11 – Sensorik für Vorrichtungen

1. Welche Aufgaben hat ein Sensor bzw. eine Sensorik zu erfüllen?
2. Welche Kontroll- bzw. Überwachungsaufgaben sind in Vorrichtungen sinnvoll durchzuführen? Inwiefern ermöglichen Sensoren eine automatische Werkstückspanntechnik?
3. Welche Zustände sollten in der Vorrichtung automatisch überwacht bzw. gesteuert werden?
4. Welche Meßwertaufnehmer können angewendet werden? Welche Wirkprinzipien könnten dafür in Sensoren Anwendung finden?
5. Welche Bestandteile umfaßt eine Vorrichtungssensorik?

Zu Kapitel 12 – Handhaben der Werkstücke und Vorrichtungen

1. Welche Flußsysteme benötigt ein Fertigungssystem?
2. Welche Grundfunktionen hat jedes Flußsystem zu erfüllen?
3. Was versteht man unter Integration von Funktionen?
4. Wie läßt sich der Vorrichtungsbedarf bestimmen?
5. Welche Prozeßfunktionen erfordert die Vorrichtungsvorbereitung?
6. Welche Erfordernisse ergeben sich für die Funktionen Nachbehandlung und Instandhaltung von Vorrichtungen?
7. Was versteht man unter Kommissioniersystemen?
8. Welche Aufgaben erfüllen die Transporthilfsmittel?
9. Welche wesentlichen Projektierungsschritte sind zur Planung von Vorrichtungsflußsystemen notwendig?
10. Welche wesentlichen Kosten erfordert ein Vorrichtungsflußsystem?
11. Welche wesentlichen Bausteine gehören zu einem VWP-Zentrum?

Zu Kapitel 13 – Wirtschaftlichkeitsbetrachtungen

1. Welche Kostenanteile gehören zu den Herstellungskosten einer Vorrichtung?
2. Welche Bedingungen sind durch den Variantenvergleich zu klären?
3. Was versteht man unter dem Begriff "Grenzstückzahl"?
4. Unter welchen Bedingungen läßt man eine Vorrichtung bauen?
5. Was soll der Vorrichtungsanteilfaktor ausdrücken?
6. Welche Einzelkosten entstehen in einem Vorrichtungsflußsystem?

Sachwortverzeichnis

Abstützzylinder 117
Anforderung 1
Anforderungskatalog 30, 33, 34
Anlagefläche 141
Anpaßkonstruktion 31, 173
Anschaffungskosten 180
Anschlagwinkel 26
Anstellwinkel 107
Antrieb, elektromotorisch 190
Anwendersoftware 173
Anwesenheit 203
Anwesenheitskontrolle 203
Arbeitsgang 32
Arbeitskräftebestimmung 233
Arbeitsraum 18
arbeitsschutzgerecht 29
Arretierelement 27
Arretieren 18, 20, 138, 145
-, axial 145
-, radial 145
Arretierkraft 139
Aufbauelement 16, 22
Aufbaukonzept 174
Aufbauplan 172
Aufbohrwerkzeug 130
Aufgabenstellung 30, 33
Auflagebolzen 66
Auflagefläche 46, 58, 64
Aufmaß 79, 191
Aufnahme auf der Werkzeugmaschine 158
Aufnahmebolzen 26, 158, 163
Aufnahmekegel 26, 158, 161
Aufspannen 183
aufwandsgerecht 29
Ausarbeiten 31, 148, 176
Ausarbeitungsstadium 31
Ausgleichsteil 68
Austauschbarkeit 4
Auswerfer 154
Auswerteeinheit 203, 205
Automatisierbarkeit 183, 191
Automatisierung 172
-, flexibel 179
Automatisierungsgrad 2
Automatisierungslücke 194, 201
Automatisierungsstufe 2

Bargraf-Anzeige 208
Base, künstlich 17, 55, 180, 188
-, natürlich 55

Basisbaugruppe 16, 21, 22, 158
Basisbaugruppe-Werkstoff 269
Basismodul 190
Bauelementenbedarf 213
Bauelementezahl 194
Baugruppe 19
Baukastenbauweise 185
-, modular 192
Baukastenprinzip 172
Baukastensystem 193
Baukastenvorrichtung 4, 6, 7, 168, 172, 176,
  180, 186, 191, 194, 198, 201, 213
- Bohrungssystem 7
- Kombisystem 8
- Nutsystem 7
-, modular 197
Baukastenvorrichtungssystem 7
Bauteilquerschnitt 149
Beanspruchung 151
Beanspruchungsart 87
Bearbeitungsbedingung 80
Bearbeitungsfolge 32
bearbeitungsgerecht 155
Bearbeitungskraft 22, 27, 81, 87, 142
- Berechnung 261
Bearbeitungsspannung 24
Bearbeitungssteifigkeit 127
Bearbeitungsverfahren 156
Bedienelement 16, 94, 152, 154
Bedienen 151
Bedienfreiheit 152
bediengerecht 29, 151
Bedienhebel 96
bediensicher 151
Bedienung 154
Bedienweg 151
Begriffsbestimmung 18
Belastbarkeit 23, 94
Belastung 22, 79, 148, 156
Belastungsfall 92
-, kritisch 93
Bemaßung 14, 44, 47
Benutzeroberfläche 173
Berechnen 31, 174
Bereitstellhäufigkeit 215
Bereitstellungszeit 4
Beschickungsspeicher 219
Bestimm – Winkelfehler 74
Bestimm- und Spanntaschen 187
Bestimmbolzen 53, 58, 65, 71, 82, 152

Bestimmbolzen, abgeflacht 62, 73
-, kurz 58
-, lang 58
-, zwei 62
Bestimmebene 45, 54, 191
Bestimmelement 20, 45, 51, 56, 64, 81, 138, 157, 191, 261
- Ausführung 64
- Grundformen 56
Bestimmen 4, 15, 17, 19, 20, 38, 40, 139, 190
- nach 3 Ebenen 56
- nach Werkstückzapfen 75
Bestimmfehler 68, 69, 76, 77
Bestimmfläche 43, 54, 56, 66, 80
Bestimmlage 3, 17, 22, 27, 53, 68, 81, 138, 190, 204
Bestimmprinzip 54, 58, 62
Bestimmpunkt 68
Bestimmtaschen 187
Betriebsdruck 114
Betriebsmittel 2
Beurteilungskriterium 10, 36
Bewegungsschrauben 94
Bewerten 31, 174
Bewertung 35
Bewertungsmaßstab 36
Bezugsebene 45, 51, 191
Biegebeanspruchung 25, 149
Blockzylinder 117
Bohrbuchse 128
Bohrbuchse mit Bund 131
Bohrbuchsenabstand 130
Bohrbuchsenanordnung 137
Bohrbuchsenträger 130
Bohrklappe 28
Bohrplatte 130, 133
Bohrstange 129, 130
Bohrungsabstand 137
Bohrungsmittenabstand 137
Bohrungsmittenversatz 137
Bohrungsraster 198
Bohrungsrastersystem 199, 200
Bohrungssystem 7
Bohrvorrichtungen 164
Bolzendurchmesser 66
Bolzenindex 141
Bolzenindexierelement 143
brandschutzgerecht 29
Bundbohrbuchse 131

CAD-Arbeitsplatz 173
CAD-Baustein 176
CAD-Beschreibung 202
CAD-Programmstruktur 202
CAD-Software 201
CAD-System 172, 174, 175, 201

CAD-Vorrichtungskonstruktion 172, 186
CIM-Aspekt 192
CIM-Konzept 173
CIM-Struktur 180, 194
Computer 172
Computereinsatz 172, 186

Dämpfungswirkung 25
Datenbankabfragesprache 176
Datenbanksystem 175
Datenverwaltungssystem 173
Deformation 80
Dehndorn 124, 125
Dehnhülse 124, 125
Dehnung 22, 81
Dekommissionieren 217
Demontage 180, 217
Demontieren 217
Detaillierung 174
Dimensionieren 31, 148
-, festigkeitsgerecht 155
Dimensionierung 89, 232
Dimensionierung - Prinzipien 149
-, festigkeitsgerecht 148
Dokumentation 39
Drehmoment 94
Drehvorrichtungen 168
Dreibackenfutter 93
Druck 149
Druckbeanspruchung 96
Druckexzenter 101
Druckkraft 119
Druckmedien 85
Druckstück 80
Druckübersetzer 123
Drucküberwachung 122
Durchbiegung 22, 150

Eigenfrequenz 79
Einfachvorrichtung 10
Einführungskegel 152
Einlegen 139, 151
Einlegesicherung 153
Einpressen 195
Einrichten 12, 40
Einsatzbedingung 4
Einsatzmerkmale 28
Einsatzzweck 18
Einschraublänge 96
Einstellbewegung 40
Einstellelement 20
Einstellen 180, 185
Einzelserienfertigung 183
Elastizitätsmodul 81, 149
Elekromagnetspanner 112

Sachwortverzeichnis

Elektro-Schaltplan 120
Elektromagnetspannplatte 112
Elektronik 205
Elektrospanner, elektromechanisch 111
Empfängerbaustein 208
Entarretieren 139
Entindexieren 139
Entlastungskerbe 149
Entleeren 139
Entnahme 139
Entspannen 80, 139
Entwerfen 31, 148, 176
Entwicklungsphase 32, 172
Entwicklungsprozeß 30, 148
Entwicklungsrichtung 186
Entwicklungsstand 179, 183
Entwicklungstrend 1, 8, 183
Entwurfsstadium 31
Epoxidharz 193
Ergänzungsbaugruppe 16, 26, 163
Ergänzungsbaugruppe-Werkstoff 268
Ergänzungsfunktion 18
Erkenntnisprozeß 30, 148
Ermüdung 151
Erprobungszeit 172
Erregerkraft 22
Ersatzkraft 88, 111
Ersatzmaß 49
Erstaufspannung 187, 191
Erzeugungskraft 99
Expertensystem 173, 174
Expertenwissen 173
Exzenter 143
Exzentrizität 144

Feder 142
Federbolzen 143
Federkraft 109
Federspannner 109
Federspannzylinder 117
Fertigung, bedienerarm 194
Fertigungsablauf 185
Fertigungsabweichung 54
Fertigungsaufgabe 79
Fertigungsaufwand 186
Fertigungsbase, künstlich 186
Fertigungsbasis 45, 53, 180
Fertigungsbedingungen 180
Fertigungseinrichtung 2, 12, 193, 205
Fertigungsfehler 52, 80, 128, 204
fertigungsgerecht 29, 156
Fertigungsgüte 130
Fertigungsmaß 51
Fertigungsmittel 2
Fertigungsmöglichkeit 22
Fertigungsplan 32

Fertigungsplanung 30
Fertigungsprozeß 13, 80
Fertigungssystem 180, 209
-, flexibel 179
Fertigungstechnik 179
Fertigungstoleranz 49, 80, 194
Fertigungsverfahren 23, 193
Fertigungszeit 179, 183
Festhalten 80
Festigkeit 66, 149, 150, 156
Festigkeitsberechnung 39
Festigkeitsnachweis 89
Feststellen 145
Feststeller 138
Flächenberechnung 232
Flachriegel 143
Flexibilität 2, 6, 10, 172, 180, 185, 191, 199
-, anforderungsgerecht 183, 186
Fluchtungsfehler 128
Flußsystem 209
Formgestaltung 24
Fräsvorrichtungen 168
Freiheitsgrad 43, 58, 63, 71, 188
Freiheitsgradeentzug 44
Freistiche 155
Fügen 195
Fügerichtung 194, 198
Fügevorrichtungen 169
Führen 15, 17, 19, 127
Führungsart 128
Führungsbuchse 129, 131
Führungselement 127
Führungsfläche 46, 58, 65
Führungsgenauigkeit 128, 130
Führungslänge 62, 128, 133
Führungsspiel 129
Füllstoff 193
Funktion 15, 17, 28, 35, 148, 173, 204, 213
Funktionsablauf automatisch 185
Funktionsbaugruppe 15, 157, 185
- Werkstoff 267
-, modular 188
Funktionsbestimmung 232
Funktionsfähigkeit 156
funktionsgerecht 28
Funktionskette 212
Funktionsmaß 137
Funktionsmodul 198
Funktionsprinzip 35
Funktionsträger 15
Funktionstrennung 138

Gefährdung 151
Gelenkgetriebe 106
Genauigkeit 4, 22, 136, 156
Genauigkeitsanforderungen 49

Gestalten 31, 148, 174
Gestalten, fertigungsgerecht 261
-, werkstoffgerecht 155
Gestaltfestigkeit 149
Gestaltung 234
Gestaltung, bearbeitungsgerecht 151, 155
-, bedienungsgerecht 151
-, fertigungsgerecht 151
-, funktionsgerecht 151
-, montagegerecht 151
Gestaltungshinweise 72
Gestaltungsphase 173
Gewindebohrungssystem 7
Gewindepressung 96
Gewindespindel 141, 187
Gießen 21
Gießen-Gestalten 261
Gleichgewicht, statisch 87
Gleichgewichtsbedingung 99
Gleichgewichtslage 27
Gleichungssystem 90
Gleitreibungskoeffizient 261
Granit 193
Greifbasen 194
Greifer 195
Greiferwechsel 197
Greiftechnik 194
Grenzstückzahl 248
Grund- und Aufbauelemente 261
Grundbegriff 2
Grundbuchse 131
Grundelement 22
Grundfunktion 17, 39
Grundkörper 16, 23, 193
Grundregel 45
Grundsatz 45
- Spannen 80
Grundstruktur 35
Gruppenvorrichtung 6, 187, 191
Gußkonstruktion 8, 24

Haftkraft 112
Haftreibungskoeffizient 261, 269
Handhabeeinrichtung 191
Handhaben 185, 198, 216, 230
-, automatisch 185
Handhebellänge 96
Handkraft, zulässig 94
Handlingsfunktion 31
Handlungsschritt 139, 146, 151
Handmoment 94
Hauptbestimmen 46, 62, 81
Hauptschlußspeicher 220
Hauptschnittkraft 81
Hauptspindelkopf 162
Hebellänge, wirksam 94

Heft-Schweiß-Vorrichtungen 169
Heftvorrichtungen 169
Herausnehmen 153
Herstellungskosten 241
Herstellungsprinzip 4
Herstellungsverfahren 23
Hertz'sche Pressung 65
Hochdruckantrieb 116
Hooke'sches Gesetz 81, 125
Hydraulik-Schaltplan 120
Hydrauliköl 116
Hydraulikpumpe 117
Hydraulikspannsystem 117

Impulsladeverfahren 205
Indexbolzen 141, 143
Indexierelement 27, 138, 163, 261
-, formschlüssig 142
-, kraftschlüssig 142
Indexieren 18, 20, 138, 143
Indexierkraft 143
Indexieröffnung 142
Indexierrichtung 139
Innenräumen 135
Instandhalten 218
instandhaltungsgerecht 29
Investitionsaufwand 201
Investkosten 183

Kapazität 204, 205
Kapazitätsänderung 204
Kapazitätsmessung 204
Kapitalaufwand 194
Kapitalbindung 194, 200
Kapitaleinsatz 183
Kegelbolzenindex 144
- mit Vorführung 144
Kegelwinkel 192
Keil 87, 142
Keilgetriebe 99
Keilspanner 99
-, indirekt 99
Keilwinkel 101
Kerbwirkung 149
Kettenmaß 137
Kippmoment 93
Kippvorrichtung 164
Klassifizierung 175
Kleben 21, 193
Kleinserienfertigung 183
Klemmen 145
Klemmkraft 18, 138
Knickarmroboter 198
Kniehebel 87, 106
Kniehebelspanner 106

Sachwortverzeichnis 291

Kniehebelsystem, ganz 106
-, halb 107
Kollisionskontrolle 172, 201
Kommissionieren 213
Kommissionierplatz 223
Kommissionierung 215
Komplettbearbeitung 1, 81, 176, 179, 180, 188
Konstruieren 24, 31, 148, 176
Konstruieren, systematisch 149
Konstrukteur 174
Konstruktion, rechnergestützt 172, 191
Konstruktionsanforderung 17, 28, 30, 148
Konstruktionsaufgabe 30
Konstruktionsbasis 45
Konstruktionsentwurf 174
Konstruktionshinweise 72, 94, 107, 152, 154
Konstruktionskosten 243
Konstruktionslösung 33, 34
Konstruktionsmethodik 30, 148
Konstruktionsphase 31, 38
Konstruktionsprozeß 30, 172, 174
Konstruktionsrichtlinien 25, 124
Konstruktionsstückliste 174
Kontaktbereich 56
Kontaktdämpfung 23
Kontaktfläche 14, 45, 66
Kontrollzylinder 122
Konzipieren 31, 148
Konzipierungsphase 34, 173
Koordinatensystem 191
Kosten 180
Kosten-Nutzen-Einschätzung 10
Kostenberechnung 234
Kostenbeurteilung 10
Kostenersparnis 191
Kostenfaktor 10
Kostenrechnung 10
Kraftangriffsbedingung 66
Kraftangriffspunkt 82, 85
Kräftegleichgewicht 22, 81, 87, 90
Krafteinwirkung 68, 81, 203
Kräfteplan 99
Krafterzeuger, elastisch 142
-, starr 142
Kraftfluß 16, 22, 81, 88, 148
Kraftflußdichte 149
Kraftübersetzung 99
Kraftübersetzungsverhältnis 107
Kraftvektor 90
Kraftverstärkung 99
Kreisexzenter 87, 101
Kreisflächenberührung 94
Kreisringflächenberührung 94
Kreisteilen 140
Kreuznutung 7
Kriterium 36

Kugelindex 143
Kugelspanntechnik 188, 192, 198
Kundenwunsch 179
Kunststoff 25
Kupplungssystem 120
Kurzschluß, galvanisch 204

L-Prisma 75
Lageabweichung 137
Lageanordnung 40
Lagebestimmung 3, 188
Lagefixierung 40, 138
Lagepositionierung 7, 158
Lagern 216
Lagerspiel 139, 145
Lagersystem-Kriterien 220
Lagesicherung 7, 23, 79, 138
Längenänderung 22
Längsteilen 140
Lebensdauer 156
Leckverluste 126
Leichtbauweise 149
Leistungsanforderung 1, 183
Leistungsniveau 179
Leistungsprogrammbestimmung 232
Linienberührung 94
Lohnkosten 183
Lösekraft 99
Losgröße 179
Lösungsmatrix 33
Lösungspool 175
Lösungsprinzip 31, 34, 35
Lösungsvariante 31, 34, 35
losweise 183
Löten 21

Magazinieren 216
Magnetspannplatte 111
Markierung 141
Maschinenkoordinatensystem 40
Maschinenpalette 18, 43
Maßabweichung 51
Maßketten-Toleranzrechnung 47
Mehrfachvorrichtung 4, 10
Mehrfasenstufenbohrer 130
Mehrseitenbearbeitung 1, 47, 179, 180
Mehrzweckvorrichtung 193
Meß- und Prüfmittel 2
Meßkapazität 205
Meßschaltung, kapazitiv 204
Meßsignal-Glättung 208
Meßwert, konduktiv 204
Meßwertaufnehmer 203, 204, 205
Meßwertgewinnung 203
Meßwertübertragung, berührungslos 208

Meßwertverarbeitung 208
Methode 44
Methodik 44, 56
Mineralguß 193
Mittelebene 58, 75, 77, 84
Mittenabweichung 75
Mittenversatz 76, 145
Modell, mathematisch 89
Modellbildung 89
Modellkosten 24
Modulspeicher 198
Momentengleichgewicht 87, 90
Montage, automatisch 194
-, manuell 183
Montageeinrichtung 196
montagegerecht 29, 155
Montageplatz 196, 200
Montageprozeß 194
Montageroboter 183, 194, 195, 199, 200
-, rechnergeführt 186
Montagesteuerprogramm, rechnergeführt 185
Montagesystem 194
Montagevorrichtung 7
Montieren 21, 195
Morphologische Methode 34
Morphologischer Kasten 34
Multifunktionsgreifer 199

Nachbehandeln 217
Nachbereiten 217
Nachstellmöglichkeit 106
NC-Fertigung 172, 179, 191, 192
NC-Programm 173
NC-Spannmaschine 183
Nebenbestimmen 46, 63
Nebenschlußspeicher 220
Neukonstruktion 31, 139
Normalglühen 10, 23
Normalkraft 84
Normalpoltechnik 111
Nutenstein 26, 158
Nutensteine-Anordnung 160
Nutensteine -Anzahl 160
Nutsystem 7
Nutzen 11, 29
nutzensgerecht 29

Oberflächenbeschaffenheit 66
Ordnungsebene 212
Orientieren 42

Ölhydraulik 113
Ölvolumen 119

Palette 183, 187
Palettenanzahl 200
Palettenspanntechnik 183
Palettentransfereinrichtungen 196
Palettentransportsystem 193
Palettenwechsel, automatisch 193
Palettenzahl 194
Passivkraft 87, 150
Paßbohrung 7, 62, 71, 75, 77
Paßbohrungspalette 192
Paßbohrungssystem 7, 197
Paßbolzen 198
Paßfläche 80, 141, 142
-, keglig 142
-, keilförmig 142
-, kugelförmig 142
Paßmaß 7
Paßschraube 7, 199
Pegelanpassung 208
Pendelfutter 128
Permanentmagnetspannplatte 112
Planen 30, 148
Planung, rechnergestützt 172
Planungsphase 32
Plastische Masse 124
Plastische Medien 124
Plattenkonstruktion 10, 25
Pneumatik 113
Pneumatikspannsystem 113
Pneumo-Hydraulik-Spannsystem 122
Polteilung 112
Polymerbeton 193
Position 40
Positionier- und Spannmodul 190, 192
Positionier-Bestimm-Spann-Element 188
Positionierbewegung 204
Positionierelement 20
Positionieren 7, 17, 19, 20, 40, 42, 190
Positioniergenauigkeit 191, 192
Positionierschritt 40
Positionierung 7, 26
Positioniervorgang 43, 198
Positions- und Kraftaufnehmer 206
Positions- und Kraftsensor 190
Positionsaufnehmer 206
Positionsaufnehmer, konduktiv-kapazitiv 206
-, taktil-kapazitiv 206
- mit Störungsüberwachung 206
Pressung 80
Prisma 62, 75
Prismawinkel 77
Produktgestaltung 194
Produktionstechnik 1, 179
Produktlebensdauer 172, 179
Programmbaustein 175
Programmierarbeitsplatz 201

Sachwortverzeichnis

Programmiersprache 173
Programmierung 173
prozeßbezogen 179
Prozeßfunktionen 211
Prozeßkomponente 12
Prozeßsteuerung 203, 204
Prozeßstufen 211
Prozeßüberwachung 26, 203, 204
Punktauflage 65
Punktberührung 94
Punktzahl 36

Quadratpoltechnik 111, 112
Qualität 194, 203
Quarz 193

Rast 141
Rastbolzen 143
Rastbuchse 144
Rastermaß 7
Rastfläche, zylindrisch 143
Rationalisierung 179
Rattermarke 22
Räumen 135
Räumnadel 135
Reaktionsharzbeton 193
Recherchieren 31, 174
recyclinggerecht 29
Referenzkoordinate 12, 40, 176
Referenzlösung 175
Referenzmodul 175
Referenzposition 4
Regelung 26
Regeneratives Rattern 87
Reibkraft 84
Reibungskoeffizienten µ (Gleitreibung) 269
Reibungskraft 90
Reibungswinkel 107
Reibwert 84
Reinigen 217
Relativlage 40
Resonanz 87
Restspannkraft 22
Richtfläche 12
Richtlinien 133
Richtungsgenauigkeit 128
Richtwerte 130, 137
Roboterbeschickung 191
Robotergreifer 185, 191
Robotermontage 194, 197, 200, 201
Robotersteuerprogramm 201
Rohteil 66, 191
Rückfederung 80
Rückkommissionierung 217
Rundteiltisch 142

Rüstkosten 10
Rüstplatz 183, 203

Sachmerkmalleistensystem 174
Satz von Castigliano 88
Schaltfrequenz 114
Schaltkreis 205
Schaltzeit 114
Schlagkeile 99
Schlankheit 149
Schmutzrille 68
Schnellspanner 106
-, mechanisch 87
Schnellwechselbuchse 132
Schnittkraft 87, 150
- Berechnung 261
-, spezifisch 261
Schnittkraftkomponente 81
Schnittstelle 6, 14, 16, 28, 33, 42, 172, 173, 180, 185, 186, 188, 198, 199, 200, 205, 216
Schraube 143
-, mehrgängig 94
Schraube-Mutter-Werkstoff 96
Schraubeinheit 195, 198, 200
Schraubenschaft 96
Schraubenspannkraft-Nomogramm 96
Schraubereinheit 197
Schrittmotor 190
Schrumpfspannungen 23
Schrumpfung 170
Schweißen 21
Schweißen-Gestalten 261
Schweißkonstruktion 10, 24
Schweißnaht 25, 171
Schweißspannung 170
Schweißvorrichtung 7, 169
Schwellwert 190
Schwenkeinrichtung 142
Schwenkriegel 143
Schwenkspannzylinder 117
Schwenkwinkel 101, 103
Schwertbolzen 62, 72, 198
Schwingung 22, 79, 86, 138
-, fremderregt 79
-, selbsterregt 79
Schwingungserscheinung 81
Selbsthemmung 99, 106
- Bedingung 99
Selbstzentrierung 191
Senderbaustein 208
Sensor 16, 185, 191, 192, 198, 203
Sensorgreifer 200
Sensorik 185, 186, 194, 196, 203
Sicherheitsfaktor 88
sicherheitsgerecht 29
Signalübertragungseinheit 208

-, berührungslos 208
Situationsbericht 32
Softwarebaustein 173, 176
Softwarepaket 174, 175
Sonderbohrbuchse 133
Sondervorrichtung 4
Spänebeseitigung 154
Späneschutz 154
Spann- und spannkraftübertragende Elemente 157, 261
Spannantrieb, elektromechanisch 198
-, elektromotorisch 187
Spannarm 117
Spannbacke 187
Spannbereich 102
Spanneinlage 87
Spanneinrichtung 3
- Einteilung 109
Spannelement 20, 22, 79, 89, 94, 109
- Anordnung 161
-, elastisch 106
Spannen 4, 15, 17, 19, 39, 79, 112, 114, 139, 158, 188, 190
-, direkt 87
-, einseitig 84
-, formschlüssig 85
-, indirekt 80
-, konzentrisch 84
-, kraftschlüssig 85
- mit plastischen Massen 124
-, mittelbar 87
-, symmetrisch 187
-, verzugsfrei 65
-, zentrisch 84, 187
-, doppelseitig 84
Spanner 111
-, elektromagnetisch 111
-, elektromechanisch 113
-, hydraulisch 116
-, pneumatisch 113
Spannexzenter 101
Spannkeile 99
Spannklappe 109
Spannkraft 22, 79, 80, 106, 110, 112, 119, 190, 204
- Angriffspunkt 82
- Berechnung 91
- Berechnungsgrundlage 94
- Betrag 90
- Richtung 81
- Wirkungsrichtung 83
Spannkraftanforderung 82
Spannkräfte 17
Spannkraftgleichung 90, 102
Spannkraftkontrolle 203
Spannkraftkurve 102

Spannkraftübertragendes Element-Kontaktform 94
Spannkraftübertragselement 20
Spannkraftübertragung 96
Spannlage 180
Spannmarke 65, 80, 99
Spannmarkenbildung 102
Spannmaschinen 183
Spannmittel 84
- Einsatzmerkmale 87
-, elastisch 82, 85
-, starr 82, 86
Spannmittelauswahl 86
Spannpalette 16, 40, 43, 190
Spannpalettenkreislauf 196
Spannplatte 112
Spannplatz 183
Spannprinzip 84
Spannschraube 87, 94
- Auswahl 94
Spannschrauben-Dimensionierung 94
Spannspirale 87, 103
-, logarithmisch 103
-, archimedisch 103
Spannstelle 85, 106
Spannstellen-Anzahl 86
- Anordnung 86
Spannsystem, frei programmierbar 183
Spanntaschen 187
Spanntechnik 183
spanntechnisch 183
Spanntriebe, elektrisch 113
Spannung 81, 149
-, selbsthemmend 82
Spannungskonzentration 149
Spannungslinie 149
Spannweg 87
Spannwinkel 112
Spannwirkung 84
Spannwürfel 112
Spannzange 75, 77, 109
Spannzangenprinzip 77
Spannzunge 187
Spannzustand 204
Spannzylinder 116, 117
Spanraum 130
Speicherkapazität 219
Speichern 216
Speicherung 195
Spezialpaletten 228
Spezialvorrichtung 4
Spiel 139
Spindelkopf mit Bajonettscheibenbefestigung 162
- mit Gewinde 162
- mit Steilkegel 162

- mit Zentrierkegel und Flansch 162
Spindelkopfbohrung 161
Spindelwerkzeuge 191
Spiralbohrer 130
Spitzgewinde 94
Stand der Technik 174
Standard – Teilvorrichtung 146
Standardbohrbuchse 133
Standardvorrichtung 6
Stauchung 22
Steckbohrbuchse 129, 131
Stegbreite, zulässig 74
Steifigkeit 7, 22, 53, 68, 81, 84, 129, 135, 139, 150, 156, 200
Steigungsverhältnis 99
Steilkegelspannung 162
Steuergeschwindigkeit 114
Steuersignal 203, 205
Steuerung 26, 123, 195
-, direkt 114
-, indirekt 114
-, teilautomatisch 114
-, vollautomatisch 114
Stick-slip-Wirkung 87
Stoffverbinden 21
Störgröße 87
Störungsspeicher 219
Stromversorgung 208
Strukturierung 234
Stückzahl 23
Stützbolzen federnd 68
Stütze 80
-, selbsteinstellend 68
Stützelement 27, 163, 192, 261
Stützen 15, 18, 20, 53
Stützfläche 46, 58, 65
Stützkraft 204
Stützzustand 204
System, wissensbasiert 173, 185
Systemanforderung 13, 28
systemgerecht 28, 179
Systemkomponente 12, 28, 201
Systemkosten 10

T-Nuten-System 198
Teilapparat 142
Teilbewegung 18, 138
- Übertragung 140
Teilefamilie 6
Teilelement 20, 139
Teilen 15, 17, 19, 138
- Art 140
-, direkt 140
-, gleichmäßig 140
-, indirekt 140
-, mittelbar 140

-, ungleichmäßig 140
-, unmittelbar 140
Teilespektrum 183, 191
Teilfehler 141
Teilgenauigkeit 139, 141, 144
Teilgetriebe 141
Teilleiste 139
Teilmaßverkörperung 141
Teilmechanismus 142
Teilscheibe 139, 141
Teilscheibendurchmesser 142
Teilungsfehler 145
Teilungsgenauigkeit 145
Teilvorgang 139
Teilvorrichtung 18, 27, 138
Testfragen zur Selbstkontrolle 282
Toleranz 47, 69, 137, 144
Toleranzabweichung 128
Toleranzausgleich 82
Toleranzrechnung 191
Torsionsbeanspruchung 25, 96, 150
Training zur Wissensaneignung 282
Transporthilfsmittel 227
Transportieren 217
Transportintensität 217
Transportmittel 226
Trapezgewinde 94

U–Prisma 75
Umbauung 180
Umbauungsgrad 199
Umfangsteilen 140
Umrüstbarkeit 6
Umrüsten 6, 180, 185
Umsetzen 6
umweltgerecht 29
Universal-Teilapparat 146
Universalvorrichtung 6, 193

Überbestimmen 52
Überbestimmung 53, 75, 128, 198, 199
Übergabeeinrichtung 225
Übergabesystem 223
Übergeben 216, 230
Überlastschutz 208
Überlastung 152
Überwachung 205

V-Prisma 53, 75
Vakuumgreifer 198
Variante 31
Variantenkonstruktion 31
Variantenvergleich 31, 35, 36
Variantenvielfalt 179

Vektor 80
Ventilart 117
Verbinden 18, 20, 195
Verbindungselement 20
Verbindungskabel 205
Verbundkonstruktion 193
Verdrehung 22
Verformung 22, 80, 81, 88, 128, 150, 208
Verformungskörper 204
Verformungsweg 204
Verfügbarkeit 185, 191
Verkettungssystem, flexibel 183
Verletzungsgefahr 152
Verriegeln 18
Verschleißfestigkeit 23
Verschließen 18, 20
Verschlußelement 27, 164, 261
Verschrauben 21, 198
- Gestalten 261
Verspannung 80
Versteifungsrippe 25
Verstiften 10, 21
Verteiler 205
Verwaltung 175
Viellochbohrbuchse 133
Vollbestimmen 46, 58, 62
Vorführungsfläche 152
Vorratsspeicher 219
Vorrichtung 2, 3, 4
- Aufbau 174
- .Bedarf 180
- Einteilungsmerkmal 4
-, modular 187
-, flexibel 183
-, sensorgesteuert 183
Vorrichtungherstellung 4
Vorrichtungsanforderung 12, 27, 33, 180
Vorrichtungsanteilfaktor 249
Vorrichtungsart 4
Vorrichtungsaufbau 4, 18, 192, 213
Vorrichtungsaufgabe 3, 13, 21, 22
Vorrichtungsauftrag 30, 32
Vorrichtungsautomatisierung 8
Vorrichtungsbau 193
Vorrichtungsbaugruppe 6, 16, 18, 157, 186
Vorrichtungsbaukasten 4
-, automatisch montierbar 195
-, robotermontierbar 202
Vorrichtungsbedarf 191, 213
Vorrichtungsbegriff 3
Vorrichtungsbereitstellung 215
Vorrichtungsbestimmfläche 45, 56, 204
Vorrichtungsdaten 173
Vorrichtungsdefinition 3
Vorrichtungsdokumentation 176
Vorrichtungseigenschaft 4

Vorrichtungseinsatz 1, 4, 11, 36, 180
Vorrichtungseinzelteil 18, 157
Vorrichtungselement 18, 157, 174, 261, 270
Vorrichtungsfluß 180
Vorrichtungsflußsystem 211
- Kosten 252
Vorrichtungsfunktion 3, 34, 36, 190, 203
Vorrichtungsfuß 26, 158
vorrichtungsgerecht 156
Vorrichtungsgrundkörper 23
Vorrichtungsherstellung 8, 36
Vorrichtungskonstrukteur 1, 173
Vorrichtungskonstruktion 37, 164, 173, 201
Vorrichtungskonstruktion, rechnergestützt 172
Vorrichtungskörper 193
Vorrichtungskosten 4, 10
Vorrichtungsmerkmale 8
Vorrichtungsmodul 8, 191, 200
Vorrichtungsmontage, automatisch 183
Vorrichtungssensorik 204
-, kapazitiv 204
Vorrichtungssteifigkeit 7
Vorrichtungssystem 6, 186, 187
-, flexibel 188
- für NC-Maschinen 179
-, modular 8
Vorrichtungstechnik 1, 4, 179, 203
Vorrichtungszweck 4, 10
Vorschubkraft 87, 150
Vorspannkraft 22, 113
Vorspannung 126
Vorzugsvariante 35
VPS-Planungssystem 176
VWP-Zentrum 238

wartungsgerecht 29
Waschen 217
Wechselbeziehung 12, 28
Werkstoff 23, 126, 193
Werkstoffausnutzung 149
Werkstoffauswahl 148, 156
-, anforderungsgerecht 155
- für Vorrichtungselemente 267
Werkstoffe für Bedienelemente 261, 268
- für Bestimmelemente 261, 267
- für Spannelemente 261, 268
- für Teileinrichtungen 261, 267
- für Vorrichtungsgrundkörper 269
- für Werkzeugeinstellelemente 261
- für Werkzeugführungen 261, 267
Werkstoffkosten 156
Werkstück 80, 151
- Teilespektrum 180
Werkstückanzahl 10
Werkstückbestimmfläche 45, 54, 66
Werkstückbohrung 71

Sachwortverzeichnis 297

Werkstückfamilie 6
Werkstückflußsystem 210
-, werkstückträgerlos 183
Werkstückgewicht 87
Werkstückhandling 187
Werkstücksortiment 180, 187
Werkstückspanner 3, 80, 193
Werkstückspanntechnik 1, 4, 179, 186, 203
-, flexibel 179
Werkstücktoleranz 51, 77, 82, 137
- Ausgleich 106
Werkstückträger 17, 18, 20, 40, 127, 139
-, beweglich 138
Werkstückvielfalt 180, 183
Werkstückwechsel 28
-, automatisch 193
Werkstückzeichnung 14
Werkzeug 2
Werkzeuganordnung 40
Werkzeugaufnahme 128
Werkzeugbefestigung 128
Werkzeugeinstellelement 12, 127
Werkzeugführung 127
-, lagebestimmend 128
-, richtungsbestimmend 128
Werkzeugführungs- und
Werkzeugeinstellelemente 158, 261
Werkzeugführungselement 20
Werkzeugmaschine 2
Werkzeugsteifigkeit 127
Wertigkeit 37
-, technisch 37
-, wirtschaftlich 38
Wichtung 36
Wichtungsfaktor 36
Wiederholbarkeit-Spannprozeß 94
Wiederholgenauigkeit 191, 194
Winkelabweichung 137
Wirkbeziehung 12, 33

Wirkelement 35
Wirkfläche 16
Wirkflächenpaar 14
Wirkoberfläche 17
Wirkpaarung 191
Wirkprinzip 188, 204
-, kapazitiv 204
Wirkrichtung 33, 190
Wirkstelle 14, 87, 187
Wirksystem 12, 28, 33
Wirtschaftlichkeit 10, 29, 173, 201
Wissensbasis 173
Wissensverarbeitung 172

Zahnstange 141
Zapfenbeanspruchung, zulässig 96
Zapfenmoment 94
Zeitgewinn 172
Zentrierbohrung 191
-, konisch 188
Zentrierfläche 58, 71
-, doppelt 58
Zentrierspitze 75
Zerspanungsbedingung 91
Zerspanungskraft 150
Zielsetzung 1
Zug 149
Zugbeanspruchung 96
Zugexzenter 101
Zugzylinder 117
Zuleitungen 208
Zusammenbringen 195
Zusammenfügen 18
Zusammensetzen 195
Zustandsgröße 203
Zuverlässigkeit 156, 203
Zwang 17
Zylinderbolzenindex 144